Textos per a l'ensenyament
9

Col·lecció dirigida per:

Glòria Casals
Manuel Llanas
Ramon Pinyol i Torrens
Llorenç Soldevila

Obra autoritzada amb data 23 de gener de 1988 com a llibre de text a la Conselleria d'Ensenyament de la Generalitat de Catalunya.

NEXE COU

Manual de llengua

Núria Cot
Manuel Llanas
Ramon Pinyol i Torrens
Llorenç Soldevila

edicions 62

barcelona

JOAN BADIA I PUJOL és catedràtic de Llengua i Literatura Catalanes a l'institut de batxillerat «Lluís de Peguera» (Manresa) i JORDI GRIFOLL I ÀVILA és catedràtic de Llengua i Literatura Catalanes a l'institut de batxillerat «M. Milà i Fontanals» (Barcelona). Són, també, professors dels cursos de Llengua del Reciclatge del Professorat d'EGB a Manresa i Barcelona, respectivament.

Als nostres pares

Primera edició: juny de 1987.
Tercera edició (revisada): setembre de 1988.
Setena edició: juliol de 1990.

Imprès a Hurope, s/a., Recared 2, 08005 Barcelona.
Dipòsit legal: B. 24.128 - 1990.
ISBN: 84-297-2634-9.

Presentació

Potser de cap altre llibre no es podrà dir amb més exactitud com d'aquest que la seva originalitat només ha residit, a la manera dels tractats medievals, en l'esforç esmerçat a redactar-lo. I aquesta *captatio benevolentiae* inicial no és, ni pot ser-ho, un recurs merament retòric, sinó una confessió sincera del nostre propòsit divulgador. La bibliografia incorporada no ens permetria, si ho pretevíem, falsejar el caràcter del volum present. En definitiva, aspira a exposar d'una manera sistematitzada el temari de llengua de COU.

El nostre esforç, l'hem dirigit en dues direccions. D'una banda, a oferir un panorama diacrònic i sincrònic de la llengua amb una voluntat predominant de coherència, exactitud i claredat expositiva; de l'altra, a ajustar els temes a un objectiu didàctic. En les parts no històriques, hem procurat tendir a la descripció de fenòmens lingüístics tot remarcant les discrepàncies entre els registres col·loquials i els cultes. Així, ens hem apartat deliberadament de la pràctica habitual dels manuals de llengua a l'ús; de fet, tot i reconèixer la validesa d'algunes aportacions dels nous corrents lingüístics, creiem que les seves especulacions interpretatives no són les més apropiades per als nivells no universitaris. En darrer terme, opinem, amb Jesús Tuson, que «l'objectiu de les classes de llengua a determinats nivells no és el de formar lingüistes, sinó persones que puguin utilitzar una llengua com a vehicle de comunicació i d'autoexpressió». Allò que convindria desterrar és la idea que una anàlisi és correcta amb un tipus determinat de diagrama arbori i incorrecta en cas contrari. D'altra banda, la gran varietat de sistemes d'anàlisi i el confusionisme generalitzat de la terminologia ens han mogut a simplificar al màxim, amb el desig d'aclarir conceptes. El lector hi dirà, en definitiva, l'última paraula.

La presència de bibliografia, textos complementaris i suggeriments de treball respon a múltiples motivacions. En síntesi, l'orientació bibliogràfica obeeix no sols a criteris de solvència, sinó també de raonable accessibilitat; els textos compleixen una doble funció: incorporar continguts no introduïts al tema i desenvolupar aspectes o idees que tot just s'hi insinuen; finalment, els suggeriments tracten de desvetllar centres d'interès, completar la informació de cada tema i proposar la pràctica dels conceptes exposats. En la part gramatical, una addenda recull, majoritàriament, aspectes de la normativa complementats amb exercicis. No cal, potser, subratllar-ne la intenció.

Volem fer constar el nostre profund agraïment als professors Glòria Casals, Joaquim Rafel, Joan Veny i Amadeu Viana, que han revisat parts del present llibre. La nostra gratitud es fa extensiva als professors Vicent Pitarch i Miquel Melià, que ens han ajudat a redactar els passatges dedicats a la política lingüística i a l'ensenyament del País Valencià (Pitarch) i de les Illes (Melià) del tema 20. No cal dir, però, que cap d'ells no és responsable dels errors que puguem haver comès. Només queda esperar que la utilització d'aquest manual respongui a les necessitats del lector i, ni que sigui mínimament, a l'interès i a la il·lusió amb què els autors l'hem concebut i realitzat.

Tema 1

El domini lingüístic

A través de la història

D'ençà de la seva aparició com a llengua diferenciada del llatí, entre els segles VII i VIII, el català s'anà expandint al ritme que se succeïren les conquestes dirigides primer pels comtes i, després, pels reis catalans. Aquest fet exemplifica el principi que el creixement demogràfic de qualsevol llengua va sempre lligat a l'enfortiment social i polític de la comunitat que la parla i la difon.
Entre el 1117 i el 1149, Ramon Berenguer III (1097-1131) i Ramon Berenguer IV (1131-1162) conqueriren les terres de Tarragona, Tortosa i Lleida en la zona coneguda com la Catalunya Nova, que foren repoblades per gent procedent de la Catalunya Vella (les comarques pirinenques), on de feia més de tres-cents anys la llengua catalana s'havia anat consolidant i homogeneïtzant.
La segona ona expansiva del català es produí durant el regnat de Jaume I el Conqueridor (1213-1276). El 1229, sota la pressió de burgesos i mercaders, el monarca organitzà una expedició que conquerí Mallorca. El 1235 s'annexionà les illes d'Eivissa i Formentera. A partir del 1238 s'inicià la conquesta de l'actual País Valencià. Aquest, en la seva zona més occidental, les comarques de l'interior, de nord a sud, fou repoblat per aragonesos. Respecte als repobladors de les Illes Balears i Pitiüses és admesa generalment la tesi que procedien de la zona costanera del Principat i, sobretot, de l'Empordà. El 1282 Pere el Gran dugué a terme l'annexió de Sicília.
El 1287, Alfons II el Franc (1285-1291) conquerí Menorca. Ja iniciat el segle XIV els almogàvers, exèrcit mercenari, acudeixen a la defensa de l'imperi bizantí (1302-1311). Un cop acabada la guerra s'establiren en dos ducats, els d'Atenes i Neopàtria, que conservaren fins el 1388. Entre 1323-24 es portà a terme la conquesta de Sardenya. Pere III el Cerimoniós (1336-87) fou el rei català que governà el territori més vast on es parlava o s'entenia la nostra llengua. A partir dels inicis del segle XV s'encetà un procés de replegament de la llengua fins a uns límits més o menys coincidents amb els dels Països Catalans d'avui. Una sèrie de factors polítics i econòmics anaren, progressivament, minvant la unitat lingüística, política i cultural assolida fins en aquell moment.
El llarg període d'expansió dels catalans per la Mediterrània deixà algunes paraules catalanes que han perdurat fins als nostres dies en diferents àrees geogràfiques.
A partir del *Decreto de Nueva Planta* (1716), la llengua, que d'ençà del segle XVI havia perdut la seva hegemonia política i cultural, ja que la Cort, en mans de dinasties forasteres, s'establí, primer a Valladolid i, després, a Madrid, entrà en una situació de franca decadència. S'anà esmicolant el sentiment assumit de llengua comuna entre els diferents països que la parlaven. Alhora que, sotmesa a rebre immigracions constants i massives que no pogueren ser assi-

milades gradualment, anà retrocedint en múltiples camps i àrees geogràfiques. L'anàlisi de tot plegat és objecte d'estudi en d'altres temes d'aquest llibre.

En el segle XVIII es produí un curiós fenomen d'expansió lingüística. Durant l'ocupació anglesa de Menorca, el 1678, nombrosos menorquins de Maó, Ciutadella i es Mercadal emigraren a la Florida Oriental (EUA). S'establiren a la ciutat de Sant Agustí. Les primeres notícies del dialecte menorquí parlat a la Florida són del 1821; era conegut com el *Mahonese*. Actualment, ningú no hi

Mapa comarcal dels Països Catalans. (*Gran Enciclopèdia Catalana*, vol. 11, p. 99.)

parla menorquí, però alguns dels descendents conserven expressions pròpies del català.

Durant el segle XIX, amb la industrialització i la consegüent dinamització de la burgesia, la llengua, que, en un principi, no era assumida com a signe de cultura, anà penetrant en el teixit social i, cap a finals de segle, després de l'esforç de la Renaixença, esdevingué un aglutinador polític i una eina bàsica d'acció cultural.

Ja en el segle XX, continuà aplicant-se progressivament, amb nous plantejaments teòrics (Modernisme, Noucentisme), el programa de redreçament nacional formulat tímidament pels renaixentistes. En els anys 30, malgrat la dictadura primoriverista, el procés desembocà en una situació molt favorable. Pràcticament tot s'esfondrà després de la guerra d'Espanya; de 1939 ençà, s'ha hagut, ara amb una tradició al darrera, d'anar refent una nova estructura político-cultural.

La situació actual

El català és una llengua parlada pels habitants de terres sotmeses avui a quatre Estats diferents. Aquests territoris els designem amb el nom de Països Catalans, els quals comprenen:

- La major part del País Valencià.
- Una franja del territori d'Aragó que va de nord a sud, seguint els límits de Catalunya, amb una amplada que oscil·la entre uns 15 i uns 30 quilòmetres (50 municipis d'Osca, 5 de Saragossa i 25 de Terol).
- Les Illes Balears i Pitiüses.
- El Principat d'Andorra.
- El Principat de Catalunya (actual territori de la Generalitat catalana).
- Les comarques de Catalunya Nord sota administració francesa.
- La regió del Carxe (Múrcia).
- La ciutat de l'Alguer (illa de Sardenya), a l'Estat italià.

En conjunt és un territori amb una extensió de 69.255,78 km^2, amb un total de 1.845 municipis organitzats en 86 comarques i 20 regions, habitades per 11.117.595 persones (1982), de les quals entre uns 6.000.000 (1971) i 9.400.000 (1973), segons les diferents enquestes, parlen català. La manca d'estadístiques oficials impedeix de ser més precisos.

Hi ha unes zones dins els Països Catalans, poblades el 1971 per 425.747 persones, que no tenen com a llengua pròpia la catalana:

- La Vall d'Aran (759 km^2), on es parla l'aranès, variant del gascó.
- La Fenolleda (1.145 km^2), comarca de la Catalunya Nord, on parlen l'occità.
- Les comarques interiors del País Valencià (Alt Millars, Alt Palància, Serrans, Racó, Plana d'Utiel, Foia de Bunyol, Vall de Cofrents, Canal de Navarrés, Alt Vinalopó, Vinalopó Mitjà i Baix Segura), amb una extensió de 9.725 km^2, on parlen el castellà.

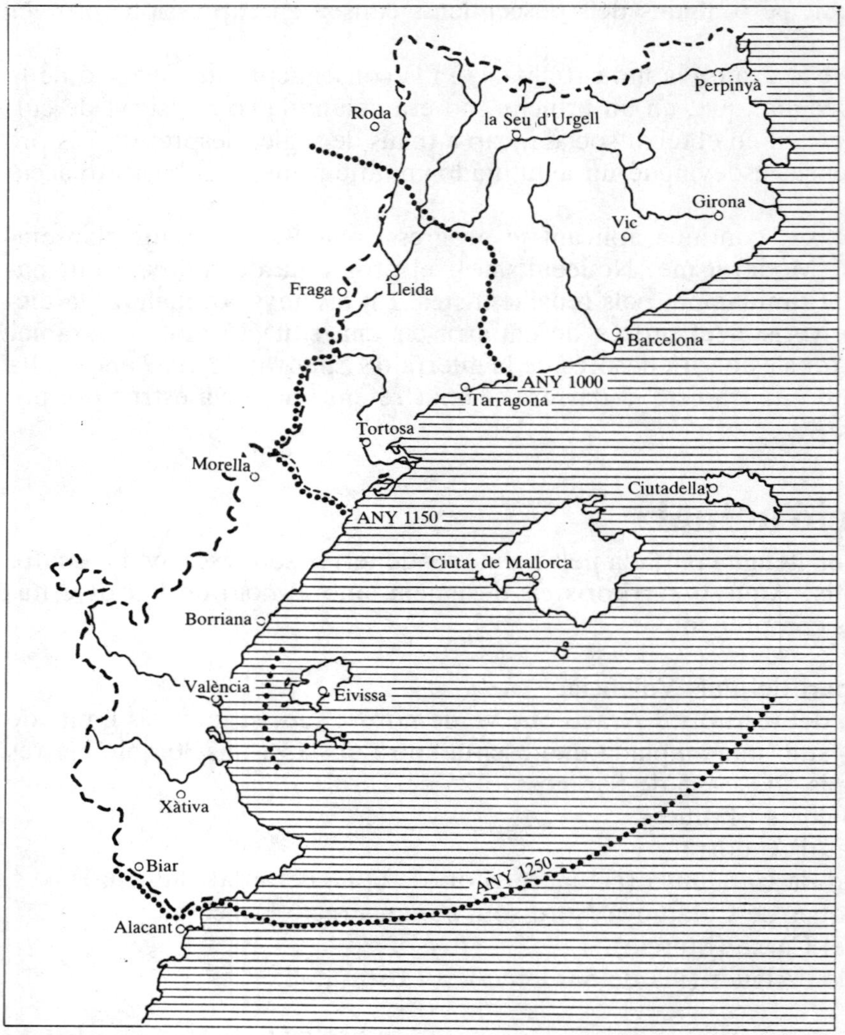

Mapa que mostra la incorporació dels territoris a la corona catalano-aragonesa amb la consegüent expansió de la llengua. (MANUEL SANCHIS GUARNER, *Aproximació a la història de la llengua catalana*, Salvat, 1980, p. 73.)

A l'hora de quantificar qui parla la llengua catalana s'hauria de tenir en compte el gran ventall de possibilitats que es poden plantejar. Des d'aquelles persones que la parlen a casa, però no pas al carrer, fins als qui n'exerceixen l'ús a la inversa. També, el cas d'aquelles persones que, podent-la parlar, no la parlen per les raons més diverses, etc.

Si bé el reconeixement internacional d'una nació o nacions no s'ha de justificar amb comparacions quantitatives més o menys espectaculars, donarem, breument, algunes llistes d'altres països d'arreu del món, l'extensió o el nombre d'habitants dels quals està per sota del dels Països Catalans. Sis Estats europeus sobirans tenen menys extensió geogràfica que no pas els Països Catalans: Dinamarca, Suïssa, Holanda, Bèlgica, Albània i Luxemburg.

Els Estats europeus menys poblats que els Països Catalans són dotze:

Bèlgica	9.863.374	(1981)
Bulgària	8.862.000	(1978)
Suècia	8.323.033	(1982)
Àustria	7.505.200	(1980)
Suïssa	6.365.960	(1980)
Dinamarca	5.122.065	(1980)
Finlàndia	4.792.000	(1981)
Noruega	4.092.365	(1981)
Irlanda	3.440.427	(1981)
Albània	2.296.800	(1973)
Luxemburg	364.606	(1981)
Islàndia	229.187	(1980)

Finalment, hi ha deu Estats de la resta del món de menys demografia que els Països Catalans:

Cuba	9.706.369	(1981)
Síria	8.979.000	(1980)
Costa d'Ivori	8.574.000	(1981)
Tunísia	6.554.000	(1981)
Senegal	5.811.800	(1981)
Angola	5.673.046	(1970)
República Dominicana	5.623.000	(1981)
Bolívia	5.599.999	(1980)
Rwanda	5.256.000	(1978)
Congo	1.580.000	(1981)

L'aranès

La Vall d'Aran, situada a l'extrem nord-occidental de Catalunya, té com a llengua pròpia l'aranès, variant dialectal del gascó. El gascó, parlat a la Gascunya —vast territori de l'Estat francès fronterer amb la Vall d'Aran—, és una entitat lingüística vinculada a l'occità. El gascó és considerat per uns com una llengua romànica diferenciada de l'occitana, i per altres com una varietat original pels seus trets peculiars dins el complex dialectal occità. Sigui com sigui, el seu caràcter singular és reconegut per tots els lingüistes.

L'aranès es pot dividir, d'acord amb criteris morfològics i fonètics, en tres zones: l'alt Aran (zona de Pujòlo), el més influït pel català; part del baix Aran i l'Aran mitjà, on el parlar té les peculiaritats més característiques; i els municipis de Bausén i Canejan, amb trets més acostats als de la resta de la Gascunya.

Tot i que no ha estat mai densament poblada (el cens del 1981 donava 5.923 habitants, i al llarg de la història en cap moment no s'arribà a duplicar aquesta xifra), la Vall d'Aran ha mantingut la seva parla durant segles, i fins s'hi ha conreat una literatura en aranès. La particularitat lingüística de la Vall d'Aran és avui reconeguda legalment: «La parla aranesa serà objecte d'ensenyament i d'especial respecte i protecció» (Estatut de Catalunya, article 3, apartat 4). La Llei de Normalització Lingüística de Catalunya (títol V, article 28) estableix un seguit de mesures que concreten el precepte estatutari. Un pas important per a la normalització lingüística aranesa fou l'aprovació de les *Normes ortogràfiques de l'aranès* el 14 de gener de 1983.

Orientació bibliogràfica

Joan COROMINES, *El que s'ha de saber de la llengua catalana,* Ed. Moll, Palma de Mallorca, 1954.

Joan COROMINES, *Introducció a l'estudi de l'aranès,* dins *Entre dos llenguatges*, vol. II, Curial, Barcelona, 1976, pp. 5-28.

Miquel STRUBELL I TRUETA, *Llengua i població a Catalunya,* Edicions La Magrana, Barcelona, 1981.

DIVERSOS AUTORS, *El català a Europa i Amèrica,* Pub. de l'Abadia de Montserrat, 1982.

Xavier TUDELA, *Catalans de fora,* El Llamp, Barcelona, 1985.

Textos complementaris

I

Segons aquesta idea, l'actual configuració lingüística del País Valencià fóra un producte directe de les repoblacions esdevingudes els segles XIII i XIV, després de la conquesta. El dualisme lingüístic del País Valencià —català/aragonès, inicialment, o català/castellà, quan l'aragonès fou bandejat pel castellà— hauria de considerar-se com a consubstancial a la creació jaumina del regne de València.
Aquesta hipòtesi, però, caldria matisar-la considerablement, com a mínim en els aspectes següents:

***i*) Des de bon començament les llengües que es parlaren al País Valencià no foren dues sinó quatre: endemés del català i de l'aragonès, després de la conquesta s'hi parlava àrab —la llengua de la població autòctona, majoritària durant molt de temps i inassimilada fins a la seva expulsió el 1609— i, en algunes petites zones, el castellà —per exemple a Enguera, a la Canal de Navarrés, repoblada per cavallers castellans de Santiago.**
***ii*) Algunes zones que administrativament pertanyen al País Valencià i que són de parla castellana foren conquerides als àrabs abans o independentment de la campanya comandada per Jaume I: així, el Racó d'Ademús, enclavament jurídicament valencià des de Jaume I però poblacionalment aragonès d'ençà que fou conquerida per Pere I el 1210; i la zona nord de l'Alt Palància, conquerida per Pedro Fernández de Azagra i Balasc d'Alagó o la zona de la baronia d'Arenós, a l'Alt Millars, cedida per Abū Sa'īd al seu gendre l'aragonès Ximèn Peres d'Arenós, totes dues repoblades per aragonesos.**

iii) Algunes zones que actualment pertanyen al País Valencià i són de parla castellana s'hi incorporaren en èpoques posteriors a la seva conquesta inicialment duta a terme per castellans: la Foia d'Aiora, conquerida i repoblada per Alfons X de Castella i cedida a Pere II de Catalunya el 1281; Requena i Villena, que no es van incorporar al País Valencià fins el 1851 i el 1836 respectivament.

iv) D'altra banda, la frontera lingüística ha sofert, a l'època moderna, algunes vacil·lacions que no s'han de menystenir: *a*) la zona d'Oriola, inicialment de parla catalana per haver estat repoblada el 1266 per catalans encara que pertanyent a Múrcia (fins i tot després de la incorporació, en temps de Jaume II de les terres alacantines al regne de València), mantenia el català el segle XVI com sembla confirmar aquest text de Martí de Viciana (1564): «*En Orihuela y su tierra siempre se ha guardado la lengua catalana, porque en tiempo de la Conquista se pobló la tierra más de catalanes que de otra nación, de los cuales heredaron la lengua, coraçon, manos y obras*», i fins el 1707 el català fou la llengua oficial de l'ajuntament; *b*) al Vinalopó mitjà la llengua catalana entra a Múrcia sembla que des del segle XIX, quan alguns llogarrets dels termes de Jecla, Jumella i Favanella, el centre dels quals és la vila de Pinós, foren poblats per agricultors valencians procedents, bàsicament, de la Vall de Novelda i fins de la Foia de Castalla; *c*) també al sud del País Valencià existeixen els enclaus castellanoparlants d'Asp i de Montfort des del segle XVII quan, després de l'expulsió dels moriscos, aquests llocs foren repoblats per castellans.

v) Finalment, tot i que en aquest cas no hi hagué un canvi de llengua, val la pena d'esmentar que a Tàrbena i la Vall de Gallinera es parla un dialecte català d'origen baleàric a causa de la repoblació, després de l'expulsió morisca, originària de Mallorca.

Sembla clar, per tant, que, sense negar importància a la conquesta comandada per Jaume I i a la consegüent dualitat demogràfico-política catalano-aragonesa, no tota la frontera lingüística del País Valencià n'és una conseqüència directa. Cal assenyalar, a més, que el mateix Joan Fuster, en un treball recent, ja ha indicat que les repoblacions que degueren esdevenir-se després de l'expulsió morisca i el subsegüent buit de població és possible que hagin de considerar-se, en el futur, fonamentals respecte a la dualitat lingüística del País Valencià: després d'assenyalar que «després de l'expulsió dels moriscos (1609) la cosa canvia. Tot i que les circumstàncies del nou repoblament encara són confuses, l'ingredient castellà demogràfic hi pesa d'una manera òbvia», remet a una nota en la qual posa objeccions serioses a la creença que el component repoblador extern al País Valencià no passés de l'1,6 per cent com generalment han acceptat els historiadors. Les mateixes objeccions han estat represes per Vicent Soler que ha proposat que «l'actual dualitat lingüístico-territorial del nostre país no pot explicar-se per les repoblacions dels segles XIII i XIV sinó per les allaus immigratòries, que van tenir lloc al segle XVII quan les terres ocupades pels moriscos es desertitzaren per l'expulsió del 1609, moltes de les quals provenien de Països castellans o castellanoparlants».

Josep M. NADAL i Modest PRATS, *Història de la llengua catalana* (1982).

II

Català — llengua parlada per gairebé 3.250.000 persones al Principat

Hi ha un segon criteri de «catalanoparlant», però: el «saber parlar el català». En aquest cas, és evident que les xifres augmenten. A Barcelona-ciutat tenim 1.040.505 persones que diuen que saben parlar el català, i a la resta de la «província» en trobem 1.237.880 persones més, donant un total, per a la «província» de Barcelona, de 2.278.385 (un 53,4 % de la població). Fent servir el mateix càlcul i estimació que abans —cosa que podem fer un altre cop degut a la rectitud de la relació entre el percentatge d'autòctons a cada comarca i el percentatge de persones que diuen que saben parlar el català— podem estimar els catalanoparlants, segons aquest criteri, en 73 %, 76 % i 82 % a les «províncies» respectives de Tarragona, Girona i Lleida. Podem estimar el total en cada cas, com segueix:

«Província»	*Població 1975 (padró)*	*Estimació del % que sap parlar el català*	*Estimació del nombre que sap el català*
Tarragona	480.325	73	350.600
Girona	441.796	76	335.800
Lleida	348.360	82	285.700

La suma d'aquestes xifres amb les que ja hem sumat per a la ciutat i «província» de Barcelona ens dóna, aquesta vegada, un total aproximat de 3.250.500 persones, a Catalunya, que saben parlar el català. La xifra representa el 58,76 % de la població total, i contrasta amb la xifra de 68,4 % obtinguda per Salustiano del Campo i la de 77 % trobada en l'informe FOESSA.
Hi ha, doncs, al Principat, un nombre de catalanoparlants que, segons el criteri que elegim (i sempre tenint en compte les estimacions que he hagut de fer) queda entre 2.650.000 i 3.250.000 persones.

País Valencià i les Illes Balears — entre 1.800.000 i 2.720.000 persones parlen català

Com abans, no podem fer més que una estimació, i encara sense l'ajut parcial de dades del padró. Em referiré a dos estudis per al País Valencià. Salustiano del Campo (1977, p. 238) dóna un 37,8 % de la població que tenen com a parla habitual la catalana i 60,2 % de la població que saben parlar el català. FOESSA, en canvi, dóna un 40 % de mestresses de parla habitual catalana, i un 69 % que *sap* parlar el català. Prenent la mitjana dels dos estudis, arribem a les següents xifres:

	Població (padró 1975)	Parla habitual catalana		Saben parlar català	
		(a) %	*(b) total*	*(c)* %	*(d) total*
País Valencià	**3.374.891**	**39**	**1.316.200**	**65**	**2.193.700**

No queda clar, en cap dels dos estudis, si el mostreig inclou o no les comarques de parla històrica castellana, i per això les xifres són molt més incertes que les del Principat.
Mirant ara les Illes, trobem que l'únic estudi sociolingüístic que les ha considerades recentment ha estat el FOESSA, ja que no entraven en el de Salustiano del Campo (1977). FOESSA dóna percentatges realment alts —83 % de mestresses de casa de parla familiar catalana i 91 % que saben parlar el català o «mallorquí». Si bé considero que les vertaderes xifres deuen ésser més modestes, tenint en compte que la mostra inclou un nombre excessiu d'autòctons (taula 18.42, un 84 %), els efectes d'aquest biaix, dins el conjunt dels Països Catalans, no arribaran a més d'un u per cent. La xifra de parlants, en cada cas, és com segueix:

	Població (padró 1975)	Parla habitual catalana		Saben parlar català	
		(a) %	*(b) total*	*(c)* %	*(d) total*
Illes Balears	**586.583**	**83**	**486.900**	**91**	**533.800**

La meva impressió és que les xifres objectives deuen ser entre 70 i 100.000 menys que les calculades, tenint en compte la immigració, i que a les Illes vivien 418.000 persones que hi havien nascut, l'any 1970.
La suma de les dues regions dóna entre 1.803.000 i 2.727.500 parlants de la llengua autòctona, segons el criteri escollit.

La resta dels Països Catalans

Ens resten quatre zones encara per comptabilitzar: i: la franja limítrof entre el Principat i Aragó; ii: el Principat d'Andorra; iii: Catalunya-Nord, i iv: l'Alguer (Sardenya).
La població de la franja d'Aragó és bastant petita —segons el padró del 1975, suma 43.563. Sense cap base objectiva, estimaré el nombre de catalanoparlants en aquesta zona en 15.000.
A Andorra hi ha un nombre considerable de gent d'origen castellanoparlant: segons una font (Congrés de Cultura Catalana 1977), el 28 % sobre la població total (1975) de 26.558. La xifra de catalanoparlants a Andorra, doncs, deu ser pròxima a 19.000. Quant a la moderna ciutat de l'Alguer, a l'illa de Sardenya, la xifra de catalanoparlants és encara més petita que les de la franja d'Aragó i Andorra. Segons Antoni Nugues, especialista en temes algueresos, «desgraciadament, la meitat dels 40.000 habitants de l'Alguer són immigrats, i l'altra meitat el saben parlar, però són menys els qui el parlen habitualment». En aquest context, i de passada, comentaré el fenomen observat a la secció «El canvi lingüístic»

d'aquest llibre i repetit per Nugues, parlant de l'Alguer: «La llengua oficial, la de l'escola, la dels mitjans de comunicació, tot es fa en italià. Molts pares tenen por que parlant l'alguerès a casa, els fills tindran dificultats a l'escola. I també és corrent que les famílies que milloren de posició social es "passin" a l'italià»: signe inequívoc de diglòssia.
Ara bé, a Catalunya-Nord sí que hi ha un contingent encara fort de catalanoparlants. Segons Pere Verdaguer (1976), els metges Català i Carrère observaren que les dues terceres parts de la població rural eren de parla catalana, i una tercera part de la població urbana. Prenent com a base aproximada que la meitat de la població en conjunt és de parla habitual catalana obtenim, sobre un total de 302.300 (dades de l'INSEE per a 1976, citades pel Congrés de Cultura Catalana 1977; la població de Perpinyà era de 102.000 l'any 1968, segons dades oficials) una xifra de 156.000 catalanoparlants a Catalunya-Nord.

Miquel STRUBELL I TRUETA, *Llengua i població a Catalunya* (1981).

III

UN TEXT ARANÈS

Baishant deth Pòrt dera Bonaigua ara esquèrra, e ath hons dera Val, es tucs dera Maladeta an tot er ostiu estienudi ath solei es linçòs des granes gelères. Jamès per jamès es guites ramades qu'apeishiuen tot er ostiu es prats nauts qu'enronden era Val, no peisheren cap enes dera Maladeta, esclafats tot er an dejós deth mantèu immaculat des granes gelères a on eth solei ardent der ostiu s'eslingue impotent.
Açò siguec en aqueri tempsi passadi que Diu Nòste Sénher, entà provar era bonesa des òmes, romaue peth mon vestit d'amoinaire. E un dia d'ostiu s'escaiguec de trauessar es prades dera Maladeta ara ora que i peishien en silènci es granes ramades qu'es pòbles dera Val alavetz i trametien. Formauen aguestes ramades es anhèths de pòbles sancers, quate o cinc mil caps, esbarricats pr'ací pr'aquiu, pera intensa verdor des prats. Cinc pastors (per que ditz eth costum que'n cau un per cada mil caps) e cinc o sies cans les acomboiauen. (...)

(Fragment de la *Legenda des gelères dera Maladeta*).

Traducció catalana:

Baixant del port de la Bonaigua a l'esquerra i al fons de la Vall, els pics de la Maladeta tenen tot l'estiu estesos al sol els llençols de les grans geleres. Mai dels mais els feréstecs ramats que pasturen tot l'estiu als prats alts que volten la Vall no han pasturat als de la Maladeta, aixafats tot l'any sota el mantell immaculat de les grans geleres per sobre de les quals el sol ardent de l'estiu llisca impotent.
Això va ésser en aquells temps passats en què Déu Nostre Senyor per provar la bondat dels homes, voltava pel món vestit de captaire. I un dia d'estiu s'escaigué que va travessar les prades de la Maladeta a l'hora en què hi pasturaven en silenci els grans ramats que els pobles de la Vall llavors hi enviaven. Formaven aquests

ramats els bens de pobles sencers, quatre o cinc mil caps, escampats per aquí per allà per la intensa verdor dels prats. Cinc pastors (perquè diu el costum que en cal un per cada mil caps) i cinc o sis gossos els acompanyaven.

Suggeriments de treball

1. Compareu l'expansió de la llengua catalana al llarg de la història amb la del basc i el gallec.
2. Tema de debat: relació entre la demografia i la vitalitat lingüística. Fixeu-vos en la situació demogràfica actual i compareu-la amb la del segle XV.
3. Busqueu les raons històriques de la independència d'Andorra, únic Estat on el català no comparteix l'oficialitat amb cap altre idioma.
4. Amb el llibre *El català a Europa i Amèrica*, i el de Xavier Tudela, *Catalans de fora,* cerqueu informació que documenti la presència viva dels catalans i la llengua a diferents llocs del món.
5. La «Cançó de les Formatjades» era cantada en les festes de Pasqua pels menorquins que emigraren a Sant Agustí (Florida, EUA) durant el segle XVIII La tradició es mantingué viva fins pràcticament a finals del segle XIX. D'aquestes dues estrofes inicials i de la tornada que us en transcrivim a continuació, mireu-ne de fer una versió en català actual i remarqueu-ne els trets més singulars.

   Disciarem lu dol,
   Catarem anb' alagria
   Y n'arem a dá
   Las pascuas a Maria
   O Maria!

   Sant Grabiel
   Qui portaba la anbasciada;
   Des nostro rey del cel
   Estarau vos preñada.
   Ya omiliada,
   Tu o vais aqui serventa,
   Fia del Deu contenta,
   Para fe lo que el vol.
   Disciarem lu dol, etc.

   Y a milla nit,
   Pariguero vos regina;
   A un Deu infinit,
   Dintra una establina.
   Y a millo dia,
   Que los Angles van cantant
   Pau y abondant
   De la gloria de Deu sol.
   Disciarem lu dol, etc.

6. Causes històriques i geogràfiques de la pervivència de l'aranès. Podeu partir de l'article de Joan Coromines citat a les orientacions bibliogràfiques i de la *Gran Geografia Comarcal de Catalunya,* vol. 16.

Tema 2

El procés de romanització

L'ocupació romana de la Península Ibèrica

Les llengües romàniques o neollatines, entre les quals hem de situar el català, constitueixen un grup d'idiomes genèticament afins, resultat de la implantació del llatí en els territoris conquerits.

El poble romà era poc nombrós al començament de la seva existència; el llatí només era el dialecte de Roma i no s'estenia més enllà de la vora dreta del Tíber.

Ara bé, arran de la Segona Guerra Púnica, amb la intenció de barrar el pas a les forces cartagineses, acabdillades per Hannibal, els romans, que tenien la supremacia a les aigües septentrionals de la Mediterrània occidental, arriben a Empúries l'any 218 a.J.C. i conquereixen fàcilment la costa hispànica mediterrània.

Aquest primer contacte representaria, a la llarga, un dels fets més cabdals de la nostra història. Significà l'inici de set segles de domini, durant els quals els nostres avantpassats s'integraren en l'engranatge polítíco-militar de Roma, que s'acabà amb l'esfondrament de l'Imperi a principis del segle V.

Segons l'historiador J. M. Salrach, no és del tot cert, com s'ha divulgat massa

Estàtua d'Esculapi trobada a la ciutat grega d'Empúries. (IMH).

sovint, que els romans no es proposessin una assimilació violenta dels pobles sotmesos. La romanització fou, en definitiva, una colonització i, lògicament, s'empraren mesures repressives per vèncer els focus de resistència. Se sap que algunes tribus ibèriques com els ilergets, comandades per Indíbil i Mandoni, es revoltaren fins a la mort; més tard d'altres (ausetans, lacetans) s'hi sumaren. No és fins al regnat de l'emperador Vespasià (69-79) que es comencen a recollir els primers resultats de l'ofensiva político-cultural de Roma.

També és cert, però, que un factor important, la superioritat i el prestigi de la cultura romana, facilità la ràpida submissió política i la subsegüent assimilació lingüística. Per als indígenes, els quals veieren en l'establiment dels romans la possibilitat de noves formes de vida molt més avançades i enriquidores, l'ús del llatí comportava un augment de prestigi social.

Les zones costaneres foren assimilades més ràpidament que les terres de l'interior. Entre les darreres cal destacar les comarques del Pallars i la Ribagorça, on es parlava la llengua basca, romanitzades posteriorment com a resultat de la seva cristianització. Aquest petit decalatge cronològic determinà, com veurem més tard, juntament amb altres factors, les posteriors diferències lingüístiques.

Els romans dividiren en dues parts les terres peninsulars conquerides: la Citerior (Catalunya, part d'Aragó i la zona costanera de València i Múrcia) i la Ulterior, que abastava una gran part de la Bètica, concretament la vall del Guadalquivir. Administrativament, les nostres terres quedaren incloses dins la província Tarraconense, romanitzada principalment per veterans llicenciats de les legions romanes. El llatí que difongueren, d'acord amb el seu estatus social, era menys culte que el que s'estengué per la Hispània Ulterior. La Via Augusta, eix fonamental de comunicacions, formava part de la llarga via que unia Roma amb Cadis. Aquestes dues raons, el contacte directe amb Roma i el nivell de llatí transmès (el de les capes populars), fan que la llengua originada en aquest indret, és a dir, el català, mantingui solucions lingüístiques més innovadores.

El substrat

Quan els romans arribaren a la Península, trobaren un seguit de pobles autòctons, afaiçonats per llengües i cultures distintes. Aquests pobles, com hem dit abans, foren assimilats plenament a la nova civilització; ara bé, abans deixaren rastres palesos de la seva existència.

El concepte de *substrat* engloba totes aquelles característiques pròpies de la llengua anterior a la conquesta romana, és a dir, les llengües pre-romanes, que d'alguna manera han romàs en la nova llengua derivada del llatí després de la substitució lingüística. Aquesta herència pre-romana, minsa en alguns casos, fosca en d'altres, no s'ha de menystenir, ja que és un dels factors que modelen de manera diferent les futures llengües romàniques.

Podríem dividir en quatre les llengües que actuaren com a substrat sobre el nou idioma que s'estava gestant.

– En primer lloc, els anomenats grups indoeuropeus, que arribaren en etapes diferents (segles x i vii a.J.C. / segles vii i v a.J.C.) a la Península Ibèrica.

Cal entendre per «grups indoeuropeus» un conjunt de llengües procedents, segons sembla, d'un mateix tronc lingüístic que abracen un ampli territori, des de l'Índia fins a l'Atlàntic.

Tenint en compte que ens movem en un terreny delicat, ja que els coneixements sobre els diferents pobles indoeuropeus que trepitjaren les nostres terres es troben tot just a les beceroles, prestigiats filòlegs i historiadors han optat per emprar el terme de «substrat indoeuropeu o cèltic». Cal pensar també que alguns mots d'origen celta, com per exemple *cervesa, carro, braga, camisa,* etc., ens arribaren a través del llatí, on prèviament s'havien introduït amb anterioritat a la romanització de la Península. Amb tot, la influència del substrat cèltic, a Catalunya, és poc important. Seríem injustos, però, si no esmentéssim alguns dels sufixos celtes que han pervingut en la nostra toponímia: els noms de lloc acabats en -ú (procedent del celta -DUNUM): *Besalú, Salardú, Verdú, Boldú,* etc. També són celtes els topònims acabats en -BRIGA: *Vall-llobrega, Vallabriga, Talabre...*

– Gairebé simultàniament a l'arribada de grups indoeuropeus, pels volts del segle VII a.J.C., arriba, a través de la Mediterrània, un dels pobles que gaudia de més prestigi en aquell moment: els grecs. La seva preponderància féu que el procés de romanització, sobre els territoris que ocuparen, fos més lent i difícil que en altres indrets. Les colònies més importants que fundaren foren Empúries (Empòrium) i Roses (Rhode). Ara bé, malgrat els cinc segles de colonització, el substrat grec és relativament poc important.

Mapa de l'Imperi romà a la fi del segle IV. (*Gran Enciclopèdia Catalana*, volum 12, p. 711, primera reimpressió corregida: febrer de 1981.)

Els grecs, com els fenicis, arribaren a les nostres costes empesos per un afany estrictament comercial, a la recerca de metalls (estany, or, plata, aram). Per tant, els nuclis de població que fundaren foren simplement establiments comercials que, amb el temps, esdevindrien autèntiques ciutats. L'herència que ens deixaren, doncs, és bàsicament de tipus cultural. A ells devem la introducció de la moneda, el torn de terrissaire, la vinya i l'olivera, al costat d'un *modus vivendi* refinat i fonamentat en el plaer estètic.

La gran majoria d'hel·lenismes que posseeix la llengua catalana o bé ens arribaren a través del llatí, fruit d'anteriors contactes entre les dues llengües, o, ja en una època més tardana, s'han adoptat en la creació de noves paraules del llenguatge científic. *Aire, pedra, oliva, esponja, escorpí, marbre, hora, esfera,* etc. són exemples d'hel·lenismes que ja posseïa la llengua llatina.

– La relació amb els fenicis culminà en la fundació d'una colònia: Eivissa (654 a.J.C.); en foren els primers pobladors i, naturalment, donaren nom a l'illa (IBUSIM).

Si alguna importància té l'arribada d'aquests pobles a casa nostra (indoeuropeus, grecs, fenicis) és precisament pel fet d'haver actuat com a forces cristal·litzadores que possibilitarien, més tard, la creació de la primera cultura pròpia, és a dir, la civilització ibèrica.

Efectivament, el món ibèric fou un producte cultural autòcton, que no podem considerar, però, com un tot homogeni. Foren els primers indígenes dels futurs Països Catalans que empraren un sistema propi d'escriptura; si més no, és el primer poble que habità el nostre país (no d'una manera exclusiva, ja que s'estengueren per bona part de la Península Ibèrica) del qual coneixem el nom.

Cronològicament, abastaren dos períodes històrics prou delimitats: el primer comprèn els segles VI, V i IV a.J.C. i el segon els segles II i I, fins a arribar gairebé a l'inici de la nostra Era. És a dir, l'un com a pobles independents i l'altre sota el domini romà.

Contràriament a la vella hipòtesi que atorgava als ibers el caràcter d'invasors, procedents d'Àfrica, les darreres investigacions coincideixen a dir que la civilització ibèrica fou el resultat d'un procés de transformació cultural. Els últims estudis atorguen als fenicis (enfront dels grecs, considerats els protagonistes principals durant molt de temps) un paper destacat en l'origen d'aquesta civilització.

Malgrat tot, aquesta hipòtesi tampoc no és la definitiva. Els historiadors encara es pregunten com unes tribus pre-ibèriques tan oposades han arribat a confluir en una sola civilització i, és més, resulta gairebé paradoxal constatar que a Empúries, principal colònia grega, la iberització fos més superficial que al País Valencià (a excepció d'Ullastret).

Una llengua no-indoeuropea i pre-romana, la basca, que ha perdurat fins avui, ha estat considerada per molts filòlegs com una reminiscència de l'antiga llengua dels ibers. Malgrat que les últimes descobertes tendeixen a no identificar el poble basc i el poble iber, les seves llengües respectives sembla que pertanyen a la mateixa família i han donat origen a l'anomenat «substrat ibero-basc».

És en la toponímia, sobretot de la part nord-occidental de Catalunya, on el substrat ibero-basc té més importància. Pobles com *Esterri, Sort, Gerri, Mont-*

gerri, Sanaüja, etc. deuen el seu origen als pobladors ibèrics, l'aportació dels quals, a nivell de lèxic comú, és poc rellevant (*esquerra, pissarra, estalviar, paparra, xarrupar, marrà, carabassa,* etc.).
L'element de tipus no-lingüístic que determinà la fragmentació del llatí en les diferents llengües romàniques fou la caiguda de l'Imperi Romà l'any 476 arran de les invasions germàniques. Significà el trencament de les relacions amb la Metròpoli, la qual, i com a conseqüència, deixà d'exercir la seva força unificadora, força que mantenia en estat latent les divergències que ja es trobaven en el si del llatí. Durant molt de temps, però, el cristianisme, com a fenomen social i polític, s'erigirà en força capitalitzadora i continuarà romanitzant les terres que havien estat dels romans.

Orientació bibliogràfica

Antoni Maria BADIA I MARGARIT, *La llengua catalana dins la Romània,* dins *Llengua i cultura als Països Catalans*, Edicions 62, Barcelona, [4]1975, pp. 11-73.

Jordi BRUGUERA, *Història del lèxic català,* Enciclopèdia Catalana, Barcelona, 1985.

Josep M. NADAL i Modest PRATS, *El substrat pre-romà* i *Romanització i cristianització,* dins *Història de la llengua catalana,* vol. I, Edicions 62, Barcelona, 1982, pp. 17-54.

Josep Maria SALRACH, *La civilització romana,* dins *Història dels Països Catalans,* vol. I, Edhasa, Barcelona, [2]1982, pp. 69-93.

Manuel SANCHIS GUARNER, *Aproximació a la història de la llengua catalana,* Ed. Salvat, Barcelona, 1980.

DIVERSOS AUTORS, *La cultura ibèrica,* «L'Avenç», núm. 14 (març de 1979).

Textos complementaris

I

Dins del retard ja esmentat, la llatinització fou molt més ràpida a la ciutat que al camp. De fet, a l'època que ara estudiem, fou sobretot un fenomen urbà. A la ruralia seria molt més lent i tardaria segles a consumar-se. Cal dir, fins i tot, que a les valls pirinenques més occidentals de Catalunya persistiren nuclis de població no llatinitzada encara en una època que ja podem anomenar lingüísticament romànica: hom suposa, per exemple, que a comarques com el Pallars es parlà una llengua indígena de tipus bascoide fins cap als segles VI o VII. En l'àmbit urbà, en canvi, la parla indígena es perdé molt abans, com ho palesa el fet que durant el segle I hi desapareguessin les inscripcions en llengua i alfabet ibèrics. Cal suposar que des d'aleshores les classes més riques i les classes mitjanes de les ciutats van usar el llatí com a vehicle normal d'expressió, i, d'aquests grups socials, la nova llengua aviat va passar a les classes menys afavorides; en són testimoni les inscripcions llatines de les tombes més modestes. La llatinització de la gent de la ciutat es degué en bona part a l'organització de l'ensenyament, amb la creació

d'escoles de minyons per a formació de nens en la cultura llatina i d'escoles públiques per als estudis dels adolescents. Per primera vegada en la història dels Països Catalans, una part molt considerable de la població —la urbana, sobretot— en edat escolar fou escolaritzada, i cal suposar que moltes famílies benestants contractaren el servei de pedagogs grecs als quals, amb caràcter particular, encomanaren la instrucció de llurs fills.
El nivell de coneixements de la llengua i de la cultura llatines assolit per alguns sectors de la societat catalana de l'Alt Imperi ha quedat reflectit en alguns textos, sobretot en les inscripcions epigràfiques, de les quals n'hi ha algunes força significatives. Per exemple, uns pedestals barcelonins no posteriors a Trajà (98-117), dedicats a Pedani Emilià i a L. Pedani Eufron, tenen unes inscripcions en capitals quadrades, elegants, simètriques i molt perfectes, testimoni d'una vida cultural intensa.

Josep Maria SALRACH, *Història dels Països Catalans* (1982).

II

Des del port de Tarragona, que n'era receptor, i també a través de la molt fressada Provença, es propagaven les innovacions lingüístiques que difonia Roma. La Via Augusta, contigua a la mar i molt freqüentada, donava coherència a les comarques costenques de la Tarraconense, però era, en canvi, molt poc transitada dellà el Salt de Cazorla, quan s'endinsava per la Hispània Ulterior. Això explica que mentre que el llatí de la Bètica s'aturava en un estadi culte i arcaïtzant, el llatí vulgar de la Tarraconense fos, al contrari, molt accessible als neologismes que irradiava Roma, per tal com durant les èpoques de la República i de l'Alt Imperi, totes les innovacions lingüístiques es produïen a l'urbs capital. El llatí de la Tarraconense, doncs, a més de vulgar fou modern, mentre que el de la Bètica era més culte i arcaïtzant.
Les terres valencianes i les de l'actual Principat estigueren incloses dins la mateixa Província Tarraconense des de la darreria del segle III a.J.C. fins al començament del segle II a.J.C., és a dir durant els cinc segles en què es produí la romanització dels països del Mediterrani occidental i que foren el període d'esplendor de l'urbs; el procés fou lent, però arribà a consumar-se plenament, i foren la Bètica i la Tarraconense les províncies més intensament romanitzades. En temps de l'emperador Tiberi havia deixat ja d'emprar-s'hi l'escriptura ibèrica.

Manuel SANCHIS GUARNER,
Aproximació a la història de la llengua catalana (1980).

III

El català, en el decurs de la seva història, ja com a llengua, roman fidel a la tònica de la seva formació interna: cap estridència no se l'enduu, modifica relativament poc els seus trets idiomàtics, i, quan ho fa, és lent en les seves modificacions. Si

comparem el francès, el català i el castellà moderns amb llurs modalitats medievals corresponents, ens adonarem que el francès d'avui és el que més difereix de la llengua medieval; el castellà ve després (hi ha una bona diferència entre el castellà actual i el castellà antic, però no és tan remarcable com en francès), i, finalment, el català és, de tots tres, el menys distanciat de la fase antiga. Per això, al nostre país, l'anomenada «cultura general» permet de llegir sense dificultats greus els textos medievals en versions genuïnes. Caldria, potser, fer una excepció quant a la història de la pronunciació, que ha sofert algunes transformacions importants (sempre, però, menys importants que les de les altres dues llengües), però el nostre enunciat té validesa en general.

El català ha estat, doncs, menys modificat que el francès i el castellà. Això ja es desprèn de les condicions de la seva formació: fidelitat a la llengua mare és conseqüència de la pregonesa de la romanització del país. Comparem alguns exemples. Del llatí *alteru* provenen el català *altre,* el francès *autre,* i el castellà *otro* (per al francès, i, en general, per a tots els casos, cal atendre, és clar, a la pronunciació, no a la grafia, que a vegades duu un retard considerable); del llatí *filiu:* cat. *fill;* fr. *fils,* cast. *hijo;* del llatí *falce:* cat. *falç,* fr. *faux,* cast. *hoz;* del llatí *vespere:* cat. *vespre,* fr. *vêpre,* castellà *víspera.* En tots aquests exemples, escollits a l'atzar, es veu com el català és menys lluny del llatí que les altres dues llengües. Cal reconèixer que és una mica agosarat de fer aquestes afirmacions. Simplement volem fer veure el tipus menys evolucionat, en general, del català.

A.M. Badia i Margarit, *Llengua i cultura als Països Catalans* (1975).

Suggeriments de treball

1. Expliqueu la importància de la romanització des d'un punt de vista estrictament cultural.
2. Busqueu informació sobre les revoltes acabdillades per Indíbil i Mandoni.
3. Coneixeu altres topònims d'origen celta? Podeu consultar el llibre de J. Bruguera citat a l'orientació bibliogràfica.
4. Distingiu el significat de *llengua pre-romana* i *parlar pre-romànic.*
5. Busqueu hel·lenismes que pertanyin al llenguatge tècnico-científic. ¿A partir de quins prefixos s'han format? Són emprats també per altres llengües? Podeu consultar el llibre de Jordi Bruguera citat a l'orientació bibliogràfica.
6. Situeu geogràficament tots els topònims que s'esmenten al llarg del capítol. ¿Se'n pot extreure alguna conclusió?
7. Comproveu, personalment, si és cert el que afirma el filòleg Badia i Margarit (text complementari) respecte a la facilitat/dificultat de lectura de la llengua catalana i castellana, respectivament, en els seus textos medievals.
8. En un mapa mut, marqueu la línia que seguia la Via Augusta. ¿Com s'anomenaven, en llatí, les ciutats més importants? A quin nom actual corresponen?

Tema 3

La formació de la llengua catalana

El superstrat

Mentre la llengua catalana s'estava gestant, quan era tot just un parlar preromànic, tres fets històrics hi incidiren de manera diferent:

L'arribada dels visigots, la invasió dels àrabs i la posterior dominació dels francs.

La influència que exerceix qualsevol llengua introduïda àmpliament en el territori d'una altra, sense arribar, però, a substituir-la, rep el nom de *superstrat.*

Superstrat germànic

Els problemes que planteja l'estudi del superstrat germànic són, a grans trets, els següents:
Discernir, en primer lloc, la procedència exacta de cada mot, ja que de pobles germànics invasors n'hi hagué més d'un (sueus, vàndals, alans, visigots, francs). Dels tres primers no n'ha quedat gairebé més rastre lingüístic que el topònim «Campdevànol» < CAMPUS VANDALUS.
En segon lloc, tenir ben present que molts d'aquests grups estaven fortament romanitzats, com, per exemple, els visigots, els quals establiren entre l'any 414 i el 418 un regne, amb capital a Barcelona, que abraçava la Gàl·lia meridional i el nord-est peninsular. Més tard, foragitats pels francs de bona part de les seves possessions gàl·liques, fundaren el regne de Toledo (554). La dominació visigoda es perllongà fins a l'any 711, en què els àrabs iniciaren la conquesta de la Península. Quan els gots s'establiren en territori hispànic ja feia temps que havien entrat en contacte amb el món cultural romà i amb el llatí. Aquest fet i, entre d'altres, els permanents conflictes i divisions internes que caracteritzaren la monarquia visigoda, que mai no aconseguí d'establir un veritable Estat nacional peninsular, permeteren una relativa continuïtat de la cultura llatina, mantinguda essencialment per l'Església, i la progressiva adopció del llatí per part dels visigots.
En tercer lloc, tenir en compte la cronologia de les invasions. El nivell d'evolució del català era prou avançat quan els francs (l'últim poble d'origen germànic) s'establiren a casa nostra; no obstant això, la seva influència fou considerable.
I, finalment, distingir els germanismes introduïts indirectament a través del llatí o bé, en èpoques més tardanes, a través del provençal.
En definitiva, de germanismes en català n'hi ha molts i abasten diversos camps semàntics: *bandera, guerra, espia, treva, mariscal, sabó, llesca, rostir, bugada,*

Guifre el Pilós, segons la genealogia del Casal de Barcelona del monestir de Poblet. (IMH)

esquena, botó, orgull, blanc, blau, lleig, boig. És curiós constatar també com a partir del segle V la majoria d'antropònims són d'origen germànic: *Ferran, Arnau, Berenguer, Bernat, Roger, Ramon, Guillem, Adolf*.

Superstrat àrab

La conquesta sarraïna dels regnes gots peninsulars fou molt ràpida, uns cinc anys, cosa que evidencia la feblesa de la monarquia visigoda a què ens referíem abans. Els àrabs continuaren la seva expansió més enllà del Pirineu, però foren deturats pels francs.

La influència de l'àrab sobre el naixent parlar romànic, que més tard esdevindrà la llengua catalana, no tingué la mateixa ressonància a tot arreu. Depengué, bàsicament, del temps de permanència a les diferents terres envaïdes.

La penetració d'arabismes en el català es produí a través de València, les Balears i la Catalunya Nova (Tortosa, Lleida, Tarragona), és a dir, aquelles terres que més temps estigueren sota el domini islàmic (València, Mallorca i Eivissa no foren conquerides fins al segle XIII, en temps del rei Jaume I); en canvi, la Catalunya Vella fou conquerida a començaments del segle IX per l'Imperi Carolingi, en la seva ofensiva contra l'expansió de l'Islam, i només romangué sota domini àrab uns vuitanta anys. En síntesi, la Catalunya Vella comprenia les comarques pirinenques —a excepció de la zona ocupada pels bascos, el racó càntabro-pirinenc, que es mantingué refractari a qualsevol invasió; a l'Alta Ribagorça i al Pallars romangueren vius, fins a prop del segle x, parlars pre-romans de tipus bascoide— i les terres compreses entre el riu Llobregat i la costa mediterrània.

Els mossàrabs conservaren la religió cristiana sota la dominació islàmica de la Península Ibèrica. A nivell col·loquial empraven un parlar romànic però mai no l'escrivien, ja que totes les manifestacions culturals les rebien en àrab. No hi hagué una llengua peninsular pròpiament mossàrab, sinó diversos dialectes regionals en funció de la diversitat del llatí. El caràcter de comunitat bilingüe (ús alternat d'un parlar romànic i de l'àrab) els convertí en importants transmissors culturals.

L'aportació lingüística àrab fou important, però no tant com en les altres llengües romàniques peninsulars, el castellà i el galaico-portuguès. I, sobretot, cal remarcar el fet que el català naixent, originari de les terres on els sarraïns romangueren menys temps, pràcticament no en resultà afectat.

Una peculiaritat dels arabismes catalans, els quals abasten tots els camps semàntics, és l'absència, en la majoria de mots, de l'article *-al,* que el castellà i el portuguès solen dur aglutinat al mot: *càmfora/alcanfor, gatzara/algazara, cotó/algodón, barnús/albornoz, raval/arrabal,* etc.

Com a exemples de mots pertanyents al lèxic comú podríem esmentar: *almirall, safareig, gerra, matalàs, catifa, alquímia, quitrà, safata, tassa, setrill,* etc. I com a topònims àrabs, que són nombrosíssims: *Altafulla, Calafell, les Borges, Almacelles, els Alfacs, Vinaròs, Valldemossa, Randa,* etc.

Els francs

Les tropes de Carlemany, l'emperador dels francs, ocuparen Girona ja el 785 i Barcelona el 801, i entre aquestes dues dates s'havien apoderat de l'Urgell, el Pallars, la Ribagorça, Vic i Cardona. Aquests territoris, la Catalunya Vella, foren el nucli d'on, temps després, naixeria Catalunya.

Els francs organitzaren els territoris conquistats en comtats, al davant dels quals col·locaren uns comtes amb funcions polítiques, militars i judicials, que depenien del rei i eren nomenats per ell. Durant els segles IX i X els comtats catalans romangueren més o menys estables. Amb el temps, i coincidint amb un debilitament de la monarquia franca, el càrrec comtal esdevingué hereditari. Així, en morir l'any 897 el comte de Barcelona Guifre el Pilós (que havia aconseguit de reunir en la seva persona els comtats d'Osona, Girona-Besalú, Urgell i Cerdanya), les seves terres foren repartides entre els seus fills.

Amb Guifre el Pilós s'inicia una dinastia, la del casal de Barcelona, que s'anà enfortint i es convertí en el principal comtat català i en l'aglutinador del que serà la futura Catalunya i que havia de regir els destins catalans al llarg de cinc-cents anys.

En el segle X, però, els comtats catalans depenien encara dels francs. El comte Borrell II fou el primer que es negà a jurar fidelitat als monarques francs; al·legant que no n'havia rebut ajuda suficient en la reconquesta de les terres perdudes pels àrabs, trencà els lligams de vassallatge i esdevé un comte inde-

pendent (any 992), fet que sol considerar-se com l'inici de la independència de Catalunya.
Cal pensar, però, que les llengües no sorgeixen d'un dia per l'altre, que existeix un període de transició durant el qual el llatí vulgar anà perdent posicions per deixar lloc, en aquest cas, a la llengua catalana. Se sap que no era llatí, sinó romànic, el que parlaven els habitants de la Catalunya Vella a partir del segle VIII; el III Concili de Tours (813) prescrivia que la predicació fos feta en la llengua vulgar, senyal que al poble li era difícil seguir les prèdiques en llatí.
Un centenar d'anys més tard també els bisbats catalans aconseguiren d'independitzar-se: deixaren de dependre de Narbona i es restablí l'arquebisbat de Tarragona, que ja havia existit en temps visigot.
Durant els segles XI i XII Catalunya, deslligada del poder franc, esdevé un Estat cada cop més poderós que intervé activament al sud de la Gàl·lia i en els territoris peninsulars dominats pels àrabs. A mitjan segle XII, Ramon Berenguer IV acaba la conquesta de les comarques catalanes que encara restaven en mans dels sarraïns: la Catalunya Nova. D'altra banda, aquest mateix monarca es casa (any 1137) amb Peronella, filla de Ramir II, rei d'Aragó, i es produeix així la unió del comtat barceloní i el reialme aragonès.

L'adstrat

Les aportacions que comentarem a continuació, a diferència de les anteriors, que incidien durant l'etapa de gestació de la llengua catalana, ens arriben quan

Monestir de Sant Martí del Canigó.
(Fotografia de Jordi Gumí.)

la llengua es troba desvinculada plenament del llatí, és a dir, quan és ja una llengua romànica.

Les aportacions poden ser de dos tipus: o bé conseqüència d'un període concret de convivència (català/provençal) durant el qual les dues llengües s'influïren mútuament, sense que cap de les dues desaparegués, fenomen lingüístic que rep el nom d'*adstrat,* o bé aquelles que ens arribaren d'una manera indirecta a través d'una altra llengua; n'és un exemple el lèxic de les llengües indígenes d'Amèrica, introduït a Europa a través del castellà: *cacau, cacauet, xocolata, tabac, tauró, lloro, mico, tomàquet, cocaïna...*

Occitanismes-provençalismes: ambaixada, batlle, bosc, canonge, desastre, heretge, empaitar, bacallà... Cal remarcar, per una raó de veïnatge geogràfic, els nombrosos provençalismes que posseeix el dialecte rossellonès.

Castellanismes: La influència castellana ha estat abassegadora i permanent, tant per raons de tipus geogràfic (proximitat territorial) com per factors d'ordre polític (imposició lingüística).

Sembla que abans del segle XIV no es troben pràcticament castellanismes documentats en textos catalans. Els primers apareixen cap a mitjan segle XIV i acostumen a ser fruit de la situació ambiental que presenta el text. Ara bé, posteriors esdeveniments polítics han contribuït a incrementar, abundantment, el nombre de castellanismes: *bàndol, esmorzar, llàstima, hisenda, avorrir-se, amo, enfadar, gandul, cerilla.*

Gal·licismes: La majoria són posteriors al s. XVIII, coincidint amb l'adveniment de la dinastia borbònica i època de predomini del francès: *jardí, frac, perruca, reportatge, sofà, croqueta, dutxa, explotar, clixé, quiosc, vinyeta.* El rossellonès ha incorporat gal·licismes no admesos des d'un punt de vista normatiu.

Italianismes: Ja des del s. XIII, arran de l'expansió marítima pel Mediterrani, han sovintejat els contactes comercials amb Itàlia, llengua que assolí gran prestigi durant l'època de l'Humanisme i del Renaixement: *camerino, cantata, carnaval, cúpula, disseny, comediant, batuta, medalla, violí, diana.*

Sardismes (en l'alguerès): Els nombrosos sardismes que trobem a l'Alguer no han ultrapassat els límits geogràfics d'aquest dialecte català: *babai* (oncle), *lepa* (ganivet), *raguina* (arrel).

Anglicismes: Fruit de la preponderància econòmica dels EUA, aquestes aportacions són conegudes a bastament per tothom, *bistec, beisbol, eslògan, film, futbol, handicap, càmping, boicot.* Les tres dominacions angleses que sofrí l'illa de Menorca (s. XVIII-XIX) fan que el català conservi anglicismes molt peculiars: *xoc* (guix) 'chalk', *boínder* (balcó tancat amb vidrieres) 'bow-window'.

Malgrat aquestes llistes, evidentment no exhaustives, de mots que han enriquit la nostra llengua, fóra injust ignorar que tot sovint l'intercanvi ha estat recíproc, és a dir, que el català ha exercit també una influència d'adstrat sobre altres llengües. N'esmentarem uns quants exemples amb la finalitat de demostrar el vitalisme i la força del nostre lèxic:

- *quijote, balance, pechina, añorar, sobrasada, esmalte, papel, turrón, pantalla, palomar,* etc. són catalanismes que manté en ple ús la llengua castellana.
- catalanismes de l'italià són paraules com *abbucari* (abocar), *badaggliari* (ba-

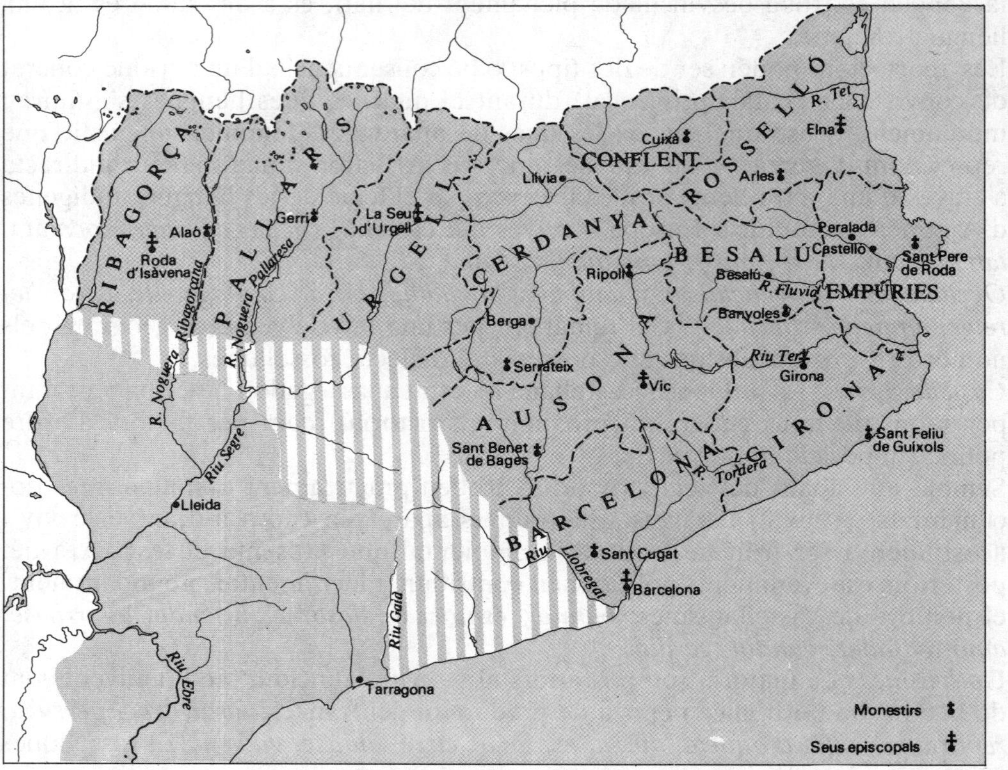

Els comtats catalans als segles X-XI. La frontera era una llenca de terra despoblada.
(*Què és Catalunya*, Edicions 62, 1980, p. 44.)

dallar), *frazzata* (flassada), *sgarrari* (esguerrar), *distrali* (destral), *arrusciari* (arruixar), *muccaturi* (mocador).

– finalment, el sard, llengua autòctona de l'illa de Sardenya, on el català fou oficial, n'ha rebut una forta influència: *prufassonis* (professor), *faristolu* (faristol), *retaulu* (retaule), *cassola* (cassola), *romaninu* (romaní), *freba* (febre), *fusteri* (fuster).

Intercanvis lingüístics

Per entendre realment què han representat i representen, al llarg de la història, els intercanvis lingüístics, cal tenir ben presents els conceptes següents:

Cultisme: És un mot culte o erudit, manllevat de les llengües clàssiques, que no ha sofert l'evolució normal dels altres mots de la llengua, sinó solament una adaptació, i que sovint té sinònims més usats:

FOLIUM ———— FULL (evolució normal; sentit general)
———— FOLI (cultisme adaptat, suprimint -UM; sentit específic)

CATHEDRA	———	CADIRA
	———	CÀTEDRA (cultisme)
PARABOLA	———	PARAULA
	———	PARÀBOLA

Pseudo-derivat: Derivats que es formen partint de l'etimologia d'un mot, i no del mot mateix; o sigui, són cultismes derivats directament del llatí:

Primitiu català	*Pseudo-derivat*	*Mot llatí*
SEGON	SECUNDARI	SECUNDUS
LLAVI	LABIAL	LABRUM
LLIURE	LIBERAL	LIBER

Neologisme: Les llengües no són entitats inamovibles, evolucionen al mateix ritme que la civilització, per tant cal crear noves paraules que responguin a conceptes i objectes desconeguts abans. Un mitjà molt rendible és aprofitar prefixos i sufixos d'origen grec o llatí, sistema emprat per la majoria de llengües, amb la qual cosa els neologismes prenen un abast universal: «automòbil».

- *prefixació:* pre-romà, minifaldilla...
- *sufixació:* alfabetitzar, allunitzar...
- *composició:* pesacartes...
- *abreujament:* auto, mini, maxi...
- *sigla:* CNT, ONU, URSS, EUA, els PNNs, les CCOO...
- *manlleu a una altra llengua:* bluf, xamfrà, atrezzo, film, vedette...
- *combinació de diversos procediments:* cenetista, ugetista...

Barbarisme: A diferència dels manlleus, unitats indispensables, ja que s'adopten quan la llengua en concret no disposa d'un mot més adient i resulta més fàcil manllevar-lo que no pas inventar-lo, els barbarismes són mots que no fan cap servei i contribueixen a arraconar el veritable mot genuí: «limpiabotes».
Mot hereditari: Contràriament als cultismes, són mots que han sofert una evolució fonètica d'acord amb les lleis de la pròpia llengua: TABOLA > taula.
Semicultisme: Engloba aquells mots que han evolucionat d'una manera parcial: MIRACULU > miracle.
Manlleu o préstec: Element lingüístic, gairebé sempre lèxic, que passa d'una llengua a l'altra i s'integra en la que el rep, o bé que, procedent d'un llenguatge especialitzat, passa a integrar-se al llenguatge comú: «frigorífic».
De les llengües a les quals els parlants cultes manlleven expressions fetes, destaca el llatí:

curriculum vitae, ipso facto, sui generis, alter ego, inter nos, peccata minuta, conditio sine qua non, ex cathedra, mare magnum, quid, ex professo, in situ, sine die, a posteriori, in albis, modus vivendi, grosso modo, mea culpa, sic, quorum, summum, in saecula saeculorum, a priori, cum laude, de facto, de iure, in extremis, statu quo.

El català, com les altres llengües modernes, ha manllevat també mots a altres llengües per expressar conceptes o objectes que provenen de països veïns. La incorporació d'aquests mots cal fer-la només en cas de ser necessaris:

- futbol, handbol... (de l'anglès)
- garatge, consomé, sofà, ximpanzé... (del francès)

Orientació bibliogràfica

Jordi Bruguera, *Història del lèxic català,* ja citada.
Josep M. Nadal i Modest Prats, *Entre el llatí i el català. El camí vers la independència i la integració del territori,* dins *Història de la llengua catalana,* ja citada, pp. 83-163.
Josep M. Nadal i Farreras, *La conquesta àrab i la llengua catalana,* «Els Marges», núms. 22-23 (maig/setembre 1981), pp. 3-18.
Lluís Marquet i Ferigle, *Els neologismes científics,* dins *Actes del Quart Col·loqui Internacional de Llengua i Literatura Catalanes,* Publicacions de l'Abadia de Montserrat, 1977, pp. 251-268.

Textos complementaris

I

4. *Base fonamental del lèxic patrimonial o hereditari.* — El fons bàsic del lèxic català és, en la major part, el del llatí vulgar, evolucionat sense solució de continuïtat. Sense voler incidir en una llarga polèmica, no ben liquidada del tot, sobre l'oportunitat del terme *llatí vulgar,* d'altra banda gairebé consagrat per l'ús entre els romanistes, cal advertir d'entrada que entenem amb aquesta expressió el llatí parlat en oposició al llatí escrit, sense cap altra connotació pejorativa. Amb tot, malgrat les diferències que es devien donar entre els dos nivells de llengua, no poden ésser tractats com dues unitats separades. Hem de considerar-los, doncs, com dos sistemes més o menys diferenciats entre ells, però amb moltíssimes coincidències i interferències. De fet, com sol passar gairebé amb qualsevol idioma modern.

(...)

20. *El paper del cristianisme.* — La propagació del cristianisme per l'Imperi Romà contribuí notablement a la consolidació del llatí vulgar, sobretot del seu lèxic. La transmissió de la fe cristiana trobava en la llengua popular el vehicle necessari i adequat. Si bé en els inicis el cristianisme s'havia servit sobretot del grec com a llengua més estesa a l'Orient —de fet, en grec foren escrits tots els textos del Nou Testament—, l'expansió de la nova fe cap a Occident es valgué decididament del llatí, i del llatí popular, atès que, en els primers segles, la predicació del nou missatge s'adreçava sobretot a les classes humils de la societat. Els mateixos traductors de la Sagrada Escriptura i els pastors de les comunitats de fidels es preocu-

paven menys de la forma literària, en major o menor consonància amb el llatí culte i clàssic, que de l'exactitud i la intel·ligibilitat de la doctrina transmesa. No era altra l'actitud d'una figura tan docta com sant Agustí: «*Melius est reprehendant nos grammatici quam non intelligant populi.*» Aquesta mateixa disposició d'adaptabilitat de l'Església seria la que, més tard, amb la lenta transformació del llatí en llengües romàniques, conduiria contràriament a la prescripció del Concili de Tours del 813 de predicar ja *in rusticam romanam linguam.*

21. La revolució que suposà la nova fe, respecte als conceptes i els sentiments, i la necessitat de preservar de contaminacions unes creences i uns costums, sobretot en l'època de la seva propagació, sovint sota les persecucions, donà lloc a remarcables variacions semàntiques en el lèxic usual i a moltes innovacions d'un caràcter ben especialitzat. La majoria d'aquestes innovacions no sofriren gens o gaire les lleis d'evolució fonètica popular i restaren en les llengües romàniques com a mots cultes o semicultes. En parlarem més avall.

Les característiques tan acusades d'aquesta llatinitat han permès de parlar d'un *llatí dels cristians.* Tant els nous creients com els pagans anaren prenent consciència cada vegada més de l'existència d'aquesta llengua especial dels cristians. La distància entre llengua comuna i llengua especial cristiana acabà per desaparèixer pel fet històric de la victòria definitiva del cristianisme sobre el paganisme i el reconeixement oficial de la nova religió, al segle IV, en temps de l'emperador Constantí. Podem dir que, vers el començament del segle V, la llengua corrent dels cristians es va emancipar talment, que fou admesa, amb la seva aportació vulgar, a la tradició literària de Roma.

Jordi Bruguera, *Història del lèxic català* (1985).

II

La presència àrab als actuals dominis lingüístics de la llengua catalana fou, des d'un punt de vista cronològic, molt complexa: a començaments del segle IX, conquerida ja per l'imperi carolingi la Catalunya Vella, el Llobregat establí una línia divisòria entre àrabs i francs que es manifestà terriblement sòlida. Per dessota d'aquesta frontera, el triangle defensiu Tortosa-Lleida-Tarragona assegurava als àrabs el domini de la vall de l'Ebre i, més al sud, de la rica horta de València. Tarragona, Tortosa i Lleida no foren conquerides fins el 1118, 1148 i 1149, respectivament. Un segle més tard, Mallorca i València veien arribar les tropes catalanes de Jaume I (1229 i 1238, respectivament). És obvi que aquesta complexitat havia de reflectir-se en les relacions entre la llengua àrab i el català. Amb prou feines vuitanta anys de domini àrab, i encara relativament superficial, a la Catalunya Vella havien de pesar molt poc en el romanç que s'hi parlava. Quan el català, en canvi, fou dut a Lleida i a Tortosa, sembla que trobà una petita part de la població —els mossàrabs— que encara parlava la llengua romànica autòctona sortida a partir del llatí, no gaire distinta del català, certament, però amb forta influència de l'àrab a causa de la llarga convivència entre ambdues llengües. Indirectament, així, es posaven en contacte el català i l'àrab. Aquest contacte havia de ser més fort, encara, al País Valencià i a Mallorca, on la llengua àrab perllongà un segle més que a Lleida i a Tortosa el seu domini i on, en el cas del País Valencià, s'inicià un contacte durador i directe entre la llengua catalana dels conqueridors cristians i l'àrab: efectivament, els àrabs valencians que no foren expulsats després de la conquesta catalana —els anomenats *mudèjars* o, després de la seva conversió al cristianisme, *moriscos*— romangueren al País Valencià fins el 1609, en el qual constituïen una part important, majoritària en els primers moments, de la població. La seva llengua, una variant de l'àrab com recentment han demostrat Joan Fuster, Dolors Bramon, R. I. Burns, M. Carme Barceló i A. Labarta, havia de conformar de múltiples maneres la varietat dialectal del català que es desenvolupà al País Valencià.

Josep Maria NADAL I FARRERAS,
La conquesta àrab i la llengua catalana (1981).

III

A Guifre el Pelós, que governà quasi trenta anys, li correspon el mèrit d'haver fet arrelar sòlidament la seva nissaga en el poder, cosa que aconseguí mitjançant una agosarada política de conquesta, poblament i defensa del país que li costà la vida, però que li va permetre de crear-se una imatge de prestigi, engendrar un nou comtat —el d'Osona— i repartir terres entre els seus fidels.
(...)
En la història de Catalunya, els anys de govern de Guifre el Pelós i la seva successió representaren, doncs, un primer graó vers la consecució de la independència. L'altre seria la continuïtat de la dinastia i l'encetament d'una política exterior pròpia, no pas mediatitzada per la monarquia franca.
(...)
Quan copsem tota la intencionalitat del viatge que pel desembre del 970 emprengueren cap a Roma el comte Borrell de Barcelona i el bisbe Ató de Vic —obtenir les butlles necessàries per a la creació d'un arquebisbat català independent—, ens adonem que a nivell de dirigents s'havia produït un canvi transcendental dins de Catalunya: d'una actitud passiva envers el fet de la independència, actitud que consistia a continuar governant el país mentre els reis francs se'n desentenien, s'havia passat a l'actitud d'una classe dirigent que, conscient dels seus interessos i de les seves obligacions, prenia la iniciativa de dirigir i orientar les fases ulteriors del procés d'independització. Tot plegat vol dir que si, com creu Abadal, un pretès sentiment nacional no va estar als inicis de la marxa de Catalunya vers la independència, és evident que quan aquesta va començar a ser una realitat, i els grups dominants del país van assumir-la, van capitalitzar-la i van defensar-la, aleshores, en els cercles reduïts de comtes i col·laboradors seus, potser va començar a néixer un sentiment que hom no dubtarà a anomenar nacional quan gradualment i amb el pas dels segles s'anirà estenent entre altres capes de la població.

J.M. SALRACH, *La independència de Catalunya* (1978).

Suggeriments de treball

1. Quina llegenda envolta la figura de Guifre el Pilós?
2. A què es deuen, històricament, els catalanismes que posseeix l'italià i el sard? Podeu consultar *El que s'ha de saber de la llengua catalana,* de Joan Coromines.
3. ¿Quin significat tenen els antropònims d'origen germànic esmentats en el present tema? Podeu consultar el *Diccionari de noms de persona,* de Josep M. Albaigès i Olivart (Edicions 62).
4. Busqueu 10 castellanismes que hagin estat admesos al *Diccionari general de la llengua catalana* i 10 que no. A quin segle pertanyen, aproximadament, els primers? Consulteu la *Història del lèxic català,* de Jordi Bruguera.
5. Amb l'ajuda de les llistes que ofereix Jordi Bruguera al llibre esmentat, busqueu alguns arabismes del *Libre dels feits,* de Jaume I.

Tema 4

Les llengües romàniques

Panorama general

Com hem vist, a partir del segle v d.J.C. la unitat política, administrativa i cultural del món romà s'esfondrà amb la caiguda de l'Imperi d'Occident el 476 arran de les invasions germàniques. S'inicia així el llarg procés que originà les diverses llengües romàniques.

Els països que formaren part de l'Imperi Romà s'engloben sota el terme de *Romània;* comprèn també les diferents llengües romàniques, procedents del llatí vulgar; no del llatí clàssic i literari, sinó d'un nivell més col·loquial de la llengua. Són les següents:

Romània occidental
- galaico-portuguès
- castellà o espanyol
- català
- occità o provençal
- francès
- sard
- rètic o retoromànic (amb el romanx a Suïssa, el friülès al nord d'Itàlia i el ladí a l'Engadina [Suïssa] i a les Dolomites [Itàlia])

L'astur-lleonès, l'aragonès, el gascó i el francoprovençal són llengües embrionàries; és a dir, no han assolit un desenvolupament ple.

Romània oriental
- italià
- romanès
- dàlmata (és, però, una llengua que s'extingí cap a la fi del segle XIX).

Els trets distintius que justifiquen aquesta classificació són:

- presència (occidental) / absència (oriental) de -s final com a morfema de plural: *homes - uomini, estudiants - studenti, noies - ragazze*
- sonorització (occidental) / conservació (oriental) de les oclusives sordes intervocàliques: *cabell - capello, delicadesa - delicatezza, amiga - amika*

A partir dels inicis de la decadència de l'Imperi romà, vers el segle III d.J.C., s'aguditzaren els canvis interns del llatí, potenciats per diversos factors. Les raons bàsiques que determinen la fragmentació del llatí vulgar en les diverses llengües romàniques es poden esquematitzar de la manera següent:

– El caràcter poc uniforme del llatí vulgar.
– La procedència social i geogràfica dels colonitzadors.
– Les comunicacions amb Roma.
– La intensitat de la romanització.
– L'acció del substrat.
– El superstrat.
– Les tendències evolutives espontànies, pròpies de cada llengua.

Cal tenir en compte, però, que molts dels territoris que pertanyeren a l'Imperi Romà mai no arribaren a romanitzar-se plenament des d'un punt de vista lingüístic; d'altres, romanitzats superficialment, abandonaren l'ús del llatí en benefici d'altres llengües, fruit de conquestes posteriors. Aquestes terres han rebut el nom de «Romània perduda». Així mateix, algunes de les llengües romàniques s'estengueren posteriorment en territoris que mai no es trobaren a l'abast dels romans, terres que es coneixen amb el terme de «Romània nova» (Amèrica central i del sud).

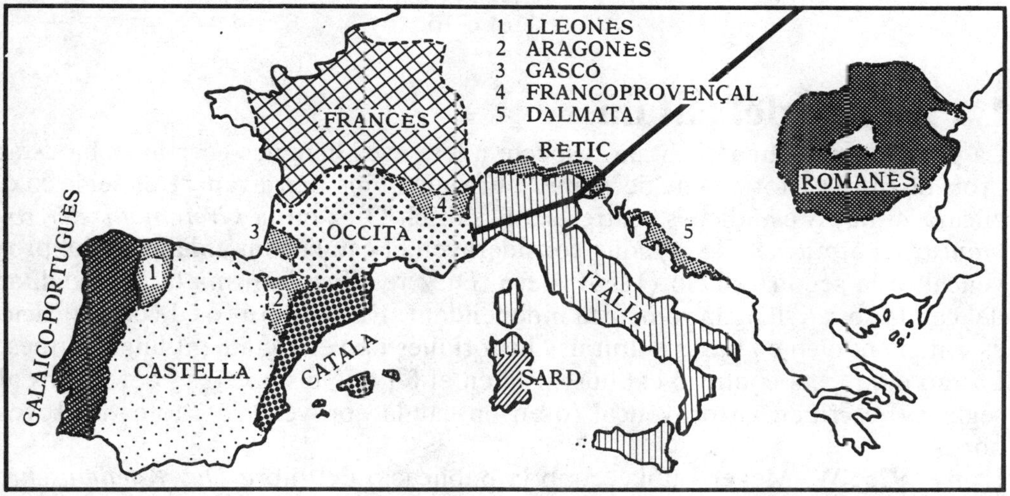

Mapa de les llengües romàniques. (Joan COROMINES, *El que s'ha de saber de la llengua catalana*. Editorial Moll, 1954.)

L'indoeuropeu

El gran mèrit de la lingüística de principis del segle passat, l'anomenada lingüística històrica, fou precisament el de determinar, amb criteris de parentiu o afinitat genealògica, que les llengües romàniques comptaven amb el privilegi de ser l'únic grup lingüístic, altament homogeni, del qual es coneixia i s'havia conservat la font, és a dir, la llengua mare (el llatí). Aquesta procedència comuna ja fou intuïda, però, molts segles abans. Dante, a començaments del segle XIV, s'adonà amb força clarividència de l'afinitat entre les llengües romàniques occidentals; ens en parla a la seva obra *De vulgari eloquentia* (1315).
Això no obstant, l'origen del llatí no és tan clar. No disposem encara d'unes conclusions definitives i de moment resta inclòs dins el grup de llengües in-

doeuropees, concepte sorgit al segle passat, el qual engloba un conjunt de llengües amb característiques comunes i alhora molt diferenciades que evidentment devien procedir d'un mateix tronc. L'únic que se sap d'aquestes llengües és que ocupaven originàriament la part meridional de Rússia, des d'on s'estengueren per bona part d'Europa fins al nord de l'Índia.

Família indoeuropea:
- l'indoirànic
- l'anatòlic
- el traci
- el grec
- l'il·liri
- l'albanès
- el vènet
- l'itàlic (el llatí, l'osc i l'umbre)
- el bàltic
- l'eslau
- el germànic
- el cèltic

La filiació del català

La posició que ocupa el català respecte a les seves llengües germanes ha estat prou discutida i tot sovint de manera errònia. Fins ben avançat el segle XIX, encara hi havia estudiosos, entre ells Friedrich Diez en la *Grammatik der romanischen Sprachen* (1836), que consideraven el català com a dialecte del provençal; a la segona edició (1856), però, Diez rectificà i afirmà la personalitat del català com a llengua romànica independent. Els seus criteris de classificació es fonamentaven en bases culturals i històriques i no estrictament lingüístiques. La raó d'aquesta confusió cal buscar-la en el fet que els nostres poetes, fins al segle XV, escriuen en provençal (o en un català aprovençalat) totes les seves obres.

L'any 1925, W. Meyer-Lübke, amb la publicació del llibre *Das Katalanische,* resol definitivament, després de dubtes i vacil·lacions, el problema de la peculiaritat del català, però n'obre un altre que encara ha tingut més ressò: la seva subagrupació romànica.

Meyer-Lübke i A. Griera, per camins diferents, coincideixen a incloure el català en el grup de les llengües gal·lo-romàniques (occità, francès). Filiació que s'enfronta a la teoria exposada per Ramón Menéndez Pidal en el seu llibre *Orígenes del español* (1926), el qual defensa el caràcter ibero-romànic del català, és a dir, la seva afinitat amb l'aragonès, el lleonès, el portuguès, el mossàrab i, en menor proporció, amb el castellà. Badia i Margarit, l'any 1955, amb la finalitat de cloure aquesta polèmica un bon xic bizantina i tenyida de fortes connotacions ideològiques, s'hi afegeix dient que el català és una llengua-pont, és a dir, fonèticament s'acosta al grup gal·lo-romànic, mentre que morfològicament manté connexions amb les llengües ibero-romàniques. Aquesta teoria ha estat fortament criticada pel seu caràcter excessivament generalitzador. Posteriorment han estat altres els filòlegs (Germà Colon, Joan Coromines, Francesc de Borja Moll, Gerhard Rohlfs) que, sense gaire apassionament, han intervingut en la polèmica. De totes aquestes aportacions caldria destacar la de Germà Colon, el qual, en el llibre *El léxico catalán en la Romania,* justifica l'evident predomini de tipus lèxics gal·lo-romànics que posseeix la llengua catalana. La resta d'autors esmentats s'inclinen també a considerar el català com a llengua gal·lo-romànica.

El nom de la llengua

¿A partir de quin moment s'empra, amb plena consciència nacional, la designació de llengua catalana? D'on prové exactament el nostre gentilici?

El català, com la resta de llengües romàniques, rebé la denominació de «romanç» (derivatiu de Roma) a partir dels seus orígens. A mesura que les diferències s'acreixien, calgué recórrer a designacions especificatives que distingissin una llengua romànica de l'altra. Aquest terme, excessivament genèric, propi d'una etapa d'anonimat, permeté, també, destriar-les dels altres parlars d'origen distint. Simultàniament a l'ús de «romanç», s'utilitzaren altres mots per designar, sempre d'una manera generalitzadora, la nostra llengua *vulgar, pla, lingua materna.* El primer compta amb certes connotacions pejoratives. Fa referència a un model de llengua inferior a la llatina. Contràriament, la paraula *pla* és sinònim de claredat i el seu ús ens demostra com els parlants, allunyats cada vegada més del llatí, optaven decididament per la nova llengua en detriment del prestigi del llatí.

Hem d'esperar al començament del segle XII, amb el poema pisà *Liber Majolichinus,* escrit al voltant del 1115, per trobar les primeres formes llatines documentades *Catalania, Catalanicus, Catalanensis.* Curiosament, els primers esments es troben en escrits italians i fan referència a la primera conquesta de Mallorca (1114-1115), duta a terme conjuntament amb la República de Pisa, en temps de Ramon Berenguer III.

Aquesta tardana aparició —cal pensar que la sobirania nacional s'assolí aproximadament l'any 992— no vol dir que no s'empressin anteriorment termes aproximatius.

Una altra designació, llargament polèmica, ha estat la paraula «llemosí» (nom d'un dialecte occità; vegeu text complementari número 1 del tema 11). Com hem dit anteriorment, els nostres poetes sentiren tanta admiració pels trobadors occitans que fins i tot n'adoptaren la llengua. Fou una dependència literària, només en el conreu de la poesia, que finalitzà amb l'aparició d'Ausiàs March al segle XV. Aquest fet de caràcter cultural i una certa dosi de malícia feren creure, durant molt de temps, que el català era un simple dialecte de l'occità i, per tant, contribuïren a denominar *llemosina* la llengua catalana i tota la seva producció literària. Afortunadament, aquest mot no ha estat mai utilitzat pel poble.

A finals del segle XIV, arran de la preponderància cultural del País Valencià, s'hi abandona l'ús de *llengua catalana* i s'hi estén majoritàriament el de *llengua valenciana.* Aquest canvi, aparentment inofensiu, ha estat el germen d'aferris-

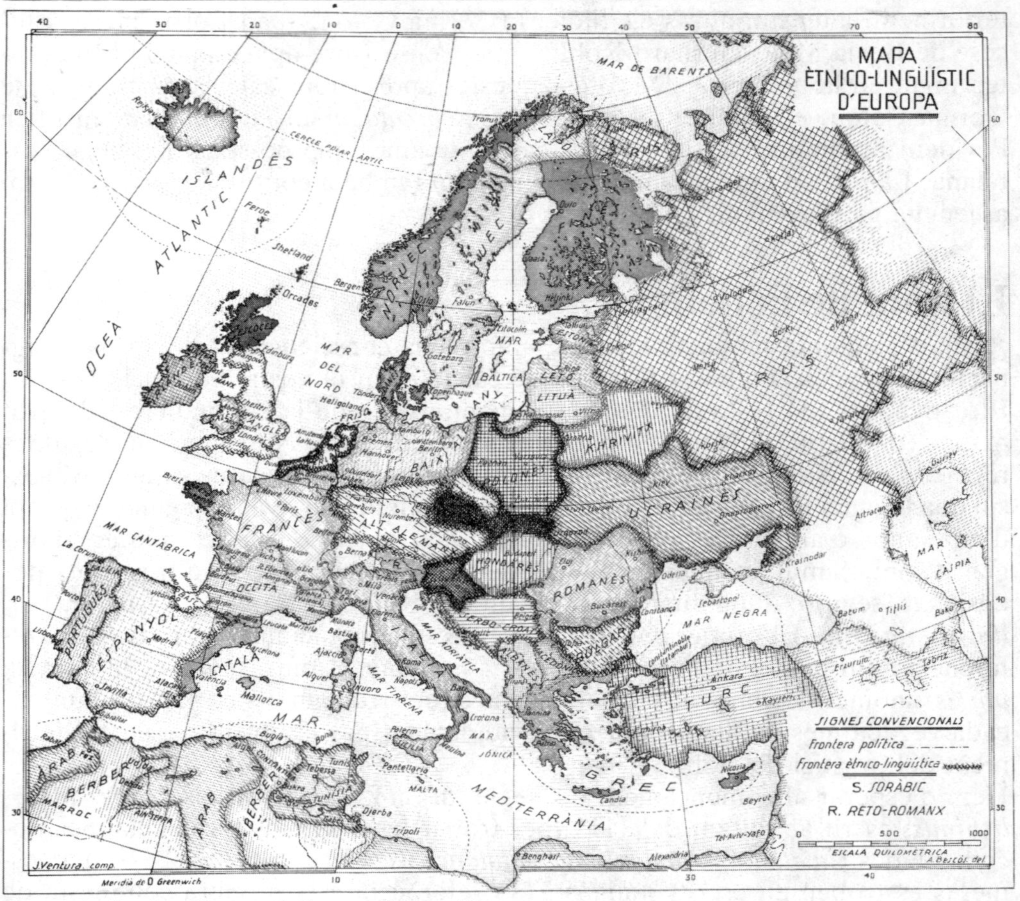

Mapa de les llengües d'Europa. (J. Ventura, Tàrrega, 1975.)

sades discussions, sota les quals s'amaguen posicions clarament polititzades, és a dir, extralingüístiques. Per una banda els defensors d'una llengua valenciana, no catalana, els quals, sense cap argument científic, intenten dividir la nostra unitat lingüística negant l'opinió dels més prestigiosos filòlegs del país i d'arreu del món. Per extensió, però d'una manera menys intensa, els illencs han reivindicat també termes localistes per designar la seva llengua.

Cal dir que entre les nombroses hipòtesis sobre l'origen del nostre gentilici, Joan Coromines destaca amb preferència l'etimologia proposada pel fonetista alemany Schopf (1919), segons el qual el mot estaria relacionat amb l'antiga tribu ibèrica dels *lacetani,* habitants de la zona central i oriental de Catalunya; el resultat hauria estat fruit d'una metàtesi, és a dir, d'una alteració en l'ordre dels sons. Malauradament, però, totes les teories resten ben lluny de ser definitives i el mot *català* és encara d'origen problemàtic.

Orientació bibliogràfica

Antoni Maria BADIA I MARGARIT, *Determinació del català*, dins *Gramàtica històrica catalana,* Tres i Quatre, València, ²1981, pp. 3-12.

Charles CAMPROUX, *Las lenguas románicas,* ed. Oikos-tau, Vilassar de Mar, 1980.

Rafael i Carles CASTELLANOS, *Els problemes lingüístics al món actual,* Bruguera, Barcelona, 1967.

Miquel COLL I ALENTORN, *La naixença de Catalunya,* Fundació Jaume I, Barcelona, 1978, pp. 44-49.

Germà COLON, *La denominació de l'idioma,* dins *La llengua catalana en els seus textos*, vol. I, Curial, Barcelona 1978, pp. 39-71.

Joan COROMINES, *Extensió i origen del nom nacional,* dins *El que s'ha de saber de la llengua catalana,* ja citada, pp. 67-90.

Joan MARTÍ I CASTELL, *El nom de la nostra llengua* (pp. 27-30) i *El català i les altres llengües romàniques* (pp. 45-54), dins *Gramàtica catalana. Curs superior,* Edhasa, Barcelona, ²1982.

Textos complementaris

I

INDOEUROPEU -EA *1 adj.* Relatiu o pertanyent als indoeuropeus o a l'indoeuropeu. 2 *m.* i *f. HIST* Individu d'un poble, d'origen obscur (bé que actualment alguns historiadors el consideren oriünd de les estepes asiàtiques), que, per raons de clima i per motius sòcio-econòmics, efectuà diverses migracions vers el Danubi, els Balcans, la vall del Rin, l'altiplà de l'Iran i el nord de la península indostànica (segle XIII aC), i també, posteriorment (~ segle XI aC), vers el nord d'Alemanya, les illes Britàniques, França, la Península Ibèrica i Itàlia. Coneixedors de la metal·lúrgia del bronze i de la del ferro, els indoeuropeus s'imposaren damunt els pobladors primitius de les diverses regions amb llurs costums i llur civilització. 3 *m. LING* Nom emprat convencionalment (i equivalent a l'alemany *indogermanisch* i a l'anglès *aryan*) per a designar la llengua parlada en una regió no ben determinada de la planura europea (costes de la mar Bàltica, vall del Danubi, Ucraïna) a la fi del neolític i al començament de l'edat del bronze (~ 3000-2000 aC), i de la qual no han estat conservats documents escrits de cap mena. Gràcies a la lingüística comparada (Bopp) i als neogramàtics (Brugmann, Delbrück, Os-thoff, Ascoli) hom n'ha pogut conèixer, en gran part, l'estructura fònica i gramatical, així com també el vocabulari. Atès que la relació entre el significant fònic i el significat no és una relació natural i necessària, la semblança entre els significants que determinades llengües empren per a expressar un mateix significat (pare: antic indi *pitár*, avèstic *pitar*, grec *patḗr*, llatí *pater*, osc *patir*, gòtic *fadar* [alemany *Vater*, anglès *father*], tokhari B *pācer*, irlandès *athir*) no és deguda a l'atzar, sinó que cal atribuir-la o bé a un préstec lingüístic, o bé a una forma d'una llengua que ha originat totes les altres, o bé a una forma, que no és do-

cumentada, i que n'origina d'altres. Aquest darrer fóra el cas de l'indoeuropeu, que únicament ha pogut ésser reconstruït amb l'ajut del mètode comparatiu. Així, les formes primigènies solen anar precedides d'un asterisc (*pəter) per a indicar que es tracta de formes reconstruïdes teòricament i no documentades. Hom estableix, a partir d'un vocabulari fonamental, sèries de correspondències que defineixen el parentiu entre les diverses llengües i que permeten de conèixer els principals trets de l'estructura i del vocabulari de la llengua originària. D'aquesta manera, hom ha pogut demostrar que la majoria de les llengües conegudes d'Europa (llevat del basc, de l'hongarès i del finès), del SW de l'Àsia i de l'Índia són emparentades i deriven d'una llengua única. Resta establerta l'existència d'una família lingüística indoeuropea que comprèn diversos grups: l'*indoirànic* (o *ari*), l'*anatòlic* (amb l'hittita cuneïforme, el luvi, el palaic, l'hittita jeroglífic, el lici, el lidi, el frigi i l'armeni), el *traci*, el *grec* (documentat ja a partir del 1400 aC en les tauletes micèniques), l'*il·liri*, l'*albanès*, el *vènet*, l'*itàlic* (sobretot el llatí, l'osc i l'umbre), el *bàltic*, l'*eslau*, el *germànic* i el *cèltic*. Amb tot, l'indoeuropeu, llengua relativament recent (3000-2000 aC), no pot ésser conegut d'una manera exhaustiva. Suposa l'existència d'una unitat ètnica i cultural, bé que dotada d'una unitat lingüística no perfectament homogènia, sinó dotada d'una divisió dialectal (llengües *centum* i llengües *satam*) més recent. És en aquest sentit que la unitat de llengua que representa l'indoeuropeu no és equiparable a la unitat de raça: en cap moment no existí una raça indoeuropea o ària, i la interpretació mítica d'aquesta raça, feta a partir de l'ascendència lingüística indoeuropea, ha d'ésser considerada abusiva. (Martín S. Ruipérez.)

Gran Enciclopèdia Catalana (1975).

II

V] Recapitulació.—1) El català és una llengua fonamentalment i originàriament hispànica, encara que la zona de llatí vulgar corresponent a l'angle nord-est d'Ibèria presentés ja diferències morfològiques i lexicogràfiques bàsiques en relació a la resta de la península, diferències que s'expliquen pel fet que l'esmentat angle roman més ben comunicat amb la resta de la Romània. Essent hispànic, el català s'ha alliberat de certes influències substratístiques que arriben fins al provençal, com la palatalització de U > ü, i per això Menéndez Pidal ha pogut emprar el seu paral·lelisme amb el gallec, tot i que de seguida restringirem el valor d'aquest paral·lelisme. 2) Sobre el destí d'aquesta llengua, s'interposà la història: ja en la dominació visigòtica, però més en el període posterior a la invasió àrab, amb els inicis de la Reconquesta (fets que corresponen als segles VI al IX, que hem qualificat com a decisius en la formació dels idiomes romànics), el territori de l'incipient romànic català està preferentment orientat, en tots sentits, cap al nord. Aquesta orientació, en l'època més crucial per a l'establiment d'uns trets idiomàtics que, vacil·lants, podien cristal·litzar en qualsevol direcció, fou decisiva, i per això, tal com observà Meyer-Lübke, la major part de criteris gramaticals i lèxics del català són també comuns al provençal. La comparació amb el gallec (com la que podríem emprendre amb el gascó, si ens erigíem en paladins de la unitat pirinenca) té més

poc valor després de les lluminoses pàgines d'Amado Alonso, per tal com es refereix a una sèrie de fenòmens bàsicament comuns a totes les llengües romàniques occidentals tret del francès. 3) No s'ha de parlar, doncs, de gal·lo-romanisme ni d'ibero-romanisme del català (com no s'hauria de parlar del seu pirineisme), si no és com a denominacions purament geogràfiques, no exemptes de perill. Si de cas, hi ha un cert eclecticisme del català, o, si hom s'estima més, es tracta d'una llengua hispànica amb majoria de trets lingüístics ultrapirinencs.

Antoni Maria BADIA I MARGARIT, *Gramàtica històrica catalana* (1981).

III

Quin nom van donar els catalans a llur llengua a l'edat mitjana? ¿Tenien consciència clara de la independència d'aquest idioma respecte als parlars vulgars del migdia de les Gàl·lies?
És la mateixa saviesa que sembla dictar, al començament del segle XV, les paraules de fra Vicent Ferrer: «Digau: en què coneix hom una persona de qual terra és? En lo lenguatge; car si vós parlau ab hom estrany, en la lengua conexereu de qual terra és. *Si parla català, oo! català és; si parla francès, francès*, etc.; car la lengua dóne a conèxer la persona de qual terra és.»
Com tots els idiomes romànics a l'edat mitjana, el català ha passat per una etapa d'anonimat. Quan hom s'hi refereix, és amb expressions genèriques, com *lingua materna, vulgar, pla, romanç*, etc., que es fa. Hem d'esperar la fi del segle XIII i la primera meitat del XIV per trobar-lo esporàdicament assenyalat sota l'etiqueta de *catalanesch*.
Antoni Rubió i Lluch ha estudiat les denominacions nascudes durant aquest període de balbuceigs (...). Segons Rubió, un document del 1362 —que fóra en certa manera una partida de bateig— porta amb totes les lletres el nom de *lengua catalana*.
(...) L'apel·lació de *català* o de *llengua catalana* s'ha imposat, doncs, i el seu ús és corrent des del darrer terç del segle XIV. I encara entrarà en concurrència fins al segle XVI amb les de *vulgar, pla* i *romanç*.
(...) L'aplicació de *llemosí* al català, i particularment a la llengua antiga, és deguda a savis i a erudits; no ha estat mai popular.

Germà COLON, *La denominació de l'idioma* (1978).

Suggeriments de treball

1. Busqueu informació sobre les diverses teories que justifiquen l'origen del nostre gentilici. Podeu consultar la *Història de Catalunya* de l'editorial Salvat, vol. II, pp. 31-32.
2. Quines són les causes de l'extinció del *dàlmata*. Quina zona abraçava? Podeu consultar la *Gran Enciclopèdia Catalana*.

3. Quines terres comprendria la Romània perduda? I la Romània nova?
4. ¿Per quina raó el lleonès, l'aragonès, el gascó i el francoprovençal són llengües embrionàries?
5. Completeu el quadre de la classificació de les llengües indoeuropees. ¿Quines llengües comprèn el germànic? Podeu consultar l'article «Llengua» de la *Gran Enciclopèdia Catalana.*
6. Quines són les diferències bàsiques entre el llatí vulgar i el llatí clàssic? Podeu consultar l'article «Llatí» de la *Gran Enciclopèdia Catalana.*
7. Tenint en compte el mapa de les llengües romàniques, busqueu:

    1. En quins Estats polítics es parlen
    2. Amb quines altres llengües, no necessàriament romàniques, limiten
    3. Quins són els seus Estats polítics fronterers?

8. Intenteu traduir al català aquest fragment en llengua occitana moderna

Un còp i auie un pagés de Garós
qu'anaue entath mercat de Hòs
na véner un paèr de cerides.
Coma es cerides de Garòs an ua nomenada
d'èster es mès bones de tot eth parçan de Pujòlo,
eth pagés que se gège castèths
de trèi-ne tan plan dus sòs,
d'aquera mercaderia que portaue en pèiro.
Mès guardatz vosati que,
en arribar en Pònt de Rei,
qu'ei dessús deth Garona
e que lo cau passar entà anar tà Hòs,
se trapèc tamb un doanèr que li barraue eth pas

9. Compareu aquestes traduccions a totes les llengües romàniques de la primera estrofa d'un poema de Josep Carner. (Extret d'«El Full», números 33-34, 12 de desembre de 1984).

HI HA MATINS...

De sobte, hi ha matins que só com un vellet
i bufo dolçament les volves del vestit,
i poso belles comes si faig algun sonet
i saludo el passant amb un braç encongit.

Josep Carner,
Primer llibre de Sonets, 1905

FRANCÈS

IL Y A DES MATINS...

Tout d'un coup, il y a des matins où je suis comme un
[vieillard
Je souffle doucement la poussière de ma veste,
Je trace des belles virgules si je fais un sonnet,
Je salue les passants avec un humble geste.

traducció de **Stela Bratescu**

RÈTIC

LA DAMAUN...

Mintgaton la damaun sun jeu in vergliurd
e suflel jeu plaunet la puorla ord'il vestgiu
e mettel bialas commas sche jeu fetschel in sonnet
e salidel il viandont cul bratsch scursanaus.

traducció de **J. Esteve Riba**

OCCITÀ

I A DE MATINS...

De còp i a de matins que som coma un aujòl
e bofi doçament los borrilhs de la farda
e meti de belas virgulas se fai qualque sonet
e saludi los passants amb lo braç arrucat.

traducció de **Teresa Juvé**

ITALIÀ

CI SONO MATTINE...

All'improviso, ci sono mattine che sono come un
[vecchietto
E soffio dolcemente i fiochi del vestito
E metto belle vérgole se faccio alcun sonetto
E saluto il passante con un braccio raggrinzato.

traducció de **Stela Bratescu**

ROMANÈS

VIN DIMINETI...

Deodat, vin dimineti cind ca un batrinel
Salut pe trecatori cu gest pierdut si mic,
O scama de pe haina eu suflu usurel,
Si pun frumoase virguli intr-un sonet peltic.

traducció de **Stela Bratescu**

ESPANYOL

HAY MAÑANAS...

A veces, hay mañanas en que me siento anciano
y soplo suavemente las motas del chaleco
y pongo bellas comas, en algún soneto llano
y saludo a los que pasan, con tímido gesto.

traducció de **Stela Bratescu**

GALLEC

AI MAÑÁS...

Ai mañás cando, de súpeto, son como un velliño
e sopro docemente o lixo do traxe,
e saúdo ó caminante con un brazo encollido
e poño belas vírgulas cando fago algún soneto.

traducció de **Rogelio Gómes Pousa**

Tema 5

Llengua i dialecte

La llengua i les seves varietats

Quan es diu que el català, el castellà o el francès són llengües o idiomes s'està generalitzant i deixant de banda les diferències, sovint molt notables, amb què aquestes llengües són parlades en les seves respectives àrees lingüístiques. Si es parla de *català* —o de qualsevol altra llengua— és per simplificar —per comoditat—, ja que cal donar un nom genèric a totes aquelles modalitats idiomàtiques d'una àrea geogràfica determinada que es relacionen pel fet que tots els parlants s'hi entenen.

Només cal observar el nostre entorn per adonar-nos que el català, com tota llengua viva, no és un organisme uniforme i invariable, sinó que es troba diversificat en múltiples varietats d'ús segons els llocs, les persones i les situacions. Hi ha diferències evidents entre el parlar gironí i el parlar lleidatà, entre una conversa familiar i un discurs acadèmic, entre una carta a un amic i una instància o un poema. Però, malgrat això, el parlant té consciència que, en tots els casos, la llengua utilitzada és la catalana i no una altra.

Les modalitats idiomàtiques d'una llengua són, bàsicament, de tres tipus:

- *Variants diafàsiques o estilístiques.* En cada circumstància els parlants utilitzen un registre idiomàtic o un altre, adaptat a la situació concreta en què es troben; s'adopta un estil diferent segons que s'estigui en una festa d'amics, en un acte solemne, davant d'una persona desconeguda, davant d'un nen, etc.
- *Variants diastràtiques o socials.* L'estratificació sòcio-econòmica de la comunitat condiciona el nivell cultural de les persones i, per tant, els usos lingüístics varien també segons les capes socials; així, es parla de *nivells de llenguatge* o *dialectes socials* (llenguatge culte, estàndard, col·loquial; llenguatges especialitzats; argots, etc.), malgrat que els límits entre ells no sempre siguin gaire precisos.
- *Variants diatòpiques o geogràfiques.* Totes les llengües presenten variants fonètiques, morfosintàctiques i lèxiques dins les diverses àrees geogràfiques del seu domini lingüístic; aquestes modalitats diferents d'un idioma són el que, normalment, s'anomenen *dialectes.*

Conceptes de llengua i dialecte

Una llengua és un sistema de signes conegut i utilitzat per una societat per tal de comunicar-se. Cada idioma té un codi específic, és a dir, un conjunt propi de signes lingüístics i de regles combinatòries capaç de construir infinitat de missatges entenedors per als seus parlants. Les llengües es distingeixen les unes de les altres precisament perquè tenen codis diferents. Només es comprèn el

que diuen els parlants d'un altre idioma si, prèviament, s'ha accedit al coneixement del codi d'aquest.
Llengua, però, és un concepte abstracte, teòric. Parlar és usar una llengua, materialitzar-la, concretar-ne alguna d'aquestes possibilitats. Dialecte significa etimològicament «llengua», «manera de parlar» i «varietat de llengua». Tothom quan parla ho fa en dialecte i, alhora, és clar, en una llengua. Per això, doncs, aquesta no és més que el conjunt dels seus dialectes, sense que n'hi hagi cap de «superior» als altres: tots són varietats i parts constitutives essencials de l'idioma.
Es pot dir, per concloure, que el terme dialecte s'empra en diversos sentits, en funció del criteri que s'adopti, i que es poden resumir en els següents:

– *Dialecte geogràfic.* És cada una de les modalitats adoptada per una llengua en els diversos territoris que constitueixen la seva àrea lingüística. Entre els parlants d'un dialecte o un altre no hi ha, tret d'alguns casos aïllats, especials problemes de comprensió, tot i que tenen consciència de les diferències entre les seves variants. Amb aquest sentit es parla de *mallorquí* (el català de Mallorca), d'*andalús* (el castellà d'Andalusia), de *toscà* (l'italià de la Toscana), etc. El vocable dialecte s'usa generalment amb aquest significat.
Com a complement d'aquest concepte, se sol parlar de *subdialecte* a fi de designar aquelles zones que, dins un dialecte, es caracteritzen per l'existència de peculiaritats no compartides per tota l'àrea dialectal. Aquestes particularitats no són prou nombroses ni prou importants com per a erigir-se en dialecte independent.

Retrat de Jaume I en una taula gòtica valenciana. En les seves conquestes es troba l'origen dels dialectes balears i valencians. (IMH.)

– *Dialecte social.* És cada una de les variants, sobretot de tipus lèxic, que caracteritzen la parla de determinats grups o capes socials. Es pot parlar, doncs, de llenguatge culte i llenguatge col·loquial, de llenguatge científic, de llenguatge esportiu, etc. En aquest sentit, el concepte de dialecte s'identifica amb el de variant diastràtica definida abans.

– *Dialecte històric.* Tots els idiomes pertanyents a una mateixa família lingüística començaren per ser dialectes —variants— d'una llengua prèvia. Així, per exemple, les llengües romàniques ho foren en un temps del llatí i, a través d'un llarg procés de diferenciació, arribaren a la seva situació actual.

Dialecte i llengua estàndard

Com s'ha dit abans, tota llengua es concreta en una sèrie de modalitats socials, estilístiques i geogràfiques. Ara bé, al costat de totes aquestes varietats les llengües de cultura en posseeixen una altra, anomenada *llengua estàndard,* que, per damunt de les diferències dialectals, facilita la intercomunicació entre tots els parlants d'un mateix idioma. El dialectòleg Joan Veny ha caracteritzat així la llengua estàndard:

1. Com una institució social, posseeix les seves normes (ortogràfiques, gramaticals, lèxiques, eventualment ortoèpiques), que, generalment, acata la comunitat parlant, sobretot la culta.
2. És cultivada estilísticament pels escriptors, poetes, pensadors, etc.
3. És el mitjà de comunicació utilitzat per la premsa, la ràdio, la televisió.
4. És ensenyada a les escoles.
5. És més elaborada en molts camps del lèxic, com el científic, el tècnic industrial, el filosòfic, el literari, etc.
6. Gaudeix d'un prestigi de llengua «noble», «fina», «alta».
7. És la llengua de l'administració.

La llengua estàndard constitueix, en definitiva, un model lingüístic convencional acceptat per una comunitat com a mitjà d'expressió parlada o escrita. Aquest codi general, conegut a nivells cultes arreu de l'àrea lingüística, és el que s'utilitza com a llengua literària, administrativa, etc. per tota la col·lectivitat. La llengua comuna o estàndard, que no coincideix sovint amb cap de les formes naturals d'expressió de la comunitat (és a dir, els dialectes), està formada, això no obstant, sobre la base d'un dels dialectes, convertit en model per raons extralingüístiques: prestigi cultural, imposició política...
Cal posar en relleu el fet que totes les variants d'un idioma són, des del punt de vista lingüístic, igualment vàlides, per la qual cosa resulta improcedent —i ridícul— afirmar que tal dialecte o tal altre és més «pur» i/o més «ric» que la resta. Com també ho és usar el terme dialecte en sentit pejoratiu i creure que és «provincià» i poc «culte» expressar-se en una modalitat dialectal distinta a la que constitueix la base del llenguatge estàndard: «(...) totes les varietats dialectals —diu Joan Veny— són dignes, respectables, amb les seves normes de puresa, correcció, propietat.»

Una altra cosa és que, per a determinats usos orals, i en especial, escrits, sigui convenient d'emprar la modalitat estàndard o general, que, de fet, és la que sustenta la unitat de l'idioma. Malauradament, en el cas del català, un seguit de circumstàncies històriques prou conegudes han motivat que la variant estàndard (recordem que és la que s'utilitza a l'escola, als mitjans de comunicació i a l'administració) sigui poc, mal o no gens coneguda per una part important dels catalanoparlants i que, a més, hagi estat substituïda forçadament, sobretot a nivell escrit, per unes altres llengües: el castellà, el francès o l'italià, segons els llocs.

D'altra banda, no és estrany que en els Estats plurilingües (el francès o l'espanyol, per exemple) s'usi el vocable dialecte amb significacions equivocades i acientífiques. En efecte: per ignorància o per motivacions polítiques s'ha utilitzat —i encara hi ha qui utilitza— el mot dialecte per designar les llengües no «oficials», que són vistes com a «maneres de parlar que no arriben a llengua» i/o com a «degeneracions o corrupcions d'una altra llengua». Una mostra d'això la tenim en el fet que encara perduren idees com que «el català és una barreja de castellà i de francès», idea tan aberrant com seria dir que «el castellà és una barreja de català i de portuguès». No cal dir que les causes històrico-polítiques apuntades en el paràgraf anterior expliquen a bastament l'existència d'aquests conceptes erronis que no tenen res a veure amb el que la ciència lingüística ensenya.

Causes de la divisió dialectal del català

L'estructura d'una llengua és bàsicament fònica i morfosintàctica. Les variants dialectals del català no afecten essencialment l'estructura de l'idioma. Per això, la llengua catalana mostra una gran unitat malgrat els seus dialectes. S'ha de tenir en compte que, com remarca l'il·lustre filòleg Joan Coromines, «les diferències entre els dialectes catalans són més aviat reduïdes si les comparem amb les que separen el castellà de Castella del d'Andalusia i del d'Amèrica, i són decididament molt menys considerables que les que separen els uns dels altres els dialectes italians i els dialectes anglesos».

Ja des del segle passat se sol dividir el domini lingüístic del català en dos grans grups de dialectes: el *català oriental* i el *català occidental*. Els trets diferencials més notables entre ambdues branques (que són estudiats en el capítol següent) són, sobretot, de tipus fonètic.

Les causes de la divisió dialectal, tot i les teories elaborades pels historiadors de la llengua, no són gaire clares. La qüestió, molt complexa per ella mateixa, es veu enfosquida, entre altres raons, perquè la llengua antiga, que és on cal anar a cercar els orígens de la partió, gairebé no mostra diferències dialectals. Aquesta uniformitat és deguda (vegeu el tema 10) al fet que la documentació administrativa i la literatura seguiren, arreu del domini, el model lingüístic —la llengua estàndard de l'època— establert per la Cancelleria reial. Tot plegat, doncs, dificulta, de més a més, l'establiment d'una cronologia clara del moment en què apareixen les diferències dialectals, ja que, òbviament, no tots els canvis que separen el català oriental de l'occidental es produïren al mateix temps.

D'altra banda, hem de tenir present que hi ha dialectes *constitutius* (els que ja existien en les zones on nasqué la llengua) i *consecutius* (els que són resultat del trasplantament del català des dels seus nuclis originaris a uns altres territoris a causa de l'anomenada Reconquesta), cosa que complica el problema pel fet que cal esbrinar les causes de la divisió tant en els seus orígens com les raons per les quals una determinada zona conquerida s'integrà dins un bloc o un altre. Això no obstant, i com es veurà en el capítol següent, les causes dels consecutius solen ser, en la majoria dels casos, força més diàfanes que les dels constitutius.

Les hipòtesis més recents que tracten d'explicar la bipartició del català en dos blocs es poden reduir a dues. La de Manuel Sanchis Guarner, proposada en els anys cinquanta, es basava en el substrat pre-romà. En síntesi, la zona oriental de Catalunya hauria estat ocupada per pobles de llengua indoeuropea —cèltica, per entendre'ns—, mentre que la zona occidental correspondria a pobles de llengües pre-indoeuropees (el basc i l'ibèric). Aquests parlars pre-romans haurien condicionat l'estructura futura de les dues branques dialectals, especialment pel que fa al vocalisme. L'arqueologia ha demostrat en aquests darrers anys que la hipotètica distribució de pobles indoeuropeus i no indoeuropeus en les dues zones esmentades no corresponia a la realitat (s'han trobat restes celtes i ibèriques arreu de Catalunya), per la qual cosa la teoria de Sanchis no gaudeix avui de gaire acceptació.

Recentment, Antoni Maria Badia i Margarit ha forjat una nova hipòtesi, partint de la romanització i del substrat. Així, les zones més romanitzades i les que tingueren una arabització superficial que no alterà la romanització corresponen al català oriental; els territoris poc o no gens romanitzats (el Pallars, la Ribagorça) i aquells que s'haurien desromanitzat a causa d'una arabització més pregona (les terres de Lleida i de l'Ebre), en els quals, per tant, el substrat pre-romà seria més fort, corresponen a l'occidental.

La hipòtesi de Badia, però, no ha convençut tots els estudiosos, en especial perquè atribueix una influència excessiva als pobles pre-romans i perquè no té prou en compte que hi ha diversos canvis diferenciadors dels dialectes que no es produïren fins als segles XV i XVI i, en aquests canvis, «costa un xic de veure-hi —com diu Joan Veny— efectes tan retardats de característiques pròpies dels parlars anteriors a la romanització».

Tot i que les teories esmentades posen en relleu elements que és raonable de pensar que degueren tenir més o menys incidència en la fragmentació dialectal, cap d'elles no resol definitivament la qüestió.

Orientació bibliogràfica

Antoni M. BADIA I MARGARIT, *La formació de la llengua catalana,* Publicacions de l'Abadia de Montserrat, 1981.

DIVERSOS AUTORS, *Problemàtica de la normativa del català,* Pub. Abadia de Montserrat, 1984.

Aina MOLL, *Problemàtica del català estàndard,* «Serra d'Or», núm. 317 (febrer de 1986).

Josep M. Nadal i Modest Prats, *Història de la llengua catalana,* ja citada, vol. I, pp. 41-49.
Manuel Sanchis Guarner, *Aproximació a la història de la llengua catalana,* ja citada, pp. 27-38 i 69-76.
Joan Veny, *Els parlars catalans,* Moll, Palma de Mallorca, [6]1986.
Joan Veny, *Dialecte i llengua,* «Els Marges», núm. 30 (gener de 1984).
Joan Veny, *Introducció a la dialectologia catalana,* Enciclopèdia Catalana, Barcelona, 1986, pp. 11-56.

Textos complementaris

I

Entre llengua i dialecte no hi ha diferència de punt de comparació. Tot sistema natural de parlar és, al mateix temps, llengua i dialecte: és llengua si es considera com un sistema de signes orals d'evolució històrica ben caracteritzada, en relació a un altre sistema que té característiques essencialment diferenciades; és dialecte si es considera com un sistema de signes orals que no es distingeix sinó accidentalment d'un altre, amb el qual, per tant, forma una mateixa llengua o idioma. Així, podem dir, per exemple, que el castellà de Burgos és una llengua si es compara amb el francès de Bordeus o de Lyon, però és un dialecte si es compara amb el castellà que es parla a Santander o a Cuenca. Anàlogament, el mallorquí és una llengua si el miram en relació al castellà, al francès o a l'italià, i és un dialecte si el consideram en les seves peculiaritats respecte al gironí o al valencià.

F. de B. Moll, *Llengua o dialecte? Català o mallorquí?* (1978).

II

Els *idiomes* o *parles* són els sistemes d'expressió i de comunicació propis dels grups humans. En el nivell més elevat apareixen les *llengües,* que, cada vegada més, són definides pels lingüistes com a sistemes volguts conscientment com a tals, ja que generalment estan lligats a la idea de nació, és a dir, d'un grup històricament organitzat i dotat d'institucions polítiques (Estat, etc.) i culturals, i per tant també lingüístiques (una Acadèmia, per exemple). La característica de la llengua és la tendència a fixar-la, a normalitzar-la, a «estandaritzar-la», a «consolidar-la», a proposar-la com a model supralocal mitjançant la tria de formes escollides entre les variants dialectals de l'àrea lingüística.
(...) és convenient de reservar el terme *llengua* per als idiomes propis dels grups humans (encara que no tinguin institucions estàtiques ni cultura escrita) en tant que estan separats dels altres grups per la barrera de la no intercomprensió. (...) Moltíssimes parles de pobles anomenats primitius són llengües individualitzades i no pas dialectes d'altres llengües; la inexistència d'Estat, de capital, d'escriptura,

va impedir que el gàl·lic fos més que un conjunt de dialectes?; ¿no tenen una llengua els gitanos, malgrat que no s'escrigui i que no tinguin ni territori ni Estat? Per oposició a les llengües, els *dialectes* es presenten com a formes menys independents, menys esteses, menys estables, menys delimitades, és a dir, generalment com a parles pròpies d'una regió dins d'una àrea lingüística. En definitiva, doncs, com a versions regionals del sistema comú que és la llengua, o com a subdivisions superiors del gran conjunt englobat dins l'àrea lingüística.

Roland BRETON, *Géographie des langues* (1979).

III

«Tota forma lingüística socialment o regionalment diferenciada presenta la seva pròpia norma de "puresa" i de "correcció". (...) Evidentment és útil que l'administració i l'ensenyament disposin d'un model literari relativament unificat. Però cal precisar, tanmateix, dos aspectes: primer, que el model literari en ell mateix és susceptible de canvi; i segon, que, en relació al seu origen, el model literari es basa generalment en la parla d'una classe d'individus socialment o geogràficament determinada i que, per tant, no és més "correcte" ni més "pur" que la parla d'una altra classe social o d'una altra regió, siguin les que siguin.
(...) Encara és molt normal sentir que els profans parlen pejorativament de llengües "primitives" i que fins i tot repeteixen el mite de l'existència de pobles la llengua dels quals no passa d'un centenar de mots completats per una sèrie de gestos. La veritat és que tota llengua (...) —no importa com sigui de "retrògrad" o d'"incivilitzat" el poble que la parli— es tracta d'un sistema comunicatiu complex i altament desenvolupat.
(...) La qüestió és que no es pot considerar cap llengua com a intrínsecament més rica que una altra: cada una s'adapta a les ocupacions dels seus usuaris.»

John LYONS, *Introduction to theoretical linguistics* (1968).

IV

«La majoria de les grans llengües de cultura tenen per base un parlar, el de la gent culta del territori on és establerta la cort, sovint el de la cort mateixa. Els anglesos, des de la segona meitat del segle XV han adoptat com a model el *King's English* ('anglès del rei'), anomenat així mateix *Standard English* ('anglès estàndard'), el parlar de la cort de Londres. El castellà, la llengua dels reis, s'imposà sobre els altres dialectes ja a partir del quatre-cents. El francès de la cort parisenca esdevingué, des del segle XVI, una llengua oficial, que gramàtics i escriptors, protegits per la monarquia i l'aristocràcia, van transformar en la *langue réglée* per excel·lència. Més tardanament, el rus, el parlar dels tsars, que a partir de Puixkin una sèrie de grans escriptors consoliden, esdevé la llengua de l'imperi, superposant-se al prestigi del francès entre l'aristocràcia russa.

En alguns casos, els factors de prestigi cultural han tingut un paper preponderant al costat dels estrictament polítics. El prestigi i la divulgació de la Bíblia feta per Luter fan que l'alemany de la cancelleria saxona arribi, a mitjan segle XVII, a esdevenir, gràcies a gramàtics com Opitz i Gottsched, una llengua regulada. El florentí, la llengua del Dant, de Petrarca i de Boccaccio, esdevinguda la llengua literària de la majoria dels grans escriptors italians, però poc parlada —al nord i al sud de la península— a mitjan segle XIX, és adoptada com a llengua oficial ran de la unitat italiana (1861), en lloc del dialecte piemontès usat per la família reial. Tant l'alemany com l'italià seran netament imposats, a través de l'escola, com a llengües nacionals.

(...) Comparant el procés de formació del català com a llengua de cultura amb el seguit per aquestes altres llengües, hi trobem alguns punts de contacte al costat de marcades diferències, que donen al català literari modern, des del punt de vista sociolingüístic, una personalitat molt gran.»

Jordi CARBONELL, *De llengua catalana* (1973).

Suggeriments de treball

1. A partir del que s'exposa en el tema, del text de John Lyons i d'opinions populars que hàgiu recollit sobre el terme dialecte, desenvolupeu la qüestió següent: «Les consideracions pejoratives dels dialectes.»
2. Discutiu l'afirmació següent: «Los dialectos principales que se hablan en España son cuatro: El catalán, el valenciano, el mallorquín y el gallego.» (*Catecismo patriótico español,* 1939.)
3. Com i quan es fixa l'estàndard del català actual? ¿Existí a l'època medieval alguna forma de llengua estàndard? Consulteu els temes 16 i 10.
4. Principals dificultats extralingüístiques que han tingut els catalanoparlants al llarg del segle XX per a accedir al coneixement i a l'ús de la llengua estàndard.
5. Digueu quins són alguns dels «punts de contacte al costat de marcades diferències» que hi ha entre la formació de l'estàndard del català i l'estàndard de les llengües esmentades per Jordi Carbonell en el text reproduït en el present tema.
6. Problemàtica actual del català estàndard. Us podeu ajudar de l'article d'Aina Moll i del llibre *Problemàtica de la normativa del català* citats a l'orientació bibliogràfica.
7. Busqueu informació sobre la importància de les diferències dialectals en l'italià, l'alemany i l'anglès.
8. Feu un resum, més detallat i complet que el del present tema, sobre les teories que tracten d'explicar les causes de la divisió dialectal del català. Podeu consultar el llibre de Nadal i Prats esmentat a l'orientació bibliogràfica.

Tema 6

Els dialectes actuals de la llengua catalana

La divisió dialectal del català

Les diferències dialectals que, com totes les llengües, presenta el català, no afecten la unitat fonamental de l'idioma. Aquestes diferències només es donen en determinats aspectes de la llengua i no tenen, en absolut, uns límits precisos. Els fets distintius més rellevants que separen dues àrees dialectals no es presenten tots alhora: el pas entre dos dialectes es realitza sovint de manera gradual, a través d'unes zones de transició que contenen característiques de l'un i de l'altre. Els dialectòlegs, per tal de fixar-ne els límits, tracen unes línies (anomenades *isoglosses*) que separen els llocs on apareix un fenomen lingüístic determinat dels llocs on és absent (per exemple: la isoglossa de la presència/absència de la vocal neutra o la de dos mots diferents per a designar el mateix objecte). Quan diverses isoglosses van molt juntes constitueixen un *feix d'isoglosses,* i serveixen per a delimitar dos dialectes o dos subdialectes. En definitiva, doncs, la separació dialectal —i subdialectal— es fa en funció de les ratlles divisòries marcades per les isoglosses més importants.

El català es divideix en dos grans blocs dialectals: l'oriental i l'occidental. Sense entrar en especificacions de detall, es pot dir que l'oriental abraça la Catalunya Nord, les conques dels rius Fluvià, Ter, Tordera, Besòs, Llobregat, Cardener, Anoia, Foix, Gaià, Francolí, Riudoms, Alforja i Riudecanyes, les Illes Balears i l'Alguer (a l'illa de Sardenya). L'occidental comprèn, dins el Principat, les conques del Segre (i dels seus afluents) i de l'Ebre, i el País Valencià.

Les diferències generals que separen aquests dos grups dialectals són més aviat de tipus fonètic; entre les més remarcables cal esmentar: a) l'existència de vocal neutra només en oriental; b) la distinció entre O i U àtones en occidental, que es neutralitzen (es confonen) en [u] en oriental; i c) la E tancada de molts mots en occidental esdevé oberta en oriental.

Les dues branques dialectals del català s'articulen, segons Veny, en els següents dialectes i subdialectes:

CATALÀ ORIENTAL

- català septentrional o rossellonès } capcinès
- central
  - septentrional de transició
  - salat
  - xipella
  - barceloní
  - tarragoní
- balear
  - mallorquí
  - menorquí
  - eivissenc
- alguerès

- català nord-occidental
  - ribargorçà
  - pallarés
  - tortosí
- valencià
  - septentrional
  - apitxat
  - meridional
    - mallorquí de Tàrbena i la Vall de Gallinera

Els dialectes orientals

A) El català septentrional o rossellonès

Aquest dialecte és parlat per unes 100.000 persones a les comarques del vessant nord dels Pirineus: el Rosselló, el Conflent, el Vallespir, el Capcir i l'Alta Cerdanya. Aquests territoris, lligats al Principat des dels primers segles de la naixença històrica de Catalunya, passaren a domini francès arran del Tractat dels Pirineus (1659), i des d'aleshores han sofert la imposició política i cultural de la llengua francesa amb la finalitat confessada de fer-hi desaparèixer el català. L'objectiu s'aconseguí en part, sobretot a les zones urbanes: avui un nombre important de rossellonesos només coneixen passivament la seva llengua. En aquests darrers anys, però, sembla que hi ha una revitalització creixent de l'ús de l'idioma, perceptible en manifestacions culturals com ara la cançó, classes de català, escoles bressol catalanes, publicacions periòdiques, programes radiofònics i televisius.

El rossellonès, que pel seu contacte des de fa segles amb l'occità i, més modernament, amb el francès té influències diverses d'aquestes llengües, es pot caracteritzar, de manera sintètica, amb els trets següents:

a) *Fonètica:*

- el pas de O tancada tònica en U: *llup* (llop), *buca* (boca).
- la desaparició de la -A final de la terminació -IA: *gabi* (gàbia), *besti* (bèstia).
- l'existència d'una E i una O mitjanes (intermèdies entre les obertes i les tancades d'altres dialectes).

– absència de mots esdrúixols (els esdrúixols d'altres dialectes esdevenen plans o aguts).

b) *Morfosintaxi:*

– la primera persona del sg. del pres. d'indicatiu amb *-i* final: *jo canti* (jo canto).
– el plural dels mots aguts que tenen N etimològica es fa només amb S: *pa/pas* (pans), *ple/ples* (plens), *camí/camís* (camins).
– abundància de participis en *-it*: *naixit* (nascut).
– la negació es fa amb la partícula *pas,* sense el *no*: *ho sap pas* (no ho sap).

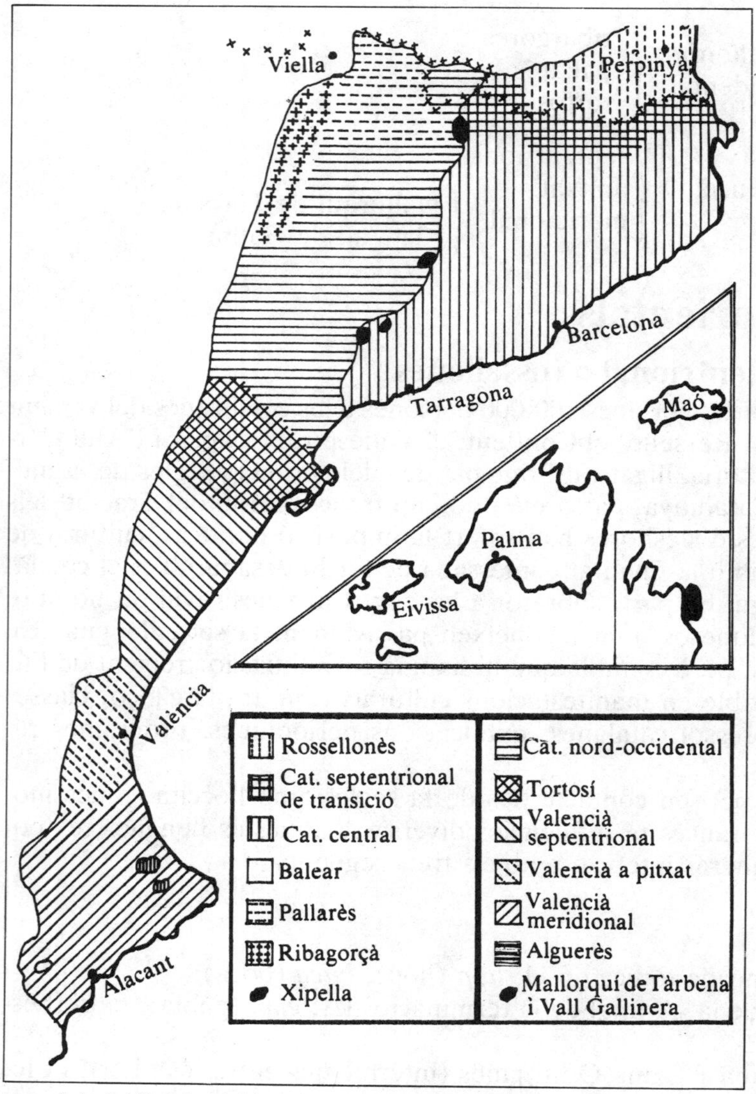

Mapa de la divisió dialectal del català, segons Joan Veny.

c) *Lèxic:*

- mots exclusius: *nugues* (nous), *aper* (arada), *molsir* (munyir).
- occitanismes: *peirer* (paleta), *veire* (got), *fedes* (ovelles).
- gal·licismes: *roba* (vestit), *bolanger* (forner), *canart* (ànec).

El *capcinès,* el parlar del Capcir, constitueix un subdialecte rossellonès, força arcaïtzant i molt occitanitzat.

B) El català central

Aquest dialecte ocupa les conques dels rius Fluvià, Ter, Tordera, Besòs, Llobregat, Foix, Gaià i Francolí, i els respectius afluents. La frontera amb el nord-occidental coincideix amb la divisió entre els blocs oriental i occidental. Els seus límits amb el rossellonès, no són gaire clars, ja que entre aquest i el central hi ha el subdialecte anomenat *català septentrional de transició* (que conté característiques sobretot del central, al costat d'una colla de trets de tipus rossellonès), que abraça, sense entrar en precisions de detall, una àrea formada per la Cerdanya i les zones septentrionals de l'Empordà, la Garrotxa i el Ripollès.

Les formes del dialecte central són, entre les variants del català, les que tenen un caràcter més evolucionat, més dinàmic. Aquest fet cal relacionar-lo amb el pes demogràfic, econòmic i cultural que tenen els territoris on es parla aquest dialecte. Malgrat les dificultats prou conegudes amb què des de fa dècades topa l'ús normal de la llengua, el català mostra a la zona central una gran vitalitat i se'l valora com a vehicle de comunicació en tots els àmbits, a diferència del que succeeix molt sovint en altres àrees dialectals, com són ara la valenciana, la balear o la rossellonesa.

Els trets més rellevants d'aquest dialecte —que constitueix la base de la llengua estàndard i coincideix en bona part, doncs, amb la llengua normativa— són els següents:

a) *Fonètica:*

- el sistema vocàlic àton consta de tres valors: /i/, /u/ i vocal neutra.
- el sistema vocàlic tònic, de set: /a/, /ɛ/, /e/, /i/, /ɔ/, /o/ i /u/.
- iodització (o «ieisme») a moltes comarques: *palla* (pronunciat «paia»), *ull* (pronunciat «ui»).

b) *Morfologia:*

- la desinència de la 1a. persona del sg. del present d'indicatiu és pronunciada [u] en general, i [ut] o [uk] al nord del dialecte.

En tractar a continuació dels subdialectes del central es posaran en relleu altres característiques, d'un abast menys general que les esmentades.

El tarragoní: Tot i que la seva àrea no ha estat delimitada amb precisió, es pot dir que s'estén pel Tarragonès, l'Alt Camp, el Baix Camp i la Conca de Barberà. De fet, és una zona de transició entre el català oriental i l'occidental. Com a trets més remarcables tenim la presència d'afinitats lèxiques amb el bloc occidental i la pervivència del fonema làbio-dental /v/ (pronunciat amb el contacte del llavi inferior amb les dents superiors, enfront de la pronunciació, més general, de la bilabial /b/).

La llotja de Perpinyà. Aquesta ciutat és la capital de la Catalunya Nord, incorporada a l'Estat francès el 1659, dins la qual es manté amb dificultats la llengua catalana en la seva varietat rossellonesa. (Fotografia de Jordi Gumí.)

El barceloní: Ocupa Barcelona i algunes zones de la rodalia. Es caracteritza, en fonètica, per la tendència a l'ensordiment d'alguns sons palatals (p. ex.: el grup *tg* de *metge* sona com el grup *tx* de *metxa*) i a l'africació de fricatius (p. ex.: la *x* de *xocolata* sona com el grup *tx* de *despatxar*), i la tendència, en el vocalisme, a no neutralitzar determinades vocals àtones i a obrir certes vocals tancades; en morfologia, per l'ús de formes peculiars com *dugues* (per *dues*) o *aquet* (per *aquest*); i, en el lèxic, per una notable infiltració de castellanismes (*suelto, tocino, tabaco*...) i per l'entrada de mots argòtics en el vocabulari col·loquial (*pela,* pesseta; *clapar,* dormir; *pirar,* anar-se'n...). Els trets del barceloní tendeixen a ampliar el seu radi d'acció a causa de la mobilitat social entre la capital i les comarques del seu entorn.

El salat: Es troba a Cadaqués i a la zona costanera compresa entre Begur i Blanes. Ofereix com a característica principal l'ús dels articles *es* (*s'*), *sa* (*s'*), *es* i *ses.* Aquests articles procedeixen d'IPSE/IPSA, mentre que els articles de la resta del català (*el/lo, la*...) deriven d'ILLU/ILLA. És un fenomen que perd terreny (en contrast amb les Balears, que també el tenen, però on és vivíssim), i que, segles enrera, estava molt més estès, com ho demostra el fet que hi ha força noms de lloc que contenen aquest article: Sant Joan *Despí,* Sant Esteve *Sesrovires,* Sant Climent *Sescebes.*

El xipella: Apareix en una franja discontínua de la línia divisòria entre català oriental i català occidental, els llocs més destacats de la qual són Tuixén (Alt Urgell), les Oluges (Segarra) i Santa Coloma de Queralt i l'Espluga de Francolí (Conca de Barberà). El seu tret més singular és el pas a *-i* de la E final: *pari* (pare), *quinzi* (quinze), *terris* (terres).

C) El balear

El mot *balear* per tal de designar la llengua de tot l'arxipèlag s'usa més aviat per raons metodològiques —per simplificar—, ja que, històricament, el terme Balears inclou només Mallorca i Menorca, mentre que Eivissa i Formentera formen les Pitiüses. D'entre tots els dialectes catalans, el balear és el de personalitat més diferenciada, deguda sobretot al fet insular (l'aïllament geogràfic), que li ha permès de conservar molts arcaismes, alhora que ha generat tot un seguit d'innovacions peculiars. Parlat per més de mig milió de persones, ha sofert, especialment després de la guerra civil, una forta pressió del castellà a les ciutats i nuclis turístics. Això no obstant, la vitalitat del balear, com diu Joan Veny, «és ferma i constitueix un dels dialectes més resguardats d'influències foranes».

L'adscripció del balear al bloc oriental s'explica per la procedència dels pobladors cristians de les Illes després de la conquesta catalana, ja que, majoritàriament, eren de zones orientals. D'aquest fet en són testimonis clars, a més de la documentació de l'època, una bona colla de cognoms mallorquins, corresponents a poblacions del Principat que són orientals (Terrassa, Manresa, Mataró, Barceló, Tarragó, Rosselló, Olesa, Montcada...) i el manteniment de l'article «salat» (corresponent a la zona empordanesa, la més oriental de Catalunya).

Com a principals trets generals es poden destacar els següents:

a) *Fonètica:*

- el sistema vocàlic coincideix amb el central, però té, a més, una vocal neutra tònica.
- el sistema consonàntic té els mateixos valors que el central (inclosa la làbio-dental /v/ del tarragoní).
- iodització, com en certes zones del central.
- desaparició, com en rossellonès, de la vocal neutra final de paraules esdrúixoles acabades en *-ia*: *famili* (família), excepte en menorquí, la vila d'Eivissa i algun poble mallorquí.
- la vocal final dels segments -QUA, -GUA passa a [o] o [u], segons les zones: *aigo/aigu* (aigua), *llengo/llengu* (llengua).
- no palatalització dels grups romànics T'L, D'L i J'L, com en català antic i valencià (mots com *espatla, batle, vetlar* es pronuncien com si tinguessin *l·l*).
- no pronunciació, en general, de cap *-r* final de mot.

b) *Morfosintaxi:*

– l'article adopta les formes següents:

davant consonant:	*es*	*sa*	*es*	*ses*
davant vocal:	*s'*	*s'*	*es/ets*	*ses*
precedit d'*amb*:	*so/es*	*sa*	*sos/es*	*ses*

– l'article general és usat en alguns casos, com en els noms de les hores, noms d'éssers o coses únics pel seu volum, grandesa o respecte (*el món, la Mare de Déu, el dimoni, el cel, la mar...*), en frases fetes (*a la fresca...*), i altres.
– gran vitalitat de l'anomenat article personal: *En Josep, N'Aina, Na Maria, N'Andreu.*
– la 1a. pers. del sg. del present d'indicatiu té morfema zero: *trob* (trobo), *sent* (sento), *sembr* (sembro), *parl* (parlo).
– la 1a. i la 2a. persones del pl. del mateix temps mantenen les antigues terminacions *-am, -au*: *cantam* (cantem), *cantau* (canteu).
– els pronoms febles predominen en la forma plena: *me, te, se, mos, vos, se.*
– en les combinacions verb + pronom, l'accent es carrega sobre el pronom, com en rossellonès: *ves-hí* (vés-hi), *seu-té* (asseu-te).

c) *Lèxic:*

– mots exclusius: *al·lot* (noi), *ca* (gos), *talent* (gana de menjar).
– arabismes en el vocabulari comú, en la toponímia i en els llinatges: *cadaf* (gerro), *safannària* (pastanaga); *Alcúdia* (el pujol), *Sa Ràpita* (mesquita o ermita fortificada); *Mesquida, Binimelis.*

En el balear es distingeixen tres subdialectes:

El mallorquí: Constitueix la varietat més conservadora de les insulars. Les seves característiques fonètiques i morfològiques —que, a voltes, poden dificultar la comunicació amb els parlants peninsulars— resulten difícils de sintetitzar en un llibre com el present, ja que, sovint, no abasten tota l'illa. En efecte, dins el mallorquí es destaquen diversos parlars diferenciats —els de Pollença, Sóller, Sineu, Felanitx i Son Cervera són els més notables—, que constitueixen un variat i interessantíssim mosaic lingüístic. A nivell lèxic, cal remarcar l'existència de mots exclusius, com *tassó* (got), *tossina* (tos) o *guardapits* (armilla) i de mots només compartits amb el menorquí, *trunyelles* (trenes) o *empegueir-se* (avergonyir-se) o només amb l'eivissenc, com *greixonera* (cassola) o *endiot* (gall dindi).

El menorquí: S'hi distingeixen dues zones: l'oriental (Maó i pobles del voltant) i l'occidental (Ciutadella, Ferreries). Com a característiques generals més rellevants es destaquen:

– diversos trets que l'aparten del mallorquí i l'acosten al català central: el tancament de O àtona en [u], el manteniment de la *-a* final dels esdrúixols acabats en *-ia,* la pronunciació de *-r* final en els monosíl·labs.
– emmudiment força general de la *-i-* intervocàlica: *agua* (agulla), *paa* (palla), *cea* (cella).
– anglicismes (introduïts a causa de les dominacions angleses de l'illa durant el segle XVIII): *bord* (safata), de *board*; *pinxa* (sardina de llauna), de *pilchard*; *mitjamèn* (home pobre amb pretensió de ric), de *midshipman*; *berguiner* (barquer), de *bargainer*; etc.

L'eivissenc: Abraça Eivissa i Formentera. S'hi distingeixen diferències rellevants entre el parlar de Vila (la capital) i el de la ruralia, sobretot a nivell fonètic. Com a trets més destacats es poden assenyalar els següents:

– plurals amb -N etimològica (com en valencià): *hòmens* (homes).
– ús del perfet simple, en regressió, al costat del perifràstic: *cantí, cantares.*
– arcaismes: *quelcom, llagui* (destorb), *mels* (pòmuls).
– manteniment, a la capital, del diftong final *-ua* (*aigua*), reduït a *u* (*aigu*) a les altres zones.

Barri antic de l'Alguer. Aquesta ciutat, a l'illa de Sardenya, ha conservat viu el català des del segle XIV fins avui. (Fotografia de Jordi Gumí.)

D) L'alguerès

Aquest dialecte és parlat al municipi de l'Alguer, situat a l'extrem nord-oest de Sardenya, per unes 20.000 persones. L'alguerès té el seu origen en els pobladors catalans que Pere III el Cerimoniós hi instal·là en el segle XIV. L'ús del català a Sardenya com a llengua administrativa durà fins a principis del segle XVII. No deixa de ser un fet sorprenent que l'alguerès hagi sobreviscut durant més de sis-cents anys, sobretot si tenim en compte les grans dificultats de comunicació amb la resta de terres de parla catalana i la pressió del sard (la llengua romànica pròpia de l'illa) i de l'italià (la llengua oficial). Fa poc s'hi han iniciat classes de català a les escoles, i les universitats illenques de Sàsser i Càller compten amb estudis de llengua i literatura catalanes.
Com a característiques més remarcables es poden assenyalar les següents:

a) *Fonètica:*

- neutralització de A i E àtones en [a] i no en vocal neutra com a la resta de l'oriental.
- la O àtona es tanca en [u].
- manteniment de l'articulació làbio-dental /v/, com en tarragoní, balear i valencià.

b) *Morfosintaxi:*

- la 1a. pers. del pres. d'indicatiu dels verbs en -AR presenta desinència zero, com en balear: *jo cant* (jo canto).
- les formes de l'article són: *lo, la, los, las.*
- el participi es col·loca abans que l'auxiliar en les interrogatives: *fet* [i] *l'has* (l'has fet?).

c) *Lèxic:*

- molts arcaismes: *ixir* (sortir), *gonella* (faldilla), *ver* (veritat).
- nombrosos préstecs del sard: *anca* (cama), *murendu* (ase), *caviranni* (setembre).
- també manlleus de l'italià: *indiriz* (adreça), *esvilupo* (desenvolupament), *sécol* (segle).

Els dialectes occidentals

A) El català nord-occidental

En sentit estricte abraça les conques del Segre (des del límit entre la Cerdanya i l'Urgellet) i de l'Ebre amb els seus afluents. Dins el País Valencià els parlars d'una part de la Plana Alta, la major part de l'Alcalatén i tot el Maestrat i els Ports de Morella (juntament amb el Matarranya, comarca veïna de la dels Ports i avui administrativament dins la província de Terol), constitueixen una zona de transició entre el nord-occidental i el valencià. També el tortosí, del qual

tractarem més avall, representa, dins el Principat, un altre parlar de transició. Cal remarcar el fet que hi ha terres, administrativament aragoneses, que són lingüísticament catalanes. Es tracta de l'anomenada franja oriental d'Aragó que, en una amplada mitjana d'uns vint-i-cinc quilòmetres, s'allarga per la part més occidental de Catalunya. En aquesta zona hi ha, també, parlars de transició, en aquest cas cap a l'aragonès, com és ara el *benasquès,* al nord del dialecte.
Les característiques més remarcables del nord-occidental es poden esquematitzar en les següents:

a) *Fonètica:*

- el sistema vocàlic tònic té els mateixos valors que el central.
- el sistema àton, en canvi, és més ric i, així, distingeix la A i la E (que en el central es confonen en la vocal neutra), tret del cas de la A i la E inicials de mot, que es neutralitzen en [a]; també distingeix la O i la U, que en oriental es neutralitzen en [u].
- el consonantisme coincideix amb el del català central.

b) *Morfologia:*

- els plurals dels antics esdrúixols llatins acabats en nasal es fan amb *-ns*: *hòmens.*
- l'article masculí manté les variants *lo/los,* pròpies del català antic.
- la 1a. pers. del sg. del pres. d'indicatiu dels verbs de la 1a. conjugació té el morfema [o], que en el central és [u]: *jo canto.*
- els verbs incoatius tenen l'anomenat increment *-ix* (*-eix* en el català oriental) en els presents d'indicatiu i subjuntiu i en l'imperatiu: *servix* (serveix), *servisca* (serveixi).

c) *Lèxic:*

- vocables exclusius: *moixó* (ocell), *silló* (càntir), *fraga* (maduixa), *claviller* (turmell).
- mots compartits amb el valencià (*espill, xic, corder, melic*), amb aquest i el balear, com *granera* (escombra), *parèixer* (semblar) o *bes* (petó), o només amb el balear, com ara *somera* (burra) o *aidar* (ajudar).

Dins el català nord-occidental hi ha tres subdialectes amb una personalitat ben acusada:

El pallarès: Es tracta d'una de les variants dialectals més conservadores del català. El seu àmbit territorial abraça les comarques del Pallars (Jussà i Sobirà). La seva peculiaritat s'explica per raons geogràfiques (aïllament, difícil accés) i, també, pel fet que al Pallars, com ha posat en relleu Joan Coromines, hi convisqueren fins al segle x dues llengües: un parlar de tipus basc —bascoide—

i un altre de romànic, de fonètica semblant a la basca i també, però menys, a la catalana. En el consonantisme destaca l'articulació de les palatals fricativa sonora i africada sonora en [y] darrera vocal: *puyar* (pujar), *correya* (corretja); en el vocalisme, l'obertura de determinades EE i OO i el pas freqüent de E a I: *vistit, quixal.* En morfologia, entre d'altres particularitats, l'ús de l'article *les* amb valor també masculí (*les camins*), els demostratius *aguest/aguet* (al costat d'*aquest/aquet*), *got* en lloc de *gens (de pa, no en queda got)* i abundor d'imperfets en *-eva, -iva* (*feva,* feia; *dormiva,* dormia). A nivell lèxic, manté molts arcaismes (*tolre,* llevar, treure; *orc,* lleig) i mots exclusius (*porc fer,* senglar; *batedor,* era).

El ribagorçà: S'estén des del límit sud de la Vall d'Aran fins al sud de Tamarit de Llitera, i des de la Noguera Pallaresa fins a la frontera amb l'aragonès. En el consonantisme sobresurt la palatalització dels grups CL, PL, FL (*cllau,* clau; *plloure,* ploure; *fllor,* flor) i l'ensordiment de les africades i de la essa sonora (*dotze, jou* i *casa* sonen respectivament *dotse, txou* i *cassa*). Abunden els arcaismes fonètics (*maití,* matí; *guaire,* gaire), predomina el femení plural en *-as* (*-es* en el nord-occidental general) i alguns vocables tenen gènere diferent al del català normatiu (*la front, el dent*). En el vocabulari, a més de mots exclusius, en conté un bon nombre que són comuns amb altres parlars pirinencs, com el gascó o l'aragonès.

El tortosí: Ocupa, a grans trets, les comarques del Baix Ebre, la Terra Alta i el Montsià. Aquest subdialecte és un parlar de transició que comparteix característiques del nord-occidental i el valencià. A part de mots peculiars (*nyafla,* taca; *caro,* ocell de presa), conserva arabismes i mossarabismes. Els castellanismes hi són abundosos.

B) El valencià

El valencià —anomenat *català meridional* per alguns lingüistes— ocupa aproximadament les tres cinquenes parts del País Valencià, territoris on resideixen uns tres milions de persones (un 88 % de la població valenciana total), dels quals hom calcula que entre un milió i mig i dos milions són catalanoparlants. Es tracta de les comarques següents: els Ports de Morella, el Maestrat, la Plana de Castelló, l'Alcalatén, el Camp de Morvedre, el Camp de Túria, l'Horta de València, la Ribera del Xúquer, la Costera, la Vall d'Albaida, la Safor, el Comtat, la Marina, l'Alcoià, les Valls del Vinalopó, l'Alacantí i el Baix Vinalopó. A més, cal sumar-hi algunes localitats murcianes, que, repoblades en temps de la Reconquesta, han conservat l'idioma.
Les altres comarques valencianes, situades a l'occident del país, no són, ni han estat mai, catalanoparlants. Es tracta de les terres que ocuparen els aragonesos en el segle XIII durant la conquesta del que havia de ser el Regne de València. L'aragonès, com és sabut, canvià al llarg del temps fins que esdevingué una variant del castellà. Això explica, doncs, la no catalanitat lingüística d'aquestes zones, a les quals cal afegir les de l'Alt Vinalopó i la Vall de Cofrents, que,

castellanoparlants des dels orígens, foren incorporades el 1833 a les «províncies» d'Alacant i València, respectivament.

La vitalitat de la llengua, encara que notable, és força problemàtica. L'idioma es manté ben viu a les zones rurals, però les ciutats (especialment Alacant i València) es troben fortament castellanitzades. Hi ha una actitud, força estesa, de considerar la llengua del país com una llengua inferior, pròpia de persones de baixa condició econòmica i cultural. Això crea una mena de sentiment d'inferioritat que provoca la substitució lingüística del català pel castellà. No podem ara explicar com s'ha arribat a aquest lamentable fenomen, però un breu repàs a la història del País Valencià i de l'Estat espanyol d'aquests darrers segles n'aclareix les causes a bastament. A més, des de fa moltes dècades hi ha una lluita oberta, que s'ha aguditzat en els últims anys, sobre el nom de l'idioma: català o valencià? Des d'un punt de vista científic, el de la lingüística, la resposta és clara: el valencià és un dialecte de la llengua catalana. Hi ha, però, sectors valencians radicalment anticatalans que, per ignorància o mala fe, i aprofitant un sentiment particularista molt viu des de sempre en la societat valenciana, han convertit un tema lingüístic en una qüestió política. I, així, s'han inventat una llengua valenciana, com si es tractés d'una llengua diferent de la catalana. L'aberració, no cal dir-ho, és majúscula, i ja fa temps que provoca la riota de la comunitat científica internacional. Fins i tot arribaren a demanar un informe sobre la qüestió a l'Acadèmia d'una altra llengua —la Real Academia Española—, la qual, és clar, els donà una resposta que no afavoria en absolut els intents secessionistes. Sigui com sigui, es tracta d'un problema que ve a sumar-se als molts que ja té la normalització idiomàtica al País Valencià. Cal esperar que l'entrada, a partir del 1983, del valencià a les escoles contribueixi a millorar la situació.

Ens resta encara tractar de les causes del caràcter occidental del valencià. El problema sorgeix del fet que la majoria dels repobladors del Regne de València eren de procedència oriental. Dues són les teories sobre la qüestió. La de Sanchis Guarner, basada en el substrat pre-romà, en la romanització i en l'arabització, conclou que el català oriental dels colonitzadors fou modificat pel substrat mossàrab (aquesta hipòtesi està lligada a l'explicació de les causes de la divisió dialectal en dos blocs, exposada al final del tema anterior). Avui se sap, però, que aquest substrat mossàrab (vegeu el tema 2) fou poc important, ja que les terres valencianes estaven, a l'època de la conquesta cristiana, molt arabitzades. Alarcos Llorach, poc temps després de Sanchis, formulà una nova teoria: la de l'anivellament lingüístic. Segons Alarcos, els aragonesos i els catalans occidentals foren, sumats, més nombrosos que els catalans orientals, cosa que explicaria que s'imposés la variant occidental, amb vocalisme semblant al de l'aragonès, sobre l'oriental. Aquesta hipòtesi, que deixa molts punts per aclarir, sembla que només podria ser vàlida, i encara, per a la ciutat de València. D'altra banda, no entra en l'estudi de l'origen de la bipartició dialectal del català.

En els darrers anys comencen a insinuar-se noves explicacions del fenomen que remarquen el fet que la gran majoria dels àrabs i mossàrabs no abandonaren les terres valencianes quan Jaume I les conquerí; i que, a més, quan el 1609 es

procedí a l'expulsió dels moriscos —els musulmans descendents dels que hi havia en el segle XIII—, les zones desocupades, prou importants, foren repoblades amb gent catalana i mallorquina al litoral i, a l'interior, en els antics territoris dels aragonesos, per castellans. Aquest darrer esdeveniment hauria reforçat, és clar, el caràcter castellà de les comarques occidentals. Amb tot, la qüestió no té encara cap resposta concloent.
De manera sumària, les característiques més rellevants del valencià són les següents:

a) *Fonètica:*

- el vocalisme, àton i tònic, coincideix amb el del nord-occidental.
- la E i la O obertes s'articulen amb una gran obertura (doble-obertes).
- els fonemes consonàntics coincideixen amb els del català comú; el palatal fricatiu sonor, però, només pot aparèixer per fonètica sintàctica, ja que s'articula com a africat (*àgil* sona *àdgil*).
- és força general la caiguda de *-d-* intervocàlica: *cremà* (cremada), *llauraor* (llaurador), *mocaor* (mocador).
- la *-r* final s'articula en la majoria dels casos.

b) *Morfosintaxi:*

- l'article coincideix amb el català oriental i no amb el nord-occidental: *el, la, els, les.*
- els demostratius tenen tres valors: *est*(*e*), *eix*(*e*)/*ix*(*e*), *aquell, açò, això, allò;* també els adverbis de lloc: *ací, aquí, allí* (o *allà*).
- les formes femenines del possessiu fort són *meua, teua, seua.*
- variants peculiars dels numerals: *dos* (masc. i fem.), *uit* (vuit), *dèsset* (disset), *diuit* (divuit), *dèneu* (dinou), *uitanta* (vuitanta).
- a voltes, els pronoms febles usen formes reforçades al costat de formes plenes: *em/me, et/te.*
- les combinacions de pronoms febles solen seguir les de la llengua antiga (objecte indirecte més objecte directe), i s'acosten a les de la llengua normativa: *jo li'l compre* (jo l'hi compro), *li'n comprarem* (n'hi comprarem).
- la 1a. pers. sg. del pres. ind. té desinència *-e: jo cante.*
- desinències *-ara, -era, -ira* en els imperfets de subjuntiu: *cantara, volguera, sentira.*
- el perfet simple (*cantí...*) és molt viu, encara que sembla estar en regressió davant del perifràstic (*vaig cantar*).

d) *Lèxic:*

- gran abundor d'arabismes, molts d'ells genuïns: *dacsa* (blat de moro), *endívia* (escarola), *alficòs* (tipus de cogombre).
- mots amb la mateixa base etimològica que d'altres de castellans (que no són, òbviament, castellanismes): *espill, aplegar* (arribar), *xic* (noi), *rabosa* (guineu).

– noms comuns i topònims mossàrabs: *orandella* (oreneta), *cuquello* (cucut), *tomello* (farigola), *Moraira, Muro, Campello.*
– topònims aràbics: *Albalat* (la calçada), *Alcalà* (el castell), *Alzira* (l'illa).

El valencià se sol dividir en tres subdialectes:

Valencià septentrional: De límits imprecisos, abraça les comarques dels Ports de Morella, Alt i Baix Maestrat, l'Alcalatén i Plana Alta. En bona part, les seves característiques són de transició al català nord-occidental. A part d'alguns fenòmens fonètics no del tot generals i de peculiaritats lèxiques diverses, que no detallarem, cal posar en relleu el fet que en algunes localitats del subdialecte la 1a. per. sg. pres. d'ind. té el morfema *-a: jo canta* (jo canto).

Valencià apitxat: És el parlar valencià més diferenciat. Ocupa la zona central del País Valencià, sobretot l'Horta, el Camp de Morvedre, el Camp del Túria i parts de comarques limítrofes. El seu tret més característic és l'ensordiment de les consonants /z/ en /s/ (*rosa* pronunciat *ròssa*), /dʒ/ en /tʃ/ (*viatge* pronunciat: *biatxe*) i /dz/ en /ts/ (*dotze* pronunciat: *dotse*). El nom *apitxat* sorgeix del terme *apitjat* (premut) pronunciat d'acord amb la fonètica del subdialecte.

Valencià meridional: Limita al nord amb l'apitxat i al sud i a l'oest amb el castellà. En el consonantisme es destaca la caiguda molt acusada de la *-d-* intervocàlica i, en algunes zones, de la *-r* final. L'article plural adopta la forma *es* per al masculí i el femení. El lèxic mostra formes dobles per a alguns vocables, prova de la barreja de pobladors que s'han establert en aquestes comarques. A Tàrbena i a la Vall de Gallinera, repoblades amb gent procedent de Mallorca arran de l'expulsió dels moriscos a principis del segle XVII, s'hi han mantingut alguns vocables mallorquins, l'article salat *es/sa* (que alterna amb el general valencià) i l'article personal *En.*

Orientació bibliogràfica

Joan Martí i Castell (Coord.), *Coneguem els nostres parlars,* Generalitat de Catalunya/CIRIT, Barcelona, 1985.
Joan Veny, *Els parlars catalans,* ja citat.
Joan Veny, *Introducció a la dialectologia catalana,* Enciclopèdia Catalana, Barcelona, 1986.

Textos complementaris

I

S'ha dit que el català és una de les llengües més unitàries de la Romània. Efectivament, aquesta és la impressió que treu un lector de la nostra literatura medieval o un escorcollador dels nostres documents; les diferències que s'hi observen estan en funció de la cronologia de la redacció més que de la procedència geogràfica dels autors. De tota manera, la desagregació ja existia aleshores en la llengua col·loquial, si bé amb escassos reflexos en el codi escrit. La força centrífuga de la llengua ha actuat al llarg dels segles afavorida per factors d'ordre intern i extern; avui és un fet ostensible la fragmentació dialectal del català, sense, però, que malmeti el sentiment d'unitat de la llengua, que persisteix malgrat les porfidioses fal·làcies dels qui contra la ciència i la història s'entesten a dividir el que és un sol cos. La consciència de pertànyer a la mateixa àrea lingüística és palesa entre els mateixos parlants que, tot observant un o altre tret diferencial, no topen amb veritables barreres en llur comunicació: un rossellonès s'entén amb un valencià, o un menorquí amb un lleidatà, ço que no ocorre entre un napolità i un bergamasc, a Itàlia, o entre un llenguadocià i un alvernès, a Occitània.
Així, doncs, tenim disgregació dialectal, però discreta, sense estridències, sense profunds desnivells. El panorama de la nostra llengua és acolorat amb tons suaus pels dialectes hodierns, tot enriquint-ne la seva estructura i el seu fons patrimonial.

Joan VENY, *Els parlars catalans (1986).*

II

Els dialectes representen estats de divergència accidental de la llengua, deguts principalment a l'escassesa de comunicacions entre les diverses contrades en certes èpoques. A unes, el parlar ha evolucionat de manera diferent que a les altres; unes regions han conservat fets lingüístics que altres han perdut; unes comarques són més arcaïtzants, altres són més evolutives. Això explica que el català de Barcelona, més exposat a influències de fora, hagi perdut trets del català antic i clàssic que es conserven ben vius a les regions més apartades, com són les zones muntanyoses i les illes. Aquests trets ben catalans, encara que desconeguts del parlar viu de la capital, tenen perfectíssim dret a esser incorporats a la llengua general o literària, i són un gran element de puresa i d'enriquiment del llenguatge escrit. (...) En els dialectes, i sobretot en el de les illes, ha anat a cercar el català literari modern els mots més purs de la catalanitat, que, perduts a la capital per la influència forastera, s'havien conservat incòlumes en aquelles contrades patriarcals. (...) Posats davant el problema de fer comprendre la realitat de la nostra unitat bàsica, crec que la millor solució és, d'una banda, que es doni entrada en el llenguatge escrit del Principat a una partida de mots regionals (sien mallorquins o

valencians), i d'una altra, que els lectors del Principat s'acostumin a tolerar i admetre en els escrits dels balears i valencians aquells mots que, conservats en aquestes regions, tinguin un valor literari o siguin gramaticalment inexpugnables. (...)
Realment hi ha qui pateix d'exclusivisme lingüístic, de considerar poc adients a l'ús literari els mots que no s'usen a Barcelona o que no han estat encara divulgats per escriptors del Principat. Aquesta posició és egoista i perjudicial per a la llengua. El català es condemnaria a pobresa perpètua si hagués de conrear-se literàriament sota la influència d'aquest punt de vista, perquè eliminaria una multitud de paraules que no s'usen en el català central però que són catalaníssimes i plenes de valor expressiu. Jo voldria que els catalans del centre consideressin el que representa de repel·lent per als de les contrades aquest esperit tancat de selecció que declara vitands els mots més típics perquè són desconeguts en la regió central. (...) amb el que he exposat crec que roman ben patent la importància que per al redreçament, enriquiment i difusió del llenguatge literari tenen els dialectes, mentre la utilització dels seus valors sigui prudent i fundada en un estudi acurat de la gramàtica històrica.
Com a conseqüència voldria recomanar un major respecte dels catalans del centre, i sobretot dels barcelonins, envers les particularitats dels parlars de les altres contrades; i una major compenetració d'aquestes amb els fins d'unificació que en cert grau incumbeixen d'una manera primordial a la llengua escrita. Que tot plegat resulti favorable a una més gran difusió de les obres dels autors comarcals entre els lectors de Barcelona, i inversament, a una penetració més extensa i intensa dels literats del centre de Catalunya entre la gran massa de possibles lectors de català que existeix al País Valencià i a les Illes.
Crec que la unificació no ha de consistir tant en l'existència d'una manera única d'expressar cada concepte, com en la d'una capacitat similar d'adaptació, en totes les regions, per a les formes i paraules pròpies d'altres comarques; és a dir, que la unitat sigui més d'ordre subjectiu que objectiu, més de concordança d'esperits que d'identitat i unitat de manera de parlar. El dia que un mallorquí o un valencià no trobin estranys els mots barcelonins i que els catalans del Principat considerin com a propis els vocables i formes vinguts de les regions més allunyades, podrem dir que la unificació és un fet i que la llengua catalana té totes les notes distintives d'una llengua literària perfecta.

Francesc de B. MOLL, *Els dialectes i la llengua literària* (1953).

III

[EL BALEAR]

Repetim que la base lingüística del balear és constituïda pel català, especialment oriental, trasplantat a les Illes al segle XIII. I el lèxic, ben entès, forma part d'aquesta base. Hem mostrat que elements de crostes lingüístiques anteriors s'havien sedimentat en un substrat toponímic on sobrevivien pre-romanismes i mossarabismes. Vegem ara altres unitats lexicals no catalanes introduïdes en els parlars illencs: arabismes, anglicismes i castellanismes.

Tres segles llargs de dominació islamita havien de tenir forçoses repercussions lingüístiques. Aquestes no varen afectar la fonètica ni la morfologia del romanç coetani dels moros, però sí que varen deixar traces importants a l'onomàstica i al vocabulari comú de molts camps conceptuals. Encara avui són corrents llinatges d'origen semític, com *Mesquida, Bennàsser, Binimelis, Omar, Gamundí,* etc. (sense que això vulgui dir que els portadors d'aquests cognoms siguin necessàriament d'ascendència aràbiga). Però és sobretot la toponímia balear la que se'ns presenta farcida d'arabismes:

Es Gomeles és una masia que deu el seu nom a la tribu berber dels *Gumara; Alcúdia,* el pujol; *Algaida,* el bosc; *Sa Ràpita,* ermitatge o mesquita fortificada; *Aubarca,* probablement 'l'estany' (com el cast. *alberca*); els nombrosos *Bini-*, 'fills de' (*Binissalem,* fills de la pau, *Biniali,* fills d'Alí, etc.), a voltes unit a un mot romànic (*Binicomprat, Binicaubell,* etc.). (...)

El balear és un dels dialectes que restà més impermeable a la castellanització la qual, a nivell popular, va ésser més aviat epidèrmica. Parlar castellà era parlar *foraster,* adjectiu prou eloqüent. A Ciutat la penetració castellana ha estat més forta. Són castellanismes corrents la salutació *(a)diós,* adéu, *grave,* greu (però hi ha l'expressió *sebre greu*), *guapo,* eiv. *quissà,* etc.; alguns han estat adaptats, com men. *sau,* americana (de *sayo*), men. *jaleco,* armilla (de *chaleco*); d'altres, viuen en competència amb el mot genuí (*beso* al costat de *besada, sombra* al costat de *ombra,* etc.). (...)

Els casos de valor polisèmic segons les zones geogràfiques poden ocasionar confusions —a voltes delicades— entre parlants del Principat i de les Illes. Així *te cauen ses calces* vol dir 'et cauen les mitges', una *nina* és una 'nena', *trempar* significa 'amanir', *tossina* equival a 'tos', *mena* és sinònim de 'mentida', *pardal* vol dir 'penis' i també és usat com insult (abans del segle XVIII designava l'ocell conegut, però, a força d'usar-lo metafòricament com eufemisme, es va desgastar, tot identificant-se amb el significat que cobria eufemísticament i abandonant el primitiu sentit ornitològic).

* *

[EL VALENCIÀ]

El caràcter d'àrea lateral (juntament amb el rossellonès), i també d'àrea tardana, degut a l'assentament català del segle XIII, justifica l'arcaisme de formes i mots: variants com *fenoll,* fonoll, *raïl,* arrel, o *colp,* cop, per ex.; o significants com *semar,* mustiar (de SEMU, mig buit), *brial,* enagos (que fa pensar en el vestit de les dames medievals), *orellals,* arracades, *gord,* gras (que no té res a veure amb el castellà), *si,* sina, *enutjar-se,* irritar-se, *badomia,* ximplesa, etc. La condició d'àrea també tardana del balear fa que molts d'aquests arcaismes es retrobin en els parlars illencs; així, *pigota,* verola, *torcar,* eixugar, fregar, *soll,* cort dels porcs, *morro,* llavi, *agranar,* escombrar, *poal,* galleda, *primavera de l'hivern,* tardor, etc. En el cas d'Eivissa les concomitàncies són més grans probablement per les relacions directes facilitades per la proximitat geogràfica.

Certs desplaçaments semàntics caracteritzen el lèxic valencià. Un *obrer* és un 'paleta'. *Voler,* a més d'ésser un acte de voluntat, s'ha recobert d'una nova accepció que implica afecte, amor; *te vullc* vol dir 't'estimo'. Un *grill,* a alguns llocs, és un 'llagost'; a d'altres, un *llangostí* designa una 'libèl·lula'. Sovint el valencià fa també distinció, matisa entre dos mots: *eixir* és sinònim de 'sortir', com en català medieval; però *sortir* manté el sentit originari de 'ésser expel·lit amb força' (*ha sortit una purna,* ha saltat una guspira, per ex.). *Llavar* és 'rentar', mentre que *rentar* vol dir 'passar, aclarir la roba' (diferència semblant a la que separa en francès *laver* de *rincer*). *Llevar* conté una idea de 'separar, apartar': (*lleva eixa cadira*), mentre *traure* ja implica més aviat la de portar cap a fora (*Trau eixa cadira,* porta-la fora de la cambra), distinció semblant a la del balear. *Granera* és geosinònim de *escombra;* aquest mot, en canvi, s'aplica únicament a l''escombra del forn'. *Mullar* vol dir, com en català antic, 'fer ablanir, fer tornar moll (llat. MOLLARE; de MOLLIS, moll, blan) quelcom sòlid de menjar (coca, galeta, etc.) en un líquid' (*Mullar una galeta en cafè amb llet*), mentre que *banyar* es diu del cos que és mullat per l'aigua (*Va ploure i me vaig banyar*). L'*enganyapastors* és el 'siboc' («Caprimulgus europaeus») i no la 'cuereta'. La *blanca* designa la 'garsa' («Pica pica»). El lèxic valencià, com el d'altres dialectes, en certes ocasions, pot subministrar a la llengua normativa formes genuïnes per substituir noms de productes o conceptes que són manllevats habitualment al castellà (*roses* (de panís, de dacsa) = cast. *palomitas, coent* = cast. *cursi, coentor* = cast. *cursilería,* val. local *espardenyada* = cast. *sablazo*) o bé per oferir una alternativa més pràctica (*atzucac,* carreró sense sortida).

Les especials condicions geogràfiques i històriques del valencià han obert l'accés de castellanismes dins el valencià, sovint amb característiques pròpies. Alguns són antics com *borrego, ganado* (segle XIV). D'altres, més moderns, avui hi són freqüents, mentre que són gairebé desconeguts o esporàdics a la resta del català: *fijar-se,* fixar-se, *entonces,* aleshores, *tenedor,* forquilla, *cepillo,* raspall, etc. (són ignorats, però, barbarismes castellans que campen al Principat, com *suelto,* solt, *tocino,* porc, bacó, *traje,* vestit, etc.). A més, és ostensible sovint la voluntat d'adaptació del castellanisme al sistema del valencià: *regal,* i no *regalo, barat* i no *barato,* etc. El nouvingut provoca també especialitzacions semàntiques curioses: *cuernos* és força general, aplicat sobretot a les 'banyes dels bous', però *banyes* es diu encara per les dels caragols, per ex. *Comulgar* és 'rebre l'hòstia sagrada', mentre *combregar,* mot genuí, s'aplica a 'rebre el Viàtic'. *Rabo* es diu d'una extremitat peluda (per ex., d'un gat) i *coa* si aquella és carnosa (per ex., d'un peix).

Joan VENY, *Els parlars catalans* (1982).

Suggeriments de treball

1. Identifiqueu els trets dialectals dels següents textos i digueu a quin dialecte pertanyen:

   a) *Una velleta me contà que una tia seva, essent al·loteta, va somiar tres nits seguides que dins certa cova, de ses moltes que hi ha a Biniguarda, hi havia tres ancolles enterrades; dues, plenes de monedes d'or, i una plena de monedes de plata. I en somnis, se li donà a comprendre que, sens dir res a ningú, les desenterràs i seria rica ella i sa família.*
   Des primer no en féu cas; es segon la posà consirosa, i amb es tercer li agafà por i ho contà tot a sa família. Anaren a sa cova; se posaren en cerca i van trobar ses tres ancolles ben amagades, ben tapades i plenes... de caragols.

   b) *L'altre, en oir la resposta del xic, va vacil·lar.*
   —Jo tampoc m'atrevixc, mira tu!
   —Aixina ja vorà què fa.
   —Escolta.
   —Què.
   —¿I si el deixàvem en el carro?
   —Jo no deixe la mula a la serena, i menys enganxada.
   —Jo te trac una manta i li la tires per damunt a la mula.
   —Quede's el mort.
   —Bé. Espera't.

   c) *li diu: «Fes-me lo pler de venir a sopar*
   a l'hivern, cada nit, a casa;
   ja sabes que hi ha bona brasa,
   i, com estimes lo que és bo,
   vinc de llogar, defora, a la teua intenció,
   una cuinera renomada.
   Los més famosos plats els sap ben encertar
   i, sé pas com s'adoba, amb un re tot ho fa.
   Jo pensi que sense ous faria una truitada!

   d) *—Això és un segrest! Li ordene que m'entregue aqueix home!*
   —No solament em negue a entregar-li'l, sinó que, a més, el considere, a vostè mateix, el meu presoner.
   —Un militar anglès no accepta les amenaces d'un rebel qualsevol!
   —Jo, un rebel? No n'heu tingut prou, tots vosaltres, amb la darrera guerra?
   —Quan una guerra acaba, sempre estem a temps de començar-ne una altra de nova...!
   —Doncs aquesta l'ha perduda vostè en el primer enfrontament amb l'enemic. Llance a terra les seues armes, i alce els braços! Faça el que li he dit, o és home mort!

   e) *—Es dobbers se fan amb estraperlo, o amb loteria, o per herenci, que encara és lo més just.*
   —Tens tota sa raó. Sa feina no se paga. No ho dic per mi, que mai n'he feta, però tu mateixa, que fa coranta anys que ets a la casa... Amb lo que jo et don, que

guanyes igual que quan començares... I ara, fieta, sí que no hi ha que pensar en pujar-te. Per lo mateix que tot ha pujat tant...
—Jo que no ho veig?
—Mira ses herencis, tu que dius... S'Estat va posant uns drets, que, si no féssim embuis, prest tot seria seu. Veus, amb això sí que diuen, tant es confessor com es notari, que no tengui escrúpol de dir mentides, perquè es govern ja sap que l'enganam... I com que ja ho sap, no hi ha engan.

f) *—Apa, tots drets!*
—Jo, fer el brindis? Ui no, no me'l feu fer, fills meus...
—Vinga, dona, si ho està desitjant. Au, amunt...
—Ara no ens deixi plantats, mamà!
—Sí, mamà. Avui et toca a tu.
—Si no hi ha més remei, aquí ho teniu: Perquè puguem celebrar-ho tots junts i per molts anys, amb pau, amor, justícia... i caritat! Ai fills, que em tapo! Bon Nadal!
—Mira-te-la que valenta!
—Molt bé, molt bé!
—Molt bé, mamà! Vine, que et vull fer un petó!

g) *En Pau i un dels seus minyons*
se n'anaven a vendre un burro a la fira.
Lo pare cap al fill se gira:
«Jepe —diu—, lo camí pareix pas dels millors;
de veure el burriquet marxar tant, me fa ansi;
és que cal pas que nos se cansi:
el podríem pas vendre, après!»
En Jepe respon: «Ja ho és.
Si el portàvem?» «Sí, bona idea!
Jepe, fill, tenes més esprit que no m'ho creia.»

2. Debat sobre la problemàtica exposada per la següent carta publicada pel diari «Avui» el 26-2-86:

Català i barceloní

Per la televisió en català, el 17-2-86 al migdia, vam sentir un debat, amb professors de català de l'àrea universitària de Lleida, en el qual algun es queixava no solament que el lèxic dels àudio-visuals al Principat era sempre i innecessàriament en el dialecte barceloní sinó que també amb la fonètica de la capital.
De llengua catalana ho és tant el dialecte occidental com l'oriental, etc., ho és el conjunt de tots. I segons el Fabra, en català es diu pare i mare i no «para» i «mara». I també segons el Fabra, és més normatiu «fesols» que no «mongetes».
Als reusencs, que ens sentim al mig entre els «orientals» i els «occidentals», ens sona una mica monòtona la llengua oficial, només en fonètica oriental, que ens imposen, i la trobem una mica fictícia. També pensem que algun gitar, pitxell, aixina o voliaines enriquirien la llengua.
També el «vostè» (com a traduït del *usted*) ens sembla menys català i menys franc que el «vós» o «vosaltres» (que no sentim mai i que sembla que faci por als Casas, Puial, etc.). Així, a voltes, el «barceloní» ens sembla com un català una mica malaltís i, d'acord amb els lleidatans, creiem que aires nous revitalitzarien la nostra llengua dels mitjans àudio-visuals «oficials». **Jordi Pàmies** *(Reus, Baix Camp).*

3. Instrumentalització política dels conceptes de llengua i dialecte al País Valencià. Podeu consultar: Rafael Lluís Ninyoles, *Conflicte lingüístic valencià* (Tres i Quatre, València), i Manuel Sanchis Guarner, *La llengua dels valencians* (Tres i Quatre, València).
4. La situació lingüística actual a la Catalunya Nord. Podeu partir del llibre de Pere Verdaguer *Defensa del Rosselló català* (Ed. Curial, Barcelona).
5. La situació lingüístico-cultural avui a les Balears. Podeu ajudar-vos del llibre *Els mallorquins i la llengua autòctona,* de Josep Massot i Muntaner (Curial, Barcelona).

Tema 7

El català pre-literari. Els primers textos

El català pre-literari

Resulta molt difícil de precisar el moment que el català esdevé una llengua romànica ben diferenciada de la llatina. Sembla que fou en els segles VII i VIII quan es produïren els canvis més profunds en el llarg procés que va del llatí al català. Els historiadors consideren que en el segle VIII la llengua que parlaven els habitants del territori de Catalunya era ja català.

Els documents de l'època contenen poques, i poc explícites, al·lusions al fet que llatí i català constituïen dues realitats lingüístiques plenament diferenciades. Cal suposar, però, que la situació no devia ser gaire diferent de la de la Gàl·lia, on els documents contenen referències més abundoses i explícites. Així, els concilis de Magúncia, Reims i Tours (any 813) evidencien que el poble no entén el llatí eclesiàstic i s'acorda, en aquest darrer, de fer la predicació popular *in rusticam Romanam linguam*.

Això no suposa, però, que la llengua accedeixi a l'escriptura. Aquesta serà patrimoni exclusiu del llatí durant molt temps. Recordem que els primers textos escrits íntegrament en català són del segle XII. No obstant això, coneixem en part el que s'anomena *català pre-literari* —la llengua parlada entre els inicis del segle IX i finals del XII— gràcies als documents escrits en llatí.

Els escrivans que redacten en llatí les escriptures de compra-venda, actes de qualsevol mena o testaments pensen i parlen en català, que és la llengua del seu entorn. El llatí és una segona llengua, utilitzada gairebé només en l'escriptura. No és estrany, doncs, que, amb freqüència, ja sigui per distracció, perquè vacil·len entre dos mots que creuen sinònims, perquè no troben l'equivalència llatina d'un mot romànic, o bé per altres raons, escriguin paraules i frases breus que són inequívocament catalanes.

Aquestes formes de la parla romànica que apareixen en la documentació de l'època ens forneixen valuoses informacions sobre la fonètica, la morfosintaxi i el lèxic del català més primerenc. El del vocabulari és el camp que ens dóna els materials més rics. Cal remarcar que el lèxic és especialment abundós en topònims, antropònims, noms que indiquen relació familiar i termes que es refereixen a les eines i productes agrícoles.

Els primers textos en llengua catalana

Fins al segle XII el català no passa a la lletra escrita. Els textos de l'època preliterària, ja siguin històrics, literaris, jurídics o simplement administratius (pactes, títols de venda, testaments, etc.) són redactats en llatí, llengua que usen els únics que dominen l'escriptura: els eclesiàstics. Quan comença a fer-se necessari de posar a l'abast del poble les lleis i les normes religioses i socials vigents, les llengües romàniques tindran accés a l'escriptura. Les primeres manifestacions escrites íntegrament en català són precisament religioses i jurídiques.

El més antic d'aquests textos pertany a la primera meitat del segle XII. Es tracta d'un fragment de la traducció del *Forum iudicum,* un codi de lleis visigòtic, amb algunes glosses intercalades. Un segle després tenim els *Usatges de Barcelona,* compilació de normes jurídiques que constitueixen el fonament del dret català. Del 1261 daten els *Furs de València,* que recopilen les lleis del Regne valencià i que tenen també un notable interès lingüístic.

De la darreria del segle XII o del començament del XIII són les *Homilies d'Organyà,* primer gran document de la llengua catalana i el text literari més reculat que conservem. Són una col·lecció de sis sermons, amb fragments d'evangelis i epístoles en llatí, que l'autor tradueix i comenta en català. Cal suposar que hi degué haver altres textos anteriors del mateix tipus, avui perduts, ja que sabem que la predicació en vulgar s'havia posat en pràctica des del segle IX.

De mitjan segle XIII són els tres poemes religiosos més antics que se'ns han conservat: l'*Epístola farcida de sant Esteve,* la composició «Aujats, senyors qui credets en Déu lo paire» i el *Planctus* de la Verge.

A partir de la segona meitat del segle XIII una nova classe social, la burgesa, sorgida arran de la crisi del feudalisme i del progrés del comerç, començà a tenir un pes específic cada cop més important en la vida catalana. Aquest fet

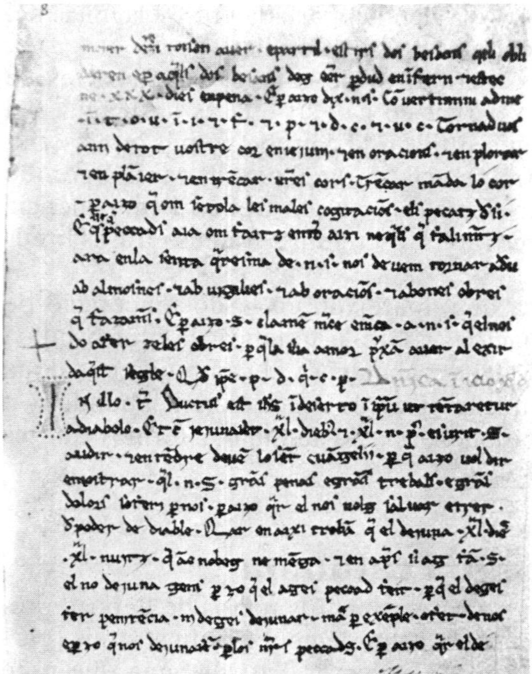

Una pàgina del manuscrit de les *Homilies d'Organyà,* un dels documents escrits en català més antics que es conserven. (IMH.)

comportà un seguit de canvis culturals transcendents, entre els quals destaquen l'ús del català com a llengua de cultura en competència amb el llatí i la creació d'una literatura, bàsicament en prosa, destinada a un públic més ampli. L'obra de Ramon Llull (*c.* 1232-1315), estudiada en el tema següent, se situa en aquest context i representa l'empenta definitiva al català com a llengua de cultura i el naixement de la literatura catalana.

Ens hem de referir també al fet que, si bé no en conservem testimonis escrits, és segur que hi hagué una literatura popular que sorgí a l'ensems que la mateixa llengua: cants lírics (d'amor, de tristesa, de joia) i èpics (narracions llegendàries, històriques). Aquestes manifestacions literàries, transmeses oralment, s'han perdut. Això no obstant, els cants èpics són coneguts en part gràcies a les cançons de gesta prosificades (és a dir, traslladats els versos a prosa, tot dissimulant-ne les rimes i alterant l'ordre dels mots) en les *Cròniques* de Jaume I, Desclot i Muntaner.

Disposem també de diverses referències als cants lírics primitius. A principis del segle XIII, Ramon Vidal de Besalú deia: «Tothom —cristià, jueu i sarraí, emperador, príncep, rei, duc, comte, vescomte, comtor, vervassor, clergue, burgès, vilà, petit i gran— posa cada dia l'enteniment a trobar i cantar.» I, encara, afegia: «Difícilment et trobaràs en lloc tan amagat ni tan solitari, mentre hi hagi poca o molta gent, que tot seguit no sentis cantar l'un o l'altre, o tothom a la vegada, perquè, fins els pastors de la muntanya, el major plaer que tenen és cantar.» D'aquesta poesia, malauradament, no ens n'ha pervingut cap text. I, no obstant això, podem tenir un cert coneixement del que fou mitjançant les imitacions cultes que se'n feren i les adaptacions i derivacions que apareixen en segles posteriors, de les quals tenim diverses mostres.

Finalment, cal recordar l'existència d'un seguit de poetes catalans que, al llarg dels segles XII i XIII, conrearen una poesia culta i profana —la trobadoresca— que era consumida en els cercles cortesans. Ara bé, la llengua que utilitzaren no fou el català, sinó el provençal. Aquest fet, en part sorprenent i en part explicable per un conjunt de causes diverses, es perllongà durant el segle XIV i part del XV. Tot i que els autors anaren catalanitzant —o desprovençalitzant— la llengua que empraven, no és fins al segle XV, amb Ausiàs March, que la poesia culta en català assoleix la plena normalitat lingüística.

Orientació bibliogràfica

Joan BASTARDAS, *El català pre-literari*, dins *IV Col·loqui Internacional de Llengua i Literatura Catalanes*, Publicacions de l'Abadia de Montserrat, 1976.

Josep M. NADAL i Modest PRATS, *Història de la llengua catalana,* vol. I, ja citada, pp. 163-167, 171-177, 194-205 i 255-300.

Martí de RIQUER, *Història de la literatura catalana,* vol. I, Ariel, Barcelona, 1964, pp. 197-206 i 373-394.

Manuel SANCHIS GUARNER, *Aproximació a la història de la llengua catalana,* ja citada, pp. 27-55.

Textos complementaris

I

Potser serà útil de tractar de precisar la cronologia d'allò que anomenem català pre-literari. En aquest aspecte el primer problema que se'ns presenta és el de determinar des de quin temps es parla català. (...) El problema, si es vol plantejar en termes estrictes, és insoluble perquè és ben difícil de precisar objectivament el grau de diferenciació necessària que ens permeti de parlar de dues llengües en comptes de dos moments o de dues modalitats d'una mateixa llengua. Això no obstant, tot fa pensar que el moment decisiu, o millor, l'última crisi en la llengua que marca el pas del llatí al romànic al nord de la Gàl·lia, cal situar-la molt al principi del segle VII. La llengua parlada allà a la segona meitat d'aquest segle no és ja llatí. Per citar solament un dels fenòmens més espectaculars, una llengua que en lloc de *dabis* o de *dare habes* diu *daras,* amb accent a l'última síl·laba —forma documentada gràcies a un joc de paraules en l'anomenada crònica de Fredegarius, dins la primera meitat del segle VII— no pot ésser considerada per nosaltres com a llatina. Això no vol dir que durant molt de temps els escrivents continuessin sentint el llatí —si més no el bàrbar llatí merovingi— com una modalitat arcaïtzant de llur pròpia llengua: la modalitat escrita de la llengua col·loquial. Fou precisament la reforma carolíngia, que fa del llatí una llengua escolaritzada i sotmesa de nou a unes normes estrictes, la que provoca l'aparició de la consciència que el llatí i la llengua parlada constitueixen dues entitats lingüístiques ben diferenciades i irreductibles. Aquesta consciència es manifesta d'una manera extraordinàriament clara i viva en la cèlebre disposició del concili de Tours de l'any 813, en la qual es mana que els bisbes es preocupin de traduir (*transferre*) les homilies *in rusticam Romanam linguam.*
(...) No era pas llatí la llengua que parlaven els barcelonins o gironins durant l'ocupació sarraïna, ni era llatí la llengua col·loquial dels hispans exiliats a la Septimània, arran de la repressió musulmana contra els qui havien col·laborat en la fracassada expedició de Carlemany contra Saragossa l'any 778, o la llengua dels gironins que el 785 feren lliurament voluntari de llur regió a Carlemany o la dels habitants de les comarques de Cerdanya i Urgell que ho feren no gaire més tard. Una llengua romànica parlaven els barcelonins alliberats l'any 801, i aquesta llengua romànica ja no deixarà mai d'ésser ella mateixa. Bé que oberta a influències i pressions externes, evolucionarà sobretot segons la seva pròpia dinàmica.

Joan BASTARDAS, *El català pre-literari* (1976).

II

El canvi del llatí en català va ésser lent i gradual, gairebé imperceptible. Cap generació no tingué la sensació de parlar una llengua nova, diferent de la dels pares dels seus components. És doncs impossible de dir en quin moment comença la història de la llengua catalana; els canvis més radicals degueren produir-se en els segles VII i VIII; però aquest problema es troba enfosquit perquè els documents s'escrivien en un llatí artificiós, que no corresponia gens al llenguatge viu coetani. Tanmateix els escrivents sovint es distreuen i cauen en la llengua viva. Ja en el segle IX, i encara més en els X i XI, l'aparició de mots i àdhuc de frases enteres en català pur, és tan freqüent al mig dels textos en llatí, que és impossible de no adonar-se que el llenguatge parlat d'aquell temps havia d'ésser essencialment el mateix que el que coneixem per català. En el segle XI ja comptem amb llargs passatges catalans, i des de cap a 1150 els documents sencers escrits en la nostra llengua es fan nombrosos. Cap a la fi del segle XII apareix el primer text literari, les Homilies d'Organyà: és un tros d'una col·lecció de sermons. Immediatament vénen textos poètics. I és segur que hi va haver obres literàries més antigues, que s'han perdut.

Joan COROMINES, *El que s'ha de saber de la llengua catalana* (1954).

III

La completa desclosa de les llengües vulgars, manifestada especialment en llur ús oficial i literari, sempre va precedida d'un llarg període de lluita contra el prestigi d'una altra llengua superior i dominadora (...)
Entre els pobles neollatins, als quals pertany el català, la lluita es presentava principalment contra l'alt prestigi de la llengua llatina, i secundàriament, en el domini de la poesia, contra el provençal. El llatí era la llengua de la filosofia, de la teologia, de les Universitats, de la Cancelleria, de l'Església, en un mot: la llengua de la diplomàcia i de l'estudi, i les llengües vulgars no eren considerades dignes d'ésser ensenyades a les escoles. Per aquest motiu a l'Edat Mitjana saber «gramàtica» equivalia a saber llatí, puix que hom no concebia que es pogués escriure una gramàtica per ensenyar el «romanç». (...)
La llengua catalana, però, tot i trobar-se a la mateixa línia d'evolució que les altres romàniques, en divergeix en dos fets importants. Durant l'Edat Mitjana és l'única parla que substitueix el llatí en les obres filosòfiques i apologètiques, per obra de Ramon Llull i més tard, de Francesc Eiximenis. Si afegim a aquesta substitució el conreu literari esplèndidament manifestat en les dues primeres grans Cròniques, en la variada producció lul·liana, en la d'Arnau de Vilanova i en la d'alguns escriptors menors, veurem que al segle XIII el català ja apareix com un llenguatge literari completament format, tallat d'una sola peça, sense cap vacil·lació, sense previs conreus dialectals com els que presenten els orígens del castellà o de l'italià. (...)
La posició del català enfront del provençal és, en part, menys victoriosa. En primer lloc, ambdós llenguatges presentaven una gran afinitat, la qual ha motivat que sovint hom hagi considerat el nostre com una branca de la llengua d'oc. El català, de caient més pràctic i popular que el provençal, fins ben entrat el segle XIV tingué en el conreu de la poesia, i com la resta de les parles neollatines, una estreta dependència respecte a aquell. En el camp de la vida pràctica, en canvi, el

català supera també àmpliament el provençal, com ho demostra el fet d'ésser la llengua predominant i oficial als estats de Jaume I, estesos a ambdues bandes del Pirineu.

A. Rubió i Lluch, *La llengua catalana segons Antoni Rubió i Lluch*, a cura de R. Guilleumas (1957).

IV

No podem dubtar de l'existència d'una poesia èpica que els joglars cantaven a les places i d'una lírica popular que devia circular en boca del poble; la predicació per prescripció de l'Església es feia en llengua vulgar, i, per tant, de fet, esdevenia un gènere de literatura oral, malgrat l'existència de molts reculls de sermons en llatí, pertanyents a totes les èpoques de la literatura cristiana, en els quals devien o podien inspirar-se els predicadors. És possible també que alguns d'aquests predicadors fessin guions dels seus sermons o els escrivissin ells mateixos personalment, per tal que els fos més fàcil la predicació. Un exemple d'això el trobem en el cèlebre manuscrit de les *Homilies d'Organyà*, conservat a la Biblioteca de Catalunya. Aquest manuscrit és un quadern de 13 fulls, de pergamí gruixut, amb tares, no gaire cal·ligrafiat i sense cap mena d'ornamentació. No és manuscrit del cal·lígraf professional, i per tant hem de pensar que ha estat l'obra d'un modest eclesiàstic, que per al seu ús escriví o copià aquests sermons a les darreries del segle XII o començaments del XIII. De manuscrits d'aquesta mena, pot haver-n'hi hagut d'altres que s'han perdut. La casualitat, però, d'haver-se'n salvat un, ha estat causa que ens hagi arribat un text molt arcaic de llengua, considerat fins fa poc el monument literari més antic de la llengua catalana.

Diem fins fa poc, perquè avui la prioritat de les *Homilies d'Organyà* no es pot afirmar d'una manera absoluta. A Montserrat fou descobert un full d'una antiga traducció catalana del *Forum iudicum*, l'escriptura del qual es pot datar també al segle XII i sembla més antiga que la de les *Homilies*. La llengua d'un i altre text, però, és diferent. La del fragment jurídic s'acosta més a la llengua popular; la de les *Homilies* és més provençalitzada. Avui fóra prematur treure conclusions d'un fet semblant, que de primer antuvi sembla assenyalar dos corrents literaris o dos estats de llengua: un de més atansat a la llengua poètica del temps, que en aquesta època era el provençal, i un altre de més pròxim a la llengua del poble. Però el fet important és l'aparició d'aquell nou text en llengua catalana, que permet suposar que el llibre en vulgar, en aquest cas el llibre en català, tal vegada començava ja a circular al segle XII. D'altra manera costa bastant d'explicar-se la traducció d'un text jurídic a la nostra llengua si aquest només havia de servir per a ús del traductor i no havia de divulgar-se en altres còpies. Quan aquests dos textos degueren compondre's, la poesia dels trobadors, que ací fou considerada com a nostra i comptà amb conreadors de vàlua, es trobava en el seu moment més brillant.

Pere Bohigas, *El llibre manuscrit en llengua catalana* (1972).

Suggeriments de treball

1. Raons de l'accés tardà de les llengües romàniques a l'escriptura. Podeu ajudar-vos de la *Història de la llengua catalana,* de Nadal i Prats, citada a l'orientació bibliogràfica.
2. Comenteu i compareu els trets lingüístics i ortogràfics més rellevants dels textos següents:

«La voluntat del defunt scrita de pos que for mort enfre sis meses sie publicat. Volontat d'aqel o d'aqela qe testa en sa vida de pos sa mort ans qe sis meses sien passats sie publicada e manifestada, e per escriptura davant qual qe [algun] *sacerdot o davant tests* [testimonis]. *E si alcun cela* [amaga] *et amaga* [impedeix] *aquela voluntat del defunt, tant compona* [restitueixi] *so propi aver* [diners] *ad aquel a cui fon testat quant pogren conquerre* [puguin obtenir] *o aver* [tenir] *per auctoritat de la scriptura, de las res* [béns] *del defunt.»*

(Fragment del *Forum Iudicum*)

«Seinors, audir [escoltar] *e entendre devem Nostre Senior per la Sancta Scriptura, e com nos apelà* [digué] *dolzament: —Tornad-vos a mi, zo dix Nostre Séiner, ab tot lo vostre cor e ab tota vostra pensa. No dix mica* [digué pas] *ab la meitad del cor, mas ab tot lo cor; per qué quar* [car] *del cor ixen totes les obres que són feites: primerament són pensades, e pux són messes* [posades] *en obra.* Quia de cor exeunt male cogitationes. *—Del cor ixen males cogitacions* [pensaments], *homicidis, adulteris, fornicacions, monzonges* [mentides], *perjuris, cobeezes* [cobejances], *avaredes* [avarícies] *e tots los mals del món.»*

(Fragment de les *Homilies d'Organyà*)

3. Busqueu informació sobre els primers textos conservats en galaico-portuguès, castellà, francès i italià.
4. Causes del conreu de poesia provençal per autors catalans. Us podeu ajudar de la *Història de la llengua catalana,* de Nadal i Prats, ja esmentada.
5. El plurilingüisme en els orígens de les literatures romàniques i de l'anglès. Us en podeu informar en una història de la literatura universal.

Tema 8

Ramon Llull

Situació de Ramon Llull i el lul·lisme

Cap a la segona meitat del segle XIII, la llengua catalana havia donat origen, ja, a una literatura. Però sobretot en l'àmbit de la prosa, i aquest fet la singularitza davant de les altres llengües de la Romània. Com és sabut, la poesia culta, fins a Ausiàs March, s'expressarà en una llengua forastera: la provençal. La *Crònica* de Jaume I, la de Desclot, l'obra d'Arnau de Vilanova ajudaren a configurar, en aquestes dates tan reculades, un panorama literari en plena expansió. Una expansió que rebrà l'aportació decisiva i culminant de l'obra de Ramon Llull.

Vist a set segles de distància, Ramon Llull (*c.* 1232-1315), fill d'una família noble, peonera en la població catalana de Mallorca arran de la conquesta de l'illa per Jaume I, és el nom de més vasta dimensió internacional de les nostres lletres i, potser, de la nostra cultura. Personalitat multiforme i complexa (filòsof, teòleg, místic, científic, narrador i pretesament alquimista), autor d'una obra de primer ordre situada en la confluència de tres mons (el de la filosofia escolàstica, el de la cultura àrab i el de la poesia trobadoresca), ha esdevingut una mena de símbol de tota una circumstància històrica. D'aquí que la seva figura s'hagi mogut sovint entre la realitat i la llegenda. I que hagi produït l'interès més dilatat entre els més variats estaments o que, complementàriament, hagi aixecat les més apassionades polèmiques.

Als Països Catalans, l'atenció per Llull es manifestà ben d'hora en la creació de càtedres en diverses ciutats per estudiar la seva obra. I, ja a principis del segle XIV, s'hi produí una aspra controvèrsia entre lul·listes i antilul·listes. El capdavanter dels adversaris pòstums de Llull fou Nicolau Eimeric, inquisidor general dels regnes de la Corona d'Aragó, que, el 1376, aconseguí que el papa Gregori IX promulgués una butlla condemnatòria del beat mallorquí. Una butlla que els addictes lul·lians no obtingueren de fer revocar fins al 1419.

Fora dels Països Catalans, la fama de Llull es consolidà a partir del Renaixement, gràcies a la contribució de personatges de tan relleu com Nicolau de Cusa, Pico della Mirandola, Paracels, Giordano Bruno i, més endavant, Descartes i, sobretot, Leibnitz. En el segle XVIII, una edició llatina, però incompleta, de l'obra lul·liana, s'imprimí a Magúncia i desvetllà un extraordinari ressò arreu del món culte que avui dia és encara lluny d'apagar-se. El lul·lisme constitueix un capítol dilatadíssim i encara no tancat de la història de les idees.

Sentit i transcendència de l'obra lul·liana

L'activitat personal i intel·lectual de Ramon Llull està marcada per un fet biogràfic decisiu: la conversió sobtada que, cap als trenta anys, el mogué a abandonar la família i la forma cortesana de vida que fins aleshores havia practicat i l'induí a adoptar-ne una altra al servei exclusiu de Déu. Des d'aquell moment, i durant deu anys, Llull passa per un període de formació cultural en solitud que constituirà la base de la seva prodigiosa obra, iniciada, per tant, pels volts del 1272, en plena maduresa. Una obra que anirà flanquejada per una formidable tasca apostòlica (a universitats europees, en corts papals i imperials i en concilis) i missionera (al nord d'Àfrica, a Terra Santa, a Xipre, a Armènia). Amb aquests precedents, la producció lul·liana només s'explica en funció d'una finalitat apologètica i doctrinal; l'anima i la determina un afany infatigable de combatre els errors dels infidels no cristians, sobretot dels sarraïns, i de guanyar-los per a la causa religiosa veritable. Per això, un dels projectes més llargament acaronats pel mallorquí, reeixit en part, fou la creació de col·legis on els missioners podien aprendre les llengües dels països a evangelitzar. La producció escrita de Llull és molt extensa. Consta d'uns 250 títols segurs i comprèn les més variades branques del saber medieval: filosofia, teologia, pedagogia, mística, astronomia, tractats apologètics. Prescindint ara de la seva vàlua i de la seva repercussió cultural, cal fixar l'atenció en la transcendència que té en la història del català.

Per primera vegada a l'Europa cristiana, gràcies a Ramon Llull, una llengua romanç, la catalana, esdevé l'instrument d'expressió de disciplines científiques i humanístiques, reservades fins aleshores exclusivament al llatí, únic idioma culte indiscutit. La importància lingüística d'aquest fet és excepcional. D'una

Gravat del martiri de Ramon Llull a Bugia (Tunis) *Ars inventiva veritatis* imprès en València al 1515. (IMH.)

llengua en procés de consolidació cultural, a més, Llull en féu un mitjà apte, sòlid i definitiu per expressar les més subtils argumentacions filosòfiques o teològiques. L'escriptor mallorquí és l'autèntic forjador de la prosa catalana i un extraordinari innovador lingüístic.

Coneixements i actitud lingüística de Llull

L'abast ecumènic de l'obra lul·liana i el seu enclavament en una cruïlla històrico-cultural, mencionada més amunt, constitueixen les raons del seu plurilingüisme. Llull també coneixia, i hi escriví, el provençal, l'àrab i el llatí, i en les tres llengües redactà part de la seva producció; a desgrat que la redacció en àrab d'algunes de les seves obres ha estat debatuda pels estudiosos, és innegable que conegué de primera mà el món cultural islàmic. Totes tres llengües eren indefugibles per als seus propòsits. La provençal, que utilitzà en les poesies profanes anteriors a la conversió i en els poemes posteriors, era aleshores una llengua poètica molt estesa i d'ús comú, a més, entre els súbdits dels reis de Mallorca que poblaven el migdia de les Gàl·lies. L'àrab, que Llull aprengué d'un esclau moro mallorquí, era el mitjà d'expressió d'una cultura rica i pròxima. I la llatina, d'indispensable domini per a tota persona culta, era l'habitual en les relacions diplomàtiques i en els àmbits eclesiàstics i l'obligada de les universitats.

No cal dubtar que la prioritat que Llull dóna a la llengua pròpia obeeix al desig de no restringir l'audiència de la seva obra als clergues, uns dels pocs coneixedors de la llengua llatina. Dos fragments de dos pròlegs a obres seves (*Llibre del Gentil* i *Art amativa*) es refereixen d'una forma oberta a aquest propòsit:

Cada ciència ha mester los vocables per los quals mills [millor] *sia manifestada; e car a aquesta ciència demostrativa sien mester vocables escurs* [obscurs] *e que los hòmens lecs no han en ús, e car nós façam aquest llibre als hòmens lecs per açò breument e ab plans vocables parlarem d'esta ciència.*

La entenció per què nós esta amància posam en vulgar, és per ço que los hòmens qui no saben latí pusquen [puguin] *haver art e doctrina com sàpien ligar lur voluntat a amar ab bona amor, e encara, com sàpien haver ciència a conèixer veritat.*

Ara: Llull no limita l'ús del català a una finalitat divulgadora. La perfecció i la modernitat de la seva prosa són inimaginables sense acceptar, en l'autor, una reflexió prèvia i, doncs, un domini absolut de la retòrica. En definitiva, hi ha, en Llull, una clara voluntat d'estil, palesada en nombrosos passatges de la seva obra i justificada pel seu interès a convèncer l'auditori. Així, es llegeix al capítol 73 de la *Doctrina pueril,* que la retòrica

és parlar bellament i ordenada, per la qual són agradablement oïdes paraules, e per la qual hom és exoït [escoltat] *moltes de vegades. Retòrica mostra com hom deja parlar, en quals paraules deja dir primeres, ne quals en la fi e en lo mig.*

I en el capítol 359 del *Llibre de Contemplació en Déu,* es formulen uns consells sobre la necessitat d'ordenació formal de les paraules:

Qui vol parlar bellament e rectoricalment e endreçadament, sàpia haver art e manera per la qual sàpia formar e dir sàviament e ordonada ses paraules; car enaixí com lo joglar ha art e manera en fer lo so en la samfonia e en la caramella, enaixí cové [convé] *que hom haja art e manera a dir paraules ordonades e rectoricades.*

I a continuació s'estableix que l'estètica de la forma literària no és res si no expressa conceptes elevats. En poques paraules: es tracta d'una teoria de la bellesa de les paraules basada en la seva noblesa semàntica:

... car aitant com hom parla de les coses qui són pus [més] *belles e majors e pus vertuoses, d'aitant són les paraules pus belles e mills agradables a oir e a ésser enteses.*

Pus bell fa anomenar apostoli [Papa] *que cardenal, e cardenal que bisbe, e bisbe e religiós que clergue; e pus bell anomenar fa burgès que pagès, e cavaller que burgès, e comte que cavaller, e príncep que comte, e rei que príncep, e emperador que rei; e pus bell nomenar fa bé que mal, e hom just que pecador, e sanitat que malautia, e leial que fals, e pau que guerra, e així d'altres coses semblants a aquestes.*

Tot lo pus bell e el pus vertuós vocable que hom pusca [pugui] *nomenar, és nomenar Jesucrist (...). Enaprés* [Després], *Sènyer, tot lo millor e el pus bell vocable que hom pusca nomenar és nostra dona sancta Maria, Verge gloriosa (...).*

En la cabdal *Retòrica Nova,* escrita en català, a Xipre, el 1301, traduïda al llatí, a Gènova, dos anys després, i només conservada en aquesta versió, Llull condensa totes les seves experiències d'escriptor i demostra el seu allunyament dels tòpics continguts en les retòriques del seu temps. En un estudi enlluernador sobre aquesta obra, Jordi Rubió conclou: «Amb raó podem dir, doncs, que Ramon Llull té estil i crea la seva forma literària. I això, per a glòria seva, és tota una altra cosa que ésser un imitador de fórmules, per nobles i prestigioses que siguin; és a dir, que ésser un retòric.»

La llengua catalana en Ramon Llull

Malgrat els problemes de fidelitat que presenta la transmissió textual de l'obra de Llull (conservada en manuscrits no gaire fiables), diversos lingüistes (singularment Francesc de B. Moll i A. Badia i Margarit) han reeixit a analitzar les peculiaritats de la sintaxi i del lèxic lul·lians. Les anàlisis no es poden fer extensives a la fonètica i a la morfologia, alterades per la intervenció dels copistes dels manuscrits.

La maduresa i la plenitud de la prosa lul·liana s'expliquen per una doble causa. D'una banda, les construccions llatines, que forniren a l'autor múltiples models sintàctics, i les formes directes i vives de la llengua popular; de l'altra, el seu talent especulatiu, la seva capacitat d'abstracció filosòfica, motius essencials de la perfecta estructuració i flexibilitat de la frase lul·liana. Una estructuració i

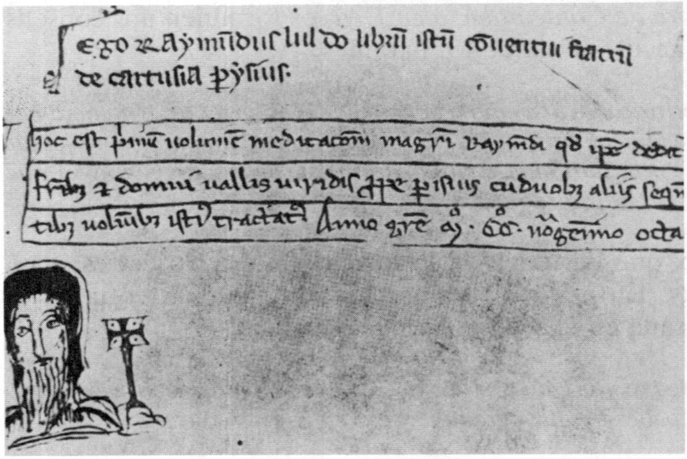

Possible autògraf llatí de Ramon Llull conservat a la Biblioteca Nacional de París. (IMH.)

una flexibilitat visibles, sobretot, en el predomini absolut de la hipotaxi (subordinació) sobre la parataxi (coordinació), símptoma inequívoc de maduresa expressiva. La sintaxi de Llull, doncs, combina elements cultes amb d'altres de populars. D'entre els primers, en síntesi, convé destacar:

– Presència de la subordinació concessiva, l'etapa més evolucionada de la subordinació gramatical. En el següent exemple, a més, s'utilitza la locució *mal son grat,* embrió de la conjunció moderna «malgrat»:

e encontinent que es lexava [deixava] *de Déu a pregar e a contemplar, encontinent mal son grat caïa* [queia] *en temptacions e cogitava en vanitats.*

– Ús abundant d'oracions de relatiu, fins a tres o quatre en una mateixa frase composta:

e desijà haver fills los quals fossen servents de Déu, a qui ell pogués lexar los béns temporals que tenia.

– Construccions paral·lelístiques amb oracions d'una vasta gamma, com és ara amb subordinades condicionals:

Raó demostra que null [cap] *home irat no faça ne dega fer* [hagi de fer] *nulla cosa; cor* [car] *si ço que fa és mal, si irat no era no faria tant de mal; e si ço que fa és bé, si irat no era mills* [millor] *ho faria que no fa.*

– Casos de prosa rimada, en els quals, diu Jordi Rubió, «hi ha una mena de fluctuació i de vaivé en el moviment de la frase, que les rimes ajuden a fixar, marcant el ritme de les idees i accentuant sempre el moment de la pausa. Al mateix temps, d'ordinari, els mots rimats subratllen els punts capitals del pensament»:

Caritat, Senyor, és rosa, liri, rubís, safili [safir] *e viola qui per vós los hòmens enamora, e fa lo cor suspirar e los ulls plorar, e vós amar, honrar e servir; perquè us deman caritat qui em faça vós amar e, per vostra amor, suspirar e plorar. Perquè us sia mercè que em donets* [doneu] *caritat, pus* [car] *que sots* [sou] *caritat; e donats ço que podets* [podeu] *e devets* [deveu] *donar, pus que vos deman amor per vos amar, honrar, beneir e obeir.*

– Gran varietat de recursos amplificatius, com l'enumeració llarga de substantius, adjectius i verbs o la comparació, la qual sovint és introduïda per la conjunció *enaixí*:

Qui ame Orde de Cavalleria covë [convé] *que enaixí com aquell qui vol ésser fuster, ha mester maestre qui sia fuster, e aquell qui vol ésser sabater, covë que haja* [tingui] *maestre qui sia sabater; enaixí qui vol ésser Cavaller, covë que haja maestre qui sia Cavaller.*

– El subjuntiu, conquesta lenta en l'evolució de les llengües romàniques, és usat per Llull, seguint el llatí, en la forma anomenada de subordinació. Apareix sistemàticament en les subordinades:

e cor [car] *lo món sia* [en lloc del normal «és»] *en tan gran discòrdia e desordenament, temedora cosa és ésser apostoli.*

Els següents casos de sintaxi popular són els més freqüents:

– Anacoluts com en l'exemple següent, on *aquell rei* apareix incorrectament com a subjecte:

aquell rei per una mentida que dix [digué] *a l'emperador, li tolc* [tragué] *l'emperador son regne.*

– Expressió de la impersonalitat verbal en segona persona, avui tan freqüent:

Noblesa de coratge no la demans *a la boca, car tota hora no diu veritat.*

– Mostres de parahipotaxi, és a dir, de coordinació, gramaticalment innecessària, d'una frase principal a una subordinada precedent mitjançant un adverbi o una conjunció. En l'exemple següent, a una subordinada temporal li segueix una oració principal encapçalada per un *doncs* superflu:

Con [Quan] *lo Cavaller és temptat per avarícia a enclinar son noble coratge a alcuna malvestat, desleialtat, traïció, doncs deu recórrer a fortitudo.*

En el terreny del lèxic, Llull hagué de superar les dificultats que representava la inexistència, en la llengua romanç, d'un vocabulari científico-filosòfic específic, que hagué de modelar d'una peça i que, en alguns casos, diu en el pròleg a l'*Art amativa,* no era conegut ni en llatí:

E cor [car] *havem fretura de vocables qui no són en vulgar, covë-nos usar d'alcuns vocables qui són en latí, e encara d'alcunes paraules estranyes qui no són en ús en vulgar ni en latí* (...).

En conjunt, segons un estudi de Francesc de B. Moll, el vocabulari que integra la prosa de Llull consta d'uns 7.000 mots diccionariables, distribuïts en els següents percentatges:

Mots populars hereditaris del català	52 %
Mots derivats dins el català	20 %
Llatinismes	18 %
Mots usats només per Ramon Llull	7 %
Provençalismes	1 %
Onomàstica (noms bíblics, geogràfics, etc.)	2 %

Les afirmacions de la citació anterior contenen ja una classificació del lèxic lul·lià: a) paraules patrimonials del català; b) incorporacions cultes; i c) «paraules estranyes».

a) Són, com es pot veure, les més abundants (52 per 100). La seva immensa majoria han pervingut a la llengua actual; algunes d'elles semblen exclusives de Llull (com *embarbesclat,* «perplex», *noable,* «nociu», o *menys-conèixer,* «ser desagraït»). A subratllar el seu caràcter selecte, visible en l'escassetat de vulgarismes, en l'absència d'onomatopeies i en la manca total d'humorisme.

b) La incorporació directa de cultismes, sobretot de llatinismes, és la forma com Llull resol la dificultat d'expressar conceptes nous. Com en el cas anterior, en gran majoria es conserven en l'actualitat (*abstenir-se, alterar, audàcia, avarícia, benefici, benigne*). Alguns d'ells foren manllevats al llatí sense cap adaptació prèvia (*implicite, fortitudo, tempus*).
En aquest apartat cal incloure també els mots derivats, ja que sovint el procés derivacional és llatinitzant. Es tracta del fenomen essencial en la creació de noves paraules per addició de sufixos, tant nominals (-ABLE, -IBLE, -ANÇA, -ENÇA, -ESA, -MENT, -ÓS són els més freqüents: *negable, incorruptible, acabança* —acabament—, *valença* —auxili—, *saviesa, oblidament, coratjós*), com verbals (sobretot -AR i -IR: *eternar, endureir*).

c) Les «paraules estranyes» constitueixen la majoria dels neologismes lul·lians. S'obtenen a partir d'un sistema de derivació i creació de mots nous, sèries correlatives de tecnicismes filosòfics, que Llull aprengué en textos de filòsofs àrabs. Aquest recurs, d'un gran rendiment, dóna lloc a un vast repertori que representa una autèntica novetat en el món lexical romànic. En esquema, i des de la base del principi de grandesa, el procediment és el que segueix:

	CONCRETS	ABSTRACTES	CIRCUMSTANCIALS
Agent potencial	*magnificatiu*	*magnificativitat*	*magnificativament*
Agent actual	*magnificant* *magnificador*	*magnificança* *magnificament*	*magnificantment* *magnificadorament*
Pacient potencial	*magnificable*	*magnificabilitat*	*magnificablement*
Acció	*magnificar*		
Pacient actual	*magnificat*	*magnificació*	*magnificadament*

Orientació bibliogràfica

A.M. BADIA I MARGARIT, *Ramon Llull, creador de la prosa catalana,* dins *La llengua catalana ahir i avui,* Curial, Barcelona, [2]1982, pp. 29-43.

F. de B. MOLL, *La llengua de Ramon Llull* i *Notes per a una valoració del lèxic de Ramon Llull,* dins *Textos i estudis medievals,* Publicacions de l'Abadia de Montserrat, 1982, pp. 123-163 i 165-220.

J.M. NADAL i Modest PRATS, *Ramon Llull,* dins *Història de la llengua catalana,* vol. I, ja citada, pp. 301-356.

Jordi RUBIÓ I BALAGUER, *La «Rethorica Nova» de Ramon Llull,* dins *Ramon Llull i el lul·lisme,* Publicacions de l'Abadia de Montserrat, 1985, pp. 202-233.

Textos complementaris

I

Sorprèn que hom pugui encara escriure, amb tota tranquil·litat, que el primer pensador medieval que utilitza per a la seva expressió doctrinal la llengua vernacla fou «Meister» Eckhart; i que el gran senyal formal de pre-modernitat de Nicolau d'Oresme fou escriure en francès. A l'un i a l'altre s'anticipà Ramon Llull escrivint en català, amb l'avantatge de més d'un segle sobre Oresme i d'unes quantes dècades sobre Eckhart. Més encara, mentre el pensador germànic utilitza l'alemany en els seus *Sermons,* que, naturalment, hagueren d'ésser pronunciats en llengua vernacla, ja que en llatí no haurien estat entesos per l'auditori (...) Ramon Llull escriu directament, en la seva llengua vernacla, obres d'intenció perfectament culta dirigides fins i tot primordialment als *clerici,* els intel·lectuals d'aleshores, que llegien perfectament i preferien el llatí.

Miguel CRUZ HERNÁNDEZ, *El pensamiento de Ramon Llull* (1977).

II

Ara bé, cal remarcar que mentre les disputacions es feien tant entre cristians i mahometans, com entre cristians i jueus, els dos casos es diferenciaven essencialment en un detall molt important. Quan la disputa era entre cristians i jueus, es basava principalment en la Sagrada Escriptura. Tots dos partits reconeixien l'autoritat de l'Antic Testament (...). En el cas de disputar amb els mahometans, en canvi, no es podien emprar «arguments d'autoritat» —perquè no n'hi havia cap, d'autoritat admesa per ambdós partits (...). Els mateixos cristians es veien obligats, doncs, a recórrer a l'argumentació racional. D'aquesta necessitat, brotaren dos grans sistemes apologètics: el de Sant Tomàs d'Aquino (1225-1274) en la seva *Summa contra Gentes* (1259-1264), i el de l'Art lul·lià.
Tots dos, en cert sentit, foren conseqüències dels esforços de Sant Ramon de Pe-

nyafort. Sant Ramon havia arribat a ésser el superior general dels dominicans en 1238, però va dimitir dos anys més tard precisament per poder dedicar-se completament a la conversió dels mahometans. En vista de la impossibilitat d'emprar arguments basats en la Sagrada Escriptura, va demanar a Sant Tomàs d'escriure-li un llibre que fos adequat a llur cas. D'ací la *Summa contra Gentes,* basada en la raó natural, en la qual Sant Tomàs no es proposà de provar la veritat de la fe catòlica, sinó d'arribar per la raó a una posició plenament compatible amb la fe. Ramon Llull, en canvi, inventà son Art (c. 1272) per a demostrar la fe amb «raons necessàries» —però cal remarcar que ni pretenia una demostració lògicament completa, ni fonamentava les seves «raons necessàries» en la sola raó. Solen partir de la general reconeixença de certs principis que formen part de la comuna herència cultural de totes tres religions (...), i solen ésser —com digué Mn. Galmés—, més aviat que demostracions apodíctiques, demostracions de congruència, major o menor, que no podrien ésser negades sense negació d'aquests principis comunament admesos.

Robert PRING-MILL, *El microcosmos lul·lià* (1961).

III

Llull no renega l'herència espiritual que li ve d'haver après a escriure en llatí, encara que només sigui escolàsticament, ni l'elegància que li permet l'ús dels cultismes estilístico-sintàctics aplicats al vulgar. Si, com Dante, s'hi va deixar anar massa, això depengué del fet que fou sempre conscient d'escriure per a aquella part del poble que tenia una certa cultura i un cert amor a les lletres, en la forma més planera i més d'acord amb la consciència lingüística popular que li permetia la seva intuïció d'artista i d'escriptor de coses doctes. Però, com Dante, no defugí l'ús de les formes populars de la parahipotaxi i elevà a forma d'art la sintaxi romànica.

Mario RUFFINI, *Lo stile del Lulio nel «Libre del Orde de Cavayleria»* (1959).

IV

Però com que Ramon Llull, que es deia de *libres trobador,* també predicava, encara que fos amb la ploma, quan els escrivia, gràcies a la *Rhetorica nova* podem explicar-nos la intenció amb què emprava molts dels recursos de la tècnica de l'escriptor, amarant-la sempre, això sí, amb l'ardència de la seva ànima. Sempre confià més en ella que en la recepta retòrica. Aquesta retòrica, coneguda per Ramon Llull, era la de les escoles del temps. D'ella accepta l'ús dels recursos que més sobresurten en els escrits lul·lians: els exemples i els proverbis, però els afaiçona a la seva manera, els lleva el caràcter episòdic i accidental i els converteix en una fibra inseparable de la trama del seu art de composició. Rebutja la tècnica de l'*ars dictandi* quant al *cursus* i la substitueix per la seva original teoria de l'ornat retòric

***cum voce significativa* i *cum principiis substantialibus et necessariis,* com diu en l'*Ars generalis ultima.* La posició dels elements gramaticals en la frase, les colors retòriques i les comparacions reben una valoració més alta i transcendent que la que tradicionalment tenien assignada. Com el pintor que es redueix a un determinat sector de la seva paleta, Ramon Llull rebutja els decorativismes contingents i d'ordre sensual per a concentrar-se en els intel·lectuals i metafísics. Com diu en l'*Ars generalis ultima: plus est existentia quam apparientia.* Per això la seva retòrica posa el ressort decisiu en la intel·ligència (*scientia*) i en l'amor (*caritas*). Aquesta *caritas* és allò que, en darrer terme, degué salvar l'oratòria lul·liana del racionalisme exclusivista de la seva teoria.**

Jordi Rubió i Balaguer, *La «Rethorica Nova» de Ramon Llull* (1959).

Suggeriments de treball

1. Pels mateixos anys en què Llull configurava decisivament la prosa literària catalana, Alfons X el Savi i Dante Alighieri duien a terme una tasca paral·lela amb les llengües respectives. Feu un examen comparatiu dels tres casos: esforços que hi hagueren d'esmerçar, obstacles que hagueren de vèncer i balanç dels resultats obtinguts.
2. En el capítol 94 del *Blanquerna* es proclama la necessitat d'implantar a tot el món, per motius evangèlics, una llengua única: el llatí. Relacioneu aquesta afirmació amb el caràcter plurilingüe de l'obra de Llull i, sobretot, amb el predomini, en ella, del romanç català.
3. Examen del lèxic i de la sintaxi lul·lianes a partir d'aquest fragment:

   —Blanquerna —dix l'abat—: una vegada s'esdevenc [s'esdevingué] *que un ermità entrava en una ciutat. Lo rei d'aquella ciutat fo mort, e era en costuma que lo primer home estrany qui entrava en aquella ciutat al terç dia de la mort del rei, que aquell fos rei. Per ordenament de Déu s'esdevenc que aquell ermità entrà en aquella ciutat e fo fet rei; mas l'ermità contrastà a* [protestà per] *l'elecció, per ço cor* [car] *volia perseverar en vida ermitana. Qüestió fo enfre los elegedors qui l'hagren* [hagueren] *elet* [elegit] *a rei, si ell podia perseverar en la devoció en què ésser solia. Judici e sentència hagren per si los elegedors, dient que l'ermità podia ésser escusat, en entenció e en volentat, a ofici de rei, pus fortment que ésser estranyat de les gents en los llocs agrests, on estava en vida ermitana; e pus fortment podia usar de fortitudo, esperança, justícia, e de les altres vertuts; e per açò era'n pus servidor de perseverança. On, per semblant manera, havem nós raó com vós dejats perseverar ab nós, qui som ermitans e volem ésser vostres companyons.*

4. Amb l'ajuda d'un mapa, analitzeu el context sòcio-polític de la part del món que Llull conegué, recorregué i evangelitzà.
5. Repercussions literàries i lingüístiques de la batalla de Muret (1213).

Tema 9

La llengua al segle XIV

L'expansió mediterrània de la llengua

Des de finals del segle XIII i al llarg del XIV, una conjunció d'interessos comercials i polítics motivà una sèrie de campanyes militars i d'aliances mercantils que eixamplaren el domini catalano-aragonès per bona part de la Mediterrània occidental. Un domini que, tot seguit, exigí la instal·lació dels catalans en els territoris ocupats i que, en conseqüència, comportà la més gran expansió que mai ha conegut la nostra llengua. En aquest procés hi tingué un paper essencial la ciutat de Barcelona i, amb ella, tot el Principat, que passava aleshores per una etapa econòmicament molt pròspera. És l'època del Consolat de Mar, de la presència de cònsols catalans a més de cinquanta ciutats, de les illes mediterrànies, d'Egipte, de Síria i de tot l'Orient. És l'època de plenitud, en definitiva, de la història medieval catalana. I el signe més clar de reconeixement d'aquest domini ultramarí, ha fet notar l'historiador Pierre Vilar, fou la llengua: «Existeix un *patriotisme lingüístic* del qual Muntaner és el millor representant; quan vol dir d'un home o d'un país que forma part de la comunitat catalana, diu que parla —o que hom hi parla— *el pus bell catalanesc del món.*» Convé subratllar, de més a més, que Muntaner ens forneix un dels primers testimonis escrits del nom específic de la llengua, anomenada exclusivament fins llavors «pla», «romanç» o «vulgar». De fet, el gentilici «catalans» fou aplicat indiscriminadament, en les terres conquerides, al conjunt dels ocupants, amb un criteri estrictament lingüístic. En aquest sentit, Rubió i Lluch aclareix que «la solidaritat d'interessos comercials, de lleis marítimes, de raça i de llengua, feren que l'estranger no s'equivoqués gens: soldats, mariners i comerciants, tant si estaven al servei dels reis de Sicília, com dels de Mallorca o dels d'Aragó, en tota la conca del Mediterrani, foren coneguts com a catalans». Aquest costum esdevindrà habitual a partir d'ara i quan, al segle XV, els papats dels Borja omplin la cúria pontifícia dels seus parents i coneguts, l'exclamació alarmada dels eclesiàstics italians recorrerà al mateix apel·latiu: *O Dio! La Chiesa Romana in mani dei catalani!*

El 1282, any en què hi desembarcà Pere el Gran (1239-1285, rei des del 1276) amb el seu exèrcit, Sicília fou incorporada a la Corona d'Aragó. La influència catalana fou especialment visible a tres ciutats, Catània, Palerm i Messina, i, amb el temps, en els dialectes italians meridionals, en el terreny del lèxic mariner o nàutic i de les activitats comercials o artesanals.

L'expedició catalana a l'orient grec, que s'emprengué des de Sicília el 1303, constitueix un dels episodis més mitificats de la història de Catalunya. A les ordres de Roger de Flor, assassinat poc després (1305), els almogàvers conqueriren els ducats d'Atenes i Neopàtria, que romangueren sota el control catalano-aragonès fins al 1388. Durant tots aquests anys, la Companyia catalana

—nom que rebia l'exèrcit almogàver— congrià al seu voltant, entre els grecs envaïts, una dura hostilitat. Aquest fet explica que els catalans, forçats a viure gairebé reclosos i amb pocs contactes amb el món hel·lènic, preservessin, intacta, la seva llengua. En català fou redactada la prosa burocràtica oficial dels ducats, una gran massa de papers que integra, en paraules de Rubió i Lluch, «el contingent documental més important que hom coneix de tota la dominació estrangera a la Grècia medieval».

Per descomptat, es produïren manlleus lèxics recíprocs entre les dues llengües, la catalana i la grega. La nostra llengua n'adoptà un seguit de termes, sobretot marítims, que, ben aviat, s'escamparen a les altres llengües romàniques des de Catalunya. Alguns d'aquests mots, en canvi, han quedat com a exclusius del català: *palangre, bolitx, prestatge, calaix, pampallugues.*

Enlloc, però, no fou tan persistent i acusada la presència catalana, iniciada el 1323, com a Sardenya. Per necessitats militars, romangué a l'illa un nombrós contingent de tropes i de pobladors diversos. El cronista Muntaner, per exemple, reporta que al castell de Bonaire, edificat per dominar Càller, *se trobava que hi havia més de sis mília hòmens d'armes bons, tots catalans, ab llurs mullers.* La llengua catalana arrelà a Sardenya especialment en la capital i en la zona sud; una ciutat, l'Alguer, l'ha conservada fins avui mateix. Cap altra llengua no ha rebut una empremta tan forta del català com la sarda, en els camps més diversos: arts, oficis, administració, església, onomàstica, nàutica, cuina, indumentària...

Les cròniques

La prosa històrica catalana compta amb quatre textos cabdals, de gran interès literari i lingüístic. Foren escrits durant la segona meitat del segle XIII i al llarg del XIV, si bé els manuscrits que ens n'han pervingut no reflecteixen fidelment, en tres dels quatre casos, l'estat real de la llengua en el moment de la redacció de la crònica. La més antiga és la del rei Jaume el Conqueridor (1208-1276, rei des del 1213), però el manuscrit català més antic que ens l'ha transmesa és del 1343, molt posterior a les dates en què fou escrita. Aquesta crònica i la de Pere el Cerimoniós (1319-1387, rei des del 1336) són les úniques autobiografies de monarques medievals, i la de Muntaner constitueix l'única narració occidental de la conquesta catalana de Grècia. Cal subratllar, finalment, que, a diferència d'altres relats històrics (com els del rei castellà Alfons el Savi, referits a èpoques molt reculades), les nostres cròniques són totalment originals en el fet de narrar esdeveniments coetanis, coneguts directament o no, als seus autors.

El manuscrit més reculat de la *Crònica* de Bernat Desclot, centrada en el regnat de Pere el Gran, data de finals del segle XIII. Segons Coll i Alentorn, la seva llengua presenta particularitats d'un dialecte de la zona oriental del Pirineu i abunda en arcaismes. Convé destacar-hi l'ús d'altres llengües quan parlen personatges no catalans. En l'obra de Desclot s'hi aprecien, en aquest sentit, coneixements de francès i d'àrab.

Amb el nom de *Llibre dels Feits* és coneguda la crònica de Jaume el Conqueridor, escrita sota la direcció del monarca. L'obra, destinada a difondre's oral-

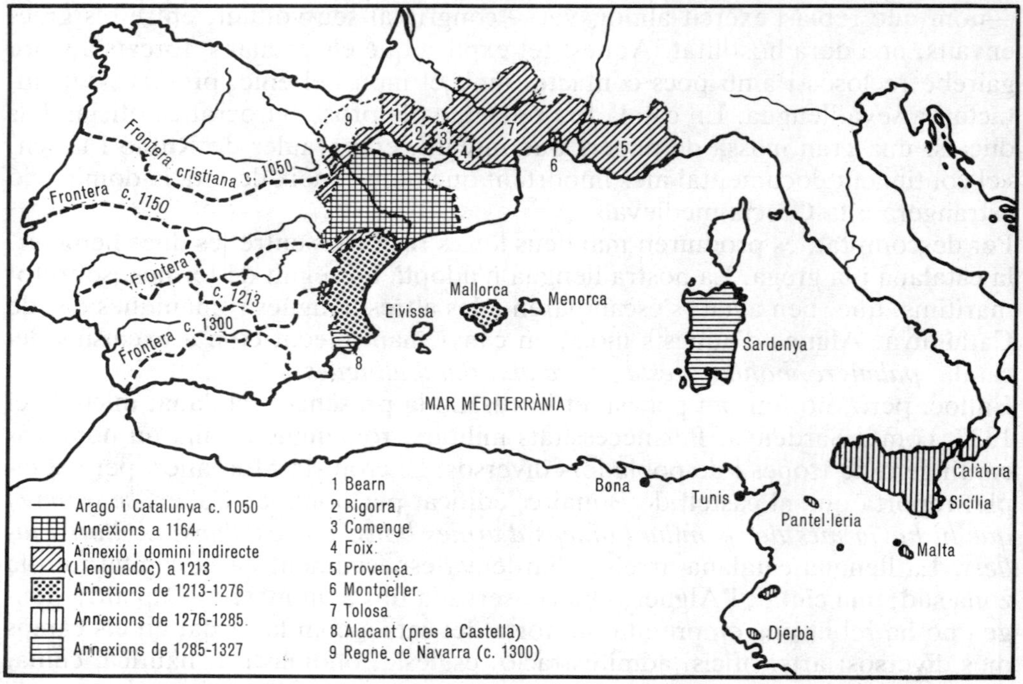

El creixement de l'imperi catalano-aragonès a la Mediterrània occidental (1050-1327).

ment, posseeix, en l'ordre lingüístic, un marcat caràcter planer i popular; és fàcil de trobar-hi repeticions i vacil·lacions, mostres de llengua viva i espontània i nombrosos refranys. Hi predominen les construccions paratàctiques. Des del punt de vista lèxic s'hi han detectat aragonesismes, occitanismes i altres manlleus que, com en la *Crònica* de Desclot, obeeixen al desig verista de reproduir la llengua dels no catalans; així, hi apareixen paraules, expressions o paràgrafs en francès, provençal, mossàrab, àrab, castellà i aragonès.

La *Crònica* de Ramon Muntaner (1265-1336) s'ocupa dels regnats d'una sèrie de monarques que conegué personalment, des de Jaume el Conqueridor fins a Alfons el Benigne (1299-1336, rei des del 1327) i, en general, de tots els prínceps del casal d'Aragó. L'entusiasme del cronista per la dinastia de Barcelona és paral·lel al que sent per la llengua, el «bell catalanesc», de l'expansió de la qual esdevé un testimoni directe. Tanmateix, Muntaner, seguint la tradició, escriu en provençal un poema, el *Sermó,* que intercala en el text. A remarcar la voluntat de l'escriptor d'acostar-se als oïdors o lectors de la seva obra, voluntat palesa en un estil viu i familiar, en l'ús d'expressions populars i en la presència de recursos narratius joglarescos.

La *Crònica* del regnat de Pere el Cerimoniós fou redactada, sota el control directíssim del monarca, en plural majestàtic, com la de Jaume el Conqueridor, i s'ha conservat en dues redaccions, una més primitiva i la segona més elaborada i completa. La seva prosa manca del caràcter viu i popular de les anteriors i, en certs moments, quan adquireix la forma de dietari, esdevé seca i eixuta, però manté sempre un to estilístic elevat. Com en les altres cròniques, en

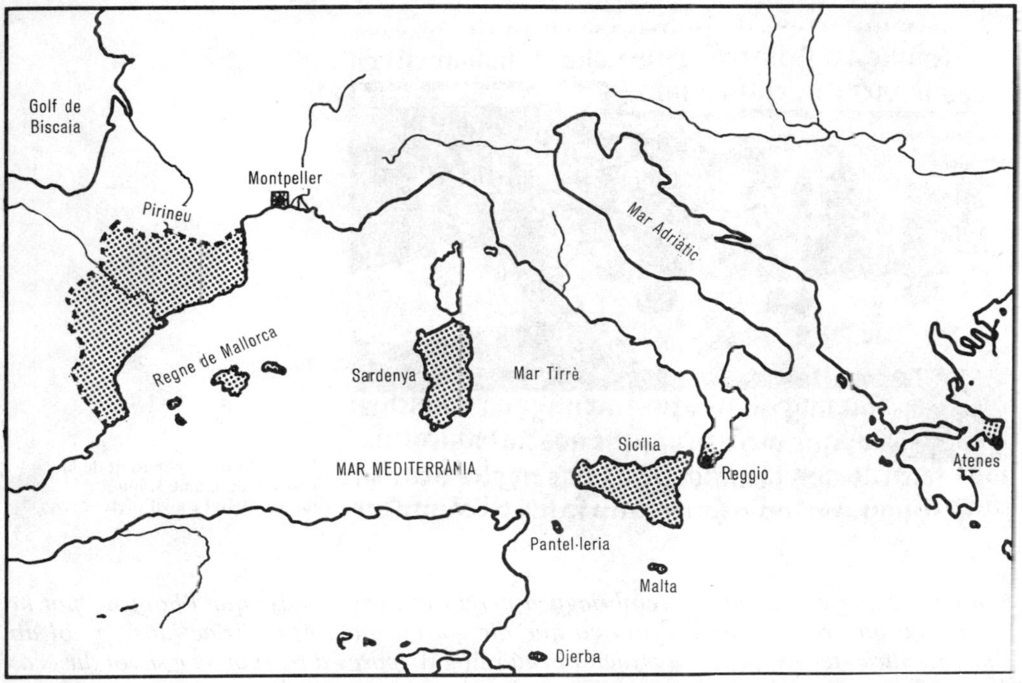

Dominis de la Confederació catalano-aragonesa cap al 1325.

aquesta alguns personatges parlen, segons la seva procedència, en altres llengües que la catalana: la provençal, l'aragonesa i la castellana.

Les formes col·loquials

Del català parlat durant el segle XIV se'n conserven algunes mostres, especialment en textos de processos judicials que transcriuen amb fidelitat la llengua viva dels testimonis. Al marge d'aquests casos, només algunes de les obres del franciscà Francesc Eiximenis (1330/35-1409) i els sermons del dominicà Vicent Ferrer (1350-1419) escapen a les normes estilístiques de la Cancelleria reial i als artificis de la llengua literària i permeten endevinar les particularitats de la llengua col·loquial de la seva època.

En bona part, l'obra eiximeniana pretén d'acostar-se a un ampli públic llec i indocte; per això, diu, vol *parlar comunament e, més que més, grosserament a vegades.* Un personatge, per exemple, interpel·la el seu criat amb aquests vituperis tan directes:

Arnaut, pagès, vilà, desconeixent, truà, asnàs, vil, llevats d'aquí, agranats-me [escombreu-me] *l'estable, ensellats-me lo rossí e torcats-li bé los peus, rapaç, femater, arlot.*

I en un altre passatge del *Terç del Cristià,* referint-se a les malvestats que produeix l'embriaguesa, llegim:

Miniatura d'un manuscrit de la *Crònica* de Jaume I, que representa un convit ofert al rei. (IMH.)

E nota ací que comunament l'embriaguea percut la llengua, així que l'hom no pot bé formar ço que vol dir, ne [ni] *diu ço que dir volria, quan és embriac; ans, si vol dir «borràs» dirà «terràs», e si vol cridar a negú* [ningú] *«pare» dirà «paie», e si vol dir «ca» dirà «carn», e si vol dir «olla» dirà «ampolla», e si «fogassa» dirà «tassa», e si «veure» dirà «beure», e semblants misèries.*

Entre altres coses, convé remarcar, en aquest paràgraf, la distinció establerta entre la *v* làbio-dental i la *b* bilabial.

L'oratòria vicentina ens ha pervingut en dues versions, l'original catalana i una traducció llatina. Consta documentalment que la primera era presa de forma estenogràfica per copistes que, situats al costat del predicador, prenien nota literal de les seves paraules. D'aquí, doncs, l'extraordinari valor filològic dels sermons del sant valencià. La seva llengua és la parlada comunament, car s'adreçava a grans masses illetrades. Per la necessitat de convèncer un auditori per mitjà de les paraules, sant Vicent exhibeix unes singulars peculiaritats lingüístiques. Les més freqüents són les interjeccions, exclamacions i onomatopeies, les quals eren acompanyades d'un ampli repertori de gesticulacions i d'inflexions de veu que per força havien d'impressionar els assistents als seus sermons. Així, els condemnats a l'infern cauen *xof! en les calderes;* en un altre sermó, l'orador ataca, tot escarnint-la, la pregària distreta d'un home que, alhora, es vesteix i parla amb la seva muller: *«Pater noster» a la una mànega, e xa xa xa, Marieta posa l'olla* (...), *e quan vos botonau. «Ave Maria», eeeh!, «gratia plena», xa xa xa.* Les onomatopeies vicentines no es limiten a imitar sons humans: *«tum, tum»* és el so d'un tambor, i *«tin, tin»* el d'unes campanetes; quan uns màrtirs són cremats vius, *chillava la carn «chii, chii, xii, chiii».* Els crits d'algunes bèsties també són estrafets directament: *Un ase, quan veu la somera, tantost corre: «Haaaic!»; la gallina, quan haurà post los ous, crida: «ca, ca, ca».*

El lèxic de sant Vicent respon a un deliberat to col·loquial. L'abundància de diminutius, per exemple, comporta una forta càrrega de tendresa, com en les següents paraules d'una mare al seu fill: *«Mon fillet, veus ací raïmet, e panet, o cireretes o figuetes! Ara di la Ave Maria»; e pren-li les cametes axí, e agenollar-lo: «Ara di mon fillet: Ave Maria.» Ell respondrà agudetament: «Ave Maria.»* A subratllar l'ús de refranys i frases fetes (*fer del cel paella,* «fer veure allò que no és»; *malaltia del milà, les ales flaques e lo bec sà*) i de vulgarismes (*puteries, pasterada, papar*). Finalment, en el terreny de l'estil, les semblances, paràboles i exemples (com el de santa Margarida, reproduït en un dels exercicis d'aquest tema) pertanyen al fons comú dels recursos de la predicació popular.

Orientació bibliogràfica

Joan COROMINES, *Les relacions amb Grècia reflectides en el nostre vocabulari,* dins *Entre dos llenguatges,* vol. III, ja citat, pp. 178-230.

Rosalia GUILLEUMAS, *La llengua catalana a l'Edat Mitjana,* dins *La llengua catalana segons Antoni Rubió i Lluch,* Ed. Barcino, Barcelona, [2]1983, pp. 27-51.

J.M. NADAL i Modest PRATS, *La mort de Jaume I i l'expansió mediterrània (1276-1336)* i *De Pere el Cerimoniós al Compromís de Casp (1336-1412),* dins *Història de la llengua catalana,* vol. I, ja citada, pp. 357-534.

Martí de RIQUER, *Literatura històrica,* dins *Història de la literatura catalana,* vol. I, ja citada, pp. 373-501, i *Francesc Eiximenis i Sant Vicent Ferrer,* dins la mateixa obra, vol. II, pp. 133-264.

Ferran SOLDEVILA, *Prefacis* a *Les Quatre Grans Cròniques,* Ed. Selecta, Barcelona, [2]1983.

Textos complementaris

I

No cal dir que a les regions d'Itàlia que pertanyeren a la Confederació Catalano-Aragonesa la gent instruïda aprenia i sovint sabia parlar la nostra llengua. Per Muntaner sabem que els dos grans almiralls Roger de Llúria i Corral Llança, tots dos italians de soca-rel, van adoptar el català com a llengua habitual, renunciant a la pròpia. (...)

Les traduccions conegudes d'obres catalanes medievals són massa nombroses per fer-ne una llista; limitant-nos a llengües ultrapirenaiques, a les traduccions antigues i a les obres que van exercir una influència més considerable, podem citar la traducció del *Consolat de Mar* a l'italià, la de la *Disputa de l'Ase* de Fra Anselm Turmeda al francès (únic text conservat d'aquesta obra cabdal, puix que l'original desaparegué cremat per la Inquisició), les de Llull a l'alemany, la del Vescomte de Perellós a la llengua d'Oc; Llull, Eiximenis, Muntaner, Perellós i Joanot Martorell foren traduïts a molts idiomes. És significatiu que el llibre més antic imprès

a Ginebra sigui una traducció del *Llibre dels Àngels* de Francesc Eiximenis, i el més antic imprès a Granada sigui una altra traducció del mateix autor. (...) Aquestes influències literàries no reflecteixen més que un aspecte de la difusió del nostre idioma. El seu prestigi internacional es deixa sentir en altres esferes. Quan Atenes i Morea estigueren en mans dels catalans durant tot el segle XIV, llur idioma aconseguí una gran difusió per tota la mar Egea. Ens ho mostren diversos documents dels publicats darrerament per Rubió i Lluch en el seu *Diplomatari de l'Orient Català*, i fa llarg temps que Baist va publicar un contracte particular firmat en el segle XIV a l'Arxipèlag de les Espòrades, ben lluny d'Atenes, on cap català no figura entre els contractants i no obstant es veuen en el text un bon nombre de mots catalans, entesos sens dubte per tothom. Essent la llengua d'una gran potència mediterrània, el català per aquests temps era entès a molts llocs i respectat pertot: Jaume I l'usà en la conferència internacional d'Avinyó; Llull i Muntaner se'n serviren per tot el Mediterrani en llurs viatges continus.

Joan COROMINES, *El que s'ha de saber de la llengua catalana* (1950).

II

És precisament Llull qui en el *Blanquerna* parla dels *recontadors* que als pelegrins a Compostel·la cantaven *los fets qui són passats dels apostolis e dels emperadors, segons que són escrits en les cròniques.* Com ha explicat molt bé Rubió es tracta dels joglars, cultivadors de la poesia narrativa, que hem de posar en contacte amb aquells que, en la cort de Pere III, trobem designats amb el nom de «*refrendarii gestorum antiquorum*» i que constitueixen, d'alguna manera, el precedent immediat dels nostres grans cronistes, sobretot de Muntaner.
(...) la prosa historiogràfica a Catalunya empra el llatí i comença a fer ús del català a la segona meitat del segle XIII. També la poesia llatino-eclesiàstica s'interessà vivament per la història i traspassà els murs dels monestirs trobant ressò i estímul en la cort. Però ben aviat aparegueren també els joglars que escampaven en romanç la narració de les velles gestes, on predominava l'element llegendari, i fins dels fets més importants de la història contemporània. Ningú no dubta avui de l'existència d'aquesta poesia joglaresca èpica a la Catalunya medieval tot i que no ens n'hagi restat ni un sol testimoni directe i ens hàgim d'acontentar a rastrejar-la en les cròniques que ens n'han conservat molts fragments prosificats.

J.M. NADAL i Modest PRATS, *Història de la llengua catalana* (1982).

III

Comparem el llenguatge de l'apòstol mallorquí amb el dels sermons de l'apòstol valencià sant Vicent Ferrer, i es veurà un contrast de gran relleu entre l'un i l'altre. És el contrast que correspon a un diferent tipus d'apostolat: el de sant Vicent, encaminat a impressionar amb la paraula viva i ressonant damunt un

públic heterogeni, la majoria del qual era analfabeta; el de Ramon Llull, dirigit a conquistar per la paraula escrita el cor i la pensa d'un públic escollit, culte, com havia d'esser la gent que, en aquell temps d'escassíssima instrucció, fos capaç de llegir els raonaments i les expansions místiques de l'incansable escriptor.
Sant Vicent en els seus sermons parlava el llenguatge del poble, i encara que no deixava d'usar els tecnicismes escolàstics, els escampava dins una massa atapeïda de vocables casolans, amarats de la ingènua expressivitat de la gent humil, i deixava anar a raig seguit les notes pintoresques de sàtira i d'humor, precursores d'aquells saborosos escrits valencians de més entrat el segle XV. Ramon Llull, en canvi, empra un llenguatge ben entenedor, sí, però no vulgar, no adaptat a les orelles de la gent inculta, i està mancat totalment d'humorisme.

Francesc de B. MOLL,
Notes per a una valoració del lèxic de Ramon Llull (1957).

IV

És molt probable que sant Vicent prediqués arreu de l'Europa occidental bàsicament en el seu parlar valencià matern, segons declararen els testimonis contemporanis dels fets en el seu procés de canonització (*«sua valentina ac materna lingua fuerit semper locutus»*), instruït tan sols vint-i-sis anys després de la mort del taumaturg.
Tots els biògrafs vicentins apologètics han admès sense reserves el miracle que fos comprès internacionalment per pobles de llengua diferent. Cal dir que en l'Edat Mitjana les societats agrícoles pre-capitalistes no tenien gaire consciència idiomàtica. Les masses illetrades s'adonaven que una mateixa llengua era parlada en un extens territori, per bé que, de fet, mai no era una llengua idèntica sinó que es tractava de diversos dialectes seus, algun dels quals, a vegades, resultava gairebé incomprensible per als parlants de la comarca contigua. Així, per a un provençal, certs dialectes de la llengua d'oc, com l'alvernès o el gascó, no li resultaven menys inintel·ligibles que el català o el llombard, o, almenys, no els reputava més estrangers els uns que els altres.
Tothom acceptava la llengua que parlava com un fet natural, i ningú no la considerava com un factor polític o cultural, ni menys encara com a motiu de lluites de tal mena. La gent medieval creia, perquè així li ho havien dit, que la diversitat de llengües era deguda a la perversitat humana, un càstig diví per haver construït la Torre de Babel. El sentiment del propi idioma només l'experimentava hom en haver de fer un viatge; a part, és clar, els habitants de les regions fronteres.
Certes persones que viatjaven molt, com els mercaders o els joglars, que anaven de fira en fira, s'aprofitaven d'aquell estat d'incoherència idiomàtica, i tot i parlant la seva llengua materna, en barrejaven el lèxic amb mots del país que visitaven i reeixien a fer-se entendre per tothom. A la cort pontifícia d'Avinyó hi hagué molts catalans, i ja hem dit abans que la llengua catalana era més o menys compresa pels provençals. Mestre Vicent, predicador itinerant, per bé que continués conservant la seva llengua nadiua, pogué mesclar-la, en major o menor

grau, amb occitanismes, italianismes, gal·licismes o castellanismes, segons el país que visitava. La fogosa facúndia i la vehemència mímica del prestigiós missioner, i l'exaltació gairebé histèrica de l'enardit auditori, en facilitarien la comunicació i l'arravatament.

Manuel SANCHIS GUARNER,
Aproximació a la història de la llengua catalana (1980).

Suggeriments de treball

1. Elaboreu una llista de catalanismes incorporats a l'italià, al grec i al sard arran de l'expansió mediterrània de la Corona d'Aragó. Podeu partir dels treballs de J.M. Nadal - Modest Prats i de Joan Coromines citats en l'orientació bibliogràfica d'aquest tema i del llibre de Jordi Bruguera, *Història del lèxic català,* ja citat.
2. Panorama històric de l'expansió mediterrània de la Corona d'Aragó: causes que la feren possible, monarques i personalitats que hi intervingueren, fets més destacables i cronologia. Remarqueu la importància que tingué en el procés el Consolat de Mar.
3. L'actitud lingüística dels escriptors catalans medievals a partir del següent text de Lluís d'Averçó inclòs dins el pròleg al *Torsimany* (darrer terç del segle XIV), tractat retòric i gramatical acompanyat d'un diccionari de rimes:

   Jo no em servesc en la present obra, per dues raons, dels lenguatges que los trobadors en lurs obres se serveixen; la primera és com prosaicament lo present libre jo pos, e en lo posar prosaic no ha necessitat a servir-se dels lenguatges ja dits, per tal com no són disputats de servir en obres compassades [en vers]; *l'altra raó és que si jo em servia d'altre lenguatge sinó del català, que és mon lenguatge propi, he dubte que no em fos notat a ultracuidament, car pus jo són català, no em dec servir d'altre lenguatge sinó del meu.*

4. Els dos textos següents narren la mateixa anècdota, procedent de l'escriptor llatí Valeri Màxim, amb un estil radicalment oposat. Advertiu-hi les diferències lèxiques i sintàctiques:

Sant Vicent

En una ciutat era una dona, e per un gran crim fonc [fou] *sentenciada que morís de fam: pens que devia ser alguna honrada dona. La dona havia una filla, e la filla criava sa criatura; e sabent que era sentenciada sa mare, així la filla feia alletar son fill, e ella conservava la llet per a sa mare. E hac* [hagué] *gràcia que hi entràs a visitar, sens vianda; e així, conservant la llet, e com* [quan] *era entrada en la presó, dava a mamar a sa mare e buidava-li les mamellas, e així dos vegades lo dia, hora de dinar e al vespre. Així la*

Bernat Metge

Bé pens que et recorde d'aquella mesquina mare, per crim capital per lo pretor a mort condemnada en lo carçre [presó], *e per compassió de son executor, per tal que aquí famejant morís, reservada, com sa filla, la qual algunes vegades l'entrava vesitar, jatsia* [encara] *fos ben amonestada e sol·licitada ab gran pena per lo dit executor que no li metés dins alguna vianda ne res ab què pogués sa vida allongar, no contrastant lo dit manament, veient que en altra manera no li podia ajudar, la sostenc ab la llet de les sostenc* [sostengué] *molt dies, e lo jutge deia: —Com se pot fer que no sia morta? Lo jutge dix: —No pot ésser. E lo jutge ho volc* [volgué] *veure, e véu* [veié] *que la vella mamava. Plagué-li tant esta pietat, que deslliurà la mare. Esta era bona filla.*

sues mamelles per gran temps, entrò [fins] *que fou sabut per les guardes del dit càrcer, e publicants açò al dit pretor, obtengueren a aquelles per aquesta novitat remissió graciosa.*

5. Recopileu els termes culinaris enumerats en el següent passatge de Francesc Eiximenis i quan calgui, amb l'ajuda del *Diccionari Català-Valencià-Balear*, assenyaleune les equivalències en la llengua actual:

Sapiats [sapigueu], *sènyer, que no visc ben sa ne puc quaix* [quasi] *res menjar, car jamés* [mai] *no he fam. Tramet-vos a dir tot mon regiment de viure perquè vejats* [vegeu] *si és bé ne sa a mi. Sènyer, jo quan me lleu* [em llevo] *de matí menj d'una fogassa calda un poc, ab una tassa de vi cuit e de grec. Al dinar menj tostemps pa de floret; e varieg* [vario] *les carns segons temps, car en estiu menj polls tenres en diverses maneres, ço és, en ast e aigua-ros, o en olla ab salsa d'agràs e en pa; cabrits e vedells de llet, moltons primals e moltons de past, perdius, colomins e gualles. En l'autumne, tords grossos, tudons, fotges e carn de caça, ço és, cervos, cabirols, cabron munter, llebres, conills. En la primavera, pagós, faisans, grues e oques. E, adés, en lo Pascal* [la Pasqua], *no ús de totes salses, sinó les espesses, bollides, o salsa de pagó, e lluixell, e mig-raust mesclat ab girofle e ab gingebre verd. A la fi de taula, flaons e formajades e formatge frit ab mantega, o fus* [fos] *al forn, damunt cobert de sucre e posat en pa torrat. Si menj peix tostemps l'he* [el tinc] *ab dents e de tall, frit en cassola e en graelles, e en pa. Si menj res de cullera, he ginestada, avellanat o pinyonada, celiandrat o arròs ab sucre o ab llet d'amelles; aprés, fruita seca; e a la fin deman adragea per rependre los fums e per confortar l'estómac, e per gitar de mi mateix ventositats qui es solen llevar dins l'hom. Aprés taula encara ús l'adragea per fer-me bon alè.*

Tema 10

El paper unificador de la Cancelleria

Concepte i emmarcament

Una cancelleria era l'organisme burocràtic encarregat de l'arxiu i la correspondència d'un Estat. El presidia un canceller, ofici que requeia en l'oficial reial de més alta graduació i que solia ser exercit per una alta jerarquia eclesiàstica. A l'Europa occidental, els precedents més remots d'una organització cancelleresca remunten al segle I i a un imperi, el romà, que, tres centúries després, la consagrà com a institució bàsica de govern. Gairebé simultàniament, la cúria papal adoptà el mateix model, que s'estengué, amb el temps, a l'imperi carolingi. I d'aquí, sens dubte, es projectà damunt els comtats de la Marca Hispànica.

En efecte: a la corona catalano-aragonesa la Cancelleria reial data del segle XIII. El seu primer canceller, Berenguer de Palou, bisbe de Barcelona, és atestat ja el 1218. El càrrec, en un bon principi, fou únic per a tota la confederació, però gradualment se n'establí un a cada regne. Les *Ordinacions de la Cort,* que, promulgades durant el regnat de Pere el Cerimoniós, reformaren profundament la Cancelleria, atorgaren al canceller la presidència del Consell Reial. A les seves ordres treballava un estol de funcionaris àulics distribuïts en un escalafó atenent les respectives funcions: un vice-canceller, un protonotari, un notari, secretaris, arxivers, escrivans, agutzils, correus i altres càrrecs menors. La paperassa emanada d'aquesta formidable teranyina burocràtica, base del fons documental conservat a l'Arxiu de la Corona d'Aragó, està integrada per un copiosíssim i variat repertori de cartes, instruccions a ambaixadors, nomenaments, discursos reials, informes i disposicions del caire més divers. Un repertori de documentació oficial que arribava fins als confins més allunyats del territori de la corona i que, des del 1276, utilitzà cada cop més la llengua catalana en detriment de la llatina. Segons Rubió i Lluch, en el regnat de Martí l'Humà (1356-1410, rei des del 1396) no es redactaven en llatí més que els documents de les seccions més burocràtiques de la Cancelleria.

Transcendència de la Cancelleria

I no només això. Els escrivans cancellerescos havien de conèixer el llatí (llengua d'ús culte comú a tot Europa), el català i l'aragonès (llengües «oficials» de la Confederació), i havien de redactar-hi amb elegància i correcció. El protonotari, per exemple, pel fet de revisar les cartes reials, calia que fos una persona «en ciència gramatical bé instruïda». Per aquesta raó, aquests funcionaris esdevingueren, en molts casos, notoris traductors de la llengua sàvia. Jordi Rubió els ha qualificats de «buròcrates lletraferits». Dins la massa anònima que integra l'estament es destaquen uns noms propis: Jaume Conesa, autor de la versió de les *Històries Troianes;* Ferrer Sayol, padrastre de Bernat Metge i traductor de Pal·ladi; Bartomeu Sirvent, introductor de l'epistolografia en llatí a la manera humanista. I bastants més. Convé, tanmateix, no atribuir-los ambicions exclusivament literàries. Traduir, per a ells, fou una prolongació voluntària del seu ofici burocràtic.

De fet, però, des de mitjan segle xiv, l'accés d'escriptors, juristes i teòlegs a la Cancelleria i la relació freqüent i progressiva amb institucions homòlogues europees (en especial les de la Cort pontifícia, la italiana i la francesa) determinaren que aquest organisme, complementàriament a les seves funcions estrictes, es convertís en el principal focus d'irradiació humanista. Es tracta d'un fenomen amb repercussions literàries de primer ordre, exemplificables en la figura de Bernat Metge, secretari de dos monarques, Joan I i Martí I, i, com a tal, destacadíssim funcionari cancelleresc. Un fenomen el caràcter i l'evolució del qual pertanyen de ple a la història de la literatura.

Altrament, si joglars i trobadors, diu Jordi Rubió, foren els primers professionals de la poesia, els escrivans de la Cancelleria constitueixen els primers professionals de la nostra prosa. La seva influència cultural i lingüística s'exercí per la pressió del nombre i pel relleu públic dels càrrecs que ocuparen. Forniren els models en què es redactà la documentació oficial dels òrgans de govern de la Corona: la Generalitat catalana, la valenciana i el Consell mallorquí, a més de la de tots els municipis i de la de les notaries. Una mateixa prosa s'implantà arreu del domini lingüístic i pràcticament neutralitzà les variants dialectals que ja s'advertien en el llenguatge oral. Els testimonis que en conservem, com els sermons vicentins, resulten, per aquest motiu, extraordinàriament valuosos.

Palau Reial de Barcelona que fou la seu de la Cancelleria reial per disposició de Pere III el Cerimoniós.

Cal concloure que l'existència de la Cancelleria és un fet d'excepcional importància en la història de la nostra llengua. Només per la seva actuació s'explica que, a l'Edat Mitjana, la catalana fos la més unificada de totes les llengües romàniques. Examinant la incidència d'aquesta cohesió en la literatura Joan Coromines ha afirmat: «Si deixem de banda la poesia, de llengua forastera i artificiosa, la seva literatura en prosa, des de les Homilies d'Organyà i el corpus lul·lià fins a *Tirant lo Blanc,* al llarg d'uns tres-cents anys i en una producció diversa i de les més copioses, presenta un llenguatge uniforme, amb molt escassa evolució cronològica; però encara hi crida molt més l'atenció l'absència de variants dialectals, absència que és total si prescindim de minúcies sense cap relleu, i que a més solament poden trobar-se en els brevíssims textos primitius i en algun autor valencià del segle XV. Llevat d'això, impera pertot arreu un idioma idèntic: el llenguatge de la cancelleria reial.»

La llengua de la Cancelleria. Característiques i evolució

En una primera etapa, els contactes dels funcionaris de la Cancelleria amb el llatí comportaren una llatinització progressiva de la prosa catalana. Una llatinització que, iniciada en els primers anys del regnat de Pere III, obeïa al desig d'imitar rígidament els formularis burocràtics de la llengua sàvia, fins al punt d'alterar intolerablement la sintaxi del català. En són una mostra les mateixes *Ordinacions de la Cort* de Pere III (vegeu-ne un fragment al primer exercici d'aquest tema). Els redactors d'aquells documents, afirma Jordi Rubió, «no tenen consciència de la llei diferent que regeix la llengua sàvia i el vernacle, consideren aquest desvalgut i pobre i creuen donar-li categoria aplicant-hi una llatinització forçada».

És aquesta creença el moll de l'os de l'anomenada «batalla de les llengües», perceptible a tota la Romània: les llengües vulgars enfront de la llatina. En el pròleg a la seva traducció, ja esmentada, Jaume Conesa, protonotari, palesa la seva preocupació per traslladar correctament la subtilitat del llatí, en comparació del qual el romanç, diu literalment, és com plom davant d'or fi.

Cap a finals del mateix regnat, l'abandonament, ni que fos relatiu, de la inflexibilitat dels formularis per a la redacció de cartes i documents (l'*Ars dictandi* de la retòrica medieval) i la incorporació d'escrivans amb més personalitat literària redreçaren aquella anòmala subjecció del català al llatí. Amb totes les reserves del cas, la crítica ha aventurat una data, 1380, al voltant de la qual convé situar l'inici d'un nou rumb estilístic en la Cancelleria. En les mans d'una fornada d'escrivents dels quals Bernat Metge és l'exemple més conspicu, la llengua catalana assolirà una forma equilibrada, clàssica, perfecta. Serà l'estil que ofereixen, en paraules de Martí de Riquer, «milers de cartes, redactades en un català precís, elegant i puríssim que contribuïren, un dia darrere l'altre, a imposar per tots els dominis de la llengua una prosa exemplar i bellíssima».

Les bases d'aquesta transformació estilística descansaven en tres factors essencials: 1) adaptació raonable al català de les regles del *cursus* llatí. Els *cursus* eren clàusules rítmiques, usades pels prosistes medievals en el moment que el llatí perdé el valor quantitatiu de les seves síl·labes; segons la distribució dels accents que marcaven el ritme, es dividia en *planus, velox, tardus* i trispondíac; 2) una desviació de les regles de l'*Ars dictandi,* cosa que implicà la presència, en la prosa, de cadències de versos amb ritme iàmbic o anapèstic; i 3) una introducció massiva de cultismes, comuna a totes les llengües en el segle xv. Jordi Rubió ha estudiat les conseqüències que produïren en la sintaxi totes aquestes modificacions. Poden resumir-se en cinc d'essencials:

– Complement avantposat al verb i separat d'ell per una oració intercalada: «... si pena de 3.000 florins d'Aragó, *a la qual no falleria rigurosa execució,* desijats esquivar...»
– Adjectiu separat del substantiu: «... la dita *sentència* contra aquell per sos demèrits *promulgada*...»
– Infinitiu separat del verb regent: «... han acostumat vostres predecessors a religió *servir*...»
– Participi separat de l'auxiliar: «... *no hi haveu* jamés, no sabem per quina causa, *entès*...»
– Oracions d'infinitiu que avui expressaríem amb subordinades: «... com se diga aquell *ésser notable e virtuosa persona*...»

Orientació bibliogràfica

J.M. NADAL i Modest PRATS, *Llatí i català,* dins *Història de la llengua catalana,* vol. I, ja citada, pp. 447-461.

Martí de RIQUER, *Prosa parlamentària i cancelleresca,* dins *Història de la literatura catalana,* vol. II, ja citada, pp. 335-355.

Jordi RUBIÓ I BALAGUER, *Sobre els orígens de l'humanisme a Catalunya,* dins *La cultura catalana del Renaixement a la Decadència,* Edicions 62, Barcelona, 1964, pp. 9-25.

Jordi RUBIÓ I BALAGUER, *Els autors segons llur estament,* dins *De l'Edat Mitjana al Renaixement,* Ed. Teide, Barcelona, ^{2}1979, esp. pp. 100-122.

Textos complementaris

I

El terme «nació» era utilitzat a l'Edat Mitjana per a designar el conjunt de persones que parlaven la mateixa llengua. Precisament la primera manifestació de les nacionalitats europees incipients fou la formació d'una llengua unificada i apta per a l'ús civil i literari en competència amb el llatí, que aniria substituint. L'idioma català fou una de les primeres llengües vulgars promogudes a llengua unitària d'alta cultura en l'Edat Mitjana, amb l'adopció, al segle XIII, de l'idioma

popular per la cancelleria, en temps de Jaume I, i amb l'extensa obra de Ramon Llull.

Diversos exemples donen testimoni de la consciència d'unitat lingüística i nacional dels naturals dels Països Catalans.

(...)

El valencià Vicent Ferrer deia, al segle XV, que els serrans, o sigui els habitants de les comarques castellanoparlants de l'interior del regne de València, estan «en mig de Castella e de Catalunya», i per tant barregen mots castellans i catalans, de manera que el mot Catalunya és sinònim en aquest text del conjunt dels Països Catalans. De forma semblant, el 1417, els consellers de Barcelona consideraven Vicent Ferrer de «nostra nació». El mateix any 1417 Anselm Turmeda afirmava ser de nació catalana i nascut a la Ciutat de Mallorca. Els papes de la família Borja, procedent de Xàtiva, foren designats com a catalans pels italians i així es designaren ells mateixos. Calixt III, per exemple, s'anomenava *papa catalanus* i considerava el seu regnat com a *gloria nationis catalanae*. (...)

I, ja en el segle XVI, l'italià Bandello escrivia: «Valenza... gentile e nobilissima che in tutta Catalogna non è più lasciva ed amorosa città.» (...) A la traducció castellana feta, en el segle XVI, a Sevilla, de les obres d'Ausiàs March, l'autor consta com a «caballero valenciano de nación catalana».

Els estrangers havien arribat a identificar els reis de la Corona d'Aragó com a catalans fins i tot al segle XV, i, per exemple, a Nàpols el partit angeví atacà el successor d'Alfons el Magnànim per la seva condició de català. Els nobles castellans, en rebutjar l'autoritat de Ferran II d'Aragó després de la mort de la reina Isabel, el titllaven de *viejo catalán* i de *catalanote*. De tota manera, abans dels Àustries era més freqüent que els estrangers no identifiquessin la Corona d'Aragó i Catalunya, sinó que distingissin entre sicilians, aragonesos i catalans, tot incloent en aquest terme els habitants dels regnes de València i de Mallorca.

Albert BALCELLS, *Introducció* a *Història dels Països Catalans* (1980).

II

És la llengua [la de la Cancelleria] usada en l'administració de la major part del país, però també la dels funcionaris àulics i la dels cortesans que, per procedir d'un ambient rector i elevat, és acceptada per tots els escriptors com la forma supradialectal d'expressar-se en prosa, alhora que l'artificial provençal, que també fou en altre temps llengua cortesana, és considerada, fins a mitjans del XV, la llengua de la poesia, fins al punt que el mateix Bernat Metge, màxim creador literari en prosa cortesana, d'autèntica arrel catalana, quan escriu el seu *Libre de Fortuna e Prudència*, en vers, no sap desprendre's dels provençalismes. La prosa catalana de la Cancelleria és, doncs, no tan sols una mena de llengua oficial o acadèmica, com diríem avui, sinó també la llengua en la qual s'expedeixen les cartes del Rei, el *King's catalan*.

Martí de RIQUER, *Obres de Bernat Metge* (1959).

III

El problema estilístic ho esdevenia de valent per a tot aquell món multiforme de buròcrates i notaris quan escrivien en llatí. Tots tenien llavors ben presents els seus models i formularis. I la personalitat s'evapora, per culpa de la respectuosa decisió que posaven a assimilar-se les maneres de dir i la clausulació llatina i sobretot ciceroniana. Caminaven un poc d'esma i es fabricaven un estil artificiós i afectat, plagat de frases fetes, on les expressions d'afecció, igual que les elogioses, resulten tan forçades que de vegades semblen insinceres o iròniques. Mentre tenien la pauta dels formularis, escrivien més tranquils. Quan havien de donar forma a sentiments o a conceptes per a l'expressió dels quals no tenien precedents, anaven a les palpentes. I l'error podia pagar-se car. (...). Per això les *Ordinacions de la cort* de Pere III prescrivien que el protonotari revisés el llatí i l'estil dels documents sortits de la seva cancelleria. Hi havia de regnar, per força, una certa uniformitat de to estilístic, que agermanava i agrisava els temperaments. La imitació cega hi regnava. Fins a Erasme de Rotterdam l'estil propi i independent no fou considerat com un mèrit.

Jordi RUBIÓ I BALAGUER, *De l'Edat Mitjana al Renaixement* (1948).

Suggeriments de treball

1. Analitzeu les particularitats sintàctiques (en especial, els calcs del llatí) detectables en el següent fragment, extret de les *Ordinacions de la cort* de Pere el Cerimoniós:

   Volem e ordonam que, en nostra Cort, joglars quatre deguen ésser, dels quals dos sien trompadors, e lo terç sia tabaler e el quart sia de trompeta; a l'ofici dels quals s'esguard tostemps. Nós públicament menjants, en lo començament trompen, e lo tabaler e lo de la trompeta son ofici ab ells exercesquen; e encara allò mateix facen en la fi de nostre sopar, si donques joglars estranys, o nostres qui, emperò estruments sonen, en la fin del menjar Nós aquells oir volíem.

2. Comenteu el següent paràgraf de la *Crònica* de Ramon Muntaner (capítol 29) i relacioneu-lo amb la uniformitat idiomàtica imposada per la Cancelleria:

   D'altra part vós diré cosa de què us meravellarets [meravellareu], *emperò si bé ho encercats* [busqueu] *així ho trobarets: que d'un llenguatge solament, de negunes gents no són tantes com catalans. Que si volets dir castellans, la dreta Castella poc dura e poca és, que en Castella ha moltes províncies que cascuna parla son llenguatge, qui són així departides com catalans d'aragoneses. E si bé catalans e aragoneses són d'un senyor, la llengua no és una, ans és molt departida. E així mateix trobarets en França, e en Anglaterra, e en Alemanya, e per tota Itàlia e per tota Romania.*

3. A partir del llibre de Jordi Rubió *De l'Edat Mitjana al Renaixement* (especialment del capítol *Els autors segons llur estament*) i del treball de Martí de Riquer citat en l'orientació bibliogràfica d'aquest tema, descriviu l'ambient lingüístic, literari i cultural de la Cancelleria durant els segles XIV i XV.

4. L'ambient humanista a les Corts de Pere el Cerimoniós, Joan el Caçador i Martí l'Humà. Podeu consultar el capítol de Martí de Riquer esmentat en la bibliografia d'aquest tema.
5. En la carta següent, redactada per Bernat Metge el 19 de febrer de 1396, Joan I comunica als consellers de la ciutat de Barcelona la necessitat de continuar celebrant la festa poètica de la Gaia Ciència. Comenteu-ne l'estil tot comparant-lo amb el del fragment reproduït en el primer suggeriment de treball d'aquest tema:

Lo Rei. Prohòmens: entre les altres ordinacions que en cascuna notable ciutat deuen ésser, sí és una, ço és que sia donada ocasió que els hòmens de cascuna edat, especialment aquells qui viuen de llurs rendes e patrimoni, no estiguen ociosos, los quals en res no poden ésser tan inclinats a llunyar de sé ociositat com ab conseguir coses profitoses e plasents. Com, doncs, aquestes dues coses ab res no puixen tan fàcilment aconseguir com ab alcuna ciència, deu ésser donat lloc que molts hagen ocasió de treballar en aquella, e majorment quan sens gran messió [despesa] *e treball se pot aconseguir, així com és la Gaia Ciència, la qual poden convinentment saber homes il·lustrats e en aquella adelitar-se e moltes vegades aconseguir-ne profit, car és fundada en rectòrica, per la qual, mesclada ab saviesa (car en altra manera fort poc val), s'haja seguit gran honor e profit a moltes universitats* [municipis] *e persones singulars en lo món, segons que els llibres historials testifiquen e experiència cada jorn ho mostra. Moguts, doncs, per aquesta consideració e havents a memòria la bella festa que l'any passat fes* [vàreu fer] *a honor de la dita Gaia Ciència, la qual festa fo dispositiva a esquivar ociositat e a entendre en sàviament e ornada dictar, pregam-vos ab afecció que, continuant ço que bé havets començat, donets obra ab acabament, que en l'any present se faça en aquesta ciutat semblant festa, e per consegüent en los anys esdevenidors, donant semblants joies que l'any passat foren donades als trobadors qui per llur ciència e bon enginy mills* [millor] *les mereixeran. E serà cosa a nós fort plasent, e que tornarà en gran honor d'aqueixa ciutat. Dada en Perpinyà, sots nostre segell secret, a dinou dies de febrer de l'any 1396.* Rex Iohannes.

Dirigitur consiliaris et probis hominibus civitatis Barchinone. Dominus rex mandavit mihi Bernardo Medici.

Tema 11

La llengua al segle XV

Marc històric

La mort de Martí l'Humà (1410) sense descendència representà la fi de la dinastia reial catalana. Passats dos anys d'interregne, el compromís de Casp (1412) escollí com a successor de la Corona Ferran d'Antequera (1380-1416, rei des del 1412), de la família castellana dels Trastàmara. Amb l'excepció de Ferran II el Catòlic (1452-1516, rei d'Aragó des del 1479), aragonès, els monarques de la Confederació en aquesta centúria foren castellans de naixença i parla, fet que comportà, per primera vegada, la introducció de la llengua castellana a la Cort catalano-aragonesa. Una llengua que, des de la Cort, es propagà als rengles de l'aristocràcia i de l'alta burgesia, en un procés lent i progressiu que culmina en la centúria següent i que respon a múltiples causes. Una de les més importants és l'establiment a la Corona d'Aragó, entre 1484 i 1487, de la Inquisició, que, dirigida per eclesiàstics procedents de Castella, castellanitzà la burocràcia processal i reprimí la literatura burgesa d'expressió catalana. No és estrany, doncs, que a partir de mitjan segle siguin nombrosos els escriptors menors (Pere Torroella, Bernat Fenollar i Jaume Gassull, entre altres catalans i valencians) que es valen, bé que esporàdicament, del castellà com a llengua literària.

Al primer Trastàmara el succeí Alfons el Magnànim (1396-1458, rei des del 1418), el llarg regnat del qual és farcit d'implicacions culturals. La seva política culminà l'expansió mediterrània amb la incorporació del regne de Nàpols (1442) a la Corona. Posseïdor d'una gran cultura i fascinat per Itàlia, el Magnànim, que a penes residí als seus dominis peninsulars, s'envoltà d'escriptors i artistes. En l'expedició a Sardenya i a Còrsega (1420) l'acompanyaren Andreu

El Castell Nou de Nàpols, edifici militar i residencial fet bastir per Alfons el Magnànim a mitjan segle XV. (Fotografia de Jordi Gumí.)

Febrer, Lluís de Vilarrasa, Jordi de Sant Jordi i Ausiàs March; els dos darrers l'elogiaren en els seus versos, i el notari i humanista Pere Miquel Carbonell semblava parlar en nom de tots ells quan, referint-se al monarca, afirmava: *ens ha despertats e mostrat camí d'aprendre, saber i conseguir tan de bé i tresor com són dites ciències, especialment d'art oratòria i poesia.* La cultura de l'humanisme italià trobava en la Cort napolitana del Magnànim empara i estímul. I, en sentit contrari, els humanistes italians eren utilitzats per la Cancelleria reial i influïren damunt la literatura catalana. Al llarg del segle es produeix, entre els cercles humanistes catalans, la plena assimilació del *quattrocento* italià i, amb ella, s'acreix la veneració pel llatí. En llatí escriviren les seves obres principals humanistes com el ja citat Pere Miquel Carbonell, Ferran Valentí, el cardenal Margarit o Jeroni Pau (primer hel·lenista català i coautor d'un recull lèxic que és examinat al final d'aquest tema), i un dels primers llibres impresos a Barcelona fou, el 1475, una gramàtica llatina.

Durant el regnat de Joan II (1397-1479, rei des de 1458) tingué lloc al Principat una violenta guerra civil (1462-1472) que enfrontà el monarca amb la Generalitat catalana. El conflicte representà, al capdavall, la pèrdua de la preponderància econòmico-cultural que ostentava la ciutat de Barcelona en el conjunt dels territoris de la Confederació.

A mesura que avança el segle, el predomini barceloní és suplantat per la ciutat de València, on una burgesia pròspera i ambiciosa ascendia a protagonista. Joan Fuster ha explicat com aquells burgesos, inquiets i cultes, eixamplaren la base consumidora de literatura, sobretot arran de la introducció de la impremta. Indiferents al prestigi del llatí, reclamaven una literatura escrita en vulgar, en la seva llengua. Alhora, finançaven generosament l'empresa napolitana del Magnànim, amb la Cort del qual mantenien estrets contactes militars, mercantils i culturals. València esdevingué, durant el segle XV, una de les principals ciutats europees, cosmopolita i culta. Amb Ferran II el Catòlic (rei de Castella des de 1474 i d'Aragó des de 1479) es tanca aquest període. El matrimoni del monarca i Isabel de Castella equivalgué a la federació, sota una corona única, dels dos Estats peninsulars més poderosos. Aquest fet i l'arribada dels castellans al continent americà (1492) havien de resultar, temps a venir, d'una gran transcendència política i cultural.

El català a la Cort pontifícia. Els Borja

Amb Alfons el Magnànim el català esdevingué una de les llengües habituals a Nàpols, i hi romangué fins a finals del quatre-cents. Amb la família Borja, valenciana de Xàtiva, arribà a la Cort papal. El català fou la llengua de dos papes i dels nombrosos familiars i compatriotes seus establerts a Roma. L'accés de dos membres dels Borja al pontificat romà constitueix un signe més de la prosperitat valenciana en aquest segle.

El primer d'ells, Alfons de Borja, que prengué el nom de Calixt III (1378-1458, papa des del 1455), ocupà el soli pontifici molt breument, però desbrossà el camí al seu nebot Roderic, que, amb el nom d'Alexandre VI (1431-1503, papa

Alexandre VI segons un detall d'un fresc del Pinturicchio. (*Gran Enciclopèdia Catalana*, volum 1, p. 539.)

des del 1492), protagonitzà una etapa apassionant de la història europea. El pas dels Borja per Roma donà i ha donat lloc a unes enceses polèmiques, mostra irrefutable de la seva gran personalitat. Un dels fills d'Alexandre VI, Cèsar Borja, és citat reiteradament com a polític modèlic en *El príncep* de Maquiavel. A la mort d'Alexandre VI, el pontífex successor, Juli II —ha escrit Miquel Batllori—, foragità tots els catalans i valencians de Roma, però l'epistolari dels Borja (del papa Alexandre, dels seus fills i dels eclesiàstics al seu servei) integra, per raons històriques i literàries, el conjunt de cartes privades catalanes més important de tots els temps.

Un segle d'or per a la literatura

La literatura al segle xv està configurada per una colla de factors lingüístics i extralingüístics. D'entre els primers cal destacar l'inici, per raons històriques, de la fragmentació dialectal de la llengua literària, l'abandonament definitiu del provençal com a llengua poètica i l'aparició de l'anomenada «valenciana prosa»; es tracta d'una modalitat estilística, practicada sobretot per valencians i introduïda pels humanistes, que, en intentar de reflectir la morfologia i la sintaxi llatines, desemboca en el barroquisme i en la filigrana retòrica. Les seves particularitats més essencials poden condensar-se en les següents:

- Introducció massiva de llatinismes, la majoria rebutjats en la llengua literària moderna: *cogitació* (meditació); *sapiència* (saviesa); *carçre* (presó).
- Anteposició dels adjectius al nom: *Negra, fosca i tenebrosa* sort; *Cruel, ficta, mortal* i *sangonosa* nau.
- Acumulació de sinònims innecessaris: Les mies *cogitacions* i *pensaments; eterns* e *perdurables* regnes.

- Col·locació d'adjectius epítets a una banda i altra del nom: *bella* fembra e *graciosa;* lo *goig* de veer-la e el *plaer.*
- Relegament del verb al final de l'oració: E si et parrà [semblarà] les mies paraules ab si veritat no *porten;* Negú [ningú] més de mi benaventurat dir no es *poria* [podria].
- Ús de gerundis en comptes d'oracions de relatiu: Una ínclita donzella, en bellea sens par, en avisament *passant* totes les altres (la construcció més natural hauria de ser «que passava totes les altres en avisament»).
- Predilecció per les perífrasis: *ésser forçat* (caldre); *no molt gran* (petit); *no ab suaus passos* (de pressa).
- Supressió freqüent de la conjunció copulativa *que*: A mi paregué [=em semblà], dos hores aprés migjorn, [que] la nit ab ses ales escures ocupava la terra.
- Aplicació a la frase dels ritmes accentuals dels *cursus* llatins, ja descrits en el tema 10.

Un dels factors extralingüístics de més transcendència en l'evolució de la llengua i la literatura fou la introducció de la impremta, inventada a Alemanya cap a mitjan segle. Durant aquesta centúria, a la Corona catalano-aragonesa treballaren un total de 24 impremtes, situades en 10 localitats i regentades majoritàriament per impressors alemanys. Fins al 1500 editaren un total de 258 incunables, 117 dels quals en llengua catalana. El 1474, i a la ciutat de València, aparegué la primera obra literària impresa en català, un recull de composicions enviades a un certamen poètic i conegudes amb el títol de *Trobes en llaors de la Verge Maria.*
Del regne valencià sorgiren també les grans figures literàries del segle, encapçalades per Ausiàs March (1397-1459), el primer poeta de llengua ja pràcticament exempta de provençalismes. Joan Roís de Corella (1433/1443-1497) és el darrer dels nostres poetes clàssics; la seva prosa acusa, en canvi, l'afectació de la «valenciana prosa». En el terreny de la narrativa, i al marge de la novel·la anònima *Curial e Güelfa,* cal consignar el *Tirant lo Blanc* (editat a València el 1490), que, deixant de banda la seva altura literària, presenta interessantíssimes particularitats en l'ordre lingüístic; Joanot Martorell (1413/15-1468) hi usà ja una llengua que podem qualificar sense embuts de moderna. Al *Tirant* s'hi juxtaposen dos nivells estilístics; un de culte, molt pròxim a la «valenciana prosa», i un altre de viu i directe, sens dubte reflex de la parla col·loquial de la València d'aleshores. A l'anhel verista del seu autor cal atribuir el valor de document lingüístic de l'obra; s'hi detecta ja una presència remarcable de dialectalismes específicament valencians i de manlleus lèxics d'altres llengües, singularment del castellà, l'àrab i el francès. Finalment, una altra narració, però aquesta en vers, l'*Espill* de Jaume Roig (mort el 1478) cal considerar-la com un mosaic vastíssim (consta de 16.359 versos quadrisíl·labs) del valencià popular de la seva època. La voluntat de Roig és incorporar, confessa a l'inici de la seva obra, el vocabulari *de l'algemia/ e parleria/ dels de Paterna,/ Torrent, Soterna.* Sanchis Guarner comenta en relació a aquests versos: «Cal aclarir que les localitats esmentades eren de població predominantment sarraïna i pertanyen a l'Horta de València, i que el mot *aljamia* era el nom que donaven els

moros a la llengua no àrab, que en aquest cas es refereix al «romanç» en què està escrit l'*Espill*.»

Els repertoris lèxics

Un notari valencià, Joan Esteve, enllestí el 1472 el que havia de ser, en el moment d'editar-se, un dels primers diccionaris impresos d'una llengua romànica: el *Liber elegantiarum* (Venècia, 1489). Es tracta d'una recopilació de frases i de paràgrafs en català al costat d'una traducció llatina. El seu objectiu era fornir un inventari de fórmules expressives per redactar amb correcció i elegància (i d'aquí el títol) en la llengua sàvia. L'obra d'Esteve posseeix un innegable valor històric i filològic, però manca d'eficàcia pedagògica, per la qual cosa no fou reeditada. Per a l'aprenentatge del llatí, durant el segle XVI, els estudiants acudiren a les obres, traduïdes o en versió llatina, del gramàtic Antonio de Nebrija. Consignem a continuació algunes de les equivalències del *Liber*:

Ab los ulls laganyosos / *Occulis lippis*
Ab los cabells eriçats / *Horrenti capillo*
Així ho crec / *Sic in animum induco meam*

L'interès humanístic per l'ennobliment de les llengües vulgars, visible a tot Europa des de finals del segle XV i al llarg del XVI i paral·lel al respecte pel llatí, constitueix el rerafons d'unes normes de puresa lingüística, escrites cap al 1487 i conegudes amb el títol de *Regles d'esquivar vocables e mots grossers o pagesívols*. Ens trobem davant d'una relació de *mots o vocables los quals deu esquivar qui bé vol parlar la llengua catalana, a juí del reverend prevere mossèn Fenollar e misser Hierònim Pau, e altres hòmens diserts catalans e valencians, e prestantíssims trobadors*. Els seus autors, com acabem de llegir el poeta valencià Bernat Fenollar i l'humanista barceloní Jeroni Pau, partint dels models lingüístics urbans de València i Barcelona, malden per imposar una correcció purista i, així, desterrar de l'ús comú arcaismes, vulgarismes, formes populars i dialectalismes; i tot això perquè, afirmen, *entre persones de bon ingeni o experiència, fàcilment se coneix dits vocables ésser d'Empordà, o d'Urgell, o de Mallorques, o de Xàtiva, o de les muntanyes, o pagesívols, dels quals no acostumen usar los cortesans ne elegants parladors e trobadors*. El mètode seguit per les *Regles*, doncs, consisteix a relacionar una sèrie de formes vulgars i a confrontar-les amb les formes corresponents considerades cultes. Vegem-ne alguns exemples en la transcripció de Joan Solà:

26. «gavinet» per (ganivet); 49. «vaig anar» e «vaig venir» per (aní e venguí); 59. «Toni» per (Antoni); 94. «nosatres» per dir (nosaltres); 112. «homei» per dir (homicidi); 147. «tayar» per (tallar); 179. «tots tresos» per dir (tots tres).

A remarcar, en el número 49, la proscripció de la forma perifràstica del pretèrit perfet, forma que, en l'ús culte, serà condemnada fins al segle XX.

El purisme idiomàtic de les *Regles* fou replicat satíricament per un altre escriptor valencià, Jaume Gassull, amic i contertulià de Fenollar, en la *Brama dels llauradors de l'Horta de València contra lo venerable mossèn Fenollar*. Es tracta d'una fictícia resposta dels llauradors valencians a l'autor de les *Regles,* indignats perquè els ha prohibit moltes paraules i expressions. En reproduir-les, l'obra de Gassull adquireix un gran interès lexicogràfic.

Orientació bibliogràfica

Miquel BATLLORI, *L'enaltiment de la família Borja,* dins *A través de la història i la cultura,* Publicacions de l'Abadia de Montserrat, 1979, pp. 153-240.

Max CAHNER, *Llengua i societat en el pas del segle XV al XVI. Contribució a l'estudi de la penetració del castellà als Països Catalans,* dins *Actes del Cinquè Col·loqui Internacional de Llengua i Literatura Catalanes,* Publicacions de l'Abadia de Montserrat, 1980, pp. 183-255.

Joan FUSTER, *Lectors i escriptors en la València del segle XV,* dins *Obres completes,* vol. I, Edicions 62, Barcelona, 1968, pp. 317-390.

Jordi RUBIÓ I BALAGUER, *Alfons el Magnànim i la reina Maria* i *Un bibliòfil català del segle XV: En Pere Miquel Carbonell,* dins *La cultura catalana del Renaixement a la Decadència,* ja citada, pp. 49-77 i 79-89.

Manuel SANCHIS GUARNER, *L'estil de valenciana prosa. Roís de Corella,* dins *Aproximació a la història de la llengua catalana,* ja citada, pp. 221-230.

Textos complementaris

I

Quan la meitat meridional d'Itàlia va pertànyer als reis d'Aragó, fou alterada pregonament la contextura del món cultural català. La capitalitat, durant l'època de política i relacions ultrapirinenques, l'havia exercida Barcelona, però després, en el segle XV, amb el desplaçament italià de l'expansió, fou la ciutat de València el veritable centre econòmic i intel·lectual de la comunitat. Segons ha fet veure Hamilton, l'economia valenciana es mantingué sòlidament durant tota la quinzena centúria, en contrast amb les constants devaluacions de moneda que es produïen en altres regnes mediterranis, amb la caiguda de preus i la paralització de negocis subsegüents. A finals del segle XV, la ciutat de València, amb una burgesia prepotent, tenia 75.000 habitants, mentre que Barcelona només en comptava 30.000.

No és, doncs, gens estrany que siguin valencianes la majoria de les grans figures del període clàssic de les lletres catalanes. Cal dir que a les altres nacionalitats filles de la Reconquista hispànica s'havia produït també el mateix desplaçament cap al sud de la capitalitat literària, i així a l'oest, a Portugal, Lisboa preponderava ja sobre Coïmbra, i al centre, a Castella, l'hegemonia de Burgos havia passat a To-

ledo. Possiblement, al domini lingüístic català, el fenomen s'hauria consolidat si no s'hi hagués produït el col·lapse de les lletres catalanes en el segle XVI.
Els valencians del Renaixement, orgullosos de la prosperitat del seu Regne, i del nom d'aquest, València, mot de noble estirp romana, es complaïen a anomenar-se valencians, per bé que prou sabien que internacionalment eren coneguts amb el nom de «catalans», paraula moderna —sembla que no gaire anterior al segle XIII— i d'etimologia gens clara. Per això els agradava de proclamar que escrivien en «estil de valenciana prosa», és a dir, que la seva obra era prosa escrita per valencians, puix que en no haver-se consolidat un nom per a la llengua comuna, els valencians van voler donar-li'n el seu; aquesta raonada interpretació és l'autoritzada opinió de Rubió i Balaguer, compartida per Germà Colon i Antoni Ferrando.
Ningú no discutia, però, la unitat de la llengua, i els poetes barcelonins i mallorquins acudien als certàmens poètics de València i viceversa —el recull de les *Obres e trobes en llaors de la Verge Maria* d'una d'aquelles justes, fou la primera obra literària impresa a la península ibèrica (València, 1474), on ja participà el barceloní Antoni Vallmanya. S'hi generalitzà llavors la tendència a designar amb el nom de «llemosí» la llengua literària dels escriptors catalans medievals, no sols la més o menys aprovençalada dels poetes cultes precedents, sinó també la purament catalana de Llull, Muntaner, Eiximenis, etc. Alguns teoritzants, poc coneixedors dels parlars de la Gàl·lia meridional, pretenien d'ampliar la unitat lingüística del Principat de Catalunya i els Regnes de València i de Mallorques, perquè inclogués també la Provença i Occitània, i donaven el nom de «llemosí» a aquella suposada antiga llengua, tan extensa, quan, segons ha estat dit, en realitat *limosin* és només el subdialecte occità de la regió de Llemotges, al nord de Tolosa.

Manuel SANCHIS GUARNER,
Aproximació a la història de la llengua catalana (1980).

II

El principal centre polític de la corona catalano-aragonesa s'havia traslladat [amb Ferran II], d'una forma gairebé permanent, en terres de Castella, per tal com el Consell Reial (dit des del 1493 Consell d'Aragó), els secretaris i altres funcionaris de la cancelleria, i molts dels oficials i gentilhomes de la casa reial seguien el rei en els seus desplaçaments. Tanmateix no constituïren una cort específicament catalano-aragonesa, com la d'Alfons el Magnànim a Nàpols, sinó que tingué lloc una relativa integració amb els funcionaris i cortesans castellans, més nombrosos i més prestigiosos.
La política expansiva de Ferran II proporcionà a la deprimida burgesia catalana una sortida com a administradors de l'estat. Estudiar lleis, col·locar-se a les cancelleries o audiències dels diversos regnes, passar després a la cort com a regent del consell reial, com a doctor de l'audiència o com a secretari del rei, amb l'expectativa d'esdevenir ambaixador, governador virrei i vice-canceller constituïa tota una carrera política. La llarga estada a Castella i la convivència amb els fun-

cionaris i cortesans castellans feren que aquesta nova classe política adquirís una mentalitat política i unes formes culturals ben diferents de les que caracteritzaven els funcionaris de la cort catalano-aragonesa fins aleshores. La tradicional animadversió per tot el que fos castellà es transformà ben aviat en admiració, i el coneixement de la llengua del rei esdevingué el millor camí per a un ascens polític i social.
(...) enviar els fills a la cort no fou una aspiració limitada a les grans famílies de la burgesia o de la noblesa. Notaris i petits funcionaris no es cansaven de buscar recomanacions per col·locar-hi llurs fills com a escrivans, després d'esforçar-se a procurar-los una bona formació, que ben aviat degué incloure el domini del castellà.

Max CAHNER, *Llengua i societat en el pas del segle* XV *al* XVI (1980).

III

La llengua d'aquestes cartes [d'Alexandre VI] **és la comuna als escriptors de les tres grans regions catalanes (Principat de Catalunya, Regne de València, Illes Balears), amb escassíssims trets dialectals, per bé que la majoria dels seus autors i destinataris eren valencians de naixement. (...)**
El cas del trilingüisme d'Alexandre VI és molt curiós: usa espontàniament el català per als afers familiars, el llatí per als de la Cúria romana, l'italià per a la política peninsular (no es coneixen més que algunes ratlles del papa en espanyol). N'hem conservat tres classes de cartes: esbossos escrits sense cap cura literària; cartes autògrafes, on el seu caràcter dominant traspua en el to viu i incisiu de l'estil, i el seu humor valencià en frases pintoresques i fins picants; finalment, breus inspirats i fins dictats de vegades pel papa, però redactats en català de forma definitiva pels *scriptores apostolici,* que coneixien perfectament la retòrica i l'estil del llatí de la Cúria romana. Més encara que el seu oncle Calixt III, Roderic de Borja imposà el català, si no com a llengua de Cort, almenys com a llengua familiar del palau pontifici. Fins castellans com Pedro Carranza o aragonesos com Juan de Vera —l'humanista preceptor de Cèsar— escrivien correntment en català. (...) Entre els fills del papa, Cèsar és qui escriu el català en un estil més literari (...); de més a més, la prosa de Cèsar té l'èmfasi i de vegades fins l'hipèrbaton de la «valenciana prosa» del segle XV. **(...)**
Aquest epistolari representa, doncs, la fi del català com a llengua literària i de cultura a Europa. Mentre que a Roma la llengua catalana ostentava quasi la funció de llengua de Cort, el rei d'Aragó, Ferran el Catòlic, que havia començat a escriure al cardenal Roderic bé en català bé en llatí, acabà per escriure-li només en espanyol.

Miquel BATLLORI,
La langue littéraire dans l'épistolaire catalan des Borgia (1956).

IV

Perquè el llatí, que començava a sofrir la competència dels vernacles, no perdia posicions. Continuava sent la llengua dels sectors doctes: eclesiàstics, universitaris, una bona part de la burocràcia jurídica, s'hi aferraven per inèrcia medieval. L'humanisme havia fet reverdir les pretensions del llatí, i li donava una ambició d'aparença jove i victoriosa. La impremta no podia renunciar a aquest «mercat», que es presentava pràcticament inexhaurible. Els idiomes vulgars tenien fronteres —limitacions—; el llatí, no. Un llibre en llatí podia ser exportat: trobaria lectors a tot arreu. I l'impressor, o, per ser exactes, l'«editor», buscava l'obtenció del benefici econòmic. La dedicació als textos llatins fou general, als obradors tipogràfics: hi comptaven amb el consum local i amb l'eventualitat de vendre el producte, si era possible, fora de l'àrea nacional. A Barcelona i a València, el problema es complicava amb el castellà interferit. (...) La impremta hagué de situar-se en aquesta cruïlla lingüística i d'interessos.
De premses franceses o italianes apareixen llibres expressament destinats al mercat català: potser la manufactura resultava més barata allà, i el cost del transport tampoc no devia ser gaire onerós. (...) El català no era, al principi, un mal negoci. Tot al contrari. Però el llatí brindava un mercat més extens. I el castellà. No solament hi comptava la creixent castellanització intel·lectual de les *élites* autòctones, cosa apreciable a partir de l'entronització dels Trastàmara; també hi influïa el comerç amb Castella, agilitzat, i l'esperança de vendre a Itàlia, a Flandes, fins i tot a França o Anglaterra, on el castellà era parlat o almenys —i això era l'important— llegit: tropes, colònies, exiliats, esnobs.

Joan Fuster, *L'aventura del llibre català* (1972).

Suggeriments de treball

1. El plurilingüisme cultural en la Cort napolitana d'Alfons el Magnànim. Podeu partir de l'article de Jordi Rubió citat en l'orientació bibliogràfica d'aquest tema.
2. Prenent com a base els articles que la *Gran Enciclopèdia Catalana* els dedica, traceu el perfil biogràfic dels components més famosos de la família Borja i remarqueu el rastre que han deixat en la literatura, la música i en altres manifestacions culturals de totes les èpoques.
3. Relacions entre literatura, llengua i burgesia a la València del segle xv. Podeu basar-vos en el treball de Joan Fuster esmentat en l'orientació bibliogràfica d'aquest tema.
4. A partir de les edicions de cartes de Francesc Martorell (*Epistolari del segle xv,* Barcelona, Ed. Barcino, 1926) i de Max Cahner (*Epistolari del Renaixement,* 2 vols., València, Albatros Edicions, 1977), tracteu d'establir les característiques lingüístiques i no lingüístiques dels epistolaris privats durant el segle xv.
5. El següent fragment pertany a *La història de Leànder i Hero,* de Joan Roís de Corella. Espigoleu-hi els trets lingüístics que l'acosten a l'estil de «valenciana prosa»:

—La contínua tristícia que dins lo teu cor acollint comportes, en dan [dany] *de la tua bella delicada persona, manifestament declara alguna extrema dolor la tua ànima*

greument turmenta. E no penses quant perjudiques a la gran amor que et porte; que ma vida ja no l'accepte sinó perquè a tu, així com desitge, puga veure. ¿Com no em descobres [descobreixes] *la causa d'on fas continent vols abandonar lo viure? Si és mal que remeiar no es puga, ¿per què, tenint-lo celat, major l'aumentes, no donant lloc per on espire? Abandona, estimada filla, una part de la càrrega de tos enuigs sobre mi, puix egualment ab tu l'accepte, e portem dos, ab carro de verdadera amistat, aquell pes que u tot sol sostenir no poria. E, puix tens seguretat manifesta los teus secrets que fora de la mia boca, sinó ab l'ànima, passar no poden, comunicant a mi de ton mal la causa, és forçat algun remei o descans atenygues* [atenyis], *recolzant tan gran pes damunt lo pilar de la verdadera amor, que a tu, vida mia, endrece.*

6. Comenteu els elements de caire popular detectables en el següent fragment de *Tirant lo Blanc*:

   —Qui ha posats aquí aquells mals de gats? Jo et prec que els vulles posar en altre lloc, que no em lleixen dormir. — Respòs Plaerdemavida e dix: — Per ma fe no faré, sí Déu m'ajut. E no saps tu bé que jo sé traure de gata morta gatons vius? — — ¡Oh d'aquesta massa sentida! — dix l'Emperador —. ¡E com cau en grat al meu esperit les coses que en dius! Jo et jur per lo sobiran Altisme que si jo no tingués muller no en pendria altra sinó a tu —. L'Emperadriu anà a la cambra de l'Emperador e trobà la porta tancada, que no hi havia negú sinó un patge, que li dix com l'Emperador era a la porta de la cambra de la nòvia; e anà devers aquella part e trobà'l ab quatre donzelles que estaven ab ell. Com Plaerdemavida véu l'Emperadriu venir, ans que negú parlàs dix: — Moriu-vos prest, senyora, vejau què m'ha dit lo gran senyor Emperador, que si no tingués muller que no en pendria altra sinó a mi; e per l'ofensa que vós me feu, moriu-vos prest i molt prest. — — Ai filla de mal pare! — dix l'Emperadriu —, e tals paraules me dius? — E fon-se girada devers l'Emperador: — I vós, en beneit, per a què voleu altra muller? Per dar-li esplanissades e no estocades? Guardau que jamés morí dona ni donzella de joc d'esplanissades...

Tema 12

La llengua als segles XVI I XVII

Marc històric

Durant els segles XV i XVI l'Europa occidental experimentà un seguit de canvis profunds i complexos: el món medieval entrà en crisi i donà pas al naixement de la societat moderna, a allò que els historiadors anomenen l'Edat Moderna. La concreció ideològica i cultural d'aquesta època de transformacions pregones és el Renaixement, que assoleix l'apogeu a la primera meitat del segle XVI. Aquest període coincideix amb l'inici als països de parla catalana d'una dilatada etapa de feblesa econòmica, de marginació política, de pobresa cultural i d'abandonament lingüístic.

Els factors que provocaren aquesta situació són molt diversos i de difícil delimitació. És segur que, com a causes inicials, hi incidiren esdeveniments produïts en el segle XV, com ara la permanent crisi demogràfica, l'entronització de la dinastia castellana dels Trastàmares i la guerra civil catalana de 1462-1472. Les causes immediates, en canvi, no resulten tan fàcils de sintetitzar. Això no obstant, a continuació posarem en relleu alguns dels fets cabdals dels segles XVI i XVII amb repercussions polítiques, culturals i lingüístiques de llarg abast sobre el conjunt dels Països Catalans.

El 1474 es produí la unió dinàstica entre Aragó i Castella en les persones, respectivament, de Ferran II i Isabel I. El 1516, a la mort de Ferran el Catòlic, la Confederació catalano-aragonesa quedà definitivament unida a la Corona castellana en la persona de l'emperador Carles V. El descobriment d'Amèrica (1492) durant aquest període comportà el desplaçament del comerç de la Mediterrània a l'Atlàntic i la preponderància político-econòmica dins la monarquia hispànica de la Corona de Castella —que és la que porta a terme l'empresa americana— en detriment de la d'Aragó. La Cort deixà de ser itinerant i es traslladà al centre peninsular, on la seguí l'aristocràcia catalana.

Entre 1519 i 1523 hi hagué als regnes de València i Mallorca la guerra de les Germanies. La posterior repressió, que frenarà la vitalitat de les classes mitjanes, i l'establiment de la cort virregnal dels ducs de Calàbria incidiran notablement en la castellanització de la noblesa valenciana. A principis del segle XVII, l'expulsió dels moriscos i la subsegüent allau immigratòria per repoblar les terres desocupades afectaren de manera notable la situació sòcio-econòmica del Regne de València.

El Principat, amb unes classes dirigents que han perdut el dinamisme d'èpoques anteriors i que han adoptat posicions marcadament conservadores, es troba ara immergit en un període de replegament polític i amb el problema greu i progressiu del bandolerisme. La guerra dels Segadors (1640-1652) i la pèrdua de les comarques de la Catalunya Nord arran del Tractat dels Pirineus (1659), agreujaren la crisi de la societat catalana i afermaren el centralisme reial. La

culminació de tot el procés el constituí la guerra de Successió (1705-1714), les conseqüències de la qual seran estudiades en el tema següent.
Aquests i altres factors incidiren profundament en la societat dels Països Catalans, fins al punt que hom sol anomenar tradicionalment «Decadència» el període històric comprès entre els inicis del segle XVI i les primeres dècades del XIX. El terme, però, és confusionari i completament inadequat, està carregat de prejudicis apriorístics i resulta de nul·la utilitat científica. Per això, avui, els historiadors, tant els que es dediquen a la història general com els de la literatura, tendeixen a abandonar un vocable que, malgrat tot, encara és fàcil de trobar en molts llibres.

Gravat romàntic que representa Pau Claris president de la Generalitat de Catalunya que va tenir un paper important a la Guerra dels Segadors. (IMH.)

Llengua i societat

Allò que caracteritza els segles XVI i XVII des de la perspectiva de la història de la llengua és la lenta però gradual penetració del castellà en els territoris de parla catalana. S'inicia en aquesta època un conflicte lingüístic que, modificat al llarg del temps, ha arribat fins als nostres dies. La castellanització no afectà de manera igual l'ús culte i literari que l'ús col·loquial de la llengua.
El procés de castellanització de la llengua del poble, que és encara mal conegut, no fou uniforme ni en el temps ni en l'espai: la seva intensitat anà força lligada amb els esdeveniments històrics i fou més primerenca al País Valencià i més tardana al Principat i a les Illes.

D'altra banda, sembla evident que la castellanització fou sobretot un fenomen urbà, que afectà especialment València i Barcelona més que no pas les altres ciutats i poblacions. Cal dir que, des dels inicis, es tractà d'una situació que acusaren singularment les classes altes, per raó del «prestigi social» que la llengua cortesana hi exercia. Entre les classes populars la castellanització tingué escassa importància i degué reduir-se a la introducció de castellanismes en el llenguatge parlat.
Per últim, cal esmentar el paper destacat que tingueren l'alta jerarquia eclesiàstica —d'origen foraster en la majoria dels casos— i els ordes religiosos (de gran influència en la predicació i que ben aviat ocuparen llocs importants en el camp de l'ensenyament) en tot el procés de descatalanització.

Llengua, cultura i literatura

En la literatura és on el procés d'abandonament i/o de substitució lingüística resulta més palès. En efecte: durant aquests segles la literatura culta disminueix en quantitat i qualitat. Disminució, però, no significa desaparició, ja que el conreu literari mai no desaparegué. A més, la literatura popular (religiosa, realista o política) és notable i abundosa i mantingué sense interrupció l'ús de la llengua pròpia.
La castellanització de l'aristocràcia fou, sens dubte, un dels factors que més repercutiren en el procés que comentem. La Cort havia estat aquí, com a tot arreu, el principal suport de la producció literària i cultural. Ara s'expressarà en castellà i, de retop, també els cercles intel·lectuals que l'envolten. Molt sovint, i cada vegada més, s'utilitzaran les diferències idiomàtiques per tal de subratllar les diferències de classe. També començarà la castellanització burocràtica (la Cancelleria, la Inquisició), per bé que el català es mantindrà en els segles XVI i XVII com a llengua oficial de les institucions administratives locals. D'altra banda, la manca de dinamisme de les classes mitjanes incidirà en una crisi d'autors i de lectors. I així, la cultura catalana restà sense les bases que tradicionalment l'havien sostinguda i es trobà en una situació realment precària, immergida com estava en un context político-cultural més ampli on predominava el castellà (ara en franca expansió: la colonització americana, l'inici del Segle d'Or de la seva literatura, etc.).
La llengua es trobava en iniciar-se el segle XVI en una situació «normal» —és a dir, similar a la de les altres llengües europees—, però progressivament començà a ésser substituïda pel castellà en el camp literari. Si bé no disposem d'una explicació satisfactòria d'aquest fet, els factors al·ludits abans degueren tenir-hi un pes considerable. D'altra banda, durant el Renaixement el català hagué de competir també amb el llatí, la llengua de l'Església, de les universitats i de la literatura filosòfica, jurídica i científica. L'humanisme renaixentista suposà un moment de gran eufòria llatinista. Es tracta, però, d'un humanisme ben diferent d'aquell que sorgí en terres catalanes a les acaballes de l'Edat Mitjana i que havia donat figures com Bernat Metge. Els humanistes del XVI ja no s'expressaren en català: ho feren en llatí i subsidiàriament en castellà. El cas del valencià Joan Lluís Vives (1492-1540), que visqué exiliat la major part

de la seva vida i que juntament amb Erasme i Budé forma el grup de personalitats més notables del Renaixement europeu, és ben il·lustratiu: tota la seva producció és escrita en llatí, encara que emprà esporàdicament el català en la correspondència privada i que defensà el seu ús en l'ensenyament dels infants i en les lleis.
De tota manera, no fou la llengua llatina la que posà en perill l'estabilitat de la catalana. A mitjan segle XVI el llatí perdé força i començà a ser substituït en part per les llengües europees com a vehicle d'expressió cultural. Als Països Catalans fou, però, el castellà el que assumí les funcions del llatí.
La castellanització literària es trobà afavorida, a més a més, per la impremta i pels problemes derivats de l'evolució de la mateixa llengua catalana, dels quals tractarem a continuació.

El català i la impremta

La invenció de la impremta suposà un canvi transcendental per a la normalització idiomàtica. Com ha remarcat Joan Fuster, el futur d'una llengua depèn del seu accés als nous procediments de reproducció: «No hi ha idioma sense llibres.» Des del primer moment la impremta fou una indústria i, per tant, només els llibres que podien tenir una sortida en el mercat arribaven a les premses. La primera obra literària impresa a la Península, com hem vist en el tema anterior, fou un llibre en català. De fet, València i Barcelona —que concentraven el mercat editorial— treballen fins al 1500 exclusivament en català i en llatí. A partir d'aquesta data comencen a publicar-se obres en castellà. Cap a la meitat del segle XVI la producció en català disminueix i augmenta la castellana. En el segle XVII el castellà, adoptat per bona part de les minories cultes dels Països Catalans com a idioma de lectura, és majoritari en la producció impresa, el llatí encara és important i el català és minoritari.
Cal tenir present, però, que les edicions de literatura popular i d'obres sense intenció literària (religioses, jurídiques, tècniques) en català són força abundoses fins ben entrat el segle XVIII.

Evolució i denominacions de la llengua

És un fet comprovat que, en les darreres dècades del XV i les primeres del XVI, el català sofreix una evolució ràpida i profunda que desemboca en unes formes ja molt acostades a les actuals. Com a conseqüència, s'accentua una acusada diferència entre la llengua siscentista i la dels clàssics dels segles XIII i XIV i fins i tot del XV. Es tracta, en tots dos casos, de fenòmens paral·lels a d'altres llengües europees, especialment el castellà i el francès. Els lectors del segle XVI, en encarar-se als escriptors antics, topaven amb unes dificultats d'ordre lingüístic que alguns editors cuitaren a resoldre. És el cas de la primera edició del *Blanquerna* lul·lià, estampat a València el 1521; el volum fou preparat per Joan Bonllavi, que modernitzà la llengua del manuscrit per facilitar-ne la lectura.
A aquesta situació d'abast europeu s'hi afegeixen, en l'àmbit del català, circumstàncies polítiques que el particularitzen. En efecte: durant el segle XVI,

l'afebliment dels lligams polítics i culturals entre els territoris de parla catalana aguditzà un procés de fragmentació dialectal. Un procés que, sens dubte, afectà la llengua parlada, però que només podem atestar en l'escrita i que resulta especialment sensible donada la gran uniformitat lingüística catalana al llarg dels segles XIII, XIV i bona part del XV. Cap a finals del XVI i, sobretot, durant el XVII, coincidint amb la penetració del castellà s'observa la incorporació massiva de dialectalismes en l'escriptura; s'arriba aleshores a oposar una «llengua valenciana» i una «llengua baleàrica» o «mallorquina» a la «llengua catalana», la qual es creu exclusiva del Principat. És l'inici d'un intent secessionista, mancat totalment de base científica, que ha arribat fins avui. Malgrat tot, els defensors de les «llengües» valenciana i balear no podien escamotejar la unitat bàsica del català, i aleshores parlaren d'un origen comú, la llengua anomenada «llemosina», pròpia dels clàssics medievals.

La preocupació per la llengua

Amb el temps, la progressiva castellanització cultural dels Països Catalans desembocà en una pugna lingüística que revelà dues posicions enfrontades. En primer lloc, la dels qui adoptaren el castellà com a llengua de cultura; la seva argumentació era doble: d'una banda esgrimien la major «universalitat» del castellà, cosa que, en termes mercantils, equivalia a una ampliació del nombre de lectors i, doncs, un increment de la venda dels llibres; de l'altra, retreien al català una escassa aptitud per a la creació literària. Amb aquests condicionants

Primera part dla historia de Valécia q tracta delos Antiquitats de Spanya y fundacio de Valécia ab tot lo discurs, fins al téps q lo inclit rey dó Jaume primer la cóquista. Cópilada p lo reuerét mae-stre Pere Antoni Beuter, maestre en sacra theologia.

ANNO. M.D.XXXVIII.

Portada de la *Història de València* de Pere Antoni Beuter. Aquest primer volum fou escrit en català, però el segon fou redactat i imprès en castellà. Un exemple dels canvis sociolingüístics que es produïren en el segle XVI arreu dels Països Catalans. (IMH.)

es movia un historiador, Pere Antoni Beuter, que inicià en català una *Història de València* i posteriorment la continuà i la reedità en llengua castellana. Aquesta actitud traeix, en el fons, una manca de confiança en la pròpia llengua i en les seves possibilitats expressives; una manca de confiança directament vinculada a allò que, modernament, Vicent Pitarch ha designat com l'estigma «plebeu» de l'idioma.

La segona de les posicions la integra un seguit de veus que denuncià la implantació progressiva del castellà i defensà, sense reserves, l'ús culte de la llengua pròpia. En efecte: al llarg del segle XVI, sovintegen les apologies, amb matisos diversos, de l'idioma; és el cas de l'historiador Cristòfor Despuig, autor de *Los col·loquis de la insigne ciutat de Tortosa,* de ressons erasmistes; del jesuïta Pere Gil, traductor del *Kempis;* o de l'editor Onofre Almudèver, que atacà amb energia la castellanització de l'aristocràcia autòctona i l'abandonament de la llengua pròpia per part dels escriptors valencians.

Al llarg del segle XVII, les defenses de la llengua esdevingueren, en bona part, respostes a l'imperialisme progressiu del castellà. Ens trobem davant d'un fenomen especialment observable en el terreny de la predicació religiosa. Així, amb motiu del Concili Provincial de Catalunya, un eclesiàstic castellà, Juan Gómez Adrín, donà a conèixer un *Memorial en defensa de la lengua castellana para que se predique en Cataluña,* basada en la «superioritat» i la projecció imperial del castellà. L'argumentació de Gómez Adrín fou immediatament replicada per un jurista, Dídac Cisteller, en una *Defensa de la lengua catalana para que se predique en ella en Cataluña;* Cisteller hi constatava que la catalana era l'única llengua indiscutiblement intel·ligible a Catalunya i, alhora, en feia un elogi apassionat.

A un altre nivell, el conflicte idiomàtic es palesà en els tractats lingüístics apareguts en aquesta època. Si el castellà o el francès compten en aquest moment amb obres decisives per a la seva fixació gramatical, lèxica i ortogràfica, als Països Catalans la minva d'interès per la pròpia llengua derivada dels factors ja esmentats impossibilitarà que sorgeixin estudis equiparables sobre el català. De tota manera, hi ha un seguit d'obres de temàtica lingüística que cal remarcar. Els més notables són els reculls lexicogràfics, com l'important *Thesaurus Puerilis* (1575), d'Onofre Pou (molt reeditat en el segle XVI i el XVII, traduït al castellà i encara profusament utilitzat pels estudiosos dels segles XIX i XX): el *Fons Verborum* (1637), d'Antoni Font (que conté el primer estudi conegut sobre l'ortografia catalana); el *Thesaurum verborum* (1640), de Pere Torra, o el *Gazophylaceum catalano-latinum* (1696), de Joan Lacavalleria. Aquestes i altres obres similars, publicades al llarg dels segles XVI i XVII, són diccionaris bilingües que tenen com a finalitat l'ensenyament del llatí. Les dificultats inherents a aquest aprenentatge obligaven a tractar del català a fi de facilitar la comprensió de la llengua llatina als alumnes.

Orientació bibliogràfica

Max CAHNER, *Llengua i societat en el pas del segle XV al XVI,* ja citat.

Joan FUSTER, *L'aventura del llibre català,* dins *500 anys del primer llibre imprès en català,* Nadala Carulla, Barcelona, 1972, pp. 7-59.

Joan FUSTER, *La Decadència al País Valencià,* Curial, Barcelona, 1976.

Josep MURGADES, *La literatura del segle XVI. El Renaixement,* dins *Història de la literatura catalana,* vol. I, Edicions 62/Ediciones Orbis, Barcelona, 1984

Josep NADAL I FARRERAS, *La cultura catalana del renaixement a la decadència,* dins *Història de Catalunya,* vol. 4, ja citada, 1978, pp. 128-145.

Josep M. NADAL, *«Usar de llenguatge artificiós» en el segle XVI: ideologia lingüística i llengua literària,* dins *Actes del sisè Col·loqui Internacional de Llengua i Literatura Catalanes,* Publicacions de l'Abadia de Montserrat, 1983, pp. 89-125.

Vicent PITARCH, *Defensa de l'idioma,* Tres i Quatre, València, 1972.

Modest PRATS, pròleg a Albert ROSSICH, *Una poètica del Barroc,* Col·legi Universitari de Girona, 1979.

Jordi RUBIÓ I BALAGUER, *La cultura catalana del Renaixement a la Decadència,* ja citat, pp. 91-112 i 131-139.

Textos complementaris

I

La unió dinàstica de la corona catalano-aragonesa i la de Castella mitjançant el matrimoni de Ferran II, encara príncep, i d'Isabel de Castella (1469), es va esdevenir a causa de les compromeses circumstàncies en què es trobaven Joan II, en plena guerra amb el Consell del Principat de Catalunya, i la pròpia infanta Isabel, que necessitava aliats per a poder aspirar a succeir a Enric IV en el tron de Castella.

Bé que quan Isabel va ésser proclamada reina de Castella Ferran va aconseguir d'ésser reconegut com a rei efectiu d'aquest regne, es va mantenir el principi del respecte absolut a la personalitat política de cadascuna de les parts que formaven els territoris patrimonials dels Reis Catòlics. Així, els resultats de les empreses que aquests van emprendre en comú van ésser adscrits a una de les dues corones: la reconquesta de Granada, el descobriment d'Amèrica (1492) i l'annexió de Navarra (1515) van ésser considerades empreses castellanes, mentre que la recuperació del Rosselló i la Cerdanya (1493) i la conquesta de Nàpols (1505) van ésser considerades realitzacions catalano-aragoneses.

Pel que fa a l'aspecte constitucional, Ferran II, que coneixia bé les virtuts i els defectes del sistema constitucional de la corona catalano-aragonesa, no va dubtar a corregir-ne els aspectes més desfavorables i, alhora, a mantenir-lo en la seva absoluta integritat.

Catalunya, doncs, en unir-se dinàsticament amb Castella, va aconseguir d'imposar la seva concepció d'estat de tipus federal, que ja havia utilitzat al segle XII

en unir-se a Aragó i a la centúria següent en conquerir Mallorca i València. L'administració dels territoris italians incorporats més endavant a la corona catalano-aragonesa (Sicília, Sardenya i Nàpols) també es va fer segons aquesta concepció política: cada país va conservar les seves lleis, les seves institucions de govern i la seva llengua oficial.
Aquest sistema polític hispànic instaurat pels Reis Catòlics, que no per flexible va ésser menys estable, va permetre que Catalunya mantingués plenament la seva personalitat nacional durant tot el període de govern de la Casa d'Àustria (segles XVI i XVII).

Jaume SOBREQUÉS I CALLICÓ i Sebastià RIERA,
Ferran II i la política de redreçament (1978).

II

«Decadència» —cal tenir-ho present— és un terme posat en voga pels homes de la Renaixença, els quals pretenien, en aplicar-lo amb clara intenció desqualificadora a tot el llarg període que els havia precedit, emfasitzar encara més llur valor com a salvadors i entroncar-se així directament amb les glòries medievals. Semblants raons, afegides a l'obscur sentiment d'inferioritat envers d'altres països per causa d'un passat desproveït d'urc nacionalista, dugueren els noucentistes a secundar en aquest sentit la gent de la Renaixença.
Ara: a banda la ingenuïtat que suposa voler desentendre's del passat —per traumàtic que aquest sigui— tot relegant-lo a l'oblit, o tot afanyant-se —en una mena de grotesc acte de contrició autoexpiatori— a etiquetar-lo amb mentalitat de «renaixentistes», de noucentistes i, en general, de tota historiografia de motivacions nacionalistes, hi ha una concepció evolucionista de la història, segons la qual totes les societats passen per períodes d'expansió, decadència i mort (o ressorgiment de bell nou), en una mena de trajectòria gradual i cíclica.
Enfront d'aquesta concepció, però, sembla cada cop més evident que cal bastirne una altra que vegi la història no com un seguit de moments estelars de què enorgullir-nos —i encara menys com un *hit-parade* entre els diferents països en concurrència en un moment donat—, o de moments depressius de què avergonyir-nos, sinó com allò que realment és, o sigui, com un conjunt d'estructures i de sistemes socials qualitativament diferents que se substitueixen els uns als altres a través d'un procés dialèctic: alhora que es consolida un sistema, s'hi desenvolupen elements de contradicció que malden per la seva desaparició.
Només des d'aquests supòsits ha de ser possible, d'una banda, invalidar el terme «Decadència» i les connotacions valoratives suara exposades, i, d'altra banda, arbitrar una taxonomia més neutra i, alhora, més il·lustrativa d'allò que realment fou la vida literària i cultural dels Països Catalans durant els segles XVI-XVIII.
I qui, a desgrat d'aquest raonament, no pugui estar-se de comparar i, doncs, de doldre's que la precarietat literària catalana d'aquest període coincideixi amb la ufana de nacions que ens són dolorosament pròximes, que pensi, si això l'ha de consolar, que quan aquí, a les acaballes del XIII, ja s'havia assolit el més alt cim

de la creació lingüístico-literària (i científica!) per obra i gràcia del genial Ramon Llull, en d'altres indrets veïns pasturaven encara entre els erms d'un anomenat *mester*. I un pic feta aquesta reflexió, que relativitzi i que s'aprest:, doncs, a assumir críticament la història.

Josep Murgades, *La literatura en el segle XVI* (1984).

III

Els homes de la Renaixença van encunyar el concepte de «Decadència» a partir de la seva circumstància il·lusionada, i potser no podien fer altrament. Per a ells, entre una Edat Mitjana forta i nacional —que idealitzaven, és clar— i el present desencadenat per l'Oda de l'Aribau, hi havia hagut un buit tenebrós. El parèntesi s'obria el 1500 i es tancava el 1833. S'enganyaven, sens dubte, en la col·locació de les dates extremes; però, des del seu punt de vista, el nom i la valoració que hi posaven eren justos. Avui, els historiadors i els crítics de la nostra literatura solen evitar el terme «Decadència»: el troben confusionari i poc conciliable amb els mètodes que han d'aplicar en els seus treballs. També tenen raó. Sigui com sigui, hi hagué una «decadència» en el ple sentit de la paraula. La situació literària local, abans del XVI, era, si fa no fa, com la de qualsevol altra llengua de l'Europa romànica, i fins i tot més sòlida que en algunes; entrat el XIX, la voluntat restauradora suggeria belles expectatives. L'endemig, un erm si més no aparent, justificava l'adopció de la fórmula «Decadència».
I no era «aparent», l'erm. D'una banda, va produir-se una minva notòria, galopant, en l'«escriptura»: els escriptors indígenes tendeixen a canviar de llengua per a la redacció dels seus papers; hi ha, així mateix, una baixa en l'impuls creador, i si València encara dóna bastants literats, en català o en castellà, Barcelona ja no tants en castellà ni gaires en català. Per l'altre cantó, s'hi constata una recessió aclaparadora en la «lectura»: en la lectura literària, precisament. I això és l'important. Totes les literatures han passat per èpoques d'apatia o de misèria en la quantitat o en la qualitat dels seus escriptors, però mentrestant el públic continuava llegint en el propi idioma, bé traduccions, bé llibres dolents. El cas català de la «Decadència» és el d'una profunda dimissió lingüística d'abast col·lectiu, que afecta els «autors» tant com els «lectors». La crisi no era de la literatura, sinó de la societat que previsiblement havia de mantenir-la. Les causes que ho determinaven són moltes i complexes, i sobrepassen l'àmbit d'aquestes notes.
(...)
En gran part, el protagonista del problema era —i ho és encara— la indústria. Les impremtes catalanes del XVI, del XVII, del XVIII, hagueren de dedicar-se a la manufactura castellana: *Celestinas*, *Quijotes*, *Lazarillos*, i una pila immensa de *cancioneros*, *comedias*, novel·les d'aventures, devocionaris, algun breu exercici eròtic, especulacions místiques. Això es venia: era objecte d'exportació i —ai!— de consum interior. L'«editor» català de la «Decadència» no podia, literalment, «no podia» prendre en consideració l'idioma dels seus llibres si no era des d'un càlcul honestament crematístic. Publicà en llatí tant com la demanda li feia veure que

era una operació rendible. Ho féu en castellà per la mateixa motivació. Publicà, també, en català: no deixà mai de publicar en català, ni a València ni a Barcelona, ni a cap altre centre de tipografia regular, als Països Catalans. L'«editor» sabia el seu ofici: el seu negoci.

(...)

Si ara poguéssim establir els catàlegs de les nostres premses entre el 1500 i el 1833, tindríem l'oportunitat de ponderar els efectes de la «poliglòssia» dominant. Llengües «comercials» eren, almenys, el llatí, el castellà, el francès i el vernacle de tothom. El llatí hi va perdre posicions, però encara va conservar-ne moltes, ja que amb els «il·lustrats» del XVIII trobà un reforç de supervivència. El francès guanyava un lloc a Perpinyà, bé que la impremta local no podia ser gaire fecunda, en xifres absolutes. El castellà, per contra, oferia les possibilitats més esplèndides, dins i fora casa. Constituïa el competidor realment decisiu, per al català. I el català hagué de recular. Ho féu de mica en mica —i a poc a poc. Els automatismes del mercat li tancaven els accessos a l'edició. L'experiència o la intuïció feia que els industrials del llibre anessin reduint les seves produccions en català, i, en especial, que es cenyissin a explotar els sectors en els quals la llengua del país era una premissa indispensable, per raons pràctiques o per afirmació autòctona. Va haver-hi com una especialització en gèneres. La frontera del fenomen no hauria de ser el 1500. Caldria traslladar-la cap al 1530.

(...)

Després del 1530, la publicació de textos literaris catalans i en català, o simplement de textos en català, es fa esporàdica. Les «novetats» són aïllades i espaiades. Pensem que els noms més distingits de la creació poètica de la «Decadència» no sempre arribaren als tòrculs. El Rector de Vallfogona, difunt ja el 1623, no fou publicat fins el 1703; Francesc Fontanella, una mica posterior, ha d'esperar el XIX. L'obra de Joan Pujol només aconsegueix una edició parcial. Els llibres de Pere Serafí (1580) i de Josep Romaguera (1681) són excepcions. Alguns papers de narració, reproduïts durant aquest període, no signifiquen res des de l'angle de la «literatura». Com tampoc alguns opuscles que reuneixen els resultats de certàmens. Importants són, en canvi, les edicions o les reedicions de «clàssics». Ausiàs March, a València, el 1539, i a Barcelona, el 1543, el 1545 i el 1560; Jaume Roig, a València, el 1531, el 1561 i el 1735, i a Barcelona, el 1561; *Lo somni de Joan Joan* —amb afegitons—, el 1561. Hi hauria més coses a ressenyar-hi, sens dubte; però, en qualsevol aspecte, el conjunt no era gens ampul·lós. Ni gens efectiu.

La continuïtat tipogràfica del català tenia uns canals obvis: precisament, extraliteraris. Eren els llibres i els llibrets, i, més sovint, els fulls solts, que el veïnat no podia llegir sinó en la pròpia llengua. Es tractava de lectures utilitàries.

(...)

La «superestructura» dels poetes lírics —els literats previsibles del moment— hagué de resignar-se al manuscrit. La impremta, poderosa i eficient, no desplaça el manuscrit. Ni ací ni enlloc. En català, el sol tipus d'«escriptor» viable després del 1530, era el poeta. I estava condemnat al «manuscrit». Ell, però, no considerava que això fos lamentable. El Rector de Vallfogona no va veure imprès un llibre amb els seus versos. Sant Joan de la Creu, tampoc.

Ni sant Joan de la Creu, ni fra Luis de León, ni el *divino* Herrera, ni molts altres poetes castellans, no van poder ser llegits pels seus contemporanis a través de la impremta. En qualsevol idioma del XVI, i fins i tot del XVII, els versos —els bons, tampoc— no interessaven massa als editors. Entre nosaltres, el plantejament havia de ser més greu, a la llarga, perquè la poesia havia esdevingut, no l'únic, però sí pràcticament l'últim reducte literari de la llengua. Durant la «Decadència», mai no es va interrompre el «cultiu» del català, ni tan sols en els rodals més despersonalitzats.

Joan FUSTER, *L'aventura del llibre català* (1972).

IV

La llengua catalana s'endinsa en els segles següents al XV variant un xic la fesomia. Hi ha molts trets nous de la llengua que s'afiancen aleshores i arriben així fins als nostres dies; n'hi ha d'altres que s'originen a partir de llavors al compàs dels canvis socials, econòmics i polítics. En tot moment, però, el català d'aquests segles és, com als segles anteriors, la llengua popular dels països catalans, i per tant, com a llengua viva, sotmesa a una constant evolució.

A la Catalunya oriental i en part de les Illes es consagra la confusió entre *o, u* no accentuades (p*u*rtal per p*o*rtal), font d'innombrables errors a l'hora d'escriure, que cal afegir a la confusió existent ja de feia més de cent anys entre la *a* i la *e* no accentuades; així mateix, a tot Catalunya i les Illes es deixa de pronunciar la r final dels mots: canta*r*, dine*r*s...; s'estén la forma de plural en *-os* (francesos, interessos...) a tot arreu; es generalitza la conjunció *i* en comptes de l'antiga *e*: blancs *i* negres; s'estén l'ús de la forma *va* comprar, *van* comprar... per comprà, compraren; es generalitza la terminació *-o* en la primera persona del present d'indicatiu: compro, canto..., a tot el Principat de Catalunya i al Maestrat, mentre que a la resta del País Valencià sorgeix la forma en -e: compre, menge... i a les Illes es continua amb la forma antiga, sense cap terminació: compr, menj...; es va perdent l'ús del possessiu llur,...

Veiem, doncs, que aquesta evolució significa en molts casos uns canvis generalitzats a tot el domini lingüístic, però en molts d'altres comporta una diferenciació dialectal, de vegades important. Així, l'expulsió dels moriscos de les comarques valencianes provoca —a més del trasbals social i econòmic de perdre de cop un terç de la població— un reajustament lingüístic: les onades immigratòries de castellans i aragonesos són importants i decideixen, en molts casos, la castellanització total de les comarques de l'interior, i, en d'altres, una reculada de la frontera lingüística, com és el cas d'Oriola i la seva comarca. D'aquesta època ve també la formació del dialecte apitxat a la plana central valenciana (que comprèn les ciutats de Sagunt, València i Alzira) en què es confonen tot de sons (ca*ss*a per ca*s*a, do*ts*e per do*tz*e, pu*tx*ar per pu*j*ar, *b*i per *v*i) a diferència de la resta del valencià, que els distingeix. És coneguda, també, la repoblació d'algunes valls de la comarca de la Marina feta per pagesos mallorquins: encara avui dia a Tàrbena fan servir l'article salat (*s*'home per *l*'home).

L'annexió del Rosselló i part de la Cerdanya a França pel Tractat dels Pirineus (1659) posa la base d'un allunyament de tot tipus d'aquella terra catalana respecte

del conjunt: el 1662 s'hi funda un col·legi de jesuïtes on s'ensenya en francès; el 1673 es prohibeix als rossellonesos d'anar a estudiar al Principat; el 1676 es predica a Perpinyà en francès; el 1682 s'hi fa obligatori el francès per poder ocupar càrrecs; el 1700 el francès és imposat als actes públics i judicials i esdevé la llengua dels llibres d'actes i deliberacions. Abans que a la resta de països catalans, doncs, el català és foragitat com a llengua oficial del país; i en conseqüència queda reduït a l'esfera familiar, es dialectalitza i rep una forta influència del francès.

Lluís López del Castillo, *El català a través dels temps* (1980).

Suggeriments de treball

1. Concepte i abast del terme «Decadència» a partir dels textos de Josep Murgades i Joan Fuster reproduïts al final d'aquest tema.
2. El conflicte lingüístic entre llatí i català al segle XVI. Paper de l'humanisme renaixentista. Podeu partir d'històries de la literatura i dels treballs de Fuster, Nadal, Prats i Rubió esmentats a l'orientació bibliogràfica.
3. Comenteu els següents textos de *Los col·loquis de la insigne ciutat de Tortosa*, de Cristòfor Despuig, tot posant-los en relació amb els conflictes lingüístics del segle XVI:

«No he volgut escriure-la [la seva obra] *en llengua castellana per no mostrar tenir en poc la catalana, i també per no valer-me de llengua estranya per a llustrar* [il·lustrar] *i defensar la naturalesa pròpia, que és la principal intenció de mon treball; ni tampoc la he volguda escriure en llatina perquè no pareguera* [semblés] *ser tan generalment tractada i entesa per los de nostra nació com jo volguera.»*
«(...) d'aquí ve lo escàndol que jo prenc en veure que per avui tan absolutament s'abraça la llengua castellana, fins a dins Barcelona, per los principals senyors i altres cavallers de Catalunya, recordant-me que en altre temps no donaven lloc a aquest abús los magnànims reis d'Aragó. I no dic que la castellana no sia gentil llengua i per tal tinguda, i també confesse que és necessari saber-la les persones principals, perquè és la espanyola que en tota Europa se coneix, però condemne i reprove lo ordinàriament parlar-la entre nosaltres, perquè d'açò se pot seguir que poc a poc se lleve [arrenqui] *de rael la de la pàtria i així pareixeria ser per los castellans conquistada.»*

4. Paral·lelismes entre la situació lingüística del segle XVI i l'actual.
5. Comenteu les següents afirmacions del canonge tortosí castellanitzat Alejandro Ros a *Cataluña desengañada* (1646), tot posant-les en relació amb el conflicte lingüístic al segle XVII:

«Es el catalán corto naturalmente, y tan poco esparcido que el encogimiento tal vez parece, o grosería o menos capacidad, y es tanto lo que se despeja y se desahoga con el trato del castellano, que sobre el buen fuste de natural, sobre la entereza de su condición y aquella sólida firmeza de su segura amistad, le sirve de precioso esmalte [al català] *la comunicación del castellano.*
»*(...) Los predicadores catalanes, cuya facultad necesita tanto de la eloquencia y del*

despejo, si no toman el baño de Castilla dificultosamente serán mayores de talle en su ejercicio, porque nuestra lengua es corta y nuestro descuido la ha dejado envejecer en su pobreza, sin que haya autor en ella que merezca en este tiempo el título de clásico, porque aunque el catalán ama las cosas de su Patria tenazmente, sólo perece, que le ha perdido el amor en no alargar los términos a la cortedad de su lengua.
»(...) *Entre otras razones* [contra la predicació en català], *dí una que en lo político tiene fuertes aceros: no va bien separarse de la lengua de la monarquía* (...); *porque encerrándose* [els predicadors catalans] *en los angostos límites de su lengua y sepultados en su catedral los oradores evangélicos, habían de vertir los estudios del púlpito al traje de su País sin aspirar al adorno forastero; porque las ciencias son cortesanas y rigen a los imperios; y es por eso Madrid, escuela de predicadores españoles, donde nacen y se comunican a otros reinos los aciertos de tan lucido ministerio.»*

Tema 13

La llengua al segle XVIII

Marc històric

El segle XVIII fou, per a moltes llengües europees, el moment de la consolidació i la codificació definitives. El català, en canvi, es veié per les circumstàncies històriques sotmès a una degradació i marginació creixent. El primer atac legal que rebé la nostra llengua en aquest segle s'esdevingué després de l'ocupació militar del país per part dels exèrcits borbònics: el País Valencià caigué el 1707 després de la batalla d'Almansa, el Principat després de la presa de Barcelona l'11 de setembre de 1714 i les Illes el 1715, exceptuant-ne Menorca. Aquesta illa estigué en mans angleses durant tres períodes: 1708-1756; 1763-1782 i 1798-1802. Felip V decretà la Nova Planta (1716), que havia estat informada per Francesc Ametller, felipista i botifler, i José Patiño, amb la voluntat que les noves terres *«conquistadas por las armas»* fossin governades segons les lleis de Castella. Així, es creà una «Real Audiencia», sotmesa al «Consejo de Castilla» i presidida pel nou càrrec de «Capitán General». Es delimitaren els «corregimientos» amb la introducció dels «corregidores», tots ells d'origen castellà. Al País Valencià les lleis castellanes foren establertes d'una manera total, fins i tot en el dret privat. En canvi, el dret civil català, de moment, fou respectat. Les rendes de les suprimides Generalitats serviren per a cobrir les despeses administratives dels nous funcionaris reials i per a sostenir l'exèrcit que ocupà els Països Catalans, per tal de tenir-los subjectes a la nova dinastia.
Durant el regnat de Carles III, s'accentuà el centralisme il·lustrat i se succeïren els decrets contra l'ús de la llengua. Així, en l'aprovació de les ordenances del Gremi de Mercaders de Vara de València, el 1764, es prohibia l'ús del català. La Reial Cèdula d'Aranjuez (1768) prohibia taxativament l'ensenyament del català i en català. A més establia l'equiparació de molts aspectes comercials (unificació monetària) i jurídics a la legislació castellana. El 1799, una Reial Cèdula de Carles IV prohibia el teatre en català.
Paral·lelament, a la Catalunya Nord, el 1700, Lluís XIV ordenà que les escriptures públiques, els plets i les sentències es redactessin en francès sota pena d'invalidació. El procés de francesització s'accentuà arran de la Revolució Francesa. El 1794 es decretà la creació d'instructors que acceleressin l'expansió de la llengua francesa i acabessin amb la presència dels altres idiomes.
La frontera real entre el Principat i la Catalunya Nord no fou establerta fins el 1792. Això permeté que la difusió de les idees il·lustrades als Països Catalans seguís l'eix París-Perpinyà-Barcelona-València. D'altra banda, molts estudiants preferiren seguir estudis en les universitats franceses.

Barcelona assetjada per les tropes franco-espanyoles el mes de setembre de 1714.

Els il·lustrats i la llengua

En general, els intel·lectuals il·lustrats negligiren, per raons ideològiques, la producció literària, considerada poc útil per als seus propòsits. El seu pragmatisme militant els decantà a altres disciplines: la història, la filologia, la filosofia i els tractats científics. Antoni de Capmany i de Montpalau resumia així, el 1776, aquesta situació: «*El siglo pasado era la edad de la imaginación: florecieron los poetas y los perjuicios; el nuestro es el de la razón.*» Complementàriament, aquest refús de la literatura cal relacionar-lo amb el bandejament il·lustrat de la llengua pròpia en l'ús públic i culte. La llengua esdevingué, per als nostres intel·lectuals del set-cents, un problema que no saberen resoldre. Un d'ells, resident a Madrid, tot i admetent la necessitat de conèixer i usar la llengua de la Cort, es lamentava que «*el conocimiento que de ella tengo lo he ido adquiriendo a fuerza de desengaños, de vergüenzas y de censuras de émulos y enemigos*». Un altre, el ja citat Antoni de Capmany, en un dels apèndixs de les seves *Memorias históricas sobre la marina, comercio y artes de la antigua ciudad de Barcelona* (1779) desisteix de transcriure la versió original d'un discurs de Martí l'Humà i en dóna, en canvi, la traducció castellana: «*Pero como la lengua en que está extendido el original es ya anticuada en el mayor número de los vocablos, y por otra parte sería inútil copiarlo en un idioma antiguo provincial, muerto hoy para la república de las letras y desconocido del resto de Europa...*» Capmany constitueix el paradigma de l'il·lustrat sense arrels al país (hi visqué molt esporàdicament), per al qual la llengua era un mer instrument desproveït de connotacions.

Això no obstant, la consideració de l'idioma anirà evolucionant al llarg del segle entre les capes cultes. La reivindicació històrica sorgida en els darrers anys de la centúria inclou també la de la llengua, que culminarà en l'obra del gramàtic Josep Pau Ballot.

Els tractats gramaticals i ortogràfics

En general, les gramàtiques, tractats d'ortografia, diccionaris, etc. que s'elaboraren durant aquest segle tenien més la finalitat de facilitar l'aprenentatge del castellà i el llatí, que no pas, com es generalitzà en el segle XIX, la reivindicació de l'ús culte de la llengua del país. Tanmateix hi hagué una sèrie d'autors que, seguint una tradició iniciada al segle XVI, manifestaren unes actituds de preocupació per l'idioma, les quals foren un clar precedent pels homes de la Renaixença. Així, Antoni de Bastero redactà una *Historia de la lengua catalana,* on identificava el català i el provençal, creient que el llemosí era el seu origen comú. Agustí Eura escriví *Controvèrsia sobre la perfecció de l'idioma català.* Inspirada en aquesta, Ignasi Ferreres confeccionà l'*Apologia de l'idioma català vindicant-lo d'alguns estrangers que l'acusen d'aspre, incult i escàs.*

Per altra banda, l'estroncament de la tradició i l'ús generalitzat de la gramàtica i ortografia llatines en les escoles, juntament amb la progressiva introducció del castellà, feren que cap a la segona meitat de segle els autors catalans, desorientats, se sotmetessin als models castellans (Nebrija, *Diccionario* de la «Real Academia», etc.).

Les propostes gramaticals i ortogràfiques foren diverses arreu dels Països Catalans. Al País Valencià, tot i que la castellanització fou en molts aspectes més intensa, els autors restaren més fidels al record dels clàssics medievals. A Catalunya i Menorca els estudis prengueren un caire renovador: seguiren els models francesos i es basaren fonamentalment en l'estat de la llengua en aquell moment. Cap a finals de segle, aquestes dues tendències desembocaren en una polèmica difosa des de les pàgines del «Diario de Barcelona». Es desenrotllà entre el juliol i el novembre de 1796.

Els polemistes firmaren els seus escrits amb pseudònims: Lluís Capsigrany, mossèn Enric Poruc, Bernat Soca, mossèn Botall, Taboll i Tio Anton, alguns d'ells comuns a la mateixa persona. La polèmica obrí una llarga discussió que incidiria en la major part de les iniciatives empreses durant el segle XIX. Josep Pau Ballot fou un dels gramàtics que hi intervingueren.

Al País Valencià destacaren les propostes fetes per Carles Ros, notari i autor de diversos tractats d'ortografia. Defensava l'ús de la *-ç;* distingia entre *b/v;* diferenciava l'ús de les grafies autòctones *-ny, -g, -j, -ig* enfront de les grafies forasteres *ñ* i *ch;* escrivia amb *q* els diftongs creixents inicials (*qual, quan*); usava la sinalefa en lloc de l'apòstrof i, finalment, conservava la ela inicial amb valor /ʎ/ (*libre*). L'obra de Ros tingué un cert ressò entre els seus coetanis. Seguidors seus foren els escriptors Lluís Galiana, Manuel J. Sanelo i Marc Antoni Orellana. Però, sobretot, incidí de manera especial entre els renaixentistes valencians del segle XIX.

A Catalunya, Pere Màrtir Anglès publicà un tractat d'ortografia redactat en castellà sobre el llatí, el castellà i el català: *Prontuario ortológico-gráfico trilingüe* (1742). El 1743, Josep Ullastre escriví la primera gramàtica dedicada a la descripció del català, la qual tingué una influència pràcticament nul·la perquè romangué inèdita. L'obra conté un bon nombre d'errors, però també alguns encerts: ús de ela doble en posició inicial (*llibre*); ús de l'apòstrof; ús de la i llatina en lloc de la y grega i la supressió de la hac final.

Joan Petit i Aguilar fou, molt probablement, un altre dels polemistes del «Diario de Barcelona». Redactà una *Gramàtica catalana predispositiva per a la més fàcil intel·ligència de l'espanyola i llatina,* iniciada el 1796, si bé no l'acabà fins el 1823; està totalment adscrita als pressupòsits setcentistes.

A les Illes fou especialment important l'aportació de Menorca. Antoni Febrer i Cardona, menorquí, era un gramàtic excepcional. Home lligat per ideologia i formació al segle XVIII, elaborà gran part de la seva obra durant el primer quart del XIX. Aquest és el cas dels *Principis de la lectura menorquina,* que li són atribuïts; redactats entre 1798-1802, foren publicats el 1804. En aquesta obra s'hi feren propostes de gran interès per tal d'unificar la grafia amb la pronúncia.

Les institucions i l'ensenyament

La repressió filipista també actuà a les universitats catalanes. Les féu tancar totes i creà la de Cervera per agrair el col·laboracionisme d'aquesta vila en la Guerra de Successió. Una de les finalitats que es perseguia amb aquesta acció era la de castellanitzar l'alta cultura del país. La Universitat de Cervera, en força aspectes secundària i provinciana, donà una figura essencial del pensa-

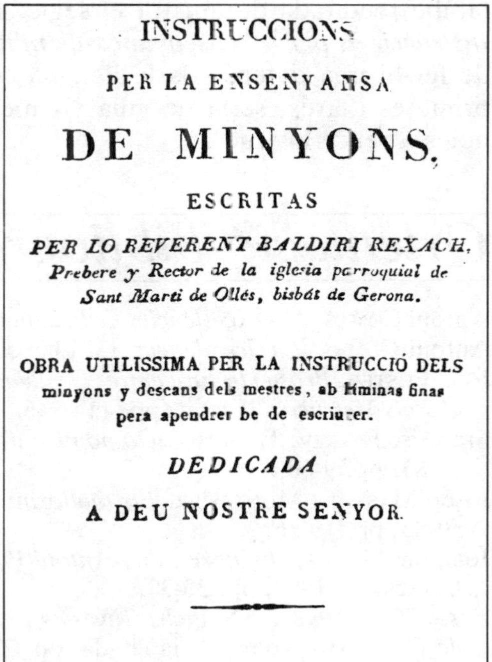
INSTRUCCIONS
PER LA ENSENYANSA
DE MINYONS,
ESCRITAS
PER LO REVERENT BALDIRI REXACH,
Prebere y Rector de la iglesia parroquial de Sant Martí de Ollés, bisbát de Gerona.

OBRA UTILISSIMA PER LA INSTRUCCIÓ DELS minyons y descans dels mestres, ab lminas finas pera apendrer be de escriurer.

DEDICADA
A DEU NOSTRE SENYOR.

BARCELONA:
EN LA ESTAMPA DE BRUSI.

Portada del llibre de BALDIRI REIXACH, *Instruccions per la ensenyansa de minyons*. (IMH.)

ment il·lustrat, la de l'erudit Josep Finestres, que tingué una llarga i profitosa relació amb Gregori Mayans i Siscar, capdavanter del nucli il·lustrat de la Universitat de València.

La llengua oficial de la Universitat era el castellà. Malgrat les prohibicions reials d'editar llibres d'ensenyament en català, durant tot el segle la Universitat de Cervera continuà editant-ne. El motiu era que concebien encara el català com una eina indispensable per a accedir a la llengua sàvia, el llatí. Les edicions solien anar camuflades darrera de portadelles, permisos, dedicatòries i pròlegs en llatí. Curiosament per aquests efectes gairebé mai no s'usà el castellà.

El 1729 fou creada l'Acadèmia de Bones Lletres de Barcelona. Els seus membres s'imposaren com a finalitat l'estudi de la història, especialment la de Catalunya, i la instrucció de la joventut, a causa del trasllat dels estudis universitaris a Cervera. El 1752, el rei Ferran VI li concedí el títol de Reial. Al llarg del segle es manifestà per part d'alguns dels seus membres l'interès per l'estudi i la codificació de la llengua. Així, es projectà un diccionari de la llengua, que mai no s'arribà a publicar i, el 1792, l'acadèmic Antoni Alegret confeccionà unes normes ortogràfiques que, en gran part, eren còpia de l'obra ja esmentada d'Anglès.

Durant tot el segle es reeditaren, de manera regular, dues obres clàssiques usades a les escoles: la *Peregrinació del venturós pelegrí,* d'autor anònim, i el *Llibre dels bons amonestaments,* de fra Anselm Turmeda. Citem, també, el *Compendi breu de les quatre regles generals de l'aritmètica pràctica,* de fra Francesc Ifern, també reeditada durant tot el segle. El tractat pedagògic més renovador fou *Instruccions per a l'ensenyança de minyons* (1749), de Baldiri Reixach. A part de fer-hi una defensa de la llengua com a bàsica per a l'ensenyament de les primeres lletres, serví de guia als mestres rurals i reivindicava el dret de les noies a rebre instrucció.

Orientació bibliogràfica

Antoni COMAS, *Les excel·lències de la llengua catalana,* Dalmau editor, Barcelona, 1967.

Antoni COMAS, *La decadència,* La Llar del llibre, Barcelona, ²1986.

Joan FUSTER, *Prosa i lectura entre els valencians de la «Decadència»,* dins *La Decadència al País Valencià,* ja citat, pp. 114-146.

Francesc FERRER, *La persecució política de la llengua catalana,* Edicions 62, Barcelona, ⁵1985, pp. 9-60.

Josep MASSOT I MUNTANER, *Els mallorquins i la llengua autòctona,* Curial, Barcelona, ²1985, pp. 19-36.

Joaquim MOLAS, *Un llibre sobre Antoni Puigblanc,* dins *Lectures crítiques,* Edicions 62, Barcelona, 1900, pp. 33-39.

Enric MOREU-REY, *Els nuclis il·lustrats i els principals centres de cultura,* dins *Història de Catalunya,* volum 4, ja citada, pp. 273-285.

Mila SEGARRA, *Durant el segle* XVIII, dins *Història de l'ortografia catalana,* Editorial Empúries, Barcelona, 1985, pp. 53-129.

Textos complementaris

I

Francesc Ametller, en el seu informe, explica així la situació: «*...habiendo este Principado de Cataluña por su execrable fellonia y obstinada resistencia perdido sus leyes, constituciones, privilegios y prerrogativas, cesó y quedó abolida con la recuperación y restitución de el a la debida obediencia, y entrada de las Armas del Rey nuestro Señor en esta Capital de Barcelona, la planta del Gobierno antiguo político, económico y militar de Cataluña.*»

* *

Patiño reitera que el nou govern que cal imposar a Catalunya ha d'ésser sostingut per la força i la por: «*Y como esta se considera vastantemente asegurada con las Tropas y Gente de Fuerza, de que necesita el País. (...) pues la misma abundancia de Tropas, que de preciso han de guarnecer siempre las Plazas y Fortalezas de este Principado, bajo el mando de dicho Jefe, asegurarán totalmente con el temor y el respeto, la más puntual observancia de un acertado Gobierno.*»

* *

El «Consejo de Castilla» explica també la situació donant per verídic que tot ho vàrem perdre per la força: «*...nueva regla, que se estableciere a aquellos naturales, la que más se adapte a sus belicosos altivos genios, para atraerlos insensiblemente al sosiego, que conviene y debe procurarse, y con que se consiga su quieta obediencia con reparo y restablecimiento de la Real autoridad y Regalia, que hasta hoy les fue molesta e insufrible carga; amantes siempre de su libertad y propia dependencia; y nunca bien hallados, ni estables en la del Soberano, que los domina, por otras leyes o disposiciones, que las suyas forales o patrias; por cuya defensa han sido, y seran, en su deseo y ánimos, gustosamente sacrificados.*»

* *

José Rodrigo Villalpando el dia 29 de gener de 1716 tenia enllestit un informe molt complet de deu pàgines sobre tot allò que es pot donar als corregidors d'una manera pública i, també, sobre allò que «*se les podría dar secreta de algunas cosas que deberán tener presentes en el Gobierno nuevo y en un País cuyos naturales son belicosos, cautos, y desconfiados*». La sisena d'aquestes instruccions secretes fa referència a la llengua; pel seu interès i la bona redacció de l'amic de Macanaz, José Rodrigo, la copiem íntegrament: «*Lo sexto se podría prevenir el cuidado de introducir la lengua Castellana en aquel País. La importancia de hacer uniforme la lengua se ha reconocido siempre por grande, y es una señal de la dominación o superioridad de los Príncipes o naciones ya sea porque la dependencia o adulación quieren complacer o lisonjear, afectando otra naturaleza con la semejanza del idioma, o ya sea porque la sujeción obliga con la fuerza. Los efectos que de esta uniformidad se siguen son muy beneficiosos, porque se facilita la comunicación y el comercio; se unen los espíritus divididos o contrarios por los genios; y se entienden y obedecen mejor las Leyes y Ordenes.*

»Pero como a cada nación parece que señaló la naturaleza su idioma particular, tiene en esto mucho que vencer el arte y se necesita de algun tiempo para lograrlo, y más cuando el genio de la Nación como el de los Catalanes es tenaz, altivo, y amante de las cosas de su País, y por esto parece conveniente dar sobre esto instrucciones y providencias muy templadas y disimuladas, de manera que se consiga el efecto sin que se note el cuidado. Y la mayor comunicación que ahora habrá obrará mucho en esto, como se ha experimentado en Barcelona mismo, y en Flandes por el concurso de los Militares. Y esto también podrán adelantar mucho los Prelados, y prevenírseles que lo soliciten.

»No puede embarazar esto el tener corriente aquel Gobierno según la experiencia que se tiene de otras Provincias.

»Porque en Navarra se habla Vascuence en la mayor parte. Y van a gobernar Ministros Castellanos. En Nápoles había Ministros y Gobernadores españoles, y se habla un Italiano corrompido, y así de otras. Pero parece preciso hacer sobre esto alguna reflexión, porque los Catalanes sentirían mucho que se les despreciase o violentase en esto, y en el cuerpo de aquel Principado está muy llagado y teniéndolo sujeto y quieto con la fuerza, se necesita de curarlo con suavidad...»

* *

A les úniques Corts que va convocar Carles III, el mes de juliol de 1760, els representants de les ciutats de l'antiga Corona d'Aragó —els diputats de Saragossa, Barcelona, València i Ciutat de Mallorca— presenten un memorial: hi critiquen diversos aspectes del centralisme borbònic amb l'esperança que el nou govern de Carles III hi posarà remei. Pel que fa al català, aquest memorial diu textualment: *«Hay otras leyes que obligan a que en Cataluña, Valencia y Mallorca sean obispos y clérigos de sus iglesias los que nacieron o se criaron en aquellos reinos. Porque en ellos se habla una lengua particular y aunque en las ciudades y villas principales muchos entienden y hablan la castellana, con todo los labradores ni saben hablarla ni la entienden. En las Indias, cuyos naturales, segun se dice, no son capaces del ministerio eclesiástico los párrocos deben entender y hablar la lengua de sus feligreses. ¿Y van a ser los labradores catalanes, valencianos y mallorquines de peor condición que los indios, habiéndose dado en aquellos reinos hasta los curatos a los que no entienden su lengua? ¡Cuanto convendría que los obispos así en las Indias como en España, no teniendo el don de lenguas que tuvieron los apóstoles, hablaran la lengua de sus feligreses...! ¿Y siendo los labradores los que con el sudor de su rostro principalmente mantienen los obispos y demás clérigos y por consiguiente los que más derecho tienen a ser instruidos, han de ser privados de la instrucción...?»*

* *

De la Reial Cèdula d'Aranjuez: *«Finalmente mando, que la enseñanza de primeras Letras, Latinidad, y Retórica se haga en lengua Castellana generalmente, donde quiera que no se practique, cuidando de su cumplimiento las Audiencias y Justicias respectivas, recomendándose también por el mi Consejo a los Diocesanos, Universidades, y Superiores Regulares para su exacta observancia, y diligencia en extender el idioma general de la Nación para su mayor armonía, y enlace recíproco.»*

* *

El governador de la sala del Crimen i oïdor de la Reial Audiència Francisco Antonio Vázquez, amb data 26 de març del 1787, adreçà una carta a l'alcalde major de Novelda per la qual ordenava que ell o, a través dels alcaldes ordinaris, el regidor degà i el síndic procurador general vigilessin *«que el Maestro no permita que los niños ablen* [sic] *en el idioma valenciano, sí que les instruya en el castellano para la mejor pronunciación. Que esta orden se observe y cumpla por los sucesores en sus respectivos empleos, y al ingreso de ellos se les hará saber por el ese Ayuntamiento...»*.

Textos legislatius extrets de Francesc FERRER, *La persecució política de la llengua catalana* (1985).

II

Tant com natural és a qui sentin nacional estimació de sa pròpia llengua, com lo mateix natural aliment, pues lo que fa aquest en orde al cos, fa aquella en orde a l'ànima: ab ella nos acaricien al mateix temps que nos alimenten ab la pròpia sang tiernes les mares, i ab ses amoroses veus comencen a instruir nostres esperits perquè entrem en coneixement de la diversitat de tantes coses com ha creat en la misteriosa fàbrica de l'univers l'Autor de la naturalesa; ella nos alleta per lo coneixement de les coses sobrenaturals i del mateix Déu; per ella som instruïts en lo comerç humà i civil tracte; i per medi d'ella entram, com per la primera porta, a la participació dels arts liberals i ciències.

Josep ULLASTRE, *Gramàtica catalana* (1743).

III

En estos afanys meus faç jo dues coses a un temps: l'una és acreditar-me de bon valencià i amant de la mia lengua, obligació que cada u de per si té, sia de la nació que vulla, puix deu aprear i defendre les coses de la sua pàtria, i també el lenguatge, encara que no tinga per a què; quant i menys, encontrant-se en lo nostre idioma tantes grandees, excel·lències i circumstàncies per a ser amat.

I encara que no fos així, ¿quin danys pot fer als valencians donar-los regles clares i segures per a que no olviden sa lengua, i que la sàpien lligir i escriure correctament?

Carles ROS, *Tractat d'adagis i refranys* (1733).

IV

Ni me diga algú que los bons llibres de les llengües estrangeres ja se troben traduïts en la llengua pròpia i nativa, perquè això és cosa molt falsa, i singularment respecte de nostra llengua catalana, respecte de la qual podem dir que són molts pocs los llibres estrangers que s'hi troben traduïts; i no sols hòmens doctes catalans han faltat en fer la traducció de molts llibres estrangers que són utilíssims, però sí també han faltat en no escríurer en catalá alguns llibres molt bons, que han fet imprimir en llengua castellana o en llatí, com si la nació catalana no meresqués o no tingués la necessitat de ser tan ben instruïda com quiscuna de les demés.

Baldiri REIXACH, *Instruccions per a l'ensenyança de minyons* (1749).

V

Jo he intitulat aquesta obra *Principis generals de la llengua menorquina*, no perquè considéria que aquesta llengua dèguia el seu origen a Menorca, sabent molt bé que aquesta illa fonc fundada de valencians, catalans, etc., els quals e-hi portaren la seua llengua, que és la mateixa que nosaltres usam i antigament s'anomenava llemosina, sinó perquè essent fet a Menorca i per un menorquí, és adequada a la pronúncia que s'usa en aquesta illa, qui en certes paraules és algun tant diferent de la valenciana, catalana i mallorquina. No obstant, que això és una cosa tan accidental que no serà obstacle perquè la major part de les regles que en ella es donaran no púguien servir per uns i altres. És, doncs, no únicament per als menorquins, sinó també per als mallorquins, catalans i valencians que jo he treballat aquesta gramàtica.

Antoni FEBRER I CARDONA,
Principis generals de la llengua menorquina (1804).

Suggeriments de treball

1. Debat sobre la legislació en contra de la llengua a partir dels textos seleccionats a «Textos complementaris» i/o bé servint-vos d'altres fonts bibliogràfiques.
2. Caracteritzeu els arguments d'Ullastre, Ros, Reixach i Febrer en els fragments reproduïts més amunt i deduïu-ne les respectives actituds.
3. Situació política i cultural de la Menorca del segle XVIII. Podeu partir de l'article *La cultura a Menorca,* de Jordi Carbonell, «Serra d'Or», novembre 1964, pp. 13-24.
4. Corregiu segons les normes ortogràfiques actuals el següent fragment de *Calaix de sastre,* del Baró de Maldà.

Tot ha anat lluhit, fora de la desgràcia dels músics y altres personas en el tablado de la Llotja, que havent-s'i carregat a més dels músics molta gent curiosa per vèurer ballar las parejas en la moxiganga, ya han fet los del tablado altre moxiganga ab tamburellas, que fou miragle de no morir-s'i o estrellar-se per tota la vida, desquiciant-

se lo tablado, y més si se hagués desprès aquella gran pamplinata pegada a la paret de la Llotja, candelas y atxas. Hi havia uns crits de misericòrdia que sabia el Credo; la desgràcia dels que havia en el tablado no pasà de contusionetas, esgarranxadas en los brasos, caras y rodillas, emperò sí, molts violins xafats, una timbala xafada, que era del regiment del Algarbe, no sé si la altra; arquets fets trosos, sombreros y sabatas de señoras a no sé ahont me diga; un tal Rueda, músich trompa de la Catredal, y altre que no se cita per ser masa conegut, agafats ab la barrera o ab un gerro per asegurar-se; la capeta de un cert abate, de allò més encartronada y bruta de oli, alquitrà i ceu que semblaria mescla de carn y arròs; confusió y ruïdo, que semblava el dia del Judici. Gràcies a Déu los escalabros no foren cosa; majors fozen en los instruments que en las personas, que haurían estat molt més sensibles. Se donà cobro als sustos de las personas ab sangrias, aigua ab sal, calaguala y no sé què més. Fou miragle que no hagués estat tal desgràcia en la Llotja major ab tant tropell de gent; a no haver estat cosa de grave perill se deu al patrocini especial de Déu y de Maria Santíssima en lance tal, conclohent aquí las festas tant lluhidas de Barcelona.

5. Origen i evolució del terme «botifler». Consulteu el *Diccionari etimològic i complementari de la llengua catalana,* volum II, de Joan Coromines, article «Botir».
6. Antoni de Puigblanch i els orígens de la Renaixença. Podeu consultar l'article de Joaquim Molas ressenyat a l'orientació bibliogràfica.

Tema 14

La llengua al segle XIX (I)

Marc històric

En general, a la primera meitat del segle, existí una continuïtat pràcticament total amb l'anterior. Persistí la mentalitat diglòssica fruit del procés creixent d'assimilació lingüística. Així, les apologies continuaren essent la plataforma ideal per queixar-se de l'estat lamentable del català, alhora que d'altres obres pretenien, tractant aspectes de l'idioma, facilitar l'aprenentatge de la llengua important: el castellà. Només en una ocasió el català fou considerat llengua cooficial, l'any 1810, sota l'ocupació francesa, quan, per raons polítiques, durant uns cinc mesos (del 22 de març al 12 d'agost) el «Diario de Barcelona» s'edità en francès i català. Les tropes franceses, però, romangueren a Catalunya fins el 1814.

L'oligarquia borbònica, abans i després de la Guerra del Francès, continuà aplicant, en col·laboració amb l'Església, lleis repressives amb la finalitat de fer desaparèixer la llengua del país. Així, el 1805, en la *Novísima recopilación de las Leyes de España* es prohibí el teatre en català. Les seus de les diòcesis catalanes estaven en mans foranes. El 1828, com a mostra d'aquest tipus d'actuacions, el bisbe Castaño, de Girona, decretà que tots els documents eclesiàstics havien de redactar-se en castellà. La Llei Moyano d'Instrucció Pública de 1857 decretava, novament, la prohibició d'usar el català a les escoles. Seguí la llei del Notariat (1862), que prohibia fer les escriptures en català; la «Real Orden» de 1867, prohibint novament el teatre en català. Finalment, en el mateix sentit, es dictaren la Llei del Registre Civil (1870) i la d'Enjudiciament Civil (1881).

Malgrat que el 1804 sota la direcció de Francesc Santponç s'havia instal·lat la primera màquina de vapor al Principat, no fou fins el 1832 quan es crearen les primeres fàbriques amb màquines de vapor, creant així a Catalunya una estructura social del tot distinta a l'agrària de la resta de l'Estat espanyol.

Les guerres carlines (1833-40; 1846-49; 1872-76) representaren l'enfrontament entre la nova classe burgesa d'ideologia liberal i els sectors reaccionaris de l'Antic Règim. Des del 1843 fins a la Revolució del 1868, llevat del període 1854-56 (el Bienni Progressista) els moderats controlen la política espanyola. És en aquesta etapa quan es produeix la divisió de Catalunya en les quatre províncies i l'eliminació del català.

Si bé la Constitució liberal de Cadis (1812) inicià la davallada de l'Antic Règim, la nova classe burgesa adoptà mimèticament els usos lingüístics i culturals de l'aristocràcia i continuà admetent, a mans besades, la castellanització cada cop més institucionalitzada. Cap als anys vint, però, alguns sectors sorgits del si d'aquesta classe s'amararen dels nous ideals romàntics i reivindicaren l'ús literari de la llengua. Amb vacil·lacions més o menys evidents, anaren posant les bases del moviment político-cultural que amb el temps adoptaria el nom de Renaixença. Se sol prendre el 1833, any de publicació de l'oda «La Pàtria» de Bonaventura Carles Aribau, com a punt de partida de l'activitat pública dels renaixentistes. I, el 1877, quan Verdaguer i Guimerà triomfaren als Jocs Florals, com l'any de màxima eclosió. En un principi, la reivindicació lingüística es restringí a l'àmbit estrictament literari. Calgué esperar al darrer terç de segle perquè els intel·lectuals superessin l'etapa inicial defensiva i assumissin la llengua en tot el seu ampli ventall de possibilitats culturals; aquest procés fou paral·lel a la creixent ascensió del catalanisme polític. Els renaixentistes basaren l'ideari en el binomi llengua i pàtria, en una identificació que podia comportar la normalitat cultural. Per això, bàsicament, fixaren la seva actuació en els punts següents:

- Reconstruir la història de l'Edat Mitjana, època de màxima esplendor nacional.
- Descobrir i divulgar els clàssics medievals.
- Recollir totes les llegendes i la poesia popular de tradició oral.
- Codificar la llengua amb una normativització que depurés el lèxic i l'ortografia.
- Crear una literatura en tots els seus gèneres.
- Potenciar les institucions que ja existien (Reial Acadèmia de Bones Lletres) i crear-ne de noves (Jocs Florals).

Pel setembre de 1868, l'aixecament militar iniciat a Cadis aconsegueix de derrotar les tropes isabelines i de destronar la reina. A tot Catalunya es formen juntes revolucionàries de caràcter republicà. S'implanta el sufragi universal, el dret d'associació obrera i la llibertat de cultes. El federalisme esdevé el corrent hegemònic a Catalunya en el si de l'obrerisme. Cap a finals de segle, malgrat tots els esforços de signe contrari, el moviment de la Renaixença s'havia imposat de tal manera, que foren possibles les primeres iniciatives de reivindicació de la llengua i la pàtria catalanes. La confluència de les dues forces polítiques populars, el federalisme i el carlisme, cristal·litzaran respectivament a l'entorn de la figura de Valentí Almirall i el seu llibre *Lo catalanisme* (1886) i *La tradició catalana* (1892), del bisbe Josep Torras i Bages, fins a arribar amb Enric Prat de la Riba a la síntesi nacionalista de *La nacionalitat catalana* (1906).
El 1885, el Centre Català de Valentí Almirall, de signe republicà, propicià la presentació del *Memorial de greuges* al rei Alfons XII. El 1889, la Lliga de Catalunya, entitat petitburgesa, aprofitant que la regent Maria Cristina d'Habsburg presidí els Jocs Florals, li féu una petició d'oficialitat del català. I, finalment, el 1892, la Unió Catalanista presentà un projecte d'autonomia, conegut amb el nom de les *Bases de Manresa*. El 1898 la pèrdua de les colònies crea una manca de credibilitat i de confiança en l'oligarquia espanyola i la burgesia catalana passa a potenciar una política regionalista. Era la primera vegada que el nacionalisme assolia una unitat d'acció i un programa polític.

Número 1. — BARCELONA. Preu 1 ral. Diumenge 16 Abril de 1865.

Surtirá cada vegada que será plé. Valdrá... lo que n' poguém tràurer.

ADMINISTRACIÓ
Rambla del Mitj, 19.

ADMINISTRADOR
Gonzalo Casas.

UN TROS DE PAPER.

UN SUSCRIPTOR Y JO.

ADVERTENCIA.

FESLI UN NUS Á LA CUA.

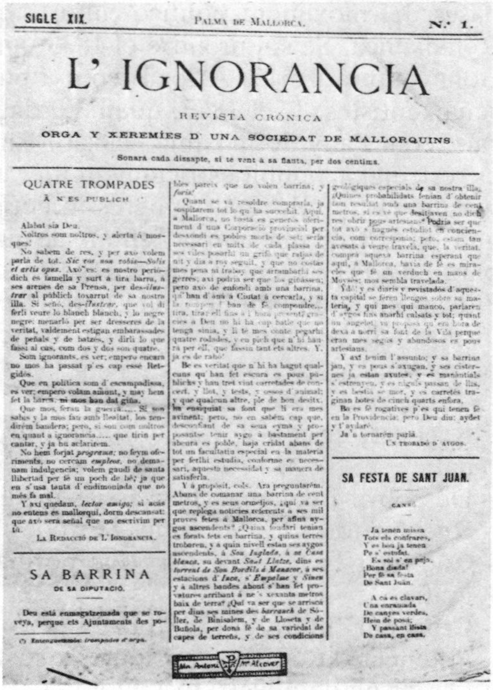

SIGLE XIX. PALMA DE MALLORCA. N.º 1.

L' IGNORANCIA

REVISTA CRÒNICA

ORGA Y XEREMÍES D' UNA SOCIEDAT DE MALLORQUINS

Sonarà cada dissapte, si te vent à sa flauta, per dos centims.

QUATRE TROMPADES
Á N' ES PUBLICH

SA BARRINA
DE SA DIPUTACIÓ.

SA FESTA DE SANT JUAN.

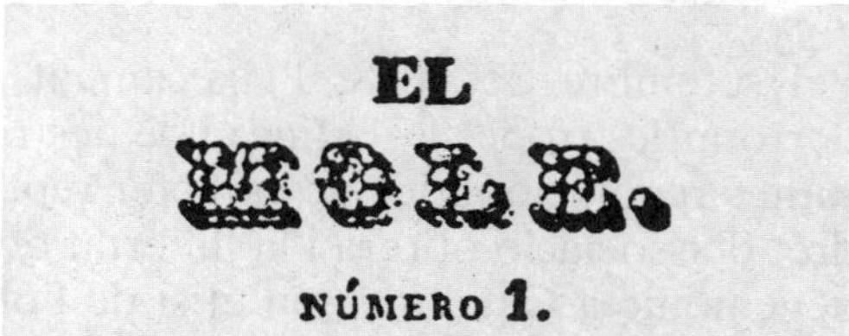

EL MOLE.

NÚMERO 1.

Dia 1 de Febrer de 1837.

Deu dirà

VALENSIA:
IMPRENTA DE LOPEZ.

Portada de tres revistes editades a Barcelona, València i Mallorca que defensaren la tendència del «català que ara es parla». «Un tros de paper», «L'ignorancia» i «El Mole». (IMH.)

El paper de les institucions

Els Jocs Florals

Els Jocs Florals de Barcelona, reinstaurats al mes de maig de 1859, foren la peça clau per a la recuperació de la llengua literària. De bon començament no admeteren cap altra llengua que no fos la catalana. Els autors illencs hi participaren des del primer moment. En canvi, els valencians, esperonats per Marian Aguiló, organitzaren el mateix 1859 uns Jocs Florals a la Universitat de València, que no tingueren continuïtat. El marc sòcio-cultural valencià no estava preparat per a la temptativa. A partir del 1879, Constantí Llombart impulsà els Jocs Florals bilingües de «Lo Rat Penat».

Els Jocs Florals esdevingueren la plataforma de llançament de les primeres edicions periòdiques en català. Salvador Manero tingué la idea de publicar cada any un volum on s'aplegaven les obres premiades i els discursos llegits. Aquest fet obligà els organitzadors a adoptar una normativa ortogràfica oficial dels Jocs. Els primers tempteigs daten del 1861, quan es nomenà una comissió impulsada per Marian Aguiló per tal d'elaborar-ne un projecte.

El 1862 se'n redactaren dos de diferents que no foren assumits pel Consistori, sobretot a causa de les disputes entre Bofarull i Aguiló. El primer, titulat *Projecte d'ortografia catalana,* fou redactat per Manuel Milà i Fontanals. El segon ha estat atribuït a A. de Bofarull. L'any 1863, el Consistori aprovà com a seva la proposta de Terenci Thos i Codina, que refongué les dues propostes en un *Ensaig d'ortografia catalana.*

La Reial Acadèmia de Bones Lletres de Barcelona

Aquesta institució fou una de les més dinàmiques culturalment a partir del 1850. Creà cinc càtedres (1835-37) que feren possible el retorn de la Universitat de Cervera a Barcelona. Comptà entre els seus membres amb els noms més brillants de la Renaixença: els filòsofs Martí d'Eixalà, Llorens i Barba, Torras i Bages; els filòlegs i escriptors Rubió i Ors, Milà i Fontanals, Aguiló, Balari i Jovany, Pons i Gallarza i Verdaguer.

L'Acadèmia va practicar el bilingüisme durant tot el segle, amb un clar predomini del castellà. Tanmateix convocà, el 1841 i el 1857, dos concursos poètics que serviren de llevat per a la reinstauració dels Jocs Florals. Pel que fa a la normativització, no va fer oficial la seva posició fins el 1884, amb la publicació d'*Ortografía de la lengua catalana* de Balari i Jovany, A. Blanch i A. Aulèstia. Mantingué aquestes normes fins pràcticament els anys trenta del segle XX gràcies a la tossuderia de Ramon Miquel i Planas i Francesc Matheu.

L'Acadèmia Catalana

La idea de crear una institució que reeixís en les temptatives on havien fracassat totalment o parcial les dues institucions ja esmentades, fou defensada, entre el 1868 i el 1878, per diverses personalitats, principalment per Francesc Pelagi Briz. L'Acadèmia Catalana es fundà arran de la celebració del Primer Congrés

Pati del Palau Requesens de Barcelona, seu des de 1917 de la Reial Acadèmia de Bones Lletres, institució que participà en la normativització de la llengua en la segona meitat del segle XIX. (Fotografia de Josep Pagans.)

Catalanista (1880) i es formà definitivament el 1881. Malgrat les bones intencions, el projecte nasqué inviable, a causa de les discrepàncies entre alguns dels seus membres.

Aportacions gramaticals i lingüístiques

En gran mesura la tasca de normativització de la llengua es basà en l'ortografia. Tanmateix dues obres de signe diferent i d'abast molt més ampli marcaren l'inici de la codificació científica del català: la *Gramàtica i apologia de la llengua catalana* (1815), de Josep Pau Ballot, i el *Diccionari de la llengua catalana amb la correspondència castellana i llatina* (1839-40), de Pere Labèrnia. Al marge d'aquestes aportacions, existí un sector liberal, seguidor de Petit i Aguilar i Antoni de Puigblanch, que, encapçalat per Pere Mata, advocà per una modernització de la llengua escrita basada, sobretot, en la fonètica. El poema de Mata «Lo vot complert» (1836), publicat a «El Vapor», fou un veritable manifest de modernitat lingüística. El text equivalent de l'altre sector fou el pròleg a *Lo Gaiter del Llobregat,* recull de poemes de Joaquim Rubió i Ors.

Ballot començà a redactar la gramàtica pels volts de 1810, sota la influència directa de l'*Apologia de l'idioma català,* d'Ignasi Ferreres. S'editià el 1815, després d'alguns intents previs frustrats. Tot i que conté molts trets del pensament gramatical del segle XVIII, la gramàtica de Ballot nasqué de la voluntat d'elevar la llengua a la plenitud cultural. L'obra es convertí en la base de tot un corrent

gramàtic que, defensant solucions arcaiques, allunyades de la llengua del carrer, s'imposà entre els rengles conservadors de la Renaixença (Joan Cortada, Bonaventura Carles Aribau, Joaquim Rubió i Ors i Manuel Milà i Fontanals). Ballot creia que el model més vàlid per a confegir una ortografia unitària era la procedència etimològica dels mots i el seu ús constant en la llengua dels autors medievals i els escrits burocràtics dels segles XVI i XVII. Amb mentalitat poc renovadora, Ballot defensava la utilització en tots els casos de la *-t* a final de mot en lloc de la *-d*; la conservació de la *-h* medial i final i del dígraf *-ix* tant en posició final com intervocàlica; contrari a l'ús sovintejat de l'apostrofació, en alguns aspectes, Ballot estigué fortament influït per les solucions adoptades pel castellà. Aquest és el cas del bandejament de la grafia *ç*.
Pere Labèrnia aplicà en el seu diccionari la codificació ortogràfica propugnada per Ballot. Hi presentà, però, tres discrepàncies:

- Separació de la ela doble per mitjà d'un guionet seguint Ullastre.
- Diferenciació de la *b* i la *v* basant-se en la pròpia pronúncia dialectal del Maestrat.
- Reconeixença de l'oposició /e/ i /ɛ/ en tota classe de mots.

En la mateixa línia cal incloure-hi les gramàtiques d'Antoni de Bofarull i Pau Estorch, publicades respectivament el 1857 i el 1864. L'interès per la normativització s'estengué progressivament per tot el país, sobretot amb la publicació de gramàtiques i diccionaris. Entre les geogràficament més significatives esmentem: *Gramática de la lengua mallorquina* (Mallorca, 1836), de J.J. Amengual; *Gramática de la lengua menorquina* (Maó, 1858) de Soler; *Gramàtica catalana* (Perpinyà, 1852), de Pere Puiggarí, seguidor de Ballot, i els *Apuntes para una gramática valenciana popular* (València, 1894), de Josep Nebot Pérez. Tots plegats, però, com diu Joan Solà, patien «una grossa dificultat doble: que no sabien com es codificava una llengua ni quina llengua calia codificar». D'entre totes cal destacar per la seva importància històrica i científica el *Ensayo de gramática del catalán moderno* (1891) de Pompeu Fabra.
Bo i seguint una tradició que provenia de l'Edat Mitjana, també tingueren importància els tractats de barbarismes, que, sovint, eren inclosos en obres molt més àmplies com els diccionaris i les gramàtiques. Foren realitzades, moltes vegades, per autors no específicament lingüistes, però amb un afany clar de depurar la llengua. El 1806 es publicà el *Diccionari de termes bàrbaros o antiquats de la llengua catalana,* de fra Josep Martí. Destaquem també el *Nuevo diccionario mallorquín-castellano-latín* (1858), de J.J. Amengual, i *Barbrismes i vulgarismes que malmeten la llengua catalana* (1886), d'Antoni Careta i Vidal.

Orientació bibliogràfica

DIVERSOS AUTORS, *La Renaixença. Fonts per al seu estudi (1815-1877),* Universitat de Barcelona, Barcelona, 1984.

Diversos autors, *El català al segle XIX,* «L'Avenç», núm. 27 (maig de 1980).
Antoni-Lluc Ferrer, *Els orígens de la Renaixença a Mallorca,* dins *Actes del Quart Col·loqui Internacional de Llengua i Literatura Catalanes,* Publicacions de l'Abadia de Montserrat, 1977, pp. 315-332.
Joan Fuster, *Llengua i literatura al País Valencià en el primer terç del segle XIX,* dins *La decadència al País Valencià,* Curial, Barcelona, 1976, pp. 147-166.
Manuel Jorba, *Actituds davant de la llengua en relació amb la Renaixença* dins *Actes del sisè Col·loqui Internacional de Llengua i Literatura Catalanes,* Publicacions de l'Abadia de Montserrat, 1983, pp. 127-151.
Josep Massot i Muntaner, *Els mallorquins i la llengua autòctona,* ja citat, especialment pp. 37-114.
Francesc Vallverdú, *Procés diglossificador a la Catalunya contemporània,* dins *Dues llengües: dues funcions?,* Edicions 62, Barcelona, 1970, pp. 37-69.

Textos complementaris

I

AMATS COMPATRICIS

Concluïda ja aquesta gramàtica, sia-me lícit repetir aquí lo que he insinuat en lo prefaci; ço és, que alguns han dit que la llengua catalana és un dialecto del provençal o llemosí, per ser molt semblant a la del Llenguadoc o de Narbona (...); mes, altres ignorants i desviats de la veritat han propassat en dir que no és llengua, sinó jerga, que no pot subjectar-se a regles ni manejar-se amb lo llum que correspon.
Lo llarg i continuo estudi de més de quatre anys en esta consideració, i la contínua lectura dels autors antics catalans, m'han proporcionat idees per a desvanèixer tan errada opinió i formar esta gramàtica, que se presenta al públic perquè resplandesca la veritat i s'extirpe dit error. Altrament era estrany que una llengua, que no és inferior a les de les demés nacions, no hage tingut fins ara gramàtica impresa que ensenye a parlar-la bé i correctament. (...)
A est mal s'ajusta: que los estrangers que per raó del comerç vénen a esta capital, desitjant perfeccionar-se en la llengua catalana per a contractar en lo interior de la província, trobaven a menos una gramàtica, qual falta no s'experimenta en altres països civilitzats. (...)
En lo demés, confesso de bona fe que no he omitit diligència i que no he escrit cosa sens autoritat i testimoni dels autors antics catalans, los quals m'he proposat per norma i regla d'esta gramàtica més que lo ús i costum de parlar de les ciutats i pobles de la província; perquè, a més de ser vàrio, és en gran part corromput i destituït d'aquells fonaments que exigeix la sana filosofia. Bé sé que algú dirà que la llengua s'altera cada cent anys i, per consegüent, que es deu atendre del tot a l'ús del temps en què s'escriu. És veritat; però açò té força en les llengües vives, que caminen a sa perfecció i no se suspèn lo ús d'elles, com ha esdevingut a la llengua catalana, que molts anys ha que està privada de son ús i exercici en les

aules, en les imprentes i escrits públics; de manera que si no és llengua morta a lo menos és mortificada; per conseqüent no pot ser lo ús vulgar i corrent la sola norma i regla de la sua gramàtica. (...)
Gran estimació mereix la llengua catalana, mes per çò no devem los catalans olvidar la castellana; no sols perquè és tan agraciada i majestuosa que no té igual en les demés llengües, sinó perquè és la llengua universal del regne i s'estén a totes les parts del món a on lo sol il·lumina. (...)
Rebeu-la [aquesta gramàtica] a lo menos com una demostració de l'afecte que us professo, com a fruit de ma voluntat sincera, com una còpia que va a buscar lo original, i com un testimoni de ma gratitud a la pàtria i a l'apreci que haveu fet de mon curt mèrit. Aquí vos la presento en llengua vostra.

Pus parla en català, Déu li'n don glòria

Josep Pau BALLOT, *Gramàtica i apologia de la llengua catalana* (1813-1815).

II

El lenguaje de que se ha valido y la ortografía que ha usado es puntualmente semejante a la del idioma actual. Ridículo es, en su concepto, escribir en nuestros días el catalán a la manera que le hablaban nuestros antepasados. Si en el día se lee cualquiera de las bellas producciones del célebre García, conocido vulgarmente por el *Rector de Vallfogona,* la mayor parte de sus palabras son para muchos lo que las voces griegas; y aun las que se dejan comprender no tienen entre nosotros ningún séquito, como no sea en el riñón de Cataluña o entre aquellos pedantones que todos ridiculizamos justamente, diciéndoles que *parlen llimat.* Y no hacemos estas indicaciones para disminuir el justo mérito de aquel poeta; mérito que acatamos, como los que más, y contra el cual no pueden dirigirse los tiros de nuestra censura, por cuanto García escribió como se hablaba entonces, y aun cuando cupiese alguna diferencia, era entonces mucho más disimulable su esmero en acomodarse a las reglas gramaticales.
(...) ¿Por qué, pues, los poetas catalanes no hacen lo propio que los que acabamos de mentar? ¿Por qué no se hacen cargo de que las lenguas sufren con la sucesión de los siglos mudanzas de tal naturaleza que comparadas las mismas en épocas diferentes acaso parezcan también diferentes en el fondo? ¿No es chocante en nuestros días el uso en los escritos catalanes de un *puix*, de un *almanco*, de un *muyro* y mil otros que sería fácil de anotar? ¿Hay por ventura un cristiano catalán que emplee semejantes voces en la conversación, como no sea un montañés para quien no hay revolución de edades? Y no da a los escritores un no sé qué de vislumbre pedantesco el esmerado empeño en conjugar los pretéritos perfectos de un modo enteramente prescrito en la conversación? *Jo vegí, jo diguí, jo plorí,* etc. son tan comunes en los escritos catalanes como raros en el lenguaje usual, y aun no es crecido el número de los que hablando conjugan las terceras personas de dichos tiempos a la manera de los antiguos. En el día está enteramente en uso el verbo auxiliar *haver, jo vaig veure, tu vas fer,* etc., y así es como se debe escribir.

Mas no sólo se ha separado el autor de sus compatriotas con respecto al lenguaje, sino también con respecto a la ortografía. Intimamente convencido de que es un vicio capital del idioma la notable diferencia entre su escritura y su pronunciación, ha proscrito todas las letras que no se pronunciarían.

Pere MATA, *Lo vot complert* (1836).

III

Molt temps ha que els verdaders catalans, açò és, los que amen tot quant té relació amb les glòries de Catalunya, desitjaven un *Diccionari de la Llengua Catalana*, un diccionari ric en paraules i frases, que fixàs la pura i genuïna pronunciació i ortografia de l'idioma català, no en son estat d'abjecció i descuit com se troba en lo dia, alterat i desfigurat per la mescla de termes estranys, locucions i accents, sinó brillant, complet amb tota la integritat i propietat que li eren característiques, quan dominava en vàries i dilatades regions del migdia d'Europa com llengua viva i única, quan era usada indistintament del savi i de l'ignorant, i se prestava amb natural flexibilitat al grave accent del legislador, del polític i del filòsof tan fàcilment com a la melodia poètica i a la saborosa diversitat dels més agradables capritxos.

Era precís, doncs, buscar lo llustre de nostra llengua nativa en altres èpoques que la nostra, en los monuments de nostres antigues glòries literàries, en nostres escriptors clàssics, a penes coneguts vui en dia, sinó per un curt número d'amants de la curiositat; registrar en nostres biblioteques i arxius los documents i llibres de nostra pàtria, que han pogut salvar-se de la voracitat del temps i dels trastorns de les èpoques turbulentes: era menester estudiar al mateix temps l'índole de nostre hermós i incomparable idioma nacional, que tan ventatjosament s'ha generalitzat entre nosaltres des de que formam part de la gran família espanyola, i buscar les verdaderes correspondències entre los vocables i frases de dos idiomes desiguals en veritat, si s'atén a la disparitat que hi ha entre una llengua que quedà com adormida fa tres sigles i altra que ha estat posteriorment cultivada, i ha seguit los progressos de la civilització.

En quant a l'ortografia, he cregut que lo autor d'un diccionari devia seguir més bé la fidelitat històrica que la conveniència filosòfica, o lo que pot parèixer tal; puix com desitjo que lo ús d'aquest diccionari no es limite a la simple correspondència mútua entre los idiomes que abraça, sinó que facilite als savis i estrangers lo estudi de nostres escriptors i de tants documents olvidats que enriqueixen nostra llengua i nostra literatura, no m'ha aparegut estigués a mon arbitre en aquest punt perilloses innovacions, les que si bé poden presentar una falsa apariència de millora o de regularitat, acabarien de convertir nostra actual i prou arbitrària escriptura catalana en una verdadera anarquia ortogràfica.

Pere LABÈRNIA, *Diccionari de la llengua catalana amb la correspondència castellana i llatina* (1839-1840).

IV

Fa un segle i quart, en lo assalt de Barcelona (setembre de 1714), que nostres avis batallaren catorze hores seguides en defensa de llurs antics privilegis, i que llur sang corria a doll per los murs, places i temples d'esta ciutat, per poder transmetre a llurs néts l'herència i lo idioma que los havien deixat llurs pares. I no obstant d'haver transcorregut tan poc temps, sos descendents no solament han olvidat tot açò, sinó que fins alguns d'ells, ingrats envers sos avis, ingrats envers sa pàtria, s'avergonyeixen de que se los sorprengue parlant en català com un criminal a qui atrapen en lo acte. Mes açò cessarà, al menos s'ho promet així lo autor d'estes poesies, per poc que vage generalitzant-se l'afició que comença a prendre peu entre nostres compatricis envers tot lo que té relació amb la nostra història.
En quant a lo que li puguen contestar de que també lo castellà pot despertar en nosaltres iguals sentiments sempre que s'ocupe en celebrar les glòries de nostra pàtria, lo autor d'esta col·lecció se contentarà en respondre'ls que se posen la mà sobre lo pit, i que judiquen després per lo que aquest los diga.
(...)
Catalunya pot aspirar encara a la independència, no a la política, puix pesa molt poc en comparació de les demés nacions, les quals poden posar en lo plat de la balança, a més de lo volumen de sa història, exèrcits de molts mils homes i esquadres de cents navios; però sí a la literària, fins a la qual no s'estén ni se pot estendre la política de l'equilibri. Catalunya fou per espai de dos segles la mestra en lletres dels demés pobles; ¿per què, puix, no pot deixar de fer lo humiliant paper de deixeble imitadora, creant-se una literatura pròpia i a part de la castellana? ¿Per què no pot restablir sos jocs florals i sa acadèmia del gai saber, i tornar a sorprendre el món amb ses tençons, sos cants d'amor, sos sirventeses i ses aubades? Un petit esforç li bastaria per reconquistar la importància literària de què gosà en altres èpoques, i si Déu permetés que esta idea se realitzés algun dia, i que los genis catalans despenjassen les arpes dels trobadors que han estat tant de temps oblidades, lo *Gaiter del Llobregat,* per escasses que sien ses forces, se compromet des d'ara per llavors a guerrejar en lo lloc que se li senyale, encara que sia a última fila, per conquistar la corona de la poesia que nostra pàtria deixà caure tan vergonyosament de son front i que los demés pobles recolliren i s'apropiaren.
Entretant arriba eix dia, lo autor d'estos lleugers assaigs, obra de dos anys de treball i d'estudi, se tindrà per més que premiat amb tal que puga merèixer de sos compatricis que li diguen lo que a si mateix se diu el Doctor Ballot, al fi de sa gramàtica: «Pus parla en català, Déu li'n don glòria.»

Joaquim Rubió i Ors, *Lo Gaiter del Llobregat* (1842).

Suggeriments de treball

1. A l'*Antologia de la poesia patriòtica catalana,* d'Emili Segués (Edicions Catalanes de París, París, 1976), i a *Poesies patriòtiques catalanes*, de Lluís Millà (Ed. Millà, Barcelona, 1977), hi trobareu tot un seguit de poemes que lloen la llengua. Analitzeu-los tot comparant-los amb l'oda «La Pàtria», de Bonaventura Carles Aribau.
2. La importància dels Jocs Florals en la recuperació de l'ús culte de la llengua. Podeu consultar l'article de Joaquim Molas citat en l'orientació bibliogràfica del tema 15.
3. Ús i funció de la llengua en el teatre i la poesia populars del segle XIX. Partiu de *Poesia popular política del segle XIX*, de Joaquim Marco (Edicions 62, Barcelona, 1967), i de *Teatre català d'agitació política,* de Xavier Fàbregas (Edicions 62, Barcelona, 1969).
4. Causes del fracàs social de la Renaixença a les Illes i al País Valencià. Informeu-vos-en a través de les obres citades en l'orientació bibliogràfica del tema 15.
5. Compareu l'impacte social i la repercussió de la Renaixença amb els del moviment *Felibritge.*

Tema 15

La llengua al segle XIX (II)

La llengua literària i les polèmiques ortogràfiques

El català acadèmic

La polèmica plantejada a les pàgines del «Diario de Barcelona» (1796), la fundació de les primeres publicacions periòdiques en català, juntament amb la reinstauració dels Jocs Florals, foren les causes essencials que desfermaren els enfrontaments entre les diverses concepcions de la llengua literària, les quals s'aguditzaren cap a finals de segle.
De fet existiren tres concepcions diferents. La del català acadèmic de tradició antiga, encapçalada per Marian Aguiló, que el 1883 fou definida per Josep Taronjí i el 1886 per Tomàs Forteza. Pensaven que la millor manera de fixar la llengua era basar-se en l'estudi dels textos literaris i jurídics dels segles XIII-XV. La tendència del català acadèmic de tradició moderna fou definida, el 1857, per Antoni de Bofarull i caracteritzada, el 1894, per Josep Balari i Jovany. Creien que el model de llengua a seguir era la usada a partir del segle XVI. Finalment, en contraposició a aquestes dues tendències allunyades del català col·loquial sorgí la coneguda com la del «català que ara es parla».
Pels volts del 1870, els seguidors de la primera tendència passaren a dominar els Jocs Florals i uniformitzaren per primera vegada l'ortografia dels documents del Consistori. A partir del 1872 s'iniciaren les grans baralles públiques entre «arcaistes» i «moderns». Entre els aspectes ortogràfics que motivaren les polèmiques més agressives es poden esmentar els quatre següents:

- La representació gràfica de la palatal fricativa sorda i dels sons compostos *ks* i *gz*: cone*x*er /conè*ix*er, refle*x*ió/refle*cs*ió, è*x*it/è*cz*it.
- L'escriptura de la palatal africada sorda a final de mot: mig/mi*tx*/mi*tj*.
- La grafia dels infinitius rizotònics de la segona conjugació: mour*e*/mòur*er*, neix*e*/néix*er*.
- La representació de la desinència dels substantius i adjectius femenins en *-as* o *-es*. Aquest fou el punt que desfermà posicions més virulentes i aferrissades.

Els dos primers aspectes eren una herència que provenia dels gramàtics del segle anterior; els dos restants sorgiren de la dinàmica lingüística del XIX.

«El català que ara es parla»

En gran mesura, les discussions entre erudits i gramàtics estaven, socialment i dialectament, lluny dels interessos i de la pràctica lingüística del poble. Així, sorgí una tendència que pretenia acostar la revitalització de la llengua a formes populars d'expressió. Fou un moviment que es propagà amb èxit arreu dels Països Catalans. Els seus seguidors defensaven la possibilitat, ben poc acadèmica, que existissin tantes llengües literàries com variants dialectals. Les seves tribunes foren essencialment el teatre i la premsa. El moviment visqué la seva màxima eclosió cap a la dècada dels setanta, especialment a Catalunya, però comptà amb una tradició, no estroncada, que venia de principis del segle. Una tradició basada en els sainetistes, els poetes populars i alguns gramàtics que s'oposaren ben aviat a les propostes renaixentistes. Entre ells citem Josep Robrenyo, Abdó Terrades i Pere Mata.

En el camp del periodisme, al País Valencià, peoner de la tendència, aparegueren les primeres publicacions a la dècada dels trenta: «El Mole» (1837-41; 1854-55; 1863-65; 1870), «La Donsaina» (1844), «El Tabalet» (1847), «El Sueco» (1847), «El Saltamartí» (1860), «El Papagall» (1864) i «La Degolla» (1869). Hi col·laboraren escriptors com Josep M. Bonilla i Josep Bernat i Baldoví, i gramàtics com Josep Nebot. A Mallorca aparegueren «La Ignorància» (1879-1883; 1892; 1918-21) i «La Roqueta» (1887), on col·laboraren Tomàs Forteza i Gabriel Maura. Aquests autors comprenien perfectament el moviment renaixentista i, al costat del registre «vulgar», usaven sempre que s'esqueia el registre literari. Al Principat aparegueren les publicacions satíriques «Un Tros de Paper» (1865-1866) i «Lo Noi de la Mare» (1866), on col·laboraren Robert i Robert i Emili Vilanova.

En el teatre destacaren Josep Bernat i Baldoví i Frederic Soler (Serafí Pitarra) amb les *Gatades* (1864-1873), publicades sota el títol de «Singlots poètics».

Retrat de Marian Aguiló, a qui segons Fabra, «Tots havem de retre homenatge de gratitud i d'admiració il·limitades» pel seu esforç en la codificació de la llengua. (IMH.)

L'any 1864 fou el de l'inici d'hostilitats entre Pitarra, Conrad Roure, Gaietà Vidal i Valenciano i Manuel Angelon, i els poetes i erudits que defensaven l'aplicació d'un català acadèmic. La polèmica, amb inflexions més o menys virulentes, durà fins pels volts del 1874. Tanmateix, existien diferències de propòsits i d'anàlisi de la situació, entre els populistes valencians d'una banda, i els illencs i catalans de l'altra. Així, Frederic Soler i els de la seva colla, semblantment al que hem dit per als illencs, creien que s'havia d'usar el «català que ara es parla» de manera transitòria i circumstancial, fins que el poble emergís de l'estat d'ignorància i de despersonalització cultural en què es trobava. Fins i tot advocaren, en determinats moments, a favor d'una llengua codificada per a l'expressió literària.
Algunes de les característiques ortogràfiques d'aquesta tendència foren:

- Al Principat, la supressió de les lletres que eren mudes en el propi dialecte; en canvi, els valencians no les suprimien i s'acostaven molt més a les solucions castellanes. Així, les palatals fricatives (j, g) i les palatals africades (tj, tg) les representaven *ch* en qualsevol posició («puchada» per pujada; «taronches» per taronges).
- El desgavell ortogràfic també afectà la morfologia: «m'arribat» per «m'ha arribat»; «n'ou fa» i «nou fa» per «no ho fa».

La campanya lingüística de «L'Avenç»

«L'Avenç» fou la primera revista modernista de Catalunya. Fundada el 1881 per Jaume Massó i Torrents amb un número velografiat, tingué, amb el títol de «L'Avens», una etapa de gran èxit (1882-84). Després desaparegué per motius econòmics i fou represa entre 1889-93, ja amb el títol de «L'Avenç», etapa en la qual els redactors maldaren per aconseguir la unificació i la modernització de la llengua literària. Quan la revista desaparegué, el seu nom passà a designar una editorial de gran incidència durant els anys més dinàmics del Modernisme.
Cap a finals dels 80, Pompeu Fabra, Joaquim Casas-Carbó i Alexandre Cortada compartien unes idees gramaticals que volgueren donar a conèixer des d'alguna revista. El 1889 s'incorporaren a «L'Avenç». Massó i Torrents els acollí entusiasmat. Massó creia que «les influències que han vingut de l'Ebre han sigut sempre funestes per la nostra terra, mentre que les bones en art, ciència i política ens han arribat passant els Pirineus, i s'han assimilat més a la manera de ser del nostro poble».
La campanya lingüística de «L'Avenç» durà des del gener del 1890 fins al desembre del 1892. Es desenvolupà en tres fronts diferents: els articles periodístics, la impremta i les conferències. La primera etapa de la campanya consistí en dos articles d'Eudald Canibell i cinc de Casas-Carbó, que en foren l'eix, aplegats amb el títol genèric d'«Estudi de llengua catalana».
La segona etapa de la campanya fou eminentment oral: quatre conferències pronunciades a partir del 1891 al Centre Excursionista de Catalunya per Jaume Massó i Torrents, Joaquim Casas-Carbó i Pompeu Fabra. Massó hi féu la història de la campanya; Casas-Carbó hi tractà del català literari modern i, final-

D'esquerra a dreta, Jaume Massó i Torrents (segon), Joaquim Casas i Carbó (cinquè), els quals, juntament amb Pompeu Fabra, endegaren la campanya lingüística de «L'Avenç».

ment, en dues conferències, Fabra hi parlà de la «Conjugació del verb català» i dels «Afixos pronominals i teoria de l'apòstrof».
La tercera etapa tornà a ser bàsicament escrita. Foren notes, moltes vegades anònimes, on s'explicaven les reformes ortogràfiques que s'anaven adoptant a les pàgines de la revista.
En definitiva, l'equip de «L'Avenç» pretenia aconseguir els objectius següents:

- La modernització de l'ortografia catalana.
- Evitar que la grafia dificultés la pronúncia.
- La creació d'un sistema ortogràfic operatiu i descastellanitzat.
- Respectar l'etimologia en la manera d'escriure els cultismes.

Amb la campanya lingüística de «L'Avenç» s'havia posat el carreu decisiu que faria possible la tasca de normativització de Pompeu Fabra. La ciència lingüística catalana havia fet un gran esforç. Ara només calia que la catalanització política del país en fes possible l'aplicació.

La llengua en la premsa i en la novel·la

Al llarg del segle, i en diverses etapes, el català s'anà incorporant a la premsa periòdica, la qual sorgí al compàs dels esdeveniments polítics. En un primer moment, i deixant al marge el mallorquí «Diari de Buja» (1812-1813), les publicacions en català primerenques apareixen en el regnat d'Isabel II; és el cas de «El Mole» (1837) i «La Donsaina» (1844) valencianes, i de «Lo Pare Arcàngel» (1841) i «Lo Verdader Català» (1843), barcelonines. Posteriorment, al voltant de la Revolució de Setembre (1868) i en el darrer terç de segle, de forma simultània al desenvolupament tècnic dels sistemes d'impressió, aparegué un

amplíssim ventall de publicacions diverses. Entre les més rellevants convé destacar les revistes «Un Tros de paper» (1865-66), «Lo Gay Saber» (1868-69), «La Campana de Gràcia» (1870-1934) i «L'Esquella de la Torratxa» (1879-1939); entre els diaris, el «Diari Català» (1879), «La Renaixença» (diària des de 1882-1905) i «La Veu de Catalunya» (1899-1937).
Paral·lelament a aquesta incorporació de la llengua a la premsa, el moviment de la Renaixença facilitava l'aparició de literatura en català. El gènere més reticent a aquesta adopció fou la novel·la, que, en un principi, hagué de superar una manca secular de tradició. De fet, la primera novel·la en català no es publicà fins el 1862 (*L'orfeneta de Menargues,* d'Antoni de Bofarull); els novel·listes anteriors es debateren, sense resultats, en la contradicció d'exposar uns continguts catalans en una llengua que no era la pròpia de l'autor ni dels personatges. (Vegeu el suggeriment de treball núm. 6 d'aquest tema.) La figura de Narcís Oller encarna la plena consolidació de l'ús del català en el gènere novel·lístic. Oller resolgué la qüestió amb aquestes paraules: «Vaig veure finalment clar que entre l'escriptor i la seva llengua nadiua hi ha un nexe tan estret que no té substitució possible.»

Orientació bibliogràfica

Joan FUSTER, *Els problemes,* dins *Nosaltres els valencians,* Edicions 62, Barcelona, [7]1982, pp. 173-234.
Josep MASSOT I MUNTANER, *Els mallorquins i la llengua autòctona,* ja citat, especialment pp. 37-114.
Joaquim MOLAS, *La cultura catalana durant el segle XIX,* dins *Història de Catalunya,* volum 5, ja citada, pp. 177-191.
Ramon PLA I ARXÉ, *«L'Avenç» (1891-1915): la modernització de la Renaixença,* «Els Marges», núm. 4 (maig de 1975), pp. 23-38.
Mila SEGARRA, *La fixació ortogràfica durant el segle XIX,* dins *Història de l'ortografia catalana,* ja citada, pp. 130-287.

Textos complementaris

I

Siendo las partidas de Bautismo, de Matrimonio y de Defunción unos documentos fe hacientes en todos los Tribunales del Reyno, se hace preciso que en lo sucesivo se extiendan en idioma castellano que es el idioma del gobierno, advirtiendo que debe omitirse el hacer mencion del oficio de los padres. Tambien mandamos que cuando se dé copia de algunas de ellas, no se haga sino en papel del sello cuarto según está prevenido (...). Gerona, 16 de abril de 1828.

* *

Cada maestro o maestra tendrá una sortija de metal, que el lunes entregará a uno de sus discípulos, advirtiendo a los demás que dentro del umbral de la escuela ninguno hable palabra que no sea en castellano, so pena de que oyéndola aquel que tiene la sortija, se la entregará en el momento y el culpable no podrá negarse a recibirla; pero con el bien entendido de que en oyendo este en el mismo local que otro condiscípulo incurre en la misma falta, tendrá acción a pasarle el anillo, y este a otro en caso igual, y así sucesivamente durante la semana hasta la tarde del sábado, en que a la hora señalada aquel en cuyo poder se encuentre el anillo sufra la pena, que en los primeros ensayos será muy leve; pero que se irá aumentando así como se irá ampliando el local de la prohibición, a proporción de la mayor facilidad que los alumnos vayan adquiriendo de espresarse en castellano, y para conseguirlo mas pronto convendrá también señalar a los mas adelantados algun privilegio, tal como el de no recibir la sortija los lunes, ó ser juez en los pleitos que naturalmente se suscitaran sobre la identidad o dialecto de la palabra en disputa.

* *

Heus ací la Reial Ordre de 15 de gener de 1867, en un moment en què el cap de Govern d'Isabel II era el general Narváez: *«En vista de la comunicación pasada a este Ministerio por el censor interino de teatros del reino con fecha 4 del corriente, en la que se hace notar el gran número de producciones dramáticas que se presentan a la censura escritas en los diferentes dialectos, y considerando que esta novedad ha de influir forzosamente a fomentar el espíritu autóctono de las mismas, destruyendo el medio más eficaz para que se generalice el uso de la lengua nacional, la reina (q. D. g.) ha tenido a bien disponer que en adelante no se admitiran a la censura obras dramáticas que estén exclusivamente escritas en cualquiera de los dialectos de las provincias de España.»*

* *

(...) *que este señor Obispo* [Torras i Bages] *se hace hablar en catalán; que no ha predicado nunca, y lo tiene a gala, en castellano, y que ha hecho manifestaciones de que en su diócesis, cuando él entre en posesión de ella, no se hablará más que el catalán.*

Es verdad, que antes el catalanismo era un recreo de aristócratas, de gente escogida, de literatos; pero no havia venido nunca al campo de los partidos políticos y al terreno de la práctica con la aspiración de ser Gobierno ni de perturbar la unidad nacional. Ha sido preciso para esto que se consignase en un peligroso programa; y la presencia en el Gobierno de Ministros tildados de esa significación, les ha hecho creer á esas gentes que podia ese regionalismo, que podia ese catalanismo convertirse en una escuela, en un partido, y que debian renunciar a la literatura para venir a perturbar y a constituir una fuerza política, enarbolando la bandera de la independencia y en algunos puntos de la anexión a Francia.

Si yo tenia razón para combatir hasta la muerte la Federación que defendia el Sr. Pi y Margall, razón tengo, ó no seria persona digna, convencida y consecuente, para combatir el regionalismo, aunque lo traiga un Gobierno de la Monarquia.

* *

El «Memorial de Greuges» deia així: *«Ya que por incidencia hemos hablado de los idiomas que en España se usan, ¿qué otra prueba se necesita de la diversidad de razas o grupos en su pueblo, que la tenacidad con que tales idiomas se conservan? Ni la constancia, ni el afán de predominio del grupo castellano han logrado supeditarnos completamente en este punto. Nada importa que el catalán haya sido desterrado de las escuelas, con gran perjuicio de la instrucción popular en nuestras comarcas; nada que en las oficinas y tribunales deban usar el castellano hasta los que, por no comprenderlo perfectamente, corren peligro de quedar perjudicados o indefensos; nada que en la contratación deba el interesado fiarse de una traducción de palabra, que se presta al error y aun al engaño. No sólo seguimos hablando catalán, sino que en los últimos años se ha verificado el renacimiento literario de nuestra lengua, habiendo tomado tal vuelo, que hoy cuenta ya nuestra joven literatura obras de empeño en casi todos los ramos.»*

Textos extrets de Francesc FERRER,
La persecució política de la llengua catalana (1985).

II

Propostes de Marian AGUILÓ

Totes aquestes modificacions en el sistema ortogràfic d'Aguiló s'evidenciaren en el «Discurs presidencial» dels Jocs Florals de 1867: al costat d'aquells usos ortogràfics iniciats el 1862 (la desinència *-es* per als plurals femenins; la *x* intervocàlica i el dígraf *ix* al final de dicció) o el 1864 (la grafia *ç*) hi havia innovacions tals com la substitució de les desinències àtones *-as, -an* dels verbs de la primera conjugació per les desinències clàssiques *-es, -en,* utilitzades fins aquell moment només pels escriptors valencians i per uns quants escriptors del Principat (*acaben, rumbejen, realçen, revolten, adoren, canten...*), l'ús de *ç* davant de qualsevol vocal, com en català antic (*açí, forçes...*) i l'ús més sistemàtic de la doble accentuació a la manera francesa (*debilitarèu / repondré; açò / cançó*). Aguiló, poc amant de les acadèmies i refractari a la confecció de tractats gramaticals i ortogràfics quan encara no es tenia un bon coneixement de la llengua, no oferí per escrit el seu sistema ortogràfic.

* *

Propostes de la Reial Acadèmia de Bones Lletres

(*a*) les oclusives en final de dicció eren representades exclusivament per les grafies *t, p* i *ch*

(*b*) suprimien la grafia arcaica *ç*, perquè encara que va ser «muy usada en lo antiguo para representar el sonido de *c* paladial antes de *a, o* i *u* ha caido generalmente en desuso»

(*c*) representaven el so pre-palatal africat sord a final de dicció per *ig* quan no anava precedit d'una *i*: *maig, lleig, roig.* Quan anava precedit de la dita vocal, l'escrivien amb *tx* o *tj* segons els derivats: *esquitx* perquè hi havia *esquitxar* i *mitj* perquè hi havia *mitjania, mitjobrir...*

(*d*) per representar la pre-palatal fricativa sorda empraven la grafia *x*, que feien precedir de *i* quan aquest so es trobava entre vocals (*així, aixada*) o al final de dicció (*feix, peix*). També la usaven per donar compte dels sons complexos [ks] i [gz]: *fixar, examen*

(*e*) escrivien *j* davant de *e* i de *i* si els mots de la mateixa família de derivació la tenien: *menjar-menjen*

(*f*) feien servir la *h* medial quan la forma verbal contenia tres vocals (*ouhen, diuhen*) o quan es volia indicar que dues vocals en contacte no formaven diftong (*pahir, vehí*) o la pèrdua d'una consonant llatina (*juheu, rahó, plaher*)

(*g*) empraven un únic accent gràfic, l'agut, per marcar la tonicitat.

* *

Propostes d'Antoni de Bofarull i Josep Balari i Jovany

(*a*) escrivien amb *a* la desinència de segona persona del singular i la de tercera del plural del present d'indicatiu dels verbs de la primera conjugació (*parlas, parlan*)

(*b*) escrivien amb *a* les desinències *-as, -am, -au, -an* de l'imperfet d'indicatiu de les tres conjugacions (*parlavas, perdíam, temíau, dormían*)

(*c*) escrivien amb *a* les desinències *-as, -am, -au, -an* del condicional de les tres conjugacions (*parlarias, perdríam, perdríau, dormiríau*).

Ara bé, pel que feia als singulars i plurals masculins —i àdhuc a alguns de femenins— la desinència triada era la clàssica: *pare, sogre, verge, mare, pares, sogres, verges, mares,* etc. També era *e* la vocal desinencial de tota una sèrie de formes verbals:

(*a*) la del perfet d'indicatiu dels verbs de les tres conjugacions (*parlares, rebérem, rebéreu, dormíren*)

(*b*) la de la tercera persona del plural del present d'indicatiu dels verbs de la segona i tercera conjugacions (*reben, dormen*)

(*c*) la de les desinències àtones del present de subjuntiu dels verbs de la primera conjugació (*parle, parles, parle, parlen*).

Altres característiques ortogràfiques del català acadèmic de tradició moderna eren les següents:

(*a*) feien acabar els infinitius en *-re* del català clàssic en *-rer* (*móurer, pérdrer...*) i també, en alguns substantius acabats en *-e,* hi afegien una *-r* (*cálzer, sálzer*)

(*b*) havien deixat d'utilitzar la grafia *ç* i se servien exclusivament de *s* i *ss,* sense abandonar, però, l'ús de *c* davant de *e* i *i* (*cansó, bras, brassos, bracejar*)

(*c*) se servien exclusivament d'un accent, l'agut, per marcar la tonicitat de la síl·laba, i de dos, el greu i l'agut, per tal de distingir la vocal tancada de l'oberta en els homògrafs: *dòna* (verb) / *dóna* (subst.)

(*d*) se servien del dígraf *ix* tant entre vocals com a final de dicció per representar /ʃ/.

En morfologia, cal destacar l'alternança de desinències modernes amb desinències antigues, amb un notable predomini de les segones. Com a desinència pròpia de la llengua moderna podem assenyalar la *-o* de la primera persona del present d'indicatiu dels verbs de les tres conjugacions, fora dels incoatius (*parlo, rebo, dormo,* però, *llegesch*), desinència que els partidaris del català acadèmic de tradició antiga atribuïen a la influència castellana. Entre les desinències antigues podem assenyalar les següents:

(*a*) les desinències *-am, -au* del present d'indicatiu dels verbs de la primera conjugació; també la desinència *-au* de l'imperatiu dels verbs de la mateixa conjugació: *demanam, demanau*
(*b*) les desinències *-am, -au* del present de subjuntiu dels verbs de la segona i tercera conjugacions: *rebam, rebau; dormam, dormau*
(*c*) les desinències àtones en *-e* o en *-a* dels presents de subjuntiu dels verbs de les tres conjugacions: *transforme, reconega, cumpla*
(*d*) les desinències en *-ás* de l'imperfet de subjuntiu dels verbs de la primera conjugació (*parlás, parlasses...*)
(*e*) increment *-esc* en la primera persona del present d'indicatiu i en les formes rizotòniques del present de subjuntiu dels verbs de la tercera conjugació (*partesch, partesca...*).

* *

Propostes de la primera i tercera etapes de la Campanya Lingüística de «L'Avenç»

(*a*) l'adopció de la ç, que en aquells dies només utilitzaven alguns escriptors de la colla d'Aguiló. Aquesta solució no va ser defensada per Casas-Carbó fins al número del 31 de desembre d'aquell mateix any
(*b*) l'alternança gràfica *c* / *ch* (*ric-rica* / *dich-digui*) per a representar [k] a final de dicció, ús que, com l'anterior, no defensà Casas-Carbó fins al 31 de desembre de 1890
(*c*) la utilització de l'accent circumflex per indicar l'elisió d'una consonant (*dôs, aquêt*), reforma que proposà el 31 de març de 1891
(*d*) l'ús d'un doble accent amb valor fonològic, a la manera d'Aguiló i els seus deixebles, solució que serà divulgada per Fabra a l'*Ensayo de gramática de catalan moderno*
(*e*) la no accentuació dels monosíl·labs àtons, solució que defensà el mateix Casas-Carbó en l'article següent (30-XI-1890)
(*f*) la supressió de la *r* final en els infinitius rizotònics de la segona conjugació (*veure, creure, riure, esse, creixe, neixe*), reforma que defensà Fabra a la tercera de les conferències que *L'Avenç* organitzà al Centre Excursionista de Catalunya.

* *

(*a*) bandejament de la grafia tradicional *-ch*, que era reemplaçada per *-c* o *-g* d'acord amb els derivats o mots d'un mateix paradigma flexiu (*blanc-blanca; llarg-llarga; preng-prengui; grog-groga*). Adopció, en conseqüència, de *d* a final de dicció, en alternança amb la *t* tradicional, alternança regulada pel mateix principi dels derivats (*perd-perdre; sòlid-sòlida; mort-morta*). Autor: Pompeu Fabra. Número 1 (gener 1892), pp. 28-29

(*b*) adopció de la desinència àtona *-es* dels plurals femenins (*dones*) i de les desinències àtones en *-es*, *-en* dels verbs de la primera conjugació (*menjes, estimen*). Autor: Casas-Carbó. Número 2 (febrer 1892), p. 59

(*c*) substitució de la *y* grega per *i* llatina (conjunció i diftongs): *aire, mai;* supressió de les *hh* inicial i medial (*ome, aver, riem, traduir*); adopció de la dièresi per indicar l'absència de diftong (*raïm*) i d'un nou sistema d'accentuació, consistent a col·locar l'accent exclusivament damunt els mots aguts i damunt alguns monosíl·labs. Autor: anònim. Número 3 (març 1892), p. 92

(*d*) la distribució de *m* i *n* en síl·laba inversa davant consonant: *m* no sols davant *b, p,* sinó també davant *m* (*immensa, commoure*), *m* o *n* davant *f* segons l'etimologia (*amfiteatre, amfibi*), *m* en el prefix *circum* (*circumferencia, circumspecció*); l'adopció de l'aplec *mp* davant *t* i *c* d'acord amb l'etimologia (*prompte, redempció*). Autor: anònim. Número 10 (octubre 1892), pp. 318-319.

Mila SEGARRA, *Història de l'ortografia catalana* (1985).

Suggeriments de treball

1. Debat sobre la legislació en contra de la llengua a partir dels textos seleccionats a «Textos complementaris» i/o d'altres fonts bibliogràfiques.
2. Examineu les similituds i discrepàncies de les propostes ortogràfiques transcrites més amunt.
3. Comenteu l'actitud i les particularitats ortogràfiques dels defensors del «català que ara es parla» a partir dels textos següents:

Fen lo que molts altres fan
Pot ser vas *diré per* got,
Pus ja sabeu lo que pot
La forsa del consonán.

Ais *també diré per* alls
Y per abellas, abeyas,
Y per orellas, oreyas
Com per tais *pendria* talls.

Andreu PASTELLS (1868).

Aquest calaixet de sastre
....
No crech sia del agrado
De aquells catalans tan fins
Que creuen ser cosa baixa
Lo expressarse en llemosí

Jo sols desitjo que agrade
A molts catalans sensills
Que l'idioma vuy parlan
Que aprengueren essent xichs
Que dihuen X y no equis,
En tot conservant l'us antich

Van a clavarme lo fible
O a posarme allá ab los trits
Alguns saberuts pedantes
Tan prodichs de termes richs
Que deambulants *anomenan*
A tot calsat tosch ó fi
O bè nocturnal carrossa
A lo que jo ne dich llit,
Epístolas *a las cartas,*
Fámula *a qui ls' fa l' rostit:*
Mès tinch la pell massa dura
Per fer cas de llurs pesichs.

Pau ESTORCH (1852).

Cualcú'm diu y m'aconseya,
que deixant es meu estil,
prescindesca des llenguatje
d'aquest sigle'n que vivim;
amb paraules llemosinas
embellesca lo qu'escrich,
y usant giros y usant frases
y modismes abolits,
desfigur sa meua llengua
perqu'emb altres s'unifich.

No, jamay dins es meus dias
seguiré semblant camí,
que rahóns en teng de sòbra
per veurel com un perill.
(...)
Pero si volem escriure
en sa llengua en que sentim:
en sa que des cor sechalan (sic)
ècos de goitj y suspirs;
en sa que des brês sortírem

y es nostro primer desitj,
emb llengua encara trevada
y emb mitjos mots varem dir:
escriguem perque ho entengan
homos, donas, veys y nins;
català dins Catalunya,
dins Mallorca, mallorquí.

Qu'aquestas llenguas s'essemblan
com ausells d'un mateix niu:
que son germanas casadas
que viuen emb son marid,
y cada una á câ seua,
visquent en es séu estil,
ha pres distintas maneras
y te caracter distint.

Manuela de los HERREROS

Nosatros no escribim tampoc pera tots, sino unicament pera aquells que mos vullgen llechir, y que siguen afisionats al llenguache sensillo y natural de la chent del camp, á qui espesialment dediquem la nostra música, sense més obchecte que el de distráuremos uns y altres algun rato en les llargues y fastidioses nits del ivern.
Los hombres eruditos y amantes de la literatura y bellas artes, ahi tenen el Heraldo, el Eco, el Globo y atres periódics de vara y micha, qu'els proporsionarán tota la instrucsió política y sosial que puguen desichar, mentres els lectors de la Donsayna se contentarán en cuatre romansos y folíes, que es lo únic que poden regalarlos els seus amics.

Josep M. BONILLA i Josep BERNAT I BALDOVÍ, «La Donsaina» (1844).

4. El següent fragment pertany a *La venjança de la Tana,* «gatada» de Frederic Soler (Serafí Pitarra). Modernitzeu-lo ortogràficament.

DITS *y* TANA, *que surt de detrás de la taberna.*

TAN. *¿Qué tal, Col-y-fló?* (Tots dos ab carinyo.)
COL. *¿Y tu, Tana?*
TAN. *Jo sempre pensant en tu.*
COL. *¿Més que jo?*
TAN. *Oh, ben segú.*
Pero, digas, ¿y la gana?
COL. *La gana... aquest dematí*
hi menjat una arengada.
TAN. *Bè.*
COL. *Pero era un xich passada.*
TAN. *Donchs home...*
COL. *Y sense amaní.*
TAN. *Vaja; aixó no pot durá.*
COL. *¡Oh! no, no, avuy s' acaba,*
sino la colla s' esbrava
y se 'n va tot á rodá.

TAN. *Així; y no esteu per ningú,*
ja que 'l pare de tu 's riu;
venjeuvos, y si fugiu
jo tambè fugiré ab tu.
COL. *¿Tu, que estás tant avesada*
á dormir bè y á bons talls?
TAN. *¡Dèu no 'ns do pitjors traballs!*
¿Que no son bèn estimada?
COL. *¡Axó si, batúa nell!*
¿pero quí 't pentinará?
¿quí 't fa 'l monyo si ab la má
no t' arrivas al clatell?
¡Aixis que penso en axó
l' ánima 'm baixa á n' als peus.
TAN. *Tindré pèls adornos mèus...*
COL. *¿Qué?*
TAN. *¡La tèva estimació!*
Si ferm' las trenas ben fetas,
estantme sola, no puch,
me las faré com un truch
dels qu' hi ha en las escaletas.
Y si per pomadas ploras
tement tu que axó m' amoli,
pendré la oló del all-y-oli
per essencia de mil floras.

5. L'actitud dels modernistes envers la llengua segons «Catalunya trilingüe», article de Casas-Carbó recollit a *Els modernistes i el nacionalisme cultural* (Edicions de La Magrana).
6. Els dos textos següents són de dos escriptors vuitcentistes que utilitzaren exclusivament el castellà en les seves obres. Comenteu les actituds i contradiccions que s'hi adverteixen:

Si yo pudiese dar a conocer el género de conmoción que experimentó María al oír estas palabras de su señora y traducir por medio de signos la ternura con que se las iba diciendo, estoy bien persuadido de que había de leer el lector más de diez veces este pasaje, y afirmar que valía él solo todo el mérito de la obra. Pero ¿qué ha de hacer un pobre autor que escribe en un idioma que no es suyo, cuando debe traducir sentimientos intraducibles en todos los idiomas? Hacer lo que haré yo; decir lo que María, que no contestó una palabra...

Pere MATA, *El poeta y el banquero* (1842).

Nuestra lengua nativa es la catalana, es la primera que aprendemos, es la única de que hacemos uso hasta que nos mandan a la escuela, y desde ese punto, si en algunas horas del día hablamos, leemos y escribimos en castellano, en las restantes hacemos todo eso en catalán. En catalán hablamos en familia, en catalán en las diversiones, en catalán ventilamos todas nuestras cuestiones, en catalán tratamos todos nuestros negocios, rezamos en catalán, y sobre todo en catalán pensamos, y al hablar o escribir en castellano, ejecutamos siempre el ímprobo y arriesgadísimo trabajo de ir tradu-

ciendo en una lengua lo que hemos pensado en otra. (...). De suerte que nosotros hemos de aprender la lengua castellana como una lengua extranjera, y después de aprendida no hacemos uso de ella sino cuando hablamos en público, o escribimos.

Joan CORTADA, *Cataluña y los catalanes* (1869).

7. Confronteu i discutiu les opinions de Benito Pérez Galdós i Narcís Oller transcrites a continuació:

Yo no quiero aburrir a V. más con la longitud de mi epístola. Lo que sí le diré es que es tontísimo que V. escriba en catalán. Ya se irán Vds. curando de la manía del catalanismo y de la *renaixensa.* Y si es preciso, por motivos que no alcanzo, que el catalán viva como lengua literaria, deje V. a los poetas que se encarguen de esto. La novela debe escribirse en el lenguaje que pueda ser entendido por mayor número de gente. Los poetas que escriben para sí mismos, déjelos V. con su manía, y véngase con nosotros. Le recibiremos a V., en el recinto de nuestro Diccionario, con los brazos abiertos.

Benito PÉREZ GALDÓS

No, amigo Galdós, no es exclusivismo, ni provincialismo, ni separatismo, no otro ogro cualquiera de los terminados en ismo que pueda inventar algún vecino de la corte tratando de los platónicos poetas del Pelayo que él no conoce pero Vd. sí, lo que me hace escribir en catalán. Es algo muy superior, mucho más invencible que el pueril afán de mostrar al orbe mis preferencias por Cataluña que no niego, pero que podría tener del mismo modo y aun alardear de ellas escribiendo en romance. *Escribo la novela en catalán por que vivo en Cataluña,* copio *costumbres y paisajes catalanes y catalanes son los tipos que retrato, en catalán los oigo producirse cada día, a todas horas, como Vd. sabe que hablamos aquí.* No puede Vd. imaginar efecto más falso y ridículo del que me causaría a mi hacerlos dialogar en otra lengua, ni puedo ponderarle tampoco la dificultad con que tropezaria para hallar en *paleta* castellana cuando *pinto,* los colores que me son familiares de la catalana.
(...)
¿No cree Vd. que el lenguaje es una concreción del espíritu? Como divorciarlo pues de esa fusión que existe de realidad y observación en toda obra realista? Para mi las voces catalanas son como los olores que me traen asociación de ideas; una asociación de ideas que las imprime especial vigor.

Narcís OLLER

Tema 16

La llengua al segle XX (I)

Marc històric

En els primers anys del segle XX es donaren al Principat tot un seguit de circumstàncies polítiques i socials, complexes i turbulentes, que haurien de tenir, a curt termini, grans repercussions per a la llengua i la cultura catalanes. La burgesia del país adoptà posicions marcadament nacionalistes. De 1900 a 1917 Catalunya visqué el període més dinàmic de la seva història político-cultural contemporània: en aquests anys s'establiren les institucions científiques, pedagògiques i culturals més destacades i es realitzà, amb gran rigor científic, un enorme esforç de normativització lingüística, pas previ indispensable per a la creixent normalització del català. En definitiva, el Principat començà d'organitzar-se de manera moderna i europea. El 1906 es produí el moviment de Solidaritat Catalana, exponent de les ànsies de canvi sòcio-polític d'amplis sectors del país.

L'equilibri, però, no tardà a trencar-se. La societat catalana, encara que dirigida políticament per la burgesia, il·lustrada i nacionalista, comptava amb una altra força, molt dinàmica, de signe oposat: l'obrerisme. Les tensions socials (la Setmana Tràgica es produí ja el 1909) augmentaren i s'agudi̇tzaren, i arribaren en els anys 1917-1924 a una confrontació oberta entre el moviment obrer (enquadrat majoritàriament dins l'anarquisme) i la burgesia.

El 1923 el general Primo de Rivera donà un cop d'Estat militar, amb l'aprovació tàcita de la burgesia catalana. La Dictadura de Primo, en el camp lingüístico-cultural, prohibí l'ús del català en actes públics, en l'ensenyament i en el comerç; i clausurà entitats i publicacions catalanistes. Malgrat això, la recuperació lingüística continuà amb tenacitat, i la literatura, la investigació, les arts plàstiques i la resta de manifestacions culturals es multiplicaren, sovint amb el mecenatge privat, que ara substituïa la manca de suport oficial, i assoliren un alt nivell, reconegut i valorat arreu d'Europa.

L'immobilisme de la dictadura, la seva dissociació de les realitats socials i la crisi econòmica, entre d'altres raons, motivaren la dimissió, el 28 de gener de 1930, de Primo de Rivera. Els dos breus governs que el succeïren no pogueren evitar que les eleccions d'abril de 1931 provoquessin la caiguda de la monarquia i la proclamació de la II República. Amb el règim republicà arribaren l'Estatut d'Autonomia i el restabliment de la Generalitat de Catalunya. En aquest període la cultura catalana assolí un dels punts més alts de la història contemporània i la llengua, ara cooficial, entrà en un camí de normalitat que s'esfondrà, com tantes altres coses, amb el règim imposat pels vencedors de la guerra de 1936-1939.

Al País Valencià i a les Illes, no hi hagué, ni de bon tros, cap moviment d'afirmació nacionalista d'ampli ressò social. La llengua autòctona continuà essent,

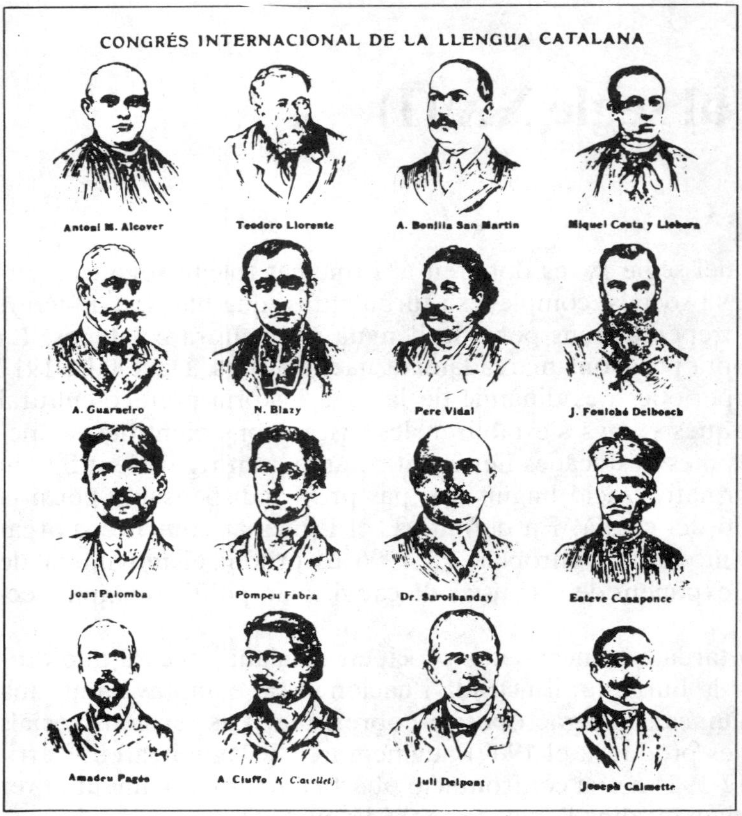

Retrat a la ploma d'alguns dels més destacats participants del Primer Congrés Internacional de la Llengua Catalana, celebrat el 1906, publicat a «L'Esquella de la Torratxa» (gener de 1907).

a nivell popular, la catalana. Però, malgrat els esforços de reduïts grups polítics i intel·lectuals, la normalització idiomàtica en àmbits tan essencials com l'escola, la premsa, la política, la vida acadèmica o la predicació només arribarà a materialitzar-se de forma fragmentària i minsa a partir dels darrers anys de la dècada dels 20. Amb tot, la literatura catalana produïda a les Illes i al País Valencià en aquests anys revesteix una gran importància, tant per la quantitat com per la qualitat.

Pel que fa a la Catalunya Nord, continuà la reducció del català a l'àmbit familiar i col·loquial. Això no obstant, diverses institucions i intel·lectuals mantingueren i fomentaren la catalanitat del país, alhora que els escriptors rossellonesos contribuïren remarcablement a la literatura catalana del període.

El I Congrés Internacional de la Llengua Catalana

El mes d'octubre de 1906 se celebrà a Barcelona el Primer Congrés Internacional de la Llengua Catalana, que representà la culminació d'un llarg procés de recuperació idiomàtica i cultural, i obrí pas a una nova etapa d'estudi científic de la llengua.

El Congrés, nascut d'una iniciativa de mossèn Antoni M. Alcover (que en fou també el president), despertà un interès extraordinari arreu de les terres de parla catalana, fins al punt que s'hi inscriviren 3.929 congressistes procedents de tots els Països Catalans.
L'entusiasme i l'èxit popular l'embolcallaren, però fou molt més que una manifestació patriòtica. S'hi discutiren qüestions relatives a la codificació i la depuració idiomàtiques, s'hi exposaren treballs de vàlua científica molt diversa i s'hi presentaren iniciatives, endegades en els anys posteriors al Congrés, d'una gran transcendència (creació d'un atlas lingüístic, realització d'estudis dialectals, formació de lingüistes joves en universitats europees, edició de revistes tècniques i de divulgació de temes lingüístics, fundació d'un centre per a l'estudi de la llengua catalana i dels seus dialectes). A més, la tasca realitzada traspassà les fronteres idiomàtiques del català gràcies a la participació com a congressistes d'un selecte grup de figures rellevants de la lingüística romànica, europea i peninsular.

Antoni Maria Alcover

Antoni Maria Alcover i Sureda (1862-1932), és un dels lingüistes i folkloristes més importants del segle xx. Després d'estudiar al Seminari de Mallorca, fou ordenat sacerdot (1886) i participà apassionadament, des de les files integristes, en les polèmiques político-religioses que caracteritzaren els darrers anys del segle xix i els primers del següent. S'interessà per la història, l'arqueologia i l'hagiografia i en redactà diverses obres. Però fou sobretot en el camp lingüístic i en el folklòric on la seva producció ha deixat uns fruits més valuosos. Amb el pseudònim de Jordi des Racó recollí una quantitat ingent de rondalles de la seva illa, editades amb els títols de *Contarelles* (1885 i 1915) i de *Rondaies mallorquines* (24 volums des de 1896).
La seva tasca lingüística ha estat la de més gran transcendència. Dedicat de manera incansable a la defensa i la purificació de l'idioma, emprengué a partir de 1900 una obra de vastes proporcions, l'*Obra del Diccionari de la Llengua Catalana,* recull lexicogràfic general de la llengua antiga i moderna, comuna i dialectal, literària i col·loquial de tots els territoris de parla catalana. La iniciativa tingué un ressò extraordinari i mossèn Alcover comptà ben aviat amb col·laboradors arreu dels Països Catalans. Per tal d'establir un vehicle de comunicació amb i entre aquests col·laboradors, edità el «Bolletí del Diccionari de la Llengua Catalana» (1901-1936), que esdevingué una revista lingüística notable (especialment dedicada a la dialectologia) i que fou la primera del seu gènere apareguda a l'Estat espanyol.
Després de protagonitzar el I Congrés de la Llengua, fou elegit president de la Secció Filològica de l'Institut d'Estudis Catalans. Aviat, però, les seves discrepàncies amb Pompeu Fabra i amb altres membres de la Secció Filològica i amb els dirigents polítics de la Mancomunitat i de la Lliga Regionalista provocaren la seva separació de l'Institut (1918) i l'inici d'una llarga i dura polèmica pública. Aleshores rebutjà les normes ortogràfiques aprovades el 1913, es convertí en un enemic a ultrança del catalanisme, es comprometé amb el

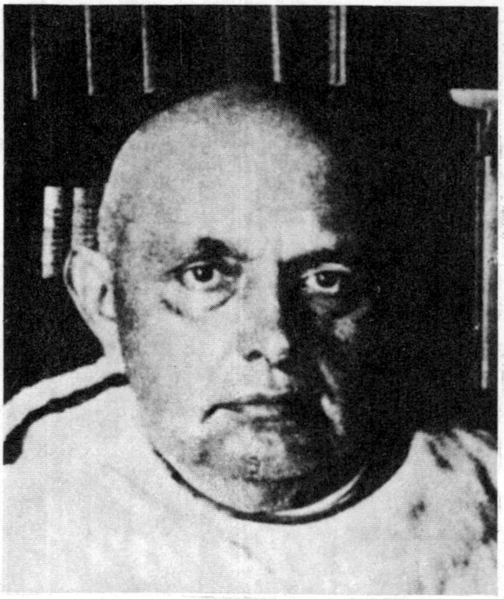

El mallorquí Antoni M. Alcover fou, al costat de Pompeu Fabra, una de les figures més destacades de la filologia catalana del primer terç del segle XX. (Nadala Carulla de 1981, p. 28)

règim vigent i fins esdevingué defensor de Primo de Rivera. Aconseguí durant sis anys una important subvenció estatal que li permeté de continuar l'Obra del Diccionari, enmig del rebuig de bona part dels seus antics amics i col·laboradors. En aquest context canvià el títol originari de la seva obra magna per un altre de ben desafortunat: *Diccionari Català-Valencià-Balear*.

El 1926, la Dictadura el deixà sense suport econòmic i quedà pràcticament desemparat, sense altre ajut que el de Francesc de B. Moll (1903), jove filòleg que, amb el temps, esdevindria una de les figures més importants de la lingüística catalana contemporània. Aquesta situació portà Alcover a reconciliar-se amb Pompeu Fabra el mateix any 1926. Finalment aparegué, per fascicles, el primer volum (1926-1930) del seu anhelat *Diccionari*. L'obra seria continuada per Moll, amb l'ajut d'altres filòlegs, i acabada, amb un total de 10 volums, el 1962. El *Diccionari Alcover-Moll* (nom amb el qual també se'l designa sovint) constitueix avui un recull lexicogràfic únic al món per les seves característiques i un veritable monument de la unitat de la llengua, unitat que Alcover defensà i propagà sempre.

La normalització cultural

A principis del segle XX semblava arribada l'hora d'endegar la lluita per la modernització de la societat catalana en tots els camps. En l'aspecte sòcio-cultural calia, sobretot, normalitzar la llengua, que no es trobava en una situació regular, ja que no ocupava el lloc (dins l'ensenyament, la burocràcia, l'Església, la ciència, els mitjans de comunicació...) que li pertocava com a llengua pròpia de quasi tot el país.

A les primeres dècades del segle es realitzà una labor extraordinària, malgrat moltes limitacions i entrebancs, per tal d'assolir aquest objectiu. Prat de la Riba, la Mancomunitat de Catalunya i l'Institut d'Estudis Catalans foren tres puntals rellevants en aquest procés de normalització lingüística i cultural.

Prat de la Riba

Enric Prat de la Riba (1870-1917) s'adscriví molt aviat a les files del catalanisme i es convertí en el principal teòric d'un nacionalisme tradicionalista i socialment integrador, partidari de l'hegemonia catalana dins l'Estat espanyol. La seva doctrina rep la seva formulació més acabada en el llibre *La nacionalitat catalana* (1906). Dirigí l'important diari «La Veu de Catalunya» i fou un dels creadors del partit *Lliga Regionalista,* des dels quals exercí una gran influència damunt les classes conservadores catalanes.
President de la Diputació de Barcelona (1907-1917), des de la qual creà l'Institut d'Estudis Catalans, promogué la constitució de la Mancomunitat de Catalunya, que també presidí (1914-1917). Des d'aquestes institucions desenvolupà, amb reduïts mitjans econòmics i en pocs anys, una tasca excepcional de govern a fi de dotar Catalunya d'òrgans administratius, culturals i educatius moderns, alhora que endegà la creació d'una àmplia infrastructura d'obres i serveis públics.
L'obra de Prat de la Riba aconseguí d'aglutinar personalitats destacades de la cultura i resultà d'una gran eficàcia per a la normalització idiomàtica.

La Mancomunitat de Catalunya

Després d'un llarg i difícil procés legislatiu, el govern de Madrid autoritzà les Diputacions de l'Estat a mancomunar-se per a fins exclusivament administratius. Només a Catalunya s'aprofità aquesta possibilitat. No es tractava, doncs, de cap forma d'«autonomia», sinó de la creació d'una entitat purament administrativa. Constituïda el 6 d'abril de 1914, a la mort de Prat (1917) n'ocupà la presidència Josep Puig i Cadafalch (1867-1957), il·lustre arquitecte i historiador de l'art, de la qual fou destituït el 1923 pel dictador Primo de Rivera. Aleshores fou designat president Alfons Sala, monàrquic conservador i home de confiança de la Dictadura, la qual acabà dissolent la Mancomunitat el 1925.
Amb una gran escassetat de recursos, la Mancomunitat realitzà una impressionant tasca d'obres públiques, de creació de serveis tècnics, científics i administratius (com la Universitat Industrial, les Escoles de Funcionaris d'Administració Local, de Bibliotecàries, d'Infermeres, de Bells Oficis o la Superior d'Agricultura, la Junta de Museus, el Consell de Pedagogia, les Biblioteques Populars...) i de protecció i difusió de la cultura catalana (en són una mostra els Estudis Universitaris Catalans, institució universitària paral·lela, creada el 1903, on s'estudiaven els temes catalans absents de la Universitat oficial). Una bona part de les creacions de la Mancomunitat han arribat fins als nostres dies i han constituït un sector molt destacat de la infrastructura cultural catalana. En el camp lingüístic, cal destacar el seu suport a l'Institut d'Estudis Catalans, l'adopció oficial de la normativa fabriana en tota la documentació institucional i la potenciació a tots nivells de la normalització del català.

L'Institut d'Estudis Catalans

El 1907, Prat de la Riba creava l'Institut d'Estudis Catalans, que tenia com a finalitat primordial «la superior investigació científica principalment de tots els elements de la cultura catalana». Els primers membres de la novella institució foren historiadors i, per això, les seves primeres activitats i publicacions se centraren en la història de l'art i de la cultura. Ben aviat, però, l'Institut amplià el seu camp d'actuació. Per una disposició del 14 de febrer de 1911 quedà estructurat en tres seccions: la Històrico-Arqueològica (que havia estat la inicial), la Filològica i la de Ciències.

La Secció Filològica —equivalent per les seves funcions a les Acadèmies de la llengua d'altres cultures— es plantejà, des del primer moment, de donar solucions al greu problema de la normativització ortogràfica, gramatical i lèxica de l'idioma. El treball que dugué a terme la nova secció, coordinat per Pompeu Fabra, cristal·litzà en una reglamentació i una depuració modèliques (estudiades amb més detall al final del present tema). A més de la labor lingüística estricta, continuada de manera ininterrompuda i la més coneguda popularment, l'Institut inicià una sèrie de prestigioses publicacions científiques de totes les especialitats (anuaris, memòries, llibres, revistes) que han arribat fins als nostres dies. Creà també un bon nombre de Serveis (de Monuments, d'Excavacions, el Geològic i Geogràfic, el Meteorològic...), el Laboratori de Psicologia Experimental i, amb l'ajut de la Diputació i de l'Ajuntament de Barcelona, organitzà la Biblioteca de Catalunya (1914), la més important de totes les del país. Des dels inicis comptà amb Societats científiques filials (que s'han anat incrementant fins avui) i instituí una colla de premis i de borses de treball que s'han mantingut al llarg del temps. Integrat en la Unió Acadèmica Internacional poc després de la fundació d'aquesta, ha col·laborat en les seves tasques. El 1968 fou creada una nova secció: la de Filosofia i Ciències Socials.

Durant la Dictadura de Primo de Rivera fou perseguit i expoliat i s'hagué de refugiar en el mecenatge privat. Amb la Generalitat republicana, que assumí les competències de les Diputacions, l'Institut pogué ampliar les seves activitats. El règim franquista el dissolgué, però la tenacitat dels seus membres que no es trobaven a l'exili el reconstituí el 1942. Mancat de tot, es refugià en una mena de clandestinitat pública. Gràcies al mecenatge particular altra volta i a la protecció que, d'alguna manera, li oferia la Unió Acadèmica Internacional, pogué mantenir-se enmig de greus dificultats. Reconegut oficialment el 1977 amb un àmbit d'actuació que abraça tots els territoris de parla catalana de l'Estat espanyol, està recuperant en els darrers anys les seves activitats normals i ampliant-les, tot i que encara es ressent, en diversos aspectes, dels anys passats sota la dictadura.

La normativització lingüística

La normalització lingüística i cultural propugnada pels sectors catalanistes al tombant de segle exigia, per tal de ser eficaç, la normativització idiomàtica. El català, després de dos segles de persecució política i legislativa —d'ençà del decret de Nova Planta de Felip V—, es trobava sense unes normes ortogràfiques comunes, sense unes regles gramaticals clares i amb un vocabulari sense depurar. Quan una llengua —i molt especialment la llengua escrita— és marginada de l'escola, de l'administració i de bona part dels usos cultes, es troba desarmada. Les Acadèmies i/o el prestigi de la llengua literària i administrativa estableixen el model a seguir per tota la comunitat de parlants i són un control, un fre, a les tendències espontànies que sorgeixen sempre en tota llengua. El català, per les raons esmentades, es trobava sense una normativa general que fos seguida per tothom. A més, la substitució de la llengua autòctona per una altra a l'ensenyament i, per tant, a l'escriptura, comportava una creixent influència del castellà sobre el català. Calia, doncs, un esforç previ de normativització. La primera labor que emprengué la Secció Filològica fou, precisament, la d'acabar amb l'anarquia ortogràfica. El 1913 es promulgaren les *Normes Ortogràfiques* —confeccionades bàsicament per Pompeu Fabra—, que si bé foren objecte tot seguit d'una entusiasta acceptació, comptaren també, en els primers temps, amb la decidida oposició d'il·lustres figures de la cultura d'arreu dels Països Catalans (Antoni M. Alcover, Àngel Guimerà, Francesc Matheu, Jaume Collell, Ramon Miquel i Planas, Anfós Par...). Amb tot, l'adhesió generalitzada de tots els sectors culturals acabà amb el triomf absolut de la normativa de l'Institut. Com a complement de les *Normes,* Fabra publicà el 1917 el *Diccionari ortogràfic,* la *Gramàtica catalana* el 1918, i el 1932 el *Diccionari general de la llengua catalana.*

La nova normativa lingüística, ben acollida al Principat, tardà, però, un cert temps a ser acceptada a tot el domini idiomàtic.

Certament, molts escriptors i intel·lectuals illencs i valencians participaren en la tasca comuna, però no aconseguiren d'organitzar un moviment nacionalista en les seves respectives àrees geogràfiques i, és clar, la lluita per la llengua no assolí les vastes dimensions que prengué a la Catalunya estricta. No obstant això, des del primer moment destacades figures de la cultura catalana de fora del Principat empraren l'idioma d'acord amb les normes de l'Institut. La reglamentació fabriana —basada en el dialecte central, però que tingué en compte també els altres— s'imposà finalment arreu: el 1930 s'acceptà públicament a les Illes i el 1932 al País Valencià. El menorquí Francesc de B. Moll i el valencià Carles Salvador (1893-1955) foren dos dels puntals més destacats del moviment d'adhesió a les normes de l'Institut fora del Principat. F. de B. Moll, la personalitat del qual és examinada en el tema 18, publicà el 1931 una *Ortografia mallorquina,* refosa i ampliada el 1937 en uns *Rudiments de gramàtica preceptiva per a ús dels escriptors baleàrics.* Carles Salvador, gramàtic i poeta, es dedicà al llarg de la seva vida a impulsar la recuperació de la consciència nacional al País Valencià i fou el promotor de l'encontre d'escriptors valencians, celebrat a Castelló de la Plana el 1932, en què s'admeté una preceptiva ortogràfica (coneguda com les *Normes de Castelló*), que és l'adaptació, amb lleus retocs, de la de l'Institut d'Estudis Catalans.

Orientació bibliogràfica

Josep M. AINAUD, *Les institucions culturals entre el 1900 i el 1939,* dins *Història de Catalunya,* vol. 6, ja citada, pp. 203-213.
Antoni M. ALCOVER, *Per la llengua,* Publicacions de l'Abadia de Montserrat, 1983.
Antoni M. BADIA I MARGARIT, *Els esforços per la normalització del català,* dins *El temps del Modernisme,* Publicacions de l'Abadia de Montserrat, 1985, pp. 55-66.
Antoni M. BADIA I MARGARIT, *Cop d'ull a la primera meitat d'aquest segle* i *El Diccionari d'Alcover i Moll,* dins A.M. BADIA, *Llengua i cultura als Països Catalans,* Edicions 62, Barcelona, [4]1975, pp. 157-171 i 172-178.
Miquel COLL I ALENTORN, *Els primers setanta-cinc anys de l'Institut d'Estudis Catalans,* dins *Institut d'Estudis Catalans,* Fundació Jaume I, Barcelona, 1981, pp. 44-78.
DIVERSOS AUTORS, *La Mancomunitat de Catalunya,* «L'Avenç», núm. 3 (juny 1977).
Josep MASSOT I MUNTANER, *Antoni M. Alcover i la llengua catalana,* II Congrés Internacional de la Llengua Catalana, Barcelona, 1985.
Prat de la Riba propulsor de la llengua i la cultura, Selecta, Barcelona, 1974.

Textos complementaris

I

Als cercles lingüístics barcelonins dels darrers decennis, hom no acostuma de parlar del Congrés de 1906 sense un somriure irònic, tot al·ludint que metges i advocats i d'altres profans s'atrevissin a opinar i a votar en matèria de llengua, però nosaltres sempre hem cregut que un dels resultats més positius d'aquella assemblea fou l'atorgament previ de la confiança de tot el poble a allò que a partir d'aleshores fóra estructurat, la seva adhesió a l'aspecte més important de recuperació que havia omplert l'època immediata anterior. Nogensmenys, malgrat els tres mil congressistes, malgrat que fou la culminació d'una afectivitat intensa, i potser per això mateix, el Congrés va fer sentir el seu pes en el terreny científic, i, encara, féu possible l'orientació definitiva d'allò que havía d'ésser l'Institut d'Estudis Catalans (sobretot la seva Secció Filològica), un dels motius fundacionals del qual, i no pas el menys important, fou precisament el Congrés de 1906. En efecte, cal remarcar, en primer lloc, la presència al Congrés (o almenys l'adhesió) de grans romanistes estrangers com A. Morel-Fatio, J. Saroïhandy, A. Pagès, R. Foulché-Delbosc, J. Calmette, L. Barrau-Dihigo, A.R. Gonçalves Viana, P.E. Guarnerio, K. Nyrop, E. Vogel, K. Vollmöller, F. Holle i B. Schädel.

Antoni M. BADIA I MARGARIT, *Llengua i cultura als Països Catalans* (1964).

II

Una llengua en estat natural, sense conreu literari, ve a ésser un conjunt de dialectes, un sistema de formes de llenguatge diferents, heterogènies però lligades per una certa unitat de lleis gramaticals. (...)
Quan una llengua resta segles en aquest estat d'incultura, o mor absorbida per la invasió d'una llengua superior o mor, per descomposició interna, trossejada, esmicolada pels dialectes. Es produeix, llavors, una morbosa multiplicació i intensificació de l'activitat dialectal, s'afluixen i desfan els vincles que mantenien encara, per feble que fos, la unitat de l'idioma, i apareixen tots els dialectes com a llengües diferentes. (...) Crear una llengua literària és l'obra cabdal d'un poble... Quan, del conjunt de dialectes d'una llengua, en sobresurt un i s'enlaira sobre els altres i dóna forma a les creacions literàries i filosòfiques i jurídiques de la raça, aquella llengua en estat natural de què parlàvem, aquella incoherent munió de parlars dialectals, queda articulada, és convertida en una unitat vivent, en un centre de relligament i coordinació i depuració de totes les forces lingüístiques de la raça, de tots els seus dipòsits seculars, de totes les riqueses atresorades en els seus dialectes. Llavors, l'activitat dialectal, que sempre continua, deixa d'ésser un perill: ja no pot portar a la trituració de la llengua. Ja, en comptes de matar-la, la tonifica, com els aires del camp tonifiquen la sang de les ciutats. (...)
Així s'ha trobat la llengua catalana en la situació d'haver de formular la seva gramàtica, depurar i completar el seu lèxic, fixar la seva ortografia, quan ja totes les altres llengües tenien acomplida aquesta tasca, i en circumstàncies tan desfavorables com l'actual situació, que deixa la nostra llengua desarmada, entre dues grans influències invasores, sense escoles, sense universitat, sense dinastia i aristocràcia pròpies, i tenint enfront vehicles de l'acció destructora d'una altra llengua, l'escola i la Universitat i la premsa i l'Estat amb tota la complexa xarxa de canalització per a influir i penetrar un poble. La tasca que les altres llengües podien acomplir reposadament, sense apressar-se, és, doncs, per a nosaltres, de la més extrema urgència. Hem d'aixecar la nostra llengua al nivell de les altres, hem de donar-li totes les perfeccions que necessita per a lluitar i vèncer. (...)
Ha d'acabar aquesta semianarquia de la llengua catalana, en què cada escriptor té una llengua, una gramàtica, una ortografia pròpies. Ja que no ha tingut el català l'evolució normal de les altres llengües llatines, ja que no ha tingut en els segles del Renaixement, ni té un Estat que hagi imposat o pogués imposar des de dalt formes úniques definitives, donem-nos-les espontàniament, lliurement, nosaltres mateixos, per aclamació, per renúncia de totes les preferències individuals o d'escola; establim-les per unànime plebiscit de tots els catalans.
Per preparar, per fer possible aquest plebiscit, va crear la Diputació de Barcelona l'Institut de la Llengua Catalana, a dins del ja gloriós Institut d'Estudis Catalans. (...) Per primera vegada acompleix avui l'Institut aquesta missió altíssima, unificadora de l'idioma, donant normes ortogràfiques per a escriure la llengua catalana. La nostra resposta, l'actitud de tots els catalans, ha d'ésser, per primera vegada també, deposar preferències personals i conviccions i hàbits i repugnàncies i arguments i discussions, i acceptar resoltament, unànimement, devotament, aquestes normes.

Car elles poden donar a la nostra llengua estimada la primera de les unitats que una llengua culta necessita, la unitat ortogràfica; i el nostre acte en acceptar-les, tots a l'una, serà un exemple de solidaritat, que ens disciplinarà i enfortirà per a més difícils empreses.

Per a arribar en aquesta convenció, els homes que formen l'Institut han hagut de renunciar a hàbits i amors de tota la vida; grans escriptors molts d'ells, en el moment solemnial de la renúncia a les formes ortogràfiques de què estan vestides les seves obres, han sentit en el més íntim de la seva ànima el dolor de la ruptura amb la seva tradició personal i amb la tradició dels seus companys i la dels seus predecessors, de la seva mateixa escola; però tots han sacrificat aquesta unitat de l'obra personal i la unitat de l'escola per fondre's en una unitat superior: la d'una sola ortografia.

Enric Prat de la Riba, *Per la reforma,* «La Veu de Catalunya», 31-1-1913.

III

Hi ha qui pretén que no es pot usar literàriament cap vocable que no figuri en el Diccionari Fabra. Contra aquest concepte excessivament purità o restrictiu, cal reaccionar en nom del mateix Mestre Fabra, que estic segur que no pretenia tal restricció. El seu diccionari és normatiu, però no exclusiu. Les paraules que hi figuren catalogades, sabem que són positivament admeses; però d'això no hem de deduir que les que no hi figuren siguin prohibides. En fer el seu diccionari, el Mestre Fabra es trobava amb les mans lligades per una doble limitació: la del temps, perquè el públic demanava un diccionari dintre del termini més curt possible; i la de l'espai, perquè s'havia imposat l'obligació de donar un aplec de lèxic dins un format manual i d'un nombre de pàgines que no podia representar un gruix desproporcionat a l'alçada i l'amplària del volum. Posat en aquestes circumstàncies, va redactar un diccionari estrictament provisional, o, com ell deia, un *canemàs* del diccionari futur i definitiu. Ho prova no sols la supressió de molts de mots catalaníssims i de cap manera rebutjables, sinó la mateixa forma esquemàtica, eixuta, sovint telegràfica, de les definicions, i l'absència de significats i usos especials de molts de mots inventariats. (...)

Fins ara he tractat només de punts referents al lèxic o vocabulari. Interessa també parlar de la importància dels dialectes en l'aspecte ortogràfic i gramatical.

En la centúria passada es promogueren les primeres discussions encaminades a fixar l'ortografia catalana, discussions que no arribaren a resoldre's fins ben entrat el nostre segle. Doncs bé, algunes qüestions ortogràfiques no es pogueren resoldre sinó a base d'un estudi acurat dels dialectes.

Una d'aquestes qüestions, que remogueren el món literari de la Renaixença, fou la de si els plurals dels femenins en *-a* havien d'escriure's amb *-as* o amb *-es.* Com que la vida literària gravitava entorn de Barcelona, i a Barcelona els sons *a* i *e* àtons es confonen en el so mitx ə, els literats discutien llargament donant la preferència a una o altra terminació segons l'instint o el gust de cadascun. La solució vertadera no s'assolí fins que es varen adonar que allò que semblava tan propici

a discussions dins Barcelona, era d'una claredat i d'una indiscutibilitat absoluta en terres lleidatanes i valencianes: tota la part occidental de Catalunya i el País Valencià pronunciaven *dones, terres, vinyes,* i no *donas, terras, vinyas.* ¿Amb quin dret hauria pogut mantenir-se una grafia en *-as* que estava en pugna amb la pronúncia natural i espontània de la meitat de les terres de llengua catalana? El bon sentit s'imposà, i es donà la gran passa d'adoptar unànimement els plurals en *-es,* cosa que, per altra part, no feia sinó confirmar-se pels documents catalans del bon temps, o sia, de l'edat mitjana, anteriors a la penetració del castellà. (...)
En l'aspecte gramatical, ¿quins dialectalismes poden admetre's en la llengua literària, i quins no? Crec que cal renunciar a aquelles formes dialectals que representen una degeneració o deformació respecte de les que tradicionalment vénen predominant en el català. Per aquest criteri, els baleàrics adoptam la grafia *ll* per *i* en mots com *ovella, full, collir;* renunciam als pronoms personals *noltros* i *voltros* per adoptar *nosaltres* i *vosaltres,* i als possessius *nostro* i *vostro* en benefici de *nostre* i *vostre;* accentuam la forma verbal de l'infinitiu, imperatiu i gerundi, en lloc d'accentuar el pronom enclític, com és usual en el baleàric (*estimar-se, estimant-se, estimar-vos,* i no *estimar-sé, estimant-sé, estimar-vós*); renunciam als gerundis en *-guent (diguent, poguent, valguent)* per preferir els clàssics *dient, podent, valent,* etc. Fins i tot, en nom de la unitat, renunciam en la literatura no popular a l'article *es, sa,* tan típicament baleàric, i escrivim *el dia, la nit,* en lloc de *es dia* i *sa nit.* I això que aquest article *es, sa* no és cap deformació ni cap degeneració; però ja és tradicional des de segles substituir-lo per l'article *el, la,* en els escrits de certa altura literària.
En canvi, crec que els baleàrics i valencians no tenim cap obligació de renunciar a l'ús de formes gramaticals que no són degeneracions, sinó paral·lelismes, i fins i tot més correctes que les formes de la Catalunya estricta. En primer lloc, no renunciam a les formes sense desinència o amb desinència *-e,* de primera persona del present d'indicatiu dels verbs: *jo cant, jo cante.*

Francesc de B. MOLL, *El dialectes i la llengua literària,* «Raixa» (1953).

Suggeriments de treball

1. Tema de debat: «Sense la normativització lingüística no podia ser eficaç la normalització del català».
2. Comenteu àmpliament el fragment de l'article de Prat de la Riba *Per la reforma,* reproduït en aquest mateix capítol.
3. Busqueu informació sobre el contingut i la importància del *Diccionari català-valencià-balear.*
4. Expliqueu, ajudant-vos de l'article de Coll i Alentorn esmentat a l'orientació bibliogràfica, les vicissituds de l'Institut d'Estudis Catalans durant les dues dictadures.
5. Realitzeu un informe sobre l'increment del periodisme i de la producció editorial en català en el període comprès entre els inicis del segle xx i la II República.
6. Ajudant-vos d'històries de la literatura, establiu les relacions entre el Noucentisme i la tasca de normalització del català.

Tema 17

Pompeu Fabra

Uns inicis fecunds i polèmics

«Fabra ha estat el català més important del nostre temps perquè és l'únic ciutadà d'aquest país, en aquesta època, que, havent-se proposat d'obtenir una determinada finalitat pública i general, ho aconseguí d'una manera explícita i indiscutible. En aquest sentit, no hi ha ningú més que s'hi pugui comparar. El destí de Fabra ha estat únic, gloriós, exclusiu. Feia molts anys, feia moltes dotzenes d'anys, que no s'havia produït en el nostre país un cas semblant. En el nostre temps, concretament, totes les empreses de caràcter col·lectiu i els homes que s'hi posaren davant tingueren un destí mancat, foren emportats avall per una catàstrofe sense precedents. De l'inenarrable, fabulós naufragi, només queda dempeus una obra i una figura: la figura i l'obra de Pompeu Fabra.»

Aquesta citació de Josep Pla palesa magníficament, potser com cap altra, fins a quin punt l'obra de Fabra congrià el respecte unànime dels escriptors. Pompeu Fabra i Poch nasqué a l'antiga vila de Gràcia (Barcelona) el 20 de febrer de 1868. Inicià estudis d'enginyeria que, progressivament, alternà amb una forta inclinació autodidàctica per la filologia. El 1891, l'editorial de «L'Avenç» li publicà la gramàtica *Ensayo de gramática de catalán moderno,* on, per primera vegada amb metodologia científica, es descriu la llengua parlada amb una acurada transcripció fonètica. Juntament amb Casas-Carbó i Massó i Torrents, Fabra emprengué la segona campanya lingüística de la revista «L'Avenç». Aquest fou el primer intent científic de sistematització de la llengua, un intent que provocà arborades polèmiques i constituí el canemàs de la futura normativització. Alhora, Fabra traduí, ben significativament en el procés de modernització de la nostra cultura, *La intrusa,* de Maeterlinck (1893), *Espectres,* d'Ibsen (1893, en col·laboració amb Casas-Carbó), i fou l'introductor d'Edgar A. Poe a la Península amb la traducció del conte *The Gold Bug* (*La Cuca d'Or,* 1896).

El 1902 guanyà per oposició la càtedra de química de l'Escola d'Enginyers de Bilbao, ciutat on visqué de manera continuada fins el 1912. Tot i l'allunyament del país, durant aquests anys intensificà la seva dedicació a la filologia. Així, publicà *Sil·labari català* (1904) i *Tractat d'ortografia catalana* (1904). El 1906 participà en el Primer Congrés Internacional de la Llengua Catalana amb la comunicació *Qüestions d'ortografia catalana;* el seu prestigi intel·lectual en sortí enormement reforçat, fins al punt que Prat de la Riba el cridà per dirigir la normativització lingüística tot i que no era ben vist en sectors clau de la Lliga. Aleshores retornà a Catalunya, fou nomenat membre fundador de la Secció Filològica de l'Institut d'Estudis Catalans i ocupà una càtedra dels Estudis Universitaris Catalans. El 1912 editຠuna *Gramática de la lengua catalana* que, segons sembla (vegeu-ne els comentaris al tercer suggeriment de treball d'aquest

Pompeu Fabra en una fotografia dels anys 30.

tema), és la més sòlida des d'un punt de vista lingüístic; un any després donava a conèixer les *Normes ortogràfiques* (1913), les quals, al costat de fervoroses adhesions, provocaren un corrent contrari d'opinió. Consta que Fabra, abans de publicar-les, havia ja renunciat a algunes de les seves solucions; en poder d'un tacte inusual, sabé cedir en tots els casos que, sense rebaixar els mínims exigits pel rigor i la ciència lingüística, significaven la suma de noves voluntats per a imposar la reforma.

Un dels punts bàsics de l'ortografia defensada per Fabra fou el respecte envers la pronúncia dels dialectes i l'etimologia dels mots; segons ell, calia conèixer profundament la fonètica per establir correspondències entre la grafia i el so. La seva ortografia es basà en tots els dialectes, amb un clar predomini del central; Mila Segarra explica que Fabra volia una ortografia que no amagués les diferents oposicions fonològiques de la llengua. Així, la fixació de la /b/ bilabial i la /v/ làbio-dental s'havia de regir pels dialectes que n'havien conservat la distinció. El mateix criteri aplicava a les *a* i *e* àtones, diferenciades en els parlars occidentals.

A desgrat de la importància atorgada a l'etimologia, Fabra tendí a no acceptar grafies sense correspondència fonètica (així, la *h* i la *ç*).

El *Diccionari Ortogràfic* (1917) complementava les *Normes;* en el pròleg, Fabra explicava les raons de les seves regles ortogràfiques i exposava les modificacions que hi havia introduït. El *Diccionari* esmentat aplega l'ortografia d'uns 40.000 mots.

Un mestratge eficaç

A partir del 1918, amb la publicació de la *Gramàtica Catalana,* adoptada com a oficial, s'inicia una etapa que culmina el 1932 amb la publicació del *Diccionari general de la llengua catalana.* Del mateix any és el *Curs mitjà de gramàtica catalana,* pensat especialment per a l'escola i reeditat, el 1968, amb el títol de *Introducció a la gramàtica catalana.* L'interès de Fabra per la filologia no es reduí a l'àmbit català; així, redactà una *Gramàtica francesa* (1919) i una *Gramàtica anglesa* (1924). Les *Converses filològiques* (1924; el 1983 se n'inicià l'edició crítica) sorgiren de l'anhel fabrià de divulgar les seves reflexions lingüístiques. Es tracta d'articles breus que plantegen i resolen dubtes idiomàtics molt freqüents; es publicaren al diari «La Publicidad» («La Publicitat» des del 1922) del 1919 al 1928. Amb la mateixa voluntat divulgadora, Fabra donà a conèixer un repertori d'obres auxiliars: *Ortografia catalana* (1925), *Les principals faltes de gramàtica* (1925), *La conjugació dels verbs en català* (1926) i el *Diccionari ortogràfic abreujat* (1926). Altres obres d'aquest període les destinà als no-catalans: *Abrégé de grammaire catalane* (1928) i *Compendio de gramática catalana* (1930).

La consolidació d'una tasca

L'any 1932, Fabra accedí directament, per raó del seu prestigi, a la càtedra de llengua catalana de la Universitat de Barcelona; amb ell hi entrava oficialment la llengua per primera vegada en la història. El 1933, Fabra esdevingué President del Patronat universitari.

El *Diccionari* de 1932, ja esmentat i conegut popularment com el «Fabra», fou pensat com el canemàs del futur diccionari oficial de l'Institut d'Estudis Catalans, encara avui no editat. Els criteris que presidiren la seva confecció poden resumir-se en els següents:

- Exclusió d'arcaismes i dialectalismes de difícil admissió per part dels parlants.
- Previsió de bandejament dels mots que, amb el temps, perdessin vigència.
- No admissió de mots forasters manllevats a altres llengües que substituïssin mots propis del català o bé que impossibilitessin de crear-ne de nous.
- Incorporació de mots tècnics, prèviament catalanitzats, d'origen greco-llatí i d'abast universal.

En aquests anys de plenitud, les propostes fabrianes de normalització són finalment acceptades; Francesc Matheu, rellevant editor i destacat antinormista, li ofereix la presidència dels Jocs Florals (1934), on Fabra pronuncià un discurs considerat com una de les millors síntesis del seu pensament lingüístic. D'acord amb els seus criteris, valencians i illencs havien adoptat poc temps abans la normativa de l'Institut d'Estudis. Així, després de segles de desmembració i despersonalització, Fabra i els seus col·laboradors veieren com una única llengua literària tornava a ser acceptada arreu dels Països Catalans. L'any 1934, Fabra i d'altres intel·lectuals de prestigi firmaren el manifest *Desviacions en els*

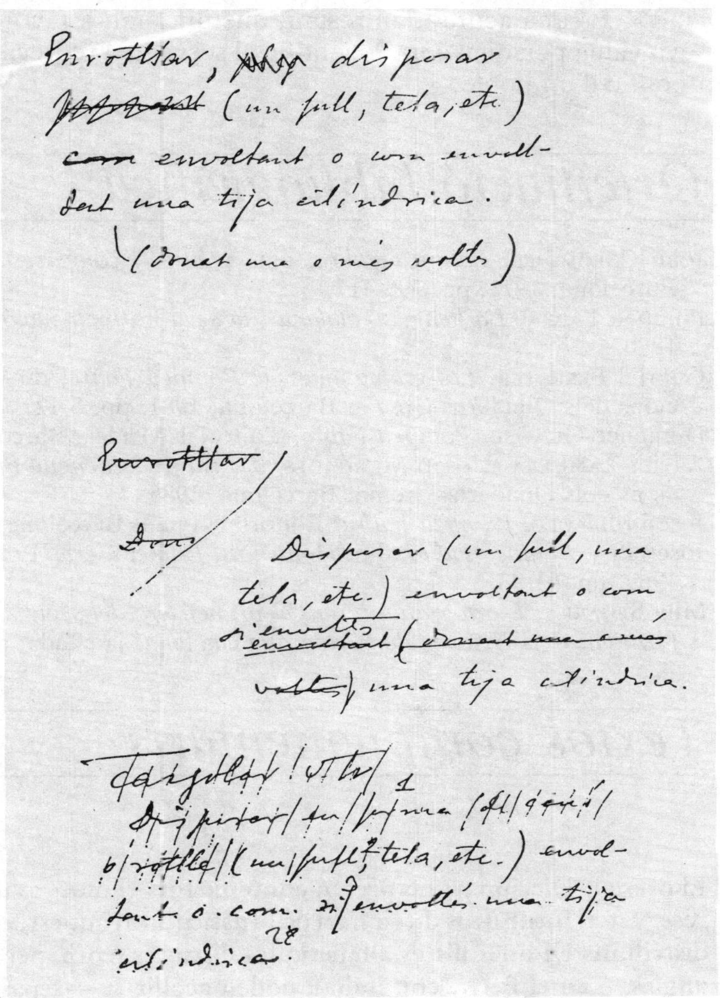

Esborranys de l'article *Enrotllar*, on es palesa la voluntat de perfecció i precisió de Fabra en definir un mot per al *Diccionari*.

conceptes de llengua i pàtria, on definien el marc lingüístic i nacional: «La nostra Pàtria, per a nosaltres, és el territori on es parla la llengua catalana. Comprèn, doncs, de les Corberes a l'Horta d'Oriola i de les comarques orientals d'Aragó a la Mediterrània.»

La guerra d'Espanya, però, anorreà aquestes esperançadores bases encarades al futur. Pompeu Fabra —entre tants d'altres— creuà la frontera franco-espanyola el 31 de gener de 1939; fins al dia 20 havia impartit classe a la Universitat. Després vingué un llarg pelegrinatge amb estades a París, Montpeller, Perpinyà i, finalment, Prada de Conflent, on morí el 25 de desembre de 1948. En els darrers anys de la seva vida, malgrat les condicions adverses, continuà treballant; enllestí una nova *Gramàtica catalana,* publicada pòstumament el 1956 per Joan Coromines. En aquesta obra, en paraules de Gabriel Ferrater, «va voler recobrar certs drets seus, els drets del lingüista excel·lent que ell era, als quals havia renunciat en part quan va escriure la gramàtica normativa "oficial"». És una actitud, en resum, que diu molt a favor d'un home que posà la seva vàlua personal com a científic al servei del redreçament lingüístic, cultural i polític d'un poble.

Orientació bibliogràfica

Joan COROMINES, *Pompeu Fabra,* dins *Lleures i converses d'un filòleg,* Club editor, Barcelona, 1971, pp. 393-417.

Pompeu FABRA, *La llengua catalana i la seva normalització,* Edicions 62, Barcelona, 1980.

Gabriel FERRATER, *Les gramàtiques de Pompeu Fabra,* dins *Sobre el llenguatge,* Edicions dels Quaderns Crema, Barcelona, 1981, pp. 3-12.

Domènec GUANSÉ, *Pompeu Fabra,* Editorial Alcides, Barcelona, 1964.

Xavier LAMUELA - Josep MURGADES, *Teoria de la llengua literària segons Fabra,* Edicions dels Quaderns Crema, Barcelona, 1985.

Josep MIRACLE, *Pompeu Fabra,* Editorial Aymà, Barcelona, 1968.

Josep PLA, *Pompeu Fabra,* dins *Homenots. Primera sèrie,* Edicions Destino, Barcelona, 1969, pp. 61-98.

Mila SEGARRA, *L'ortografia durant el primer terç del segle XX. L'assoliment de la uniformitat,* dins *Història de l'ortografia catalana,* ja citada, pp. 288-367.

Textos complementaris

I

El present Diccionari no pretén contenir tots el mots avui inventariats: això està reservat al futur gros diccionari de l'Institut. En aquest, en què els mots figuraran distribuïts en dues llistes alfabètiques distintes (com, per exemple, en el Webster, anglès, o en el Petrocchi, italià), poden acollir-se —separats que vagin dels mots d'ús general en la llengua— des del mot antic completament caigut en desuetud fins al mot dialectal més insignificant i àdhuc els castellanismes i tots altres mots jutjats avui inacceptables que trobem usats en els escrits dels autors renaixentistes. Poden acollir-s'hi i àdhuc convé que s'hi acullin. Però no així en un Diccionari com el present, que pretén ésser normatiu i en què llur inclusió podria semblar un encoratjament a usar-los, cosa ben perillosa en els moments actuals en què molts, desitjosos de millorar llur català, van a la recerca del mot estrany amb què reemplaçar l'habitual, sia aquest bo o dolent.

Segurament algú no trobarà bé que no sigui inclòs en el Diccionari General tal o tal mot peculiar de la seva contrada; però que pensi que si aquest mot ha de figurar un dia en el diccionari general de la llengua literària, ha d'ésser perquè un escriptor d'aquella contrada l'elevi, ell que el coneix bé, a la categoria de mot literari. Altrament, ens exposaríem a carregar el lèxic literari de mots que, mal apresos per la gent, més aviat entrebancarien l'obra de depuració i fixació de la llengua escrita. La no inclusió de tals mots podrà ésser també blasmada per certs

lingüistes, que precisament en van a la recerca; però aquests han de parar esment que el present Diccionari no és escrit tenint en vista llurs investigacions, sinó el millorament de la llengua escrita i la seva difusió entre la massa parlant catalana. I és per això que, si per l'un costat ometem mots que tenen un indubtable interès per al lingüista, per l'altre consignem mots tècnics de formació greco-llatina, mots internacionals d'un ben petit interès lexicogràfic, però que cal que s'incloguin en un diccionari normatiu perquè interessa indubtablement a molts la coneixença de llur forma catalana.

Pompeu FABRA, *Diccionari general de la llengua catalana* (1932).

II

La glòria de Pompeu Fabra, expressada en la quasi unanimitat amb què es feia i continua fent-se precedir el seu nom del títol de Mestre, i en la disciplina amb què s'han seguit o procurat seguir les normes per ell formulades, no ve pas del no-res; vull dir del beat optimisme que travessa tota la nostra Renaixença i que tan sovint dóna per fet en uns pocs anys i per obra del pur entusiasme, tot allò que normalment requereix tenacitat de propòsit, ben dirigit treball d'equip, crítica eficaç, la cooperació de múltiples factors i, comptat i debatut, segles.
És adreçant-me a lingüistes més o menys especialitzats en l'estudi de la nostra llengua, i no fa gaire, que vaig qualificar de «folla» l'empresa de tornar el català a la seva antiga categoria d'idioma de cultura. Em vaig emparar en Llull per a l'ús del mot; per sortir al pas d'un probable escàndol, no entre els estrangers, sinó entre els massa nostres, excessivament complaguts en un concepte ingenu del seny, vaig modificar el perillós adjectiu amb l'adverbi «noblement». Avui i per escrit repeteixo: una de les més noblement folles empreses a què un poble, si es vol la minoria dirigent d'un poble, s'hagi mai llançat.
Al meu entendre, Pompeu Fabra, dins el grup d'intel·lectuals, doblats o no de polítics, que a les primeries del segle van prendre consciència del que significaven realment els compromisos llegats pels patriarques de la Renaixença, va veure quines possibilitats hi havia en l'aventura de l'idioma, a la qual es referien tots. Amb l'ull segur d'un tècnic, és a dir, d'un filòleg tan informat com calia, amorosament i cartesianament, precisà i definí l'objectiu i els mitjans per assolir-lo.
(...)
Un dels motius pels quals Pompeu Fabra mereix més la nostra admiració, i no vacil·lo a dir la nostra gratitud, és el coratge amb què renuncià a l'èxit fàcil; perquè també un filòleg és temptat a fer demagògia, i més dins un ambient com el que entorn d'ell creaven aquestes ingenuïtats. Així, no desdenyà mai cap avinentesa de declarar el caràcter provisional de la seva obra. No es tracta d'una modèstia de protocol, ni tan solament d'una actitud tàctica, sinó d'un concepte bàsic, adoptat sobre un coneixement rigorós del que és un període de fixació d'una llengua en unes circumstàncies determinades. Diria, precisant més, que tota la seva obra de gramàtic i de lexicògraf és una grandiosa, detallada, raonada proposta als escriptors i, amb ells, a la massa parlant culta: són ells, és ella, que tenen la darrera

paraula. Mentre els escriptors sàpiguen llur ofici i la massa parlant disposi de la il·lustració necessària, cal afegir.

Carles RIBA, Prefaci a *Diccionari general de la llengua catalana* (1954).

III

En un primer estadi, el del destriament de les especificitats constitutives de la llengua catalana, Fabra presenta tot de trets en comú amb el pensament dels neogramàtics (comparatisme, inflexibilitat de les lleis fonètiques, importància del canvi lingüístic, etc.); en un segon estadi, el de la fixació de la seva llengua escrita, Fabra es mostra pròxim a la pràctica gramatical descriptiva i estructuralista d'un Saussure (anàlisi sincronicista, limitació de l'arbitrari, empirisme analític); en un tercer estadi, el de la conformació d'una llengua literària, coincideix Fabra amb punts programàtics claus dels lingüistes del Cercle de Praga (concepció teleològica i funcional de la llengua, intervencionisme actiu en el seu desenvolupament, mitjans d'assegurar-li'n la intel·lectualització); i, a més, atesa la mai no aturada influència de l'espanyol damunt el català, sinó més aviat sempre en augment, anticipa Fabra conceptes cabdals dels que integraran anys a venir la moderna sociolingüística (diglòssia, conseqüències del contacte de llengües, menes d'interferència lingüística, etc.).

Xavier LAMUELA - Josep MURGADES,
Teoria de la llengua segons Fabra (1985).

IV

Ara que la maror emotiva aixecada per la commemoració del centenari de la naixença de Pompeu Fabra ha recedit potser una mica, no deu ésser del tot inútil que mirem de donar una mica de corporeïtat objectiva a la nostra admiració, i de llegir Fabra atentament i d'entendre'l fins on ens sigui possible. És l'única manera que s'esvaeixin unes quantes innocentades que circulen pel país, i que ens haurien de fer caure la cara de vergonya. Aquesta, per exemple, que em posa tots els nervis a repèl: que la seva qualitat millor era el bon gust. Si Fabra tenia o no tenia bon gust, ni ho sospito, perquè mai no he llegit cap comentari seu ni sobre la moda ni sobre els poms de flors. L'única qualitat seva que m'importa és que era un lingüista competent i un gramàtic meravellosament hàbil: és a dir un científic, un home d'idees empíriques i no pas de preferències decoratives ni de voleiaments emotius, i que reclama que l'apreciem segons el valor de les seves idees. Fabra, l'enginyer (si bé no va arribar a conèixer la cibernètica), no va perdre mai de vista que, contra d'allò que es pensen els estetes i els sentimentals (i d'allò que propagava la fil·loxera «idealista» que, fa quaranta anys, va devastar la lingüística romànica), una llengua és un objecte funcional, una eina de comunicació.

Gabriel FERRATER, *Les gramàtiques de Pompeu Fabra* (1968).

Suggeriments de treball

1. Cerqueu informació sobre la incidència que tingué la figura i l'obra de Pompeu Fabra entre els escriptors i intel·lectuals coetanis. Podeu consultar *Catalans de 1918,* de J.V. Foix, i *Homenots,* 1a. sèrie, de Josep Pla.
2. Llegiu i comenteu les següents «Converses filològiques» de Fabra. ¿Els seus punts de vista tenen encara validesa en el moment actual de normalització lingüística?

15 V 1920

CXXXVII

S'esdevé sovint que dues pronúncies o dues construccions, l'una catalana i l'altra castellana, ens són igualment familiars i les usem indistintament en català i en castellà ignorant que l'una pertany a la primera llengua i l'altra a la segona.
Parlem, així, un català castellanitzat i un castellà catalanitzat, pel desconeixement que sovint tenim de ço que és català i de ço que és castellà.
Tots els verbs catalans en iar *en què la* i *va precedida d'una consonant, com* estudiar *i* canviar, *porten l'accent sobre la* i *en totes aquelles formes en què l'accent cau sobre el radical; així,* estudiar *fa* estudía, canviar *fa* canvía. *Però, com el castellà diu* estúdia *i* cámbia, *s'esdevé que tot sovint, parlant en català, diem* estúdia *i* cánvia; *però no és rar que el mateix individu a qui, parlant en català, esdevé de dir* estúdia *i* cánvia, *digui algun cop, parlant en castellà,* estudía *i* cambía.
En castellà alguns verbs en iar *accentuen la* i, *en el present, com en català (*espía, desvía, confía*), i els altres accentuen la vocal anterior a la* i, *contràriament al català (*estúdia, cámbia, aprécia*). No és ací el lloc de notar quins verbs castellans pertanyen a la primera categoria i quins pertanyen a la segona. El que ens interessa és de retenir que el català, en tots els verbs en qüestió, accentua la* i *en el present. Cal, doncs, que ens esforcem a no dir* estúdia *sinó* estudía. *I, així mateix,* canvía, aprecía, odía, associa, calumnía, injuría, irradía, inicía, oficía, acaricía, concilía, copía, apropía, refugía, vicía, *etc.*

21 IV 1920

CXXIII

Una construcció va actualment generalitzant-se en la llengua parlada que caldria combatre per tots els mitjans, començant, naturalment, per evitar-la en absolut en la llengua escrita. És tenir que.
A cada moment sentim, en efecte, expressions com aquestes: Tens que fer-ho, Tenir que treballar, Té que anar-hi, *en lloc de* Has de fer-ho, Haver de treballar, Ha d'anar-hi. *Tals expressions són del tot inadmissibles, i és inexplicable que la llengua escrita les aculli, afavorint així llur propagació.*
Tampoc semblen acceptables les construccions, avui ja tan corrents, Hi ha que callar, Hi havia que anar-hi, Hi ha que veure-ho *(traduint* Hay que callar, *etc.).*
A mesura que aquestes expressions van generalizant-se recula el verb caldre. *La llengua escrita en fa un ús cada dia més limitat. Fa pena de constatar, en la majoria dels originals que passen per les Oficines de l'Institut, l'absència quasi completa del verb* caldre, *substituït sistemàticament per les perífrasis a què ha de recórrer el castellà per*

mancança d'un verb equivalent al nostre caldre *o al francès* falloir: ésser precís que, ésser de necessitat que, fer falta que, *etc.*

3. Compareu les següents opinions sobre les gramàtiques de P. Fabra:

Des de la seva Gramática de la Lengua Catalana, *però, obra publicada per* L'Avenç *l'any 1912, la perfecció sembla assolida: és el tractat més voluminós i detallat que publicarà, i s'imposa reconèixer-hi una perfecció difícilment superable. La Gramàtica redactada en català el 1918, per encàrrec de l'Institut d'Estudis Catalans, ens mostra sens dubte una faç nova: es concentra a la doctrina essencial, s'eliminen detalls, se n'esporguen les observacions comparatives amb el castellà i altres llengües, i els elements històrics i dialectològics, es despulla de doctrines lèxiques i literàries, i en canvi s'hi accentua l'aspecte codificador d'una reforma lingüística ja admesa per tothom; mentre que els canvis deguts a l'admissió de matèria gramatical nova són molt més reduïts, i a penes poden assenyalar-s'hi qüestions no tractades ja en l'obra castellana de sis anys abans.*

Joan COROMINES

I no em sembla tampoc massa aventurat de fer una suposició, quant a una de les motivacions d'aquella reticència. El fet és, per una banda, que de les tres gramàtiques majors de Fabra (la de 1912, la «de l'Institut», i la pòstuma), la segona és moltíssim inferior a les altres dues, i, per altra banda, que la reticència i el formalisme s'acusen molt a la gramàtica darrera. Jo diria que en un cert moment Fabra, a l'exili, va voler recobrar certs drets seus, els drets del lingüista excel·lent que ell era, als quals havia renunciat en part quan va escriure la gramàtica normativa «oficial». Però no volia que s'advertís massa tot allò que el seu intent de descripció sincera i científica tenia de subversiu segons les idees dels mestre-tites, i es va refugiar darrera una forma d'expressió neutra i aparentment no-concernida. Ara bé, no sempre va reeixir a deseixir-se de certs compromisos adquirits amb les regulacions imperatives de la gramàtica «de l'Institut».

Gabriel FERRATER

Fabra en cada gramàtica tractava amb extensió i profunditat uns quants temes i deixava els altres pràcticament només insinuats o els oblidava simplement. Caldria estudiar quins eren en cada moment els temes aprofundits i per què. En general, cal suposar que hi havia dues o tres raons que feien decantar la tria: a) El fet que el tema fos bàsic i previ des d'un punt de vista científic per estudiar-ne d'altres. Potser es trobaria en aquest cas la pronunciació, que Fabra estudià amb molta riquesa de detalls i amb una contenció expositiva exemplar durant els vint primers anys de la seva tasca (vegeu 1891, 1897, 1898, 1912, 1913-14). b) El fet de tractar-se de punts o aspectes especialment conflictius i urgents. Podríem enumerar aquí els tan admirables com primerencs estudis sobre els pronoms febles i sobre la morfologia verbal, probablement els dos capítols que més havien fet anar en doina els gramàtics anteriors (Ballot, Bofarull, etc.). Després van venir els estudis sobre la negació (que, des del punt de vista considerat, crec menys essencial i menys urgent) i sobre el relatiu. c) El fet de ser aspectes essencials, encara que no fossin tan urgents ni tan sol·licitats pels lectors. Aquí hi col·locaria l'encara avui no superada sistematització de la composició i la derivació del lèxic (1912, 1956).

Joan SOLÀ

4. El Discurs dels Jocs Florals de Barcelona de 1934 és considerat com un dels textos clau del pensament teòric de Fabra. Dels fragments que en reproduïm a continuació, feu-ne una síntesi i destaqueu-ne els punts que us semblin més bàsics.

Per damunt dels parlars catalans, els nostres escriptors medievals havien format una llengua escrita única, *una llengua literària en la qual traspuaven a penes les diferències dialectals: el català que s'escrivia en els inicis de la renaixença no era pas la llengua moderna que hauria sortit d'aquella llengua antiga si no hagués sobrevingut la decadència literària; però calia que ens decidíssim a escriure en català, encara que fos en el català pobre i deturpat de la decadència, perquè un dia poguéssim arribar a formar de nou una* llengua catalana, *una llengua literària que fos digna successora de la nostra gloriosa llengua medieval. I és gràcies a la instauració dels Jocs Florals que el nombre escassíssim dels conreadors de la llengua catalana veié augmentar-se i s'assegurà la continuïtat del seu conreu, sense la qual l'obra de redreçament avui acomplerta no hauria pogut mai realitzar-se.*
(...)
Potser podia retreure's als antinormistes que, en ares de la unificació ortogràfica, no sabessin fer el sacrifici de llurs preferències com havien fet els membres de l'Institut d'Estudis Catalans; però ells no es trobaven exactament en el cas d'aquests, els quals s'havien obligat per endavant a acceptar els resultats d'unes votacions i havien participat en les llargues discussions que les precediren. Si ells creien que algunes de les normes de l'Institut eren equivocades, hom s'explica que tractessin de mantenir les que jutjaven preferibles. És clar que era de doldre una actitud que entrebancava la difusió de la llengua escrita, i per això nosaltres, els innovadors, els hem combatuts en moltes ocasions; però jo declaro ací ben sincerament que si alguna vegada —que no ho recordo— hagués estat excessivament agressiu amb ells, me'n penediria, perquè, en llur actitud, els guiava indubtablement el mateix afany que a nosaltres: el d'atènyer la major perfecció de la nostra llengua escrita. Jo havia confiat sempre que, en el moment que el català fos declarat llengua oficial i cridat per tant a ésser après i emprat per tots els catalans, ells deposarien patriòticament llur actitud. I així ha estat: l'Acadèmia de Bones Lletres ha publicat, en el seu darrer butlletí, aquesta declaració d'adhesió a les normes ortogràfiques de l'Institut: «Una altra renúncia per part de l'Acadèmia ha estat el del sistema ortogràfic creat per ella quan els estudis filològics no eren encara corrents i defensat en campanyes persistents i enèrgiques. Però la infrangible constància d'aquesta defensa, que podia ésser una virtut dins una lliure palestra literària, hauria estat funesta si hom l'hagués volgut continuar en el moment que al català, esdevingut idioma oficial de Catalunya, li calia tenir una unitat externa que el fes apte a tots els serveis del poble, avui en ple període constitutiu d'autonomia. És per això que l'Acadèmia ha adoptat les normes ortogràfiques de l'Institut d'Estudis Catalans.»
(...)
Quant a l'obra de redreçament, seria un error de creure que ja no ens manca sinó de fer uns lleus retocs al sistema gramatical, d'acabar de fixar la sintaxi, de donar acolliment a aquest o a aquell mot arcaic o dialectal: en el moment que el català va penetrant en medis d'on fins ara havia estat bandejat, va veient-se com està encara inacabada l'obra de depuració del seu lèxic; cal refer els vocabularis tècnics; una infinitat de coses dels oficis, de les arts, de les indústries, són designades amb mots castellans; cada dia plouen les preguntes: com se'n diu en català de tal cosa?, les quals caldria sovint mudar en: com se n'hauria de dir en català de tal cosa?...
I, quant a l'obra de difusió de la llengua, pot dir-se que tot just comença. I hi haurem

de posar el màxim esforç, perquè —enteneu-ho bé— no es tracta solament de difondre l'ús del català en el sentit que la gent s'acostumin a escriure preferentment en català en lloc de fer-ho exclusivament en llengua castellana, sinó de difondre la coneixença de la llengua literària, d'aquesta llengua depurada i normalitzada que tant ens ha costat d'elaborar, i que no és pas el pobre català que parlen la majoria dels catalans i que s'escriu habitualment, ple de castellanismes i de vulgarismes vergonyosos. Cal fomentar l'ensenyament del català, sobretot entre els qui millor poden difondre'n la coneixença en la massa parlant catalana: els qui escriuen per al públic i, des d'ara, els mestres. Cada dia augmenta el nombre dels qui llegeixen el català; però el català que els ofereixen les nostres publicacions ¿és sempre *correcte? El català serà —és de creure— ensenyat aviat en totes les escoles de Catalunya; però ¿saben el català* tots *els mestres? Pensem que si no anem de pressa en aquesta tasca de difusió, correm el perill que l'obra de redreçament realitzada ho hagi estat endebades. El català perilla, ara més que mai, d'esdevenir un calc de la llengua castellana. Dins un règim de bilingüisme, l'únic mitjà de resistir a la influència pertorbadora de la llengua forastera, és la coneixença perfecta de la llengua materna. Sense ella, continuarà fatalment la castellanització que començà durant la decadència i que la renaixença no ha deturat pas.*

5. De la lectura dels poemes següents, deduïu-ne la diferent valoració que els autors fan de la llengua i de la tasca normativitzadora de Pompeu Fabra.

JACULATÒRIES DEL CENTENARI

Audaç, vident, ànima dreta,
feina neta

en un país que renaixia
tot fent via,

emprengué sol la gran comesa
mal compresa,

i a un desmanec, ja vell de segles,
donà regles;

i sempre ho féu amb un somriure
d'home lliure

que el lliure albir d'altri respecta,
circumspecte.

Sent enginyer d'enginy flexible,
molt sensible,

un pont bastí per la cultura:
llengua pura.

Perquè sabia de convèncer
pogué vèncer,

dictador amb seny i sense sabre,
mestre Fabra!

PERE QUART

EL MEU POBLE I JO

A la memòria de Pompeu Fabra, Mestre de tots els qui parlen i escriuen en català, l'anomenin com vulguin.

Bevíem a glops
aspres vins de burla
el meu poble i jo.

Escoltàvem forts
arguments del sabre
el meu poble i jo.

Una tal lliçó
hem hagut d'entendre
el meu poble i jo.

La mateixa sort
ens uní per sempre:
el meu poble i jo.

Senyor, servidor?
Som indestriables
el meu poble i jo.

Tenim la raó
contra bords i lladres
el meu poble i jo.

Salvàvem els mots
de la nostra llengua
el meu poble i jo.

A baixar graons
de dol apreníem
el meu poble i jo.

Davallats al pou,
esguardem enlaire
el meu poble i jo.

Ens alcem tots dos
en encesa espera,
el meu poble i jo.

SALVADOR ESPRIU

Tema 18

La llengua al segle xx (II)

Marc històric

Les tropes del general Franco entraren en territori català a l'abril del 1938. A partir d'aquell moment, un seguit de decrets començaren a «legalitzar» la persecució i la repressió del més mínim signe de catalanitat. Es derogà l'Estatut d'Autonomia, s'aboliren el Parlament català i la seva tasca legislativa i la Generalitat. La llengua, però, fou la principal receptora de les ires dels ocupadors. Barcelona caigué en mans dels rebels el 26 de gener de 1939.
Des del mateix 19 de juliol de 1936, les illes de Mallorca, Eivissa i Formentera s'uniren als militars rebels.
Fou una decisió presa per les autoritats de les Illes, ja que no comptà amb un entusiàstic suport popular. Menorca, de primer fidel a la República, capitulà el 8 de febrer de 1938. La repressió hi tingué caires tan sagnants com al Principat. A la resta de les Illes, si bé n'hi hagué, d'entrada, no existiren tants motius per demostrar la raó dels vencedors.
A Catalunya fou duríssima i simbòlicament culminà amb l'execució del president de la Generalitat Lluís Companys i Jover, a Montjuïc, el 15 d'octubre de 1940. Una de les tasques prioritàries dels feixistes fou la ràpida espanyolització de tots els àmbits de la vida quotidiana, de manera especial els mitjans de comunicació i el control de l'ensenyament. Desaparegueren o s'integraren en *el nuevo orden* les 1.200 publicacions periòdiques, els 7 diaris de Barcelona i els 16 de la resta del Principat que s'editaven en català abans del 1939.
Pel que fa a l'ensenyament, la majoria de mestres catalans foren depurats i substituïts per *maestros nacionales* provinents sobretot de Castella. A més, s'intensificà la vinguda de funcionaris de tot tipus (judicials, policials, ministerials).
A partir del 1950, els industrials catalans que havien d'alguna manera finançat el «Alzamiento», d'acord amb el «Régimen», canalitzaren cap a Catalunya allaus immigratòries que no trobaren un marc adequat per a integrar-se, i complicaren enormement tot el procés de reivindicació i normalització emprès per part del país a final del període.
Els exiliats i els resistents de l'interior vivien l'esperança que amb la victòria dels aliats, el 1945, el règim del general Franco havia de caure irremissiblement. No fou així. Per a més escarni de les democràcies, després d'uns anys d'aïllacionisme, el «régimen» fou reconegut pels EUA (1953) i, l'any 1955, l'ONU admetia un representant espanyol. És cert que a partir del 1945 s'atenuà la repressió, almenys contra les persones, que no pas contra les ideologies, atenuació que tingué un altre moment aparentment dolç amb la llei Fraga de premsa (1966). Així foren possibles les primeres manifestacions organitzades en contra del règim: la vaga de tramvies (1951); la campanya contra Galinsoga, director de «La Vanguardia»; els fets del Palau de la Música (1960); la cam-

panya «Volem bisbes catalans» (1966); la «Caputxinada» (1966); la tancada de 250 intel·lectuals i artistes a Montserrat (1970), arran del procés de Burgos, i, finalment, l'organització de l'Assemblea de Catalunya (1971), que promogué, entre moltes d'altres accions, una campanya a favor de l'ús oficial del català.

La dinàmica cultural

A l'exili europeu i, sobretot, l'americà, hi hagué iniciatives per tal de suplir el silenci imposat a l'interior. Cal destacar la tasca dels editors Costa-Amic i A. Artís i els grups d'escriptors que feren possible revistes com «Lletres» (1944-48), «Pont Blau» (1952-63) i «Quaderns de l'Exili» (1943-47). A l'interior, l'editorial Selecta, dirigida per J.M. Cruzet, havia començat les seves activitats el 1944. Quan, el 1948, li autoritzaren l'edició de les *Obres Completes* de Verdaguer, hagueren d'aparèixer amb ortografia pre-fabriana. La mateixa limitació —dedicar-se als autors clàssics i consagrats— hagué d'admetre l'editor F. de B. Moll, el primer, des de Mallorca, el 1941, d'aconseguir permís per a reprendre la col·lecció «Les Illes d'Or». Malgrat tot, algunes edicions més compromeses es feren amb falsos peus d'impremta; aquest fou el cas de *Les elegies de Bierville* (1943) de Carles Riba. El 1943, a València, l'editorial Torre inicià les seves activitats. L'any 1942, de manera clandestina i precària, l'Institut d'Estudis Catalans reprengué les activitats. Es crearen alguns premis literaris: Premis de Cantonigròs (1944); Premi de novel·la Joanot Martorell (1947), després convertit en Sant Jordi (1960), convocat per l'Editorial Aymà, que possibilitaren mínimament que les noves generacions d'escriptors prenguessin el relleu. Aparegueren també algunes revistes clandestines que, si bé amb audiència restringida, significaven el desig de recuperar signes d'identitat cultural. Ens referim a «Poesia» (1944-45), «Ariel» (1946-1951) i «Antologia» (1947-48). A partir del 1946 també es repengueren de manera limitada les representacions teatrals.

A la dècada dels cinquanta es publicà la segona edició del *Diccionari* Fabra (1954) i es feren les primeres classes de català autoritzades, al CICF, avui CIC. Es crearen nous premis literaris per tal d'estimular el conreu de la llengua: Víctor Català (1953) de narració curta; l'Aedos (1953) de biografia; l'Yxart (1956) d'assaig; el Joan Santamaria (1956) i el Carles Riba (1959) de poesia, continuador de l'Óssa Menor (1950). En el camp de l'edició, a Mallorca, F. de B. Moll publicà els vuit volums que faltaven del *Diccionari català-valencià-balear* (1949-1962). A València, l'editorial Estel inicia les seves tasques (1949) i, a Barcelona, l'editorial Albertí (1954). A finals de la dècada aparegué la revista mensual «Serra d'Or» (1959), que tingué durant anys un paper destacadíssim en el món de les idees i la literatura.

A partir del 1960, malgrat la censura, es nota la tendència a una certa permissibilitat, tot i que es mantingueren prohibicions tan nefastes com la de no poder editar noves traduccions en català. El 1963 s'instituïren nous premis: el Josep M. de Sagarra de teatre, el Joaquim Ruyra de narració juvenil i el J.M. Folch i Torres de narració infantil. En aquest àmbit s'aconseguí abraçar tots els gè-

Joan Coromines, romanista de gran prestigi internacional.

Francesc B. Moll, filòleg i editor mallorquí.

Manuel Sanchis Guarner, filòleg i historiador valencià.

neres. El 1962 es fundà Edicions 62, que renovà amb projectes ambiciosos el sector del llibre. Així, el 1969 inicià la publicació de la *Gran Enciclopèdia Catalana*.

En el camp de les publicacions periòdiques cal destacar l'aparició d'alguns de mensuals: a Mallorca, «Lluc» (1952); a València, «Gorg» (1969-72, suspesa per ordre governativa); i al Principat, «Oriflama» (1961-1977). També apareixen noves publicacions infantils: «L'Infantil» (1951), després convertit en «Tretzevents» (1973), el «Cavall Fort» (1961) i la represa de l'històric «Patufet» (1968-1973). En el camp dels setmanaris, citem «Tele-estel» (1966-1970), editat a Barcelona amb un tiratge inicial de 60.000 exemplars, que s'anà reduint progressivament; «Presència» (1968) de Girona i «Canigó» (1971-1983). Pel que fa a les revistes especialitzades citem «Qüestions de Vida Cristiana» (a partir del 1958); les literàries «Els Marges» (1974), «Randa» (1975) i «Faig» (1975); i, finalment, les d'història «Recerques» (1970) i «L'Avenç» (1976).

La fundació de l'«Obra Cultural Balear» (1962) i de l'«Acció Cultural del País Valencià» (1978) s'inspirà en «Òmnium Cultural» (1961), una entitat civil catalana que, entre d'altres activitats, ha impulsat i continua impulsant l'ensenyament de la llengua. Formà els primers mestres (1962), que de manera semiclandestina s'anaren introduint en les escoles i centres socials. L'entitat, a part de finançar alguns premis de la Nit de Santa Llúcia, creà el Premi d'Honor de les Lletres Catalanes (1969). L'any 1968 endegà la campanya del «Català a l'Escola». També es fundaren dos nous premis literaris: el Prudenci Bertrana (1967) i el Josep Pla (1968). A Mallorca, a partir del 1955, s'atorguen els premis Ciutat de Palma i a València els Premis Octubre (1973).

A partir dels seixanta, el moviment de la «Nova Cançó» que, en un principi, es mogué en uns paràmetres de voluntarisme i, per tant, d'escassa professionalització i d'activisme político-cultural, aconseguí de penetrar a totes les capes socials. A més a més, conferí la possibilitat, no reeixida en tots els casos, de popularitzar la cançó en català, bo i lluitant contra la Dictadura. Dels inicials «Setze Jutges» n'han sorgit els noms capdavanters de Lluís Llach i Maria del Mar Bonet, que, conjuntament amb Raimon —entre molts d'altres—, s'han mantingut fidels a la llengua.

El període es clou amb la mort del dictador i l'inici de les tasques del Congrés de Cultura Catalana (1975-77).

La llengua: estudiosos i evolució

Malgrat la persecució i el marginament de la llengua, aquesta ha estat una etapa rica en esforços i publicacions que n'han actualitzat i consolidat els estudis.

Destaquem en primer lloc la figura de Joan Coromines (1905), deixeble de Pompeu Fabra. És considerat el més prestigiós dels romanistes del món. Abans del 1939 fou professor a la Universitat Autònoma de Barcelona. Exiliat, exercí la docència a la universitat argentina de Cuyo i, poc després, a Chicago, on ha format prestigiosos lingüistes nord-americans que han esdevingut rellevants catalanòfils. La tasca professional de Coromines s'ha orientat cap a la lexicografia, l'etimologia i l'onomàstica. Entre el 1954 i el 1957 publicà un riquíssim

Diccionario crítico-etimológico de la lengua castellana i, paral·lelament, donà a conèixer treballs tan essencials per a la nostra llengua com *Estudis de toponímia catalana* (1965-1970), *Lleures i converses d'un filòleg* (1971) i *Entre dos llenguatges* (1976-77). El 1980 s'inicià la publicació del monumental *Diccionari etimològic i complementari de la llengua catalana,* que si d'una banda examina exhaustivament les etimologies, formes i evolucions de cada mot, de l'altra completa les mancances dels diccionaris precedents. Actualment prepara una altra obra de grans dimensions, l'*Onomasticon Cataloniae,* recull exhaustiu dels topònims i antropònims dels Països Catalans.

Francesc de Borja Moll (1903), menorquí, ha dut a terme una immensa tasca en molts terrenys culturals. Editor remarcable i publicista de renom, ha estudiat amb rigor la literatura medieval i, sobretot, s'ha consagrat a la lingüística. Al marge de copiosos articles dispersos, el 1952 donà a conèixer una *Gramática histórica catalana.* El seu nom s'associa, sobretot, al magne *Diccionari Català-Valencià-Balear* (1926-1962), del qual es parla al tema 16. Moll contribuí decisivament, en la dècada dels anys 30, a l'acceptació balear de la normativa ortogràfica de l'Institut d'Estudis Catalans; durant la postguerra ha estat un infatigable animador cultural a les Illes.

Manuel Sanchis Guarner (1911-1981) féu aportacions bàsiques des de l'àmbit valencià. La seva figura encarnà un valencianisme militant que depassa el camp cultural i fou decisiva en la presa de consciència de les noves generacions. Publicà un considerable nombre de títols dedicats a la dialectologia (fou redactor del *Diccionari Català-Valencià-Balear*), la història de la llengua i la gramàtica. En aquest últim camp donà a conèixer la seva *Gramàtica valenciana* (1950), primer i únic intent seriós de descripció de la variant valenciana; ha publicat també *La llengua dels valencians* (1967, edició definitiva) i una *Aproximació a la història de la llengua catalana* (1980).

Encara al País Valencià, cal destacar la figura d'Enric Valor (1911), les obres gramaticals del qual *(Millorem el llenguatge,* 1971; *Curs mitjà de gramàtica catalana,* 1977), constantment reeditades, han influït decisivament en l'estàndard modern del valencià escrit.

Finalment, convé ressaltar la personalitat d'Antoni M. Badia i Margarit (1920), que ha dedicat els seus esforços, sobretot, a la lexicologia i a la gramàtica. D'ell són, entre altres, la *Gramática histórica catalana* (1951) i la *Gramática catalana* (1962). També ha publicat obres de divulgació de temes lingüístics i darrerament s'ha centrat en l'estudi dels orígens de l'idioma: *La formació de la llengua catalana* (1981).

En els darrers anys cal destacar les aportacions provinents de les noves generacions de lingüistes. Destaquem especialment els noms de Gabriel Ferrater (1922-1972), introductor dels últims corrents lingüístics, i de Joan Solà (1940), professor universitari; Solà es dedica, sobretot, a l'estudi de la sintaxi i la normativa i ha publicat, entre altres, *Estudis de sintaxi catalana* (1972-73) i *Del català incorrecte al català correcte* (1977). Modest Prats i Josep M. Nadal han iniciat l'edició de la primera *Història de la llengua catalana* (1982).

En el camp editorial, és essencial la tasca, empresa per la Fundació de la Gran Enciclopèdia Catalana, de dotar el català d'un *Diccionari de la llengua catalana*

(1982) i d'una sèrie de diccionaris de correspondències amb altres llengües (francès, anglès, alemany, rus, japonès, etc.). A mencionar, en darrer lloc, la notable expansió acadèmica de la nostra llengua, avui estudiada en moltes i prestigioses universitats d'arreu del món.

Orientació bibliogràfica

Josep BENET, *Catalunya sota el règim franquista,* Editorial Blume, Barcelona, 1979.

DIVERSOS AUTORS, *El franquisme i la burgesia catalana,* «L'Avenç», núm. 12, gener de 1974, pp. 17-48.

DIVERSOS AUTORS, *La literatura catalana sota el franquisme,* «L'Avenç», núm. 6, octubre de 1977, pp. 19-54.

Carles-Jordi GUARDIOLA, *Per la llengua. Llengua i cultura als Països Catalans (1939-1977),* Edicions de La Magrana, Barcelona, 1980.

Textos complementaris

I

«Ministerio del Interior. Ley disponiendo la abolición del Estatuto catalán.

»El Alzamiento Nacional significó en el orden político la ruptura con todas las instituciones que implicasen negociación de los valores que se intentaba restaurar. Y es claro que, cualquiera que sea la concepción de la vida local que inspire normas futuras, el Estatuto de Cataluña, en mala hora concedido por la República, dejó de tener validez, en el orden jurídico español, desde el día diecisiete de julio de mil novecientos treinta y seis. No sería preciso, pues, hacer ninguna declaración en este sentido.

»Pero la entrada de nuestras gloriosas armas en territorio catalán plantea el problema, estrictamente administrativo, de deducir las consecuencias prácticas de aquella abrogación. Importa, por consiguiente, restablecer un régimen de derecho público que, de acuerdo con el principio de la unidad de la Patria, devuelva a aquellas provincias el honor de ser gobernadas en pie de igualdad con sus hermanas del resto de España.

»En consecuencia, a propuesta del Ministro del Interior y previa deliberación del Consejo de Ministros,

»DISPONGO

»Artículo primero. La Administración del Estado, la provincial y la municipal de las provincias de Lérida, Tarragona, Barcelona y Gerona, se regirán por las normas generales aplicables a las demás provincias.

»Artículo segundo. Sin perjuicio de la liquidación del régimen establecido por el Estatuto de Cataluña, se consideran revertidos al Estado la competencia de legislación y ejecución que le corresponde en los territorios de derecho común y

los servicios que fueron cedidos a la región catalana en virtud de la Ley de quince de septiembre de mil novecientos treinta y dos.
»Así lo dispongo por la presente Ley, dada en Burgos a cinco de abril de mil novecientos treinta y ocho. II Año Triunfal.

FRANCISCO FRANCO.»

«ESPAÑA, UNA
»El Estatuto Catalán, borrado
»Ayer, en la referencia de los acuerdos del Consejo de Ministros, se hizo alusión al llamado Estatuto de Cataluña, dándose oficialidad a su derogación al establecer en Lérida, la primera provincia catalana liberada, el mismo régimen y honor de las restantes de España. Pero en realidad este Estatuto era una cosa muerta en el montón de traiciones contra las que se alzaron Ejército y pueblo en julio de 1936. El desgarramiento de la Patria en los términos vergonzosos en los que claudicaron Parlamentos y desgobiernos de la República, constituía, entre otros, el imperativo del Glorioso Movimiento Nacional. La felonía separatista, audaz y envenenada en rencores a nuestra España, se había crecido insolente y tenía capítulos como el de aquella noche inolvidable del 6 de octubre de 1934, asociada a recuerdos de heroísmo de unos buenos españoles y de vergonzosa cobardía de unos malos catalanes. La etapa ignominiosa del primer semestre de 1936 registró entre sus crímenes la complicidad con el insulto separatista aposentando en los organismos directores de la vida política de Cataluña a los mismos hombres de aquella jornada vil del primer octubre rojo y separatista.
»La revolución nacional que vivimos no podía detenerse ante la mentira de aquel Estatuto fraguado contra la unánime opinión española y nacido de obscuros conciliábulos de un pacto de San Sebastián, del que nada quería saber nuestro pueblo. No vale la pena recordar el sucio procedimiento discurrido por los hombres de la República para afrentarnos con el Estatuto. ¡Aquella componenda de los jefes de minorías que tragaban su repugnancia en servicio de consignas! ¡Aquel fraudulento plebiscito sufragado con fondos oficiales para presentar la solemne mentira de la voluntad separatista del pueblo catalán!
»El recuerdo de todo esto asquea. Se resume en una palabra: traición.
»España, que es, para su gloria, algo más que la simple expresión geográfica, vuelve por el fuero de la verdad de su Unidad. Nuestro grito de lucha, que era España una, grande y libre, y claro está que en el pensamiento de los héroes que con su esfuerzo lo forjan, estaba la instauración de este principio entrañable que asocia a todos, absolutamente a todos los españoles, para la realización del grande y único destino de la nación.»

«Heraldo de Aragón» (abril de 1938)

II

«Para conocimiento del público en general
»Delegación de Orden Público de Lérida y su provincia.
»(...)
»Aprovecho esta ocasión en que me pongo en contacto directo con el pueblo de Lérida para hacer a éste las siguientes consideraciones:
»1a (...)
»2a Respecto al uso del dialecto catalán, hay que atenerse estrictamente a las órdenes de la Superioridad; pero quiero dirigirme a todos los españoles de esta provincia para decirles que los momentos actuales exigen que todos demos pruebas de un ferviente españolismo y entusiasmo por la Causa. Estos sentimientos es necesario evidenciarlos y exteriorizarlos; y, lógicamente, se da una prueba de ello no hablándolo en público (por lo menos).
»3a (...)
»Es necesario advertir que de la conducta que cada uno observe se va tomando nota para en su día adoptar la providencia adecuada.
»¡Franco, Franco, Franco!
»¡Arriba España!
»Lérida, 10 de Agosto de 1938. III Año Triunfal.
»El Delegado de Orden Público.»

III

En entrar a Barcelona el 27 de gener de 1939, el *Jefe de los Servicios de Ocupación*, Eliseo Álvarez Arenas, general de brigada de l'exèrcit espanyol i subsecretari d'Ordre Públic del govern de Burgos, que havia estat nomenat pel ministre general Martínez Anido, en el seu ban adreçat a la població ja acceptà que la llengua catalana seria perseguida quan digué: *«Persuadido de que Cataluña siente a España y la unidad española, pese a la maldad de algunos y a los errores de muchos, el Caudillo Franco formula la promesa solemne de respetar en ella todo lo auténtico e íntimo de su ser y de su autarquía moral que no aliente pretensiones separatistas ni implique ataques a aquella sacrosanta unidad. Estad seguros, catalanes, de que vuestro lenguaje en el uso privado y familiar no será perseguido.»*

IV

«Multa de 10.000 pesetas a la casa comercial titulada 'La Saldadora' por la publicación de anuncios no redactados en el idioma nacional.
»Multa de 1.000 pesetas y destitución del alcalde del Ayuntamiento de Teyá, por empleo del dialecto catalán en las comunicaciones oficiales.
»Multa de 1.000 pesetas y destitución del alcalde de San Agustín de Llusanés, por lo mismo que el anterior.
»A D. Valerio Llusa Guasch, vecino de Valls, 500 pesetas por usar en sus relaciones comerciales facturas impresas en idioma no español.

»A D. Salvador Figuerola Blasi, vecino de Valls, 500 pesetas por tener el rótulo del establecimiento de su propiedad escrito en catalán.
»A D. Francisco Magriñá, vecino de Valls, 500 pesetas por tener escrito en catalán el rótulo de la industria de su propiedad.
»A D. José Ma. Catalá Oliva, vecino de Valls, 100 pesetas por tener escrito en catalán un rótulo de propaganda de su profesión.
»A Da. Rosa Domingo, vecina de Valls, 100 pesetas por tener escrito en catalán el rótulo de la industria de su propiedad.»

Textos extrets de Josep BENET, *Catalunya sota el règim franquista* (1979).

Suggeriments de treball

1. Debat sobre la legislació en contra de la llengua durant el nostre segle.
2. A partir del 1941 s'autoritzaren les edicions, en ortografia pre-fabriana, dels autors «clàssics i consagrats». Analitzeu el rerafons polític d'aquesta disposició.
3. Les campanyes en defensa de la llengua d'ençà del 1939. Podeu consultar el llibre de Carles-Jordi Guardiola, *Per la llengua* (1980).
4. Repercussions lingüístiques, culturals i polítiques de la «Nova Cançó».
5. Busqueu informació sobre el contingut i la importància del *Diccionari etimològic i complementari de la llengua catalana* de Joan Coromines.

Tema 19

Bilingüisme i diglòssia

Grup lingüístic, grup nacional

Entenem per grup lingüístic el conjunt format per individus que parlen una mateixa llengua. Tota persona pertany a un determinat grup lingüístic, i és a través de la llengua, bàsicament, que l'individu s'insereix en una determinada societat. Ara bé, la llengua no és només un vehicle de comunicació social, sinó també l'instrument que ens cohesiona i homogeneïtza; és el mitjà a través del qual ens sentim vinculats a una terra, a una història, a uns costums, en definitiva a tota una cultura. És més, tot sistema lingüístic configura la realitat que l'envolta d'una manera determinada; citant paraules de Herder: «...totes les nacions parlen tal com pensen i pensen de la manera que parlen.»
Quan les circumstàncies històriques i geogràfiques són o han estat favorables, el grup lingüístic conflueix en el que en diem grup nacional. Segons Symmons-Symonolewicz, «el nacionalisme és la solidaritat activa d'una àmplia col·lectivitat humana que participa d'una cultura comuna o d'un fons comú d'experiència i d'interessos significatius, es concep a si mateixa com una nació i aspira a la unitat política i a l'autogovern».
No totes les nacions, i els Països Catalans en són un exemple, gaudeixen plenament d'uns òrgans d'autogovern. Tot sovint, i a Europa en trobem força casos, els grups nacionals depenen políticament d'un poder superior, més o menys efectiu, però sempre dominant: l'Estat. Arreu del món, com una constant en la història de les civilitzacions, l'imperialisme estatal ha anat, i va, acompanyat d'un desig d'assimilació cultural i lingüística de les nacions sotmeses. Òbviament, tot procés reivindicatiu nacional va unit sempre a una reivindicació lingüística, però no necessàriament, en tots els casos, s'aspira a la sobirania nacional.
Aquest fet, el de les minories nacionals enclavades en un àmbit estatal que no sempre coincideix amb les seves fronteres naturals, ha provocat, inevitablement, que llengües distintes, la de la nació i la de l'estat hegemònic, comparteixin un mateix territori.

La sociolingüística

La sociolingüística, disciplina que s'ocupa de la interrelació entre els fenòmens lingüístics i la societat, té com a objectiu l'intent de comprensió i tipificació de les diferents situacions socials en què es troba una llengua. Una de les seves màximes aportacions, en aquests darrers anys, han estat els conceptes de *bilingüisme* i *diglòssia*. A través de les pàgines següents, intentarem definir d'una manera estricta a què respon cada un d'aquests conceptes; les possibles interpretacions que se'n deriven seran analitzades en el següent i darrer tema. Tant una situació com l'altra són fenòmens que depenen de l'ús de la llengua, és a dir, es vinculen intrínsecament amb l'actitud que adopta cada parlant i no responen, per tant, al que s'entén, d'una manera rigorosa, per fets lingüístics.

Bilingüisme

Bilingüisme és un mot polisèmic i justament per això no pertany només al terreny de la lingüística. Altres disciplines (psicologia, antropologia, sociologia...) s'han interessat també pel fenomen. S'entén per bilingüisme la possibilitat d'un individu d'emprar dues o més llengües a un mateix nivell. Una plena igualtat, i encara hi ha autors que ho posen en dubte, la trobaríem en els casos de bilingüisme natural; és a dir, quan un individu, ja des del naixement, entra en contacte amb dues llengües diferents, l'una del pare i l'altra de la mare. Com remarca Badia i Margarit, aquest tipus de bilingüisme no és tan freqüent com sembla: «... àdhuc els fills de pares de llengües vàries, creixen i assimilen el vocabulari fonamental en una sola llengua (que per això s'anomena "llengua materna").» En la resta de casos, aquest ús alternat de les dues (o més) llengües pot ser motivat per factors de tipus extralingüístic (causes psicològiques, polítiques, de prestigi d'una llengua...). Molts autors han insistit en el fet que el terme no se sotmet fàcilment a una única i precisa definició; és més, moltes vegades, al darrere d'argumentacions científiques s'hi amaga, voluntàriament o no, el desig d'enfosquir la veritable situació político-social. En aquest sentit, caldria destacar l'intent de F. Vallverdú, l'únic sociolingüista, fins ara, que ha elaborat, aprofitant diverses aportacions, una tipologia del bilingüisme.
El bilingüisme és sempre un fet individual; és a dir, són bilingües les persones, i no les nacions, les quals disposen d'una llengua pròpia, l'autòctona. Altra cosa és el discutit bilingüisme ambiental (segons terminologia de Badia i Margarit), que afecta les anomenades llengües minoritàries, com és el cas del català; raons de tipus polític han provocat que dues llengües distintes (català/castellà) conflueixin i es disputin un mateix territori. Ara bé, ¿fins a quin punt el bilingüisme ambiental respon a una situació d'equilibri real entre les dues llengües? L'experiència demostra que el bilingüisme com a fet col·lectiu és utòpic. Mai no s'aconsegueix una plena igualtat d'ús i de drets entre ambdues llengües. I a la llarga aquest desequilibri desemboca en una situació de monolingüisme a favor de la llengua dominant.

Diglòssia

Charles A. Ferguson, l'any 1959, introduïa per primera vegada el concepte de diglòssia, que amb el temps s'ha modificat i ha esdevingut altament polèmic. L'esmentat autor considera que són diglòssiques aquelles situacions en què dues varietats d'un mateix idioma, coexistents arreu, tenen assignades funcions distintes dins la comunitat parlant. L'àrab, el grec modern, l'alemany suís i el crioll haitià foren els seus objectes d'estudi. La diglòssia, entesa tal com la concebé Ferguson, no és aplicable al nostre cas, ja que en català no es dóna una situació desfavorable entre dues variants de la mateixa llengua.

Mostra actual d'un ús diglòssic de la llengua.

A partir d'aquí, el terme, d'ús força restringit, s'ha generalitzat, i s'utilitza també quan les funcions socials es troben repartides entre dues llengües diferents; és a dir, quan una llengua, anomenada A (=alta), la llengua de prestigi, és emprada a un nivell formal de la comunicació, predominantment escrit (ensenyament, mitjans de comunicació, burocràcia, religió, etc.) i l'altra, B (=baixa), queda relegada a un nivell quotidià, d'àmbit familiar.
Fins aquí les consideracions teòriques, que reprendrem més tard, sobre bilingüisme i diglòssia. A continuació, analitzarem breument les diverses situacions sociolingüístiques en què s'ha trobat, al llarg de la història, la nostra llengua, en un intent d'aplicar i clarificar els conceptes fins ara tractats.

Panorama sociolingüístic al llarg de la història

1a. etapa

El sorgiment de les llengües romàniques no implicà la desaparició brusca i total del llatí, la pervivència del qual, a nivell escrit, es perllongà, gairebé d'una manera exclusiva, fins ben bé al segle XIII, data dels primers textos conservats de la llengua catalana. Ara bé, a nivell oral, l'ús del llatí es perdé molt abans. Inicialment, la llengua de cultura i de prestigi, és a dir, la llengua A, és el llatí, ja que és la llengua de l'Església, l'únic estament social que té accés a l'escriptura. Ens trobem, doncs, amb una situació típica de diglòssia sense bilingüisme. Per una banda, la llengua A, emprada a nivell formal, per una classe social molt concreta, l'únic sector alfabetitzat, al costat de la llengua B, d'ús exclusivament oral i popular. Aquest fet és general a totes les llengües romàniques. El llatí i el català no viuran mai, a nivell popular, un període de bilingüisme.
Des de l'origen del català, les funcions de cada llengua queden clarament diferenciades. Els nostres avantpassats començaren parlant llatí, és cert, però a mesura que aquesta llengua es transformava en un parlar romànic, transició

que evidentment era difícil de copsar, el llatí passà a ser, per a les capes populars, una llengua desconeguda.

2a. etapa

Comprèn, històricament, l'expansió catalana en terres peninsulars, és a dir, l'inici de la Confederació catalano-aragonesa i l'acabament del regnat de Jaume I (1276). Literàriament apareixen les primeres mostres escrites en català, i encara que, amb la plena sobirania política, la nostra llengua esdevé, ja, nacional, un fenomen de tipus cultural impedirà que el català assoleixi plenament l'estatus de llengua A. El fort prestigi de la poesia trobadoresca farà que comparteixi, amb el llatí per una banda, i amb el provençal per l'altra, part de les seves funcions formals, és a dir, d'ús escrit. La diglòssia, respecte a l'època anterior, s'ha complicat. Caldria afegir-hi les connexions que s'establiren entre el català i l'aragonès, ja que els funcionaris de la Cancelleria Reial eren trilingües (vegeu el tema 10). Ara bé, fora d'aquest marc, el contacte entre les dues llengües fou tan transitori que no influí en la societat catalana.

3a. etapa

La superació d'aquesta etapa de diglòssia parcial s'albira cap a l'inici del regnat de Pere el Gran (1276). L'ús del llatí, cada cop més restringit, perviu encara, semblantment al que succeeix arreu d'Europa, com a llengua sàvia. Ara bé, els nostres escriptors, amarats, o no, dels aires humanistes, contribueixen, amb la seva obra, a fer del català una llengua de cultura, una llengua A. Durant el segle XIV i part del XV, la llengua catalana viu una situació de plena normalitat. La diglòssia ha estat vençuda.

4a. etapa

Amb l'adveniment de la dinastia castellana dels Trastàmares, arran del Compromís de Casp (1412), una llengua, fins ara forana, el castellà, penetrarà progressivament dins l'àmbit català. La Catalunya del Nord, però, a partir del 1659, rebrà una influència molt més abassegadora: la del francès. El català, llengua encara oficial, continuarà sent l'única emprada pel poble. Ara bé, les nostres classes dirigents i els intel·lectuals al seu servei s'afebleixen i se sotmeten políticament i literàriament al poder reial de la dinastia castellana. Aquest fet, juntament amb una pèrdua progressiva de la consciència d'unitat lingüística, provoca que la posició del català com a llengua A perilli i, doncs, s'iniciï un període de bilingüisme diglòssic que, en un primer estadi, només afectarà els intel·lectuals orgànics i les classes més privilegiades.

5a. etapa

El conflicte lingüístic fins ara entrevist s'aguditza i esclata a partir de l'any 1714. La llengua catalana serà, per decret, fulminantment prohibida i perseguida. Per primer cop es pretendrà que la llengua de les escoles, de l'església i dels organismes oficials sigui el castellà, l'única que comptarà amb un reconeixement oficial. Així mateix, el llatí perdrà, en benefici del castellà, les posicions que, com a llengua culta i sagrada, havia recuperat en el període anterior. La imposició, per la força de les armes, del castellà provocarà que el procés diglòssic s'estengui, inevitablement, a totes les classes socials i que el català perdi les seves posicions de llengua A.

6a. etapa

Amb la Renaixença, època de recobrament econòmic, neixen els primers moviments de caire nacionalista. Els quals, a l'entorn dels Jocs Florals (1859), principal plataforma, reivindiquen l'ús de la pròpia llengua com a signe d'identitat nacional. Aquest procés de recuperació lingüística es consolidà en una etapa posterior.

La Mancomunitat, amb la figura cabdal de Prat de la Riba, permeté que la tasca de normativització, sota les ordres de Pompeu Fabra, president de la Secció Filològica de l'Institut d'Estudis Catalans, es consolidés. Més tard la proclamació de la II República (1931) retorna a Catalunya l'òrgan polític que li era propi: la Generalitat, i amb l'Estatut del 32 es declara l'oficialitat del català. A partir d'ara, la nostra llengua esdevindrà novament una llengua A, apta per a qualsevol ús de la comunicació tant oral com escrita, juntament amb el castellà, ja que el marc jurídic de l'Estatut en contemplava també l'oficialitat.

7a. etapa

Amb la pèrdua de la guerra assistim a un procés de substitució cultural i lingüística. L'ús del català queda reduït a l'àmbit familiar. Més tard, amb la vic-

Portada del llibre *L'Escola Nova Unificada*, Generalitat de Catalunya, 1936.

tòria dels aliats, certes manifestacions folklòriques, sobretot de caire religiós, seran autoritzades. Així, doncs, tenim una situació de diglòssia en la qual l'única llengua A és el castellà; aquesta renúncia del català és el resultat de la coerció política. Malgrat tot, durant els anys 40 i els 50, el català es conserva, com a llengua A, en cenacles intel·lectuals i en el cercle familiar. El bilingüisme oficial del període 1931-39, cooficialitat d'ambdues llengües, és desbancat per un procés dinàmic de substitució lingüística.

Orientació bibliogràfica

Antoni Maria Badia i Margarit, *Llengües i cultures en contacte,* dins *Llengua i cultura als Països Catalans,* ja citat, pp. 117-157.

Joan Fuster, *Esforç centrípet,* dins *Nosaltres els valencians,* ja citat, pp. 137-151.

Joan F. Mira, *Crítica de la nació pura,* València, Tres i Quatre, 1984.

Sebastià Serrano, *Lingüística i qüestió nacional,* València, Eliseu Climent editor, 1979.

Francesc Vallverdú, *Dues llengües: dues funcions?,* ja citat.

Francesc Vallverdú, *El fet lingüístic com a fet social,* Barcelona, Ed. 62, [2]1973.

Textos complementaris

I

Des de començos del segle XX les relacions entre llengua i cultura són examinades per l'etnolingüística. D'altres etiquetes —com «antropologia lingüística» i també «lingüística antropològica»— s'han aplicat als estudis etnolingüístics.

Una llengua és un fet cultural particular: en certa manera dóna compte del contingut d'una cultura. Si els esquimals tenen tres termes per indicar allò que nosaltres anomenem «neu», el fet sembla estar directament lligat amb la pròpia experiència cultural, on la neu és una realitat tan quotidiana com per a nosaltres els nuclis urbans. Certes societats primitives de pescadors i caçadors no posseeixen numerals més enllà de 3 o 4: tractant-se de pobles recol·lectors, amb una organització socioeconòmica endarrerida, no tenen la necessitat sociocultural de comptar; en canvi, d'altres societats primitives, d'estructura socioeconòmica diferent (per exemple, les tribus ramaderes) ja tenen la necessitat sociocultural de comptar, per la qual cosa solen disposar d'ordinals.

Els canvis lingüístics poden ser deguts, doncs, a necessitats socioculturals. Marcel Cohen (pp. 129-130) enumera com a possibles causes d'aquests canvis les següents: modes de vida i climes; maneres de pensar comunes a certs nivells de civilització; particularitats d'actitud intel·lectual de certes poblacions; ordenacions socials de tota mena. Sense pretendre d'exhaurir el tema, completarem aquesta enumeració amb alguns exemples per il·lustrar les relacions llengua / cultura.

Sobre modes de vida i climes: sembla que per raons climatològiques als països

freds abunden més que als països càlids els sons articulats amb poca obertura de la boca.

Sobre maneres de pensar comunes: la religió cristiana i la civilització greco-llatina han estat segurament determinants en la profusió de termes (o conceptes) comuns arreu d'Europa com esperit/matèria, càstig/perdó, àngel/dimoni, etc. En general, aquests mots solen ser més semblants entre les llengües pròximes que d'altres com «guineu» (diversificat, sembla, per motius supersticiosos) o «noi» (diversificat, com ja hem vist, per raons afectives).

Sobre particularitats d'actitud intel·lectual: com exemple d'aquestes particularitats podríem esmentar mots com «enyorar», «plegar», «prou», «rai», etc., que han penetrat fàcilment en el castellà de Barcelona (i el primer en el castellà comú).

Sobre ordenacions socials: el caràcter específic que té en el vocabulari comú del català (més exactament a la Catalunya Vella) un mot com «hereu» està segurament lligat amb l'ordenament jurídic tradicional.

És cert que cal anar amb peus de plom en estudiar aquestes peculiaritats. Com diu Jakobson, «les llengües difereixen essencialment per allò que *deuen* expressar, no pas per allò que *poden* expressar». Si els esquimals tenen tres mots per a la neu, nosaltres podem dir «neu polsosa», «neu dura» i «neus eternes», expressions que coincideixen amb aquells termes.

Francesc Vallverdú, *El fet lingüístic com a fet social* (1973).

II

En el XVI assistim a la castellanització de l'aristocràcia. Acabo de dir alguna cosa a propòsit d'això: sobre la influència que en aquesta classe va exercir l'ambient cortesà dels Trastàmara i, sobretot, el de la cort local de la virreina Germana de Foix. Després, la penetració fou lenta, però continuada. La llengua habitual de les senyores valencianes que constituïen la tertúlia de Germana de Foix en l'alegre postguerra de les Germanies era el català. Joan Fernández d'Heredia pogué escriure en 1524 una espècie de comèdia —el *Col·loqui de les dames valencianes,* com l'han titulat els editors— en la qual veiem les aristòcrates indígenes aferrades al vernacle: ja s'acostumen al castellà —en castellà parlen a la virreina i a les criades vingudes de Castella—; però elles amb elles s'expressen en l'idioma autòcton. Això no hauria canviat gaire en 1535, quan Lluís del Milà escriu *El Cortesano,* inspirat també en la vida d'aquella gent: tanmateix, Milà no fa parlar en català sinó una sola dama de la noblesa. Vol dir, en tot cas, que el bilingüisme progressava. Bernat Català de Valeriola (1568-1608), un noble lletraferit, fundador de l'«Academia de los Nocturnos» —que reunia els escriptors castellanitzats de la València del XVI—, encara escriu en català la major part de les seves memòries autobiogràfiques. Però en 1599, Guillem de Castro, en *La verdad averiguada y engañoso casamiento,* fa que, quan una criada s'adreça a la senyora en català, la dama li'n faci retret: *«Habla siempre en castellano»,* li ordena. En el XVII l'aristocràcia valenciana pren el castellà com a llengua de la llar.

La noblesa, castellanitzada, havia d'esdevenir un focus actiu de castellanització enmig de la societat. Després de la seva victòria sobre els agermanats —burgesos i artesans—, la ciutat i el país restaven a les seves mans. Els nobles eren, de més a més, els qui sostenien la vida literària local. Amb aquests prestigis immediats —i els mediats, més il·lustres: l'esplendor de la Monarquia, el de les lletres castellanes contemporànies—, la llengua importada adquiria, als ulls dels valencians, la dignitat de llengua culta exclusiva. Ni el poble ni la burgesia, de moment, no van cedir en l'ús de l'idioma autòcton. Però bé podia dir Ortí que «casi en totes les juntes se parla en castellà», perquè, d'una manera maquinal, per pur mimetisme, parlar en castellà es convertia en senyal de «distinció». La llista completa dels factors que en el XVI i el XVII contribuïren a afavorir la castellanització lingüística del País Valencià seria llarga i complexa; no és tampoc, aquest, el lloc de fer-la. La presència dels virreis castellans i de la plaga de buròcrates forasters que els seguia no era un dels fets més innocus. A la Universitat de València —creada oficialment l'any 1502— alguns mestres ja ensenyaven en castellà. I l'Església valentina hi abocarà, finalment, tota la seva autoritat.

(...)

El XVIII dóna un diguem-ne «estat legal» a la castellanització. En ésser abolits els Furs, el català deixa d'ésser la llengua oficial dels organismes polítics i administratius del regne: és expulsat, doncs, de l'últim reducte «públic» que li quedava. L'Església ja no s'amaga d'accentuar la seva castellanització.

(...)

El poble s'havia mantingut incommovible en la seva llengua. Fins a ell no arribava, o ja molt atenuada, la influència dels nobles, els quals, altrament, no eren sants de llur devoció. A més d'això, la capacitat de xenofòbia dels valencians havia tingut, de sempre, un principal destinatari: els castellans. L'anticastellanisme, com ha subratllat Ferran Soldevila, no és freqüent al Principat medieval, però sí que ho és al País Valencià.

Joan FUSTER, *Nosaltres els valencians* (1982).

III

No conec ni un sol cas —i n'he buscat, a veure si en trobava!— en què dues llengües de cultura estiguen presents *de manera igual i equivalent com a vehicles indistints* per a la mateixa societat: per a la mateixa gent en el mateix territori. Primer, perquè només una de les llengües pot ser autòctona, només una pot ser la llengua pròpia original del poble-ètnia de tal territori: no hi ha cap poble originalment bilingüe. Vol dir que la presència de l'altra en posició de superioritat o d'igualtat institucional és el resultat d'una imposició-domini exterior, històric o encara present. Necessàriament. Segon, perquè la presència d'una llengua culta d'origen estranger-imposat és també la presència i difusió de la cultura nacional de què és vehicle. I com més forta siga la presència i l'espai ocupat per aquesta cultura nacional estranya, més feble i reduïda serà la presència de la cultura nacional d'origen propi. Necessàriament: és un «espai» que es pot compartimentar, no compartir. Alguns individus particulars —de doble enculturació o d'aculturació secundària— poden pertànyer a dues cultures ètniques o a dues cultures

nacionals, i això pot resultar ben satisfactori o ben incòmode. Però una mateixa societat *en conjunt,* no pot de cap manera: aquesta doble presència implica un procés que ha de resultar bé en un estat de divisió interna permanent i conflictiva, bé en el desplaçament progressiu d'una cultura nacional per una altra. Aquesta és, també, la història d'Europa.

Una llengua que no és vehicle i expressió d'una cultura nacional, en les condicions polítiques i socials contemporànies, entra en un procés d'extinció accelerada. Es podia mantenir passivament *abans* —abans de la «modernització» general de les societats europees—, però *ara* ja no pot. De cap manera. Insistesc: si no és *el* vehicle primari de la cultura nacional pròpia, una llengua en la societat moderna entra en extinció, tant si la protegeix formalment l'Estat —Irlanda, per exemple—, com si l'Estat li és indiferent o enemic —bretó, occità i català a França—. A l'Europa de la segona meitat del segle XX ja no poden subsistir llengües només *populars.* Ni llengües *només* formalment oficials. Només hi poden subsistir llengües de cultura total, activament i plenament presents en *tots* els camps de la comunicació social. Ho sap tothom que hi pensa, això. Però calia recordar-ho.

I no faig ja més reflexions, perquè crec que queda ben clar on volia anar a parar. I el lector pot traure, sense massa dificultats, les seues pròpies conclusions i aplicar-les al cas que l'interessa. Suposant que el cas que l'interessa siga el País Valencià, pot concloure meditant sobre el projecte polític que insistentment se'ns aplica: el projecte de progressiva, general i metòdica expansió i difusió quasi exclusiva de la llengua espanyola i de la seua cultura. És l'únic projecte efectivament dut a la pràctica des de fa prop de tres segles, i encara l'únic àmpliament compartit, *en els fets,* ja que no en la retòrica, pel poder i per l'oposició oficials. Perquè totes les coses, per poc que hi pensem, tenen una explicació.

Joan F. MIRA, *Crítica de la nació pura* (1984).

Suggeriments de treball

1. Com definiríeu la relació que s'establí entre el llatí i les llengües pre-romanes? Analitzeu-ne el procés per etapes.
2. Analitzeu les diverses polítiques lingüístiques de Iugoslàvia, el Quebec, Bèlgica i la Confederació Helvètica. Podeu consultar la *Gran Enciclopèdia Catalana,* el llibre de R. Ninyoles *Bases per a una política lingüística a l'estat espanyol,* i la revista «Altres Nacions», núm. 1 (1981) i núm. 8 (1986).
3. Quins Estats d'Europa coneixeu plurilingües? I monolingües?
4. ¿En quin moment del nostre procés històric es pot establir la pèrdua del «Viure en català»?
5. Relació entre Estat i llengües no estatals.
6. Comenteu aquesta frase: «El bilingüisme és un entrebanc per dominar bé totes dues llengües.»
7. Què s'entén per bilingüisme passiu? Comenteu la frase següent: «El bilingüisme passiu pot ser un gran instrument de normalització.»

Tema 20

La problemàtica actual

Els últims anys del franquisme i la transició política

Amb la mort del dictador Francisco Franco, el 20 de novembre de 1975, s'inicià arreu de l'Estat espanyol una nova etapa política que desembocà en la instauració d'un règim democràtic. Per als Països Catalans, especialment, l'inici d'aquest nou període polític significà el redreçament de la consciència nacional, brutalment negada, a través d'una lluita que abastava qualsevol front, tant cultural com polític. Efectivament, l'any 1977 es restableix provisionalment l'òrgan de govern propi de Catalunya, la Generalitat, i el 1979 és aprovat l'Estatut d'Autonomia, després d'una intensa campanya popular. Al País Valencià s'instaura, a partir de l'any 1982, la Generalitat Valenciana. I a les Illes Balears, el Consell Insular de Mallorca, des de l'any 1979.

Aquestes fites històriques, que en el seu moment van ser considerades com a autèntiques conquestes, foren el resultat de les insistents reivindicacions de la societat catalana, la qual, malgrat les malaurades conseqüències d'haver perdut la guerra, no deixà mai de parlar en català, i amb més o menys valentia n'expressà públicament el desig. Aquestes reivindicacions no eren fruit de l'atzar, sinó de la voluntat de supervivència d'un poble amenaçat que lluita per la seva llibertat nacional.

Un fet que provocà una forta irritació arreu de Catalunya fou el famós «No al català»; l'any 1975, en el ple municipal de Barcelona del 4 de març (i més tard també a Girona) 18 regidors votaren contra la proposta que demanava que es dediqués una partida de diners —era un superàvit pressupostari!— a l'ensenyament del català. La resposta dels catalans no es féu esperar. Les nombroses campanyes de protesta demostraren una vegada més que la lluita per la plena normalització de la llengua catalana era encara un problema latent, inextingible per la força de les armes.

És interessant de remarcar el report que elaborà la Comissió Permanent de l'Assemblea de Catalunya, organisme que aplegava les forces polítiques d'oposició al règim franquista, la qual, en la seva setena sessió, acordà de llançar una campanya per a l'ús oficial de la llengua catalana, l'any 1973. Així mateix, el Congrés de Cultura Catalana, que pretenia, entre d'altres coses, analitzar la situació del català en tots els àmbits socials i d'estudi, declarà: «Una política democràtica en la nostra àrea ha de tenir com a fita última per a l'esdevenidor la completa normalització de la llengua catalana, la qual cosa implicarà la seva oficialitat única en els territoris que l'han tinguda tradicionalment com a usual.»

Si bé, d'una banda, tots aquests lloables intents de supervivència cultural són mostres indubtables de vitalitat, de l'altra, cal no oblidar que els quaranta anys

Un milió de catalans retrobà la històrica celebració de la diada de l'11 de Setembre, el 1977.

de genocidi cultural provocaren serioses transformacions en el si de la societat catalana. La situació sociolingüística de l'any 1975 té molt poc a veure amb el panorama que es vivia abans de la guerra; és a dir, d'una situació de monolingüisme oral (diglòssic en l'ús escrit) s'ha passat a una altra de bilingüisme diglòssic, òbviament en benefici del castellà.

Aquesta tasca de redreçament nacional, no plenament consolidada encara, s'enfrontà amb tres problemes bàsics: en primer lloc, la manca real de poder polític; en segon lloc, l'allau immigratòria que arribà, procedent de diversos llocs de la Península Ibèrica i en etapes successives, a les nostres terres; i, per últim, les actituds de resistència a l'ús normalitzador del català, sobretot en aquells sectors que secularment han utilitzat el castellà com a símbol de la seva posició de poder.

A més a més, cal afegir que si en algun aspecte triomfà el règim anterior ha estat en la inèrcia i l'apatia que afecta encara amplis sectors socials —poc conscienciats lingüísticament—, els quals continuen emprant el castellà com a única llengua A.

Quant a la immigració, és evident que fou potenciada per la política econòmica franquista i que afavorí indirectament el procés de desnacionalització iniciat l'any 1939. Cal pensar només que entre el 1920 i el 1970 el nombre d'immigrats que s'instal·laren arreu de Catalunya pot xifrar-se en uns dos milions de persones. Sens dubte és el corrent immigratori més considerable al llarg de la història: només durant els anys 1963 i 1964 arribaren a Catalunya més de 100.000 persones, com a conseqüència d'una forta demanda laboral en el sector de la indústria. És improbable que el conjunt dels Països Catalans, i concretament Barcelona, pugui assimilar culturalment i lingüísticament les enormes masses d'immigrats no catalans, i més si tenim en compte que viuen en nuclis tancats. Una investigació que es féu l'any 1976 donà com a resultat que un 89 per cent dels immigrats consideraven, encertadament, que per viure a Barcelona i comunicar-se amb la gent no calia emprar el català. Ara bé, en tot procés d'aculturació hi intervenen diferents variables que poden alterar-lo positivament o no.

La política lingüística a Catalunya, al País Valencià i a les Illes

Operant dins l'estricte marc legal que permet l'Estatut d'Autonomia i la Constitució espanyola (1978), una de les fites urgents que es proposà el nou govern de la Generalitat de Catalunya fou la d'assolir que el català esdevingués efectivament la llengua oficial del país, és a dir, la seva restitució com a llengua nacional. Ara bé, la normalització lingüística, segons paraules d'Aina Moll, «no serà possible si no hi ha una voluntat col·lectiva de dur-la a terme». Els punts programàtics que es formularen des de la Direcció General de Política Lingüística, estructurada en tres branques, el Servei d'Assessorament Lingüístic, el Servei de Normalització de l'ús del Català i l'Institut de Sociolingüística Catalana, foren els següents:

1. Conscienciació del poble català.
2. Catalanització progressiva de Catalunya.
3. Impuls de l'ús del català en els mitjans de comunicació.
4. Difusió del fet català i de la necessitat de la seva normalització fora de Catalunya.

La tesi en què es basa aquest programa és la pràctica del bilingüisme passiu, és a dir, continuar parlant en català encara que l'altre contesti en castellà, amb la qual cosa se suposa que ambdós interlocutors coneixen les dues llengües i no cal que cap d'ells renunciï a la pròpia. Amb aquesta política es pretén evitar, o almenys suavitzar, l'innegable conflicte lingüístic que sorgeix sempre que dues llengües diferents, enclavades, per raons polítiques, en un mateix marc geogràfic, no disposen d'una igualtat real. El risc d'aquest criteri és que la llengua políticament més feble, en distendre el seu ús, perdi progressivament posicions, perill que s'incrementa si tenim en compte que els catalans coneixen les dues llengües, la qual cosa no sol succeir a l'inrevés.

Darrerament, alguns sociolingüistes de prestigi, com Lluís V. Aracil, per al qual la situació actual de la llengua catalana, malgrat la seva oficialització, continua essent desfavorable, insisteixen en el parany que suposa una política lingüística basada en el bilingüisme, encara que sigui transitori: «La insistència retòrica en el bilingüisme en part amaga i en part traeix un estat de conflicte real... l'entronització del "bilingüisme" com a valor suprem aspira sens dubte a neutralitzar (almenys en fantasia) les tensions i les incerteses inherents a la situació.» Considera que l'estat de la llengua catalana és el caracteritzat per un procés de substitució lingüística del català per l'espanyol i el francès.
Tant el marc legal de la política lingüística valenciana (l'Estatut d'Autonomia, article 7, i la «Llei d'ús i ensenyament del valencià»), com també les actuacions institucionals al respecte, no afavoreixen la plena igualtat de les dues llengües declarades oficials. Així la planificació lingüística al País Valencià gairebé es redueix a unes quantes mesures en l'àmbit educatiu, mentre es condescendeix amb el fet que l'espanyol hegemonitza àmbits comunicatius claus com els mitjans de comunicació de massa, les administracions civils i de justícia, i el món laboral i comercial.
Pel que fa a les Illes Balears, l'Estatut d'Autonomia (1983) estableix que la llengua catalana és la pròpia de la Comunitat i que és cooficial amb la castellana. Recentment, el Parlament de les Illes ha aprovat la Llei de Normalització Lingüística (29-IV-1986) que té com a objectius aconseguir: l'ús progressiu i normal de la llengua catalana en l'àmbit oficial i administratiu; el coneixement i l'ús progressiu del català com a llengua vehicular en l'ensenyament; l'ús de la llengua catalana en els mitjans de comunicació; i la consciència social sobre la importància del coneixement i l'ús de la llengua catalana. Cal destacar que la formulació d'aquests objectius és més explícita que en el passatge corresponent de la Llei de Normalització Lingüística a Catalunya.

La realitat

Els mitjans de comunicació i l'ensenyament són, indiscutiblement, els eixos fonamentals del procés normalitzador. El 10 de setembre de 1983 marca una fita important: el naixement de Televisió de Catalunya (TV3). A més a més, es manté encara, en unes hores de poca audiència, la programació en català del canal espanyol, per a Catalunya i les Illes Balears.
Val a dir que Televisió de Catalunya arriba parcialment al País Valencià, a les Illes Balears i a la Catalunya Nord. La revista «El Temps» (núm. 77) publicà els resultats d'una enquesta que es passà a 255 alcaldes del País Valencià sobre la necessitat de rebre TV3; els resultats són certament sorprenents: el 87,8 per cent ho desitgen. Al País Valencià hi ha un programa bilingüe de televisió, «Aitana»; un 60 per cent dels enquestats considera que emet massa poc en valencià.
L'altre gran mitjà de comunicació de masses és la ràdio, que, a diferència de la TV, emet durant tot el dia. Darrerament hi ha hagut un increment important d'emissores en català. Des de Ràdio 4, la peonera, comptem ara amb Ràdio

Edifici del Palau de la Generalitat del País Valencià, seu del govern autònom. (IMH.)

Avui (privada), les emissores institucionals de la Generalitat, que són, a Barcelona, Catalunya Ràdio i Ràdio Associació de Catalunya, les quals cobreixen la major part del Principat; les Illes i el País Valencià no compten, fins ara, amb emissores institucionals, però cal tenir presents les ràdios municipals i les lliures, la majoria de les quals emet en català.

Contràriament, el panorama actual de la premsa no és gaire encoratjador. Si bé és cert que a nivell comarcal, malgrat les poques o nul·les facilitats i subvencions, sorgeixen iniciatives molt vàlides, índex d'una forta vitalitat, des de l'any 1976 el diari «Avui» continua essent l'únic diari en català d'abast nacional.

Dels cinc diaris publicats a Barcelona, només un és en català i els altres quatre en castellà. A més a més, el diari «Avui» compta amb seriosos problemes de distribució; a la ciutat de València no hi arriba fins a les 12 del migdia.

En el decurs d'aquests darrers anys no sols no hi ha hagut un augment important de la premsa escrita, sinó que han desaparegut definitivament per raons econòmiques revistes de qualitat: «Arreu» (1976-1977), «L'hora» (1979-1980), «Crònica» (1982-1985). D'altres, com «Saber» (1980) i «El Món» (1981), després d'un període crític, han reprès amb certa normalitat l'edició. Com a periòdics d'àmbit regional podríem esmentar «Punt Diari» (Girona, 1979), «El Nou-9» (Vic, 1978), «Regió-7» (Manresa, 1978), tots tres de forta implantació en els respectius territoris. Revistes que hagin nascut en aquest període són «El Temps» (de València, 1984), «L'Espill» (a València, 1979), «Ciència» (1980). «Presència» ha passat a ser suplement del «Punt Diari», els diumenges. Gravíssim és, però, que en segons quins àmbits temàtics (fotonovel·les, revistes del

cor, esportives, còmics, crítica de cinema, eròtiques, revistes de cuina, etc.) el panorama sigui desèrtic.
La normalització de la llengua al carrer és encara molt precària, malgrat que han passat deu anys de l'acabament de la dictadura franquista.
L'any 1939, els feixistes castellanitzaren a Barcelona, en quatre mesos, 1500 noms dels 2000 carrers de la ciutat, mentre que els altres 500 foren canviats.
En relació al cinema, el teatre, tot i la seva precària situació, manté unes xifres d'assistència de públic més elevades, però resta ben lluny encara de la normalitat.
La major part de la indústria del llibre de l'Estat espanyol està concentrada a Catalunya. La podem dividir en dos grans blocs: la producció en espanyol, per a Espanya i Amèrica del Sud, i la producció en català, la qual ha sofert un increment progressiu al llarg d'aquests darrers anys, potenciat per la necessitat del llibre escolar i l'àmplia difusió del llibre infantil.

L'ensenyament a Catalunya, al País Valencià i a les Illes

Quant a la presència del català a l'ensenyament, les estadístiques oficials demostren que la normalització lingüística progressa considerablement curs rera curs. A nivell d'EGB, l'augment més important es donà el curs 1982-83, en què es passà d'un 23,66 per cent del curs 1981-82 a un 65,12 per cent dels centres, públics i privats, que impartien l'ensenyament en català totalment, parcialment o de forma progressiva. Malgrat tot, encara hi ha un elevat nombre de mestres contraris a la plena catalanització de les escoles, els quals no sols no fan cap esforç personal, sinó que obstaculitzen qualsevol intent renovador; i encara trobem classes on no s'imparteixen ni les tres hores setmanals obligatòries. Les xifres varien considerablement d'una comarca a l'altra. Així, segons les dades elaborades pel Departament d'Ensenyament, durant el curs 1981-82, les comarques més catalanitzades són les Garrigues, la Terra Alta, el Baix Ebre, el Montsià i el Pallars Sobirà; en canvi, les comarques més poblades i amb uns índexs més elevats d'immigració són les menys catalanitzades: el Baix Llobregat, el Vallès Occidental, el Barcelonès, el Garraf, la Vall d'Aran (la qual, però, és un cas especial, ja que la llengua pròpia d'aquesta comarca no és el català, sinó l'aranès).
L'ensenyament secundari (BUP, FP) compta, naturalment, amb d'altres problemes. De més a més existeix una clara discriminació entre la llengua catalana i l'espanyol, amb un nombre d'hores no equitatiu. De totes maneres, en el curs 1985-86 ja hi ha hagut un augment important a 1r. de BUP; de tres hores setmanals s'ha passat a quatre. La literatura catalana de COU encara, però, és considerada com a optativa per als alumnes que fan lletres, mentre que la literatura espanyola és obligatòria.
A FP, la llengua catalana és encara una assignatura poc valorada. Els índexs de comprensió i d'expressió són malauradament molt baixos.

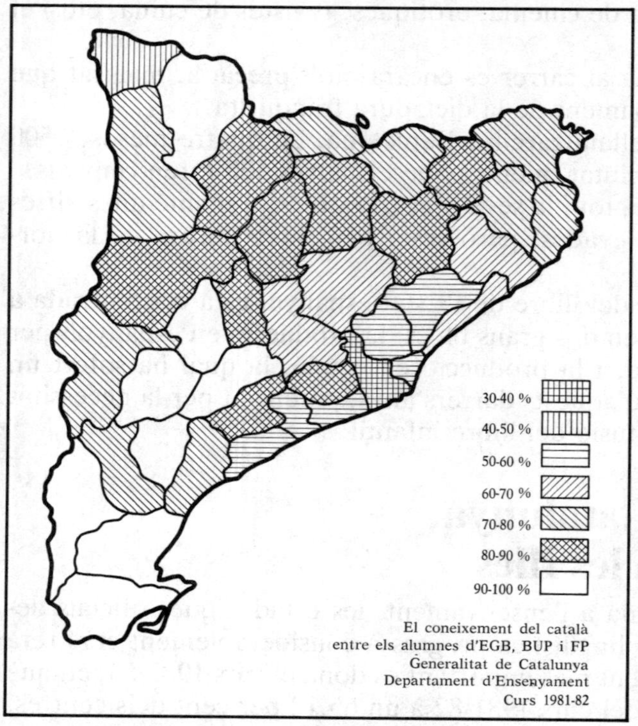

Mapa 1. Índex de presència del català a les comarques de Catalunya. Alumnes d'EGB.

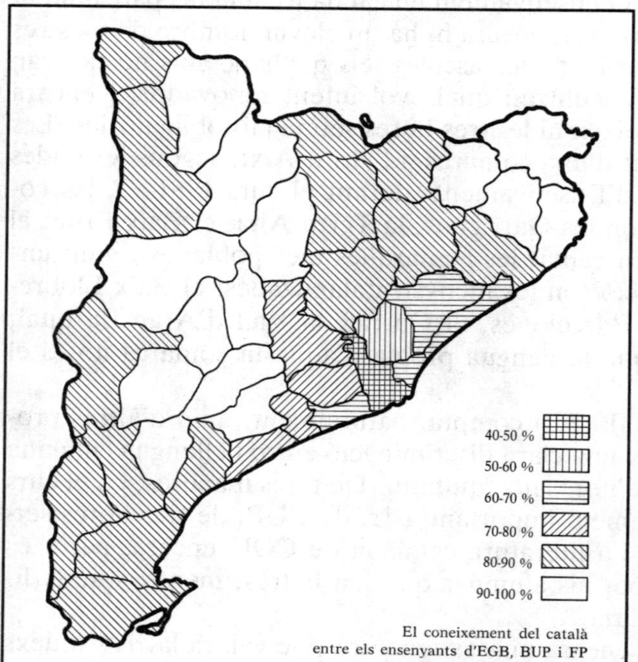

Mapa 2. Distribució comarcal dels professors d'EGB catalanoparlants.

TAULA 1. *Proporció de població immigrada, damunt la població total de cada municipi (1981).*

Municipi	% *d'immigr.*	*Municipi*	% *d'immigr.*
Cornellà	54	Gavà	46
Sant Joan Despí	52	Sant Vicenç	45
Viladecans	50	Pallejà	44
el Prat de Llobregat	49	el Papiol	38
Sant Boi de Llobregat	48	Molins de Rei	34
Castelldefels	48	Sant Climent	27
Sant Feliu de Llobregat	47	Santa Coloma de Cervelló	24

FONT: Corp. Metropol. de Barcelona (1982).

TAULA 2. *Percentatge dels immigrats que entenen el català, per municipi (1981).*

Sant Joan Despí	43,7	Pallejà	62,5
Viladecans	44,9	Sant Feliu de Llobregat	63,6
Sant Vicenç dels Horts	46,2		
Cornellà de Llobregat	48,0	Molins de Rei	73,2
		el Papiol	74,4
Sant Boi de Llobregat	53,6	Santa Coloma de Cervelló	79,7
Castelldefels	54,9		
el Prat de Llobregat	55,1	Sant Climent de Llobregat	89,9
Gavà	58,5		

TAULA 3. *Comprensió del català per part dels arribats a Catalunya entre 1971 i 1981, per municipis (percentatges)*

Municipi	*1975-81*	*1971-75*	*Municipi*	*1975-81*	*1971-75*
1. Viladecans	25	27	8. Sant Feliu	39	45
2. Cornellà	26	33	9. Castelldefels	41	46
3. Sant Joan	27	31	10. Pallejà	42	46
4. el Prat	28	36	11. Santa Coloma	48	68
5. Sant Vicenç	30	29	12. Molins de Rei	49	57
6. Sant Boi	33	37	13. el Papiol	62	65
7. Gavà	39	42	14. Sant Climent	74	87

TAULA 4. *Comprensió del català per part dels immigrats de diferent origen, a les subàrees 1 i 3 de l'Àrea Metropolitana.*

	Subàrea 1		*Subàrea 3*	
	% compr.	*Pobl. total*	*% compr.*	*Pobl. total*
Extremadura	43,1	14.375	41,8	5.300
Andalusia	48,1	60.160	51,9	29.049
Cast. Nova	52,9	9.873	60,2	4.487
Múrcia	68,5	6.610	76,8	2.636
Aragó	78,3	5.482	83,3	2.285
Total immigrats	53,3	114.418	56,9	50.620

L'àmbit educatiu constitueix l'única parcel·la sobre la qual incideix la política lingüística al País Valencià. Amb tot, la llei lingüística (1983) no reconeix que el català sigui la llengua de l'ensenyament, i les actuacions institucionals en aquest sector no deixen de ser tímides i confusionàries. L'assignatura «Valencià» s'introdueix progressivament als nivells primari i mitjà (els Instituts han estat dotats de càtedres i d'agregadories corresponents), mentre l'opció d'impartir en català una àrea dels programes d'EGB és un projecte insegur i ha començat a ser refusat per una societat que no experimenta encara la necessitat de l'ús públic de la llengua pròpia.

La introducció del català en el sistema educatiu de les Illes Balears s'inicià amb el Reial Decret de 7-IX-1979. Aquest decret estableix l'ensenyament del català en dues hores setmanals per a EGB, i segons dades oficials aquesta prescripció es compleix en més d'un 90 per cent. Quant al BUP es prescriu l'ensenyament de dues o tres hores setmanals de català, així com la inclusió de les matèries Llengua i Literatura Catalanes, però la llengua catalana és discriminada com a llengua vehicular. A les Illes Balears també es presenta el problema del professorat no autòcton: el percentatge de mestres castellanoparlants varia d'un 10 per cent a les escoles petites fins a un 26 per cent a les llars d'infants o un 34 per cent als centres escolars més grans, és a dir, els més importants.

Finalment, destaquem els entrebancs burocràtico-administratius que origina el nom de l'assignatura. Actualment la matèria de Llengua i Literatura Catalanes és designada amb noms diferents, a efectes d'oposicions per a professors de Batxillerat i de Formació Professional, a les Comunitats Autonòmiques de Catalunya, les Illes Balears i el País Valencià. A Catalunya rep el nom de «Llengua i Literatura Catalanes»; a les Illes, el de «Llengua i Literatura Catalanes, modalitat balear»; i al País Valencià, el de «Llengua i Literatura Valencianes». El fet que els estudis de Llengua i literatura catalanes al BUP i a la FP siguin considerats com a tres assignatures diferents a tots els efectes pel Ministeri d'Educació i Ciència es tracta d'una maniobra política que contribueix al secessionisme cultural dels països de llengua catalana i que li confereix un *status* legal. En el cas del domini lingüístic català, el fet esmentat de les diferents denominacions té conseqüències polítiques i professionals que en cap cas no són tolerables. Políticament és un atemptat greu a la unitat i a la supervivència de la llengua i la cultura catalanes. Professionalment perjudica de manera també greu els professors numeraris de les dites matèries, en el sentit que els impedeix de traslladar-se d'una comunitat autònoma a una altra, ja que legalment són titulars d'assignatures diferents. Actualment, però, aquest problema potser es podrà resoldre gràcies a l'acord signat entre els tres Consellers d'Ensenyament de les Comunitats Autònomes que tenen com a llengua pròpia la catalana.

El català, llengua d'expressió científica

S'ha dit que la ciència no té pàtria, però sí que en té el científic. En raó d'aquesta afirmació, trobem al llarg del temps textos científics escrits en català, quan les circumstàncies històriques han permès de desenvolupar una ciència catalana, és a dir, escrita i pensada en català.

Al marge de les obres científiques de Ramon Llull, cal destacar la gran importància d'Arnau de Vilanova, metge de reis i papes i autor de prestigiosos tractats mèdics escrits en llatí, que era, en aquesta època, la llengua científica més divulgada.

Es coneixen manuscrits d'obres mèdiques anteriors a la impremta: *El llibre de receptes,* de Misser Joan; *Regiment de preservació a epidèmia o pestilència,* de Jacme d'Agramont; *El receptari de Manresa,* de Bernat Despujol. Respecte a llibres impresos, cal destacar la traducció de Joan Villar del llibre sobre la pesta de Valasco de Taranto (publicat el 1475), el *Tractat de cirurgia* de Pere d'Argelata (1503), i el llibre sobre la pesta d'Antoni Girauld, de Narbona (1587).

És, però, en les situacions de recuperació de l'autogovern, al segle XX, quan, a recer de les institucions oficials, s'ha creat i desenvolupat el català científic. En aquest aspecte hem d'esmentar la tasca duta a terme per la Mancomunitat de Catalunya. Una innegable mostra de la vitalitat del català científic són els setze volums de treballs de recerca publicats a *Treballs de la societat Catalana de Biologia* (1912-1939). Les «Monografies Mèdiques» (1926-1936), publicació mensual dirigida per J. Aiguader, foren un element valuós en la difusió d'un lèxic mèdico-científic català. I especialment cal mencionar el *Diccionari Mèdic,* de Corachan (1932), i una revista publicada a Barcelona, «La Medicina Catalana» (1933-38).

El Manifest de Prada (agost 1973) declarava: «Si una llengua ha de viure en plenitud, el seu exclusiu conreu literari és manifestament insuficient: cal que la llengua s'enrobusteixi amb el desenvolupament del lèxic científic i tecnològic, que segueixi el rigorós dinamisme de la ciència; per aquest camí i només per aquest camí, una llengua ateny la seva majoritat.»

Posteriorment, com a resposta a les necessitats del món modern, han aparegut vocabularis de la construcció, de l'automòbil, de matemàtica, de l'enginyeria, els vocabularis bàsics d'una Comissió Coordinadora Lexicogràfica de Ciències, que comprenen totes les matèries dels primers cursos de totes les carreres científiques, el *Diccionari de l'utillatge químic,* de S. Alegret, el de la *Ciència i tecnologia nuclears,* d'A. Lloret, els de Ll. Marquet sobre electrònica, luminotècnia i metal·lúrgia, el *Vocabulari mèdic* de l'Acadèmia de Ciències Mèdiques, els de botànica d'Oriol de Bolòs. I el gran esforç de la *Gran Enciclopèdia Catalana* en l'adopció de terminologia científico-tècnica d'origen majoritàriament anglosaxó.

Els actuals obstacles polítics

Durant aquests darrers 10 anys, malgrat l'oficialitat del català, la nostra llengua ha estat més d'un cop tema discutit al Tribunal Constitucional. A partir del fallit cop d'Estat militar del 23 de febrer de 1981, els traspassos autonòmics, motiu d'alarma en molts sectors de la societat espanyola, es veieren frenats de manera substancial per raons «econòmiques». Conseqüència directa del cop d'Estat és la Ley de Armonización (LOAPA), pensada amb la finalitat de frenar el procés normalitzador de la llengua catalana i de regular l'ús dels termes «nació» i «nacional», aplicables només a l'Estat espanyol. Immediatament vingueren tot un seguit de disposicions contràries a l'ús del català:

- Juliol 1981. En una circular s'obliga a redactar en espanyol tota la paperassa i els rètols dels arxius històrics i de les biblioteques provincials. En canvi, s'hi declara optatiu l'ús de la pròpia llengua.
- 31 de juliol de 1981. Pel Decret 2296/1981, tota la senyalització de carreteres, aeroports, estacions ferroviàries, etc., caldrà redactar-la en espanyol.
- 9 de març de 1982. La inspectora de l'escola d'EGB de Barx (la Safor), Nieves Escamilla, envia una carta al centre dient que la llengua de l'escola, i tot durant l'estona d'esbarjo, ha de ser únicament l'espanyola.
- 12 d'agost de 1982. La «Norma general de etiquetado, presentación y publicidad de los productos alimenticios envasados» obliga a la retolació en espanyol.

Malauradament no s'atura aquí el reguitzell d'escomeses contra la llengua catalana, que F. Ferrer i Gironès ha recollit i estudiat en el seu llibre *La persecució política de la llengua catalana.* Hi podríem afegir, a grans trets, les impugnacions presentades pel govern socialista contra la Llei de normalització lingüística aprovada unànimement pel Parlament de Catalunya, i tots els recursos presentats per funcionaris espanyols en contra de la prova de llengua catalana inclosa en les oposicions a funcionariat; concretament el «Colegio de Ingenieros de Madrid» també s'hi oposà aferrissadament.

Conclusions

El gran problema que afecta la llengua catalana, actualment, malgrat el seu reconeixement oficial, és la manca real de necessitat d'ús.
Encara és possible de viure a Catalunya, i més a la resta dels Països Catalans, sense necessitat de conèixer ni d'emprar la llengua pròpia; entre altres raons per l'alienació lingüística dels mateixos catalans que, en la pràctica diària, canvien automàticament de llengua quan l'interlocutor no és català, «cortesia» boc

freqüent a la inversa. Cal canviar radicalment d'actitud si volem la plena normalització de la nostra llengua; no n'hi ha prou a deixar la tasca en mans de les institucions, les quals fluctuen entre les limitacions del marc legal, incrementades per les pressions del govern central, i la pròpia voluntat de redreçament nacional. No avançarem tampoc si relaxem el nostre grau de consciència nacional, pensant que el període de resistència cultural forma part ja del passat històric, enganyats per la cobertura democràtica del nou règim. No ens podem limitar a impartir o rebre, passivament, les hores setmanals de llengua i literatura reglamentades, ni a pensar que una política lingüística basada en el bilingüisme sigui la fita final del procés normalitzador. Mentre el català no sigui la llengua indispensable per viure arreu dels Països Catalans, la llengua de l'anomenada subliteratura i, a més a més, mentre encara es corri el perill de ser retingut unes hores a les comissaries de policia per emprar-hi el català, la plena normalització lingüística serà una pura ficció.

Orientació bibliogràfica

Lluís V. ARACIL, *Papers de sociolingüística,* Barcelona, La Magrana, 1982.
Francesc FERRER I GIRONÈS, *De la transició al règim constitucional* i *La situació del català a la Catalunya del Nord,* dins *La persecució política de la llengua catalana,* ja citat. pp. 203-239 i 239-268.
Congrés de Cultura Catalana, *Resolucions de l'àmbit de llengua,* vol. I, 1978.
Miquel STRUBELL I TRUETA, *Llengua i població a Catalunya,* ja citat.
La llengua d'un poble, «Quaderns d'alliberament», núms. 8/9, Barcelona, La Magrana, 1984.
Isabel-Clara SIMÓ, *Els mitjans de comunicació en la Catalunya autònoma,* dins «Quaderns d'alliberament», núm. 10, Barcelona, La Magrana, 1985, pp. 67-81.
La immigració als Països catalans, «Quaderns d'alliberament», núm. 2/3, La Magrana, Barcelona, 1978.

Textos complementaris

I

Mentrestant, els barris perifèrics, inicialment degradats des del punt de vista urbanístic, també han estat zones de recepció d'immigrats, i en la mesura que hi ha hagut en ells pocs catalans, també el procés d'aculturació lingüística ha estat lent, fins l'extrem que aquests barris han estat estructures més aviat passives, a vegades obstaculitzadores, del canvi lingüístic. Sovint aquests immigrats han mantingut una certa coherència ètnica en el sentit que molts dels seus membres han estat proclius a reunir-se en funció de les seves regions d'origen. El resultat ha consistit a retardar aquests immigrats la seva integració lingüística al català, àdhuc en la segona generació.

Tanmateix, si en aquests barris perifèrics, els anomenats suburbis, s'ha concentrat una població immigrada de classe social més aviat baixa, també han estat llocs de concentració de poblacions bàsicament obreres a les quals s'ha dedicat molt poca atenció per part de les institucions catalanes en matèria sobretot de promoció lingüística. Els seus llocs habituals de promoció han estat els centres de treball, mentre que, per altra banda, els estímuls principals per a aprendre el català han estat produïts des de les zones d'identificació de prestigi de la cultura catalana, a més dels factors de promoció personal, a vegades actuant com a factors de mobilitat social dintre les empreses.
És evident, per altra part, que els barris estan perdent molta d'aquesta capacitat de cohesió sòcio-cèntrica en la mesura que les seves poblacions han augmentat els seus graus de mobilitat, o sigui: a mesura que molts barris han perdut la seva vida política local, en aquesta mesura han disminuït els graus de participació de la seva població en activitats pròpiament locals (...).
De totes maneres, és evident que en la seva orientació tradicional els barris barcelonins han estat exponents de sòcio-centrisme i d'etnicitat. Quant a catalanitat, aquesta es projecta, estadísticament, com una funció del grau d'antiguitat o d'anys de residència als barris i districtes. Tanmateix, com més antiga és la residència, major és la quantitat de catalans que hi trobem. Així, la densitat relativa d'idioma català parlat es reflecteix en forma de barris que, com més antics i com menys degradats urbanísticament, majors proporcions tenen de catalanoparlants. Això vol dir que les poblacions lingüísticament catalanes també han circulat en la direcció imposada per les reestructuracions urbanístiques i en funció de les seves capacitats econòmiques relatives. En aquest sentit, barris que podien ésser considerats com catalans han modificat la seva estructura lingüística pel fet d'haver estat recipients de poblacions immigrades. Tanmateix, doncs, la distribució de les poblacions lingüísticament catalanes i castellanes (i gallega) correspon, bàsicament, a aquestes tendències: els catalans ocupen les zones més urbanitzades i els immigrats les més degradades.

Claudi Esteva Fabregat, *Aculturació lingüística d'immigrats a Barcelona* (1977).

II

La nostra normalització lingüística, malgrat els progressos que ha fet i que fa, és encara un procés inacabat. És per això que molts compatriotes nostres la ignoren quasi completament i que d'altres l'entenen de manera incompleta i (almenys en part) errònia. De fet, sembla que hom tendeix maquinalment a reduir la normalització a la normativització i aquesta a la fixació. Mentre farem això, perdrem de vista la totalitat i, consegüentment, la raó d'ésser de les parts. El concepte global i general de normalització ens ajuda a detectar, no sols allò que hem assolit, sinó també i sobretot allò que encara ens manca i que hem d'assolir amb el *nostre* propi esforç. Em sembla que, en aquesta conjuntura, la responsabilitat dels educadors i llur possibilitat d'acció són potser més grans que les de qualsevol altre grup professional. Dins una lletra a Francesc Vallverdú, deia (el 6 d'agost del

1971): «No podem considerar "plena" una normalització que encara és sobretot simbòlica.» Els patricis i erudits, instal·lats a la reraguarda, creuen que la gramàtica normativa és el gloriós punt final d'un procés que pertany al passat. Els educadors, per contra, hi han de veure el modest inici d'un procés que ha de projectar-se cap al futur. El contrast entre aqueixes dues orientacions (la retrospectiva i la prospectiva) correspon al contrast entre dos focus d'interès prou diferents. L'orientació prospectiva ha d'ésser fonamentalment *socio*lingüística perquè només així podrem abordar de manera racional i eficaç els problemes encara pendents. Em sembla que ho va entendre algú que, a Alacant, va suggerir que, en comptes de cursets de gramàtica amb una conferència sobre sociolingüística, caldria organitzar cursets de sociolingüística amb una conferència sobre gramàtica. Potser valdrà la pena de fer en algun racó d'aquest país aqueix experiment revolucionari.

Lluís V. Aracil, *Papers de sociolingüística* (1982).

III

La llei dita de Normalització Lingüística de Catalunya es podria resumir de la manera següent: El poble de Catalunya no podrà causar ni causarà cap molèstia a ningú per raó de la defensa de la seva llengua. Aquesta defensa, l'assumirà ell tot sol, contracorrent com sempre i rascant-se la butxaca com sempre.

En efecte, la llei proclama i recalca el *dret* dels ciutadans a conèixer el català i a expressar-se en català a tot arreu; però no proclama pas menys que cap ciutadà, *com a individu*, no tindrà mai *necessitat* estricta de conèixer-lo. En primer lloc, «ningú no pot ésser discriminat per raó de la llengua... que empra»; en segon lloc, les lleis, les disposicions oficials, etc., «*s'han de* publicar en... català i en castellà en el *Diari Oficial de la Generalitat*». Per tant, el català esdevé perfectament superflu, redundant, a la vida pública (com és superflu, redundant, el telediari català); en tercer lloc, la llei obliga les empreses públiques a no desconèixer el català i a posar els mitjans necessaris perquè el personal que hi treballa el conegui, la qual cosa és realment positiva per a la llengua, però és una càrrega econòmica que haurà de suportar el nostre país, no pas l'Estat central responsable de la situació.

Usted olvida que aquella «necesidad» sería anticonstitucional. No, precisament no ho oblido. Però els redactors de la llei sí que obliden que una llengua que no es fa necessària té els dies comptats. ¿Qui estudiaria alemany si sabia que no li havia de ser imprescindible quan vagi a Alemanya o quan estudiï filosofia? I avui el català *no* és necessari per a ningú ni ho serà després d'aprovar-se la llei.

En les circumstàncies actuals, proclamar amb força legal la no-discriminació per motius lingüístics és discriminar automàticament i irremissiblement la llengua catalana, consolidar el vergonyós «bilingüisme» que vivim, que és monolingüisme castellà per a mig país i ha d'acabar sent-ho per a tots. És somiar truites pensar-se que a partir d'ara, emparats en aquesta disposició, els qui sabem català l'emprarem arreu, per a tot i amb tothom. El comportament invers és l'únic que s'observa en la vida real. La llengua només és una arma ofensiva per a una infinita minoria. Per a tota persona normal és un mitjà de comunicació i prou.

Un altre resum encara més breu de la llei podria ser aquest: La llei de la por, feta per vençuts i per a vençuts. Vegem-ho. La Constitució deixa prou ben lligat que «tots els espanyols tenen el deure de conèixer i el dret d'usar» el castellà. Els catalans que van acceptar això tenien esperit de vençuts. O duien la por al cos. L'Estatut d'Autonomia ha de dir que la Generalitat «*garantirà* l'ús normal i oficial d'ambdós idiomes», com si la Constitució i l'Estat i la TV i... no en fossin ja garantia absoluta. Qui va redactar o pactar això era un mesell. O tenia la por al cos. I la llei que ara ens ocupa torna a repetir, vegeu quin cas, l'obligació que els catalans assumim de «garantir l'ús normal i oficial del català i del castellà». Esperit d'esclaus. O la por a flor de pell.

O ambdues coses. És cert que hi ha totes dues coses, ho sap tothom i no cal insistir-hi. Però, almenys, que els autors de la llei no ens diguin que la redacten «atesa la situació lingüística de Catalunya». Que diguin sense embuts que parteixen de la por, de la situació política, de la submissió acceptada i proclamada. ¿Ni això no tenen el valor de dir?

Enlloc de la llei (ni de l'Estatut ni de...) no consta, *almenys,* la voluntat explícita d'arribar a aconseguir que el català torni a ser un dia l'única llengua nacional de Catalunya: transigint i respectant i inhibint-nos tant com calgui durant un temps. O, almenys, que el català arribi a tenir la mateixa dignitat i la mateixa capacitat expansiva i sigui igualment imprescindible que el castellà per viure a Catalunya. I no solament això. També que totes les llengües de l'Estat tinguin dins l'àmbit estatal el mateix tracte. ¿Hem de publicar el DOG en català i en castellà? Doncs també el BOE.

Sospito que a penes cap dels nostres polítics ni dels nostres dirigents no té ni tan sols això clar. Avui una llengua minoritària no pot sobreviure sense un estat que la defensi incondicionalment i la protegeixi amb eficàcia de les seves veïnes.

Vuelve usted a olvidar que estamos en España. Vet aquí que hem anat a raure a l'arrel de tots els problemes: les nocions d'*estat,* de *nació,* de *poble,* de *persona.* Des del problema que avui ens ocupa, caldrà concloure que l'estat és l'organització que té la finalitat d'evitar molèsties a uns ciutadans a base de trepitjar uns altres ciutadans.

L'única esperança que ens queda és que sovint les lleis no alteren res. O comencem a encomanar el mausoleu (això sí: no dic pas un humil taüt) o continuem prescindint dels nostres polítics. ¿No n'havíem prescindit fins ara?

Joan SOLÀ, *Una llei de vençuts i per a vençuts* (1984).

Suggeriments de treball

1. Busqueu informació sobre el que ha estat i és actualment la Universitat Catalana d'Estiu. La raó de la seva existència i les implicacions polítiques.
2. Comenteu les causes i les conseqüències d'aquestes actituds. (Extret del *Dossier sobre la llengua,* Unitat del poble valencià [UPV] núm. 1.)

PAÍS VALENCIÀ
ALACANTO
CONTRA L'OPRESSIÓ LLINGÜÍSTICA
TÚ, HIJO, CASTELLANO, QUE A LO MEJOR UN DIA VAS A MADRID.
S , PARE.
ESCUELA
ERGO 82

MARADONA ÉS EL MILLOR. QUINA ESQUERRA QUE TÉ!
SÍ.
TENS RAÓ.
LA MARE QUE... COM COU!
A VORE SI MENGES MILLOR. T'HAS EMBRUTAT COM UN PORC.
SÍ, PARE.
PERO UNA DISCUSIÓN SOBRE LÓGICA MATEMÁTICA EXIGE UN LENGUAJE ESPECIALIZADO QUE...
ERGO 82

3. Entre l'any 1981 i el 1982, la Generalitat engegà una campanya sensibilitzadora amb la finalitat d'incidir en les actituds lingüístiques de la població; rebé el nom de «Campanya de la Norma». Comenteu la incidència i la importància social d'aquesta campanya.
4. Comenteu el fragment següent. És de Julián Marías a *Consideración de Cataluña* (1966). Quin tipus d'ideologia reflecteix?

Algunos catalanes dirían que los catalanes «tienen» sólo una lengua: el catalán; y que «saben» el español, como pueden saber, como otros muchos saben, el francés, el inglés, el alemán, el italiano. Creo que esto no es exacto. La lengua propia es aquella en que uno está instalado, desde la cual se trata con la realidad; las lenguas extrañas se «usan», se manejan, y la instalación en ellas es provisional, aunque pueda ser fácil y cómoda. En la lengua propia se está «como en casa»; en la ajena, como en casa de amigos, en calidad de invitados, o como en un hotel. Se puede estar muy bien pero nunca «en casa».
Esos mismos catalanes aceptarán esto, pero agregarán que su casa es el catalán. Y yo me permitiré sugerir que la casa lingüística de la mayoría de los catalanes —de los que no son rústicos— tiene «dos pisos»: en el primero, aquel en que se hace la vida cotidiana, pasan muchas horas del día y ejecutan aquellas operaciones que son a la vez más elementales y más entrañables; pero suben con toda frecuencia y normalidad, muchas veces al día, al segundo, y cuando lo hacen siguen en su casa. Este «piso lingüístico» tiene funciones peculiares, posibilidades propias, y significa una disponibilidad fundamental de la vida catalana tal como se ha hecho en la historia; tal como es, no tal como hubiera podido ser, o como podemos fingirla.
Muchos catalanes nos dicen que hablan, ciertamente, español, pero no como su lengua; que tienen que «traducir».

5. Comenteu la situació següent: en una classe d'idioma estranger, amb alumnes catalanoparlants i amb un professor nadiu (però que entén el català), només s'utilitza com a llengua de relació i traducció el castellà.
6. L'any 1979 aparegué al núm. 15 de la revista «Els Marges» un article titulat *Una nació sense Estat, un poble sense llengua?* signat pel Consell de redactors de la revista. La situació de la llengua catalana que presenten és altament descoratjadora. Llegiu-lo i comenteu-lo a classe.
7. Feu una anàlisi detallada del «Manifiesto por la igualdad de derechos lingüísticos en Cataluña» aparegut a «Diario 16» el 12 de març de 1981.
8. Què en penseu, del que exposa l'article següent?

Tres nous mefistos catalans
(Carta oberta a La Trinca)

(...) Quan una nació lluita per la seva llibertat i per ocupar el lloc que li pertoca en el món, els artistes d'aquesta nació assumeixen un paper de portaveus. Allí on van no els queda altre remei que assumir el paper d'ambaixadors d'una «cultura peculiar». D'altra banda, quan un país viu una situació normal els artistes són simplement artistes i se'ls jutja tan sols pel seu treball. D'aquesta manera, per exemple, ningú no veu els cantants nord-americans, anglesos, francesos o espanyols com a representants dels seus països, sinó com a simples cantants. Si algun artista nord-americà o espanyol inclou en els seus recitals a Barcelona un parell de cançons en català, ens ho prendrem com un detall, sense que això modifiqui, però, l'opinió que la seva tasca ens mereix. Ara bé, quan aquest artista decideix publicar un disc en el nostre

idioma, aleshores ja no es tracta d'un detall, sinó d'un estratagema comercial. I això és senzillament el que vosaltres heu fet, no cal que us autojustifiqueu, per tal d'assolir un notable increment dels vostres beneficis.
(...)
Ves per on, el problema de l'idioma només existeix quan es tracta del català. A Madrid no es pot anar cantant en català, a Amèrica del Sud tampoc, a Anglaterra o a Txecoslovàquia tampoc. No ho entendrien... Això no obstant, artistes anglesos, nord-americans, brasilers, nòrdics, etc., omplen els estadis i els palaus d'esports de les ciutats de l'Estat espanyol sense que l'idioma signifiqui cap barrera. Els seus discs es venen arreu del món en funció de la seva qualitat i no de l'idioma. Els artistes catalans, pobrets, ningú no els vol entendre.
(...)
Potser pel PSOE, del quan en sou seguidors gairebé tots, i com a partit harmonitzador, la situació de Catalunya ja és prou normal i res no hi ha que escanyi la llengua, la cultura i la nació; permeteu-me, però, sense anar més lluny, un petit cop d'ull a la situació de la meva ciutat. De vuit emissores de ràdio, locals, només una parla en català. L'horari i el pressupost televisius per a Catalunya són d'autèntica burla. De sis diaris, cinc són en castellà. De tres diaris esportius, cap no és en català. Pel que fa a les publicacions no diàries, el cas de «El Món» estalvia mots. D'unes quaranta-cinc pel·lícules d'estrena, només en circumstàncies anormals coincideixen més de tres parlades en català. De dotze teatres, tan sols tres mantenen una programació permanent en català. En el terreny literari, Barcelona és el principal centre editorial del món; en llengua hispana, és clar. D'una xifra veritablement impressionant de publicacions anuals, només 1.500 o 1.800 llibres són en català. El 99,99 per cent de la publicitat àudio-visual i estàtica és en castellà. Els productes catalans s'envasen i etiqueten en castellà. Només els nens petits tenen ensenyament total en català, immediatament després el català passa a ésser una assignatura tan pintoresca i enutjosa com el llatí. Naturalment això és així suposant que els pares no decideixin, de bell antuvi, l'opció de la classe del mestre castellà, que hom pot trobar a les escoles estatals. El nivell de català emprat al carrer és baixíssim i posa de manifest l'analfabetisme idiomàtic de la nostra nació. La voluntat de progrés en aquest terreny és, en general, lamentable i desencisadora.
Doncs bé, tot i així es publiquen «manifiestos» i el director madrileny de «El País» transmet al nostre batlle, a través de la televisió, la seva preocupació per la marginació a la qual es veuen sotmesos els «castellano-parlantes».
Vosaltres, La Trinca, d'això en dieu mirar-se el melic; bé, és un suau insult que signaria qualsevol feixista. De tota manera, us voldria cridar l'atenció sobre un petit detall que us ha passat per alt dins la vostra ben planificada carrera artística. Puix que el català és un idioma minoritari que no acostuma a donar fama i diners i, per tant, per anar a Madrid i perquè tothom us entengui feu l'espectacle en castellà i enregistreu un disc en castellà, que també s'edita a Catalunya en castellà, ara us veieu, desestimats Mefistos, en l'obligació d'aprendre euskera i gallec per als posteriors muntatges a Euskadi i Galícia, ja que, altrament, fóra una manca de tacte envers ells. Potser penseu que això no és necessari perquè a Euskadi i a Galícia ja entenen el castellà i el vostre muntatge en aquest idioma s'ha pensat precisament per a gaudir dels aplaudiments de «300 millones»; però, partint d'aquest mateix raonament, us haig de dir que, aleshores, tampoc no calia fer-ho en català, ja que aquí també entenem el castellà. Jo, de vosaltres, pel que fa als propers muntatges, no m'amoïnaria gaire en el sempre enutjós problema dels idiomes i de les versions. Ara, amb la màscara fora, ja podeu fer-ho tot directament en castellà. Àdhuc, ja

que demostreu un interès tan desmesurat per arribar a tot el món, us faré un suggeriment que us portarà molt més lluny de la xifra de 300 milions: d'ara endavant, els propers muntatges i gravacions cal que els feu directament en anglès, que és un idioma que sembla que entenen fins i tot els russos.

(...)

Pobrets Mefistos, homes plens de talent i de bons sentiments. Només volíeu fascinar tots els públics, per vosaltres tan sols té importància la vostra carrera i a ella ho sacrifiqueu tot. Què és el triomf i l'èxit per vosaltres? ¿Un afalac al vostre melic i a la vostra vanitat d'artistes? ¿Fins a quin punt la protecció del poder opressor no porta implícit una subtil coacció? La vida de les persones és feta de compromisos, especialment la dels artistes. ¿Pot mantenir-se l'artista al marge dels esdeveniments polítics del seu país? És possible trobar un home sense consciència política? La qüestió rau a saber fins on som capaços d'arribar en el compromís. ¿Què estem disposats a sacrificar per aquest compromís? ¿En quin moment es produirà la nostra claudicació davant les imposicions exteriors i qui guanyarà, l'ambició o el compromís?

Víctor ALEXANDER, «Avui» (19-2-83).

9. Confronteu les idees polítiques exposades en aquesta cançó amb l'actitud adoptada davant la possibilitat de cantar en espanyol.

«CORASÓN LOCO»

No en puc treure l'entrellat
«corasón loco»
jo no sé qui t'ha enredat
menjant-te el «coco»
i és que no me'n sé avenir
com això no et fa patir
ni t'atabala.
És difícil d'esbrinar
com es poden mantenir
dues pàtries i no estar
tocat de l'ala.
Això ens passa als de per aquí
i als d'algunes altres zones
que mantenim dues pàtries
com qui manté dues dones.
Una pàtria és la parenta
que m'hi van casar per força
i no em deixa divorciar.
És una dona dolenta
que m'esbronca i m'estomaca
i que em parla castellà.
L'altra pàtria és la fulana
perquè a mi em dóna la gana
perquè ella em té el cor robat,
tot i que algunes vegades
quan anaven tan mal dades
l'he estimada d'amagat.
Te'n faré cinc cèntims més
que si molt no m'equivoco
encara no has entès res
«corasón loco».
Una pàtria em fiscalitza
m'inspecciona, em fa la guitza
i em té el jornal controlat,
i com una sangonera
m'escorcolla la cartera
fins que em deixa ben pelat.
I ara surten manifestos
on expliquen quatre llestos
que ja m'estic excedint.
I vomiten la parida
de que som jo i la «querida»
els qui l'estem oprimint.
Vet-aquí el meu embolic
«corasón loco»
jo també fa temps que estic
trencant-m'hi el «coco».
Qui és el burro que et va dir
que a mi això no em fa patir
ni m'atabala?
Jo tampoc no veig gens clar
com es poden mantenir
dues pàtries i no estar
tocat de l'ala.

LA TRINCA

Fonètica

Orientació bibliogràfica

Antoni M. BADIA I MARGARIT, *Gramàtica històrica catalana*, Tres i Quatre, València, 1981, pp. 69-267.

Pere BARNILS, *Anuari de l'oficina romànica de lingüística i literatura*, volum VI, Barcelona, 1933.

Roland BARTHES, *Elementos de Semiología*, Comunicación, Madrid, 1971.

Leonard BLOOMFIELD, *El llenguatge,* Seix Barral, Barcelona, 1978, pp. 15-147.

Joan COROMINES, *Sobre l'elocució catalana en el teatre i en la recitació,* dins *Lleures i converses d'un filòleg*, Club editor, Barcelona,[2] 1974, pp. 94-105.

Otto JESPERSEN, *La llengua en la humanitat, la nació, i l'individu*, Ed. 62, Barcelona, 1969.

Eugenio MARTÍNEZ CELDRÁN, *Fonética*, Teide, Barcelona, 1984.

Xavier ROMEU JOVER, *Manual de fonologia catalana,* Barcanova, Barcelona, 1983.

Edward SAPIR, *El lenguaje,* Fondo de Cultura Económica, Mèxic,[7] 1977, pp. 9-69.

Sebastià SERRANO, *Signes, llengua i cultura*, Ed. 62, Barcelona, 1980.

J.M.C. THOMAS, L. BOUQUIAUX, F. CLOAREC-HEISS, *Iniciación a la fonética*, Gredos, Madrid, 1985.

Stephen ULLMANN, *Semántica*, Aguilar, Madrid, 1978, pp. 14-41.

Francesc VALLVERDÚ, *Elocució i ortologia catalanes*, Jonc, Barcelona, 1986.

DIVERSOS AUTORS, *Exercicis de pronunciació*, grup de treball de l'ICE de la UPC, 1985.

Tema 21

La comunicació, una necessitat

El llenguatge

Entenem per comunicació el procés mitjançant el qual un missatge arriba a un destinatari.
El fet de viure en societat fa que la persona passi bona part del temps emetent i rebent missatges, és a dir, informació (una mirada, els senyals de trànsit, una representació teatral, el preu d'un objecte, etc.). Són actes de relació comunicativa que cal analitzar a diferent nivell, encara que tots ells compleixen el mateix objectiu.
El llenguatge és la facultat, compartida amb els animals irracionals, que ens permet de comunicar-nos en un sentit general. Ara bé, l'home, aquesta propietat, l'ha concretada en un sistema de signes específics: la llengua.
Així com el fet de caminar és una funció biològica, instintiva, la parla és una funció adquirida, cultural. No existeixen, en sentit estricte, uns òrgans específics destinats només a realitzar els actes de parla; l'aparell fonador té una funció molt més imprescindible, com és la de facilitar la ingestió dels aliments. És per això que, malgrat la inqüestionable importància de les llengües com a sistema comunicatiu que ens diferencia dels animals, hi ha altres estadis de la comunicació, l'anomenada comunicació no verbal, que poden ser, en alguns moments, tant o més importants; les emocions, per exemple, es transmeten sovint per camins no verbals. Contràriament, el pensament i el llenguatge serien dues facetes d'un mateix procés psíquic; malgrat tot, determinar si és possible el pensament sense el llenguatge és una de les qüestions encara pendents tant per als filòsofs com per als lingüistes.

El procés de comunicació

Els elements que participen en tot acte comunicatiu són l'**emissor**, que elabora el missatge a partir d'uns signes recollits en un **codi**; el **canal** (l'aire, el telèfon...), mitjançant el qual el missatge és transferit a través de l'espai i del temps, i el **receptor**, que rep el missatge i el descodifica, és a dir, l'entén.
El missatge, en el seu pas a través del canal, pot ser deteriorat o fins i tot destruït pels **sorolls** (qualsevol tipus de pertorbació, com les imatges borroses en una pantalla de televisió).
Perquè funcioni correctament aquest mecanisme cal que el transmissor i el destinatari comparteixin un mateix codi lingüístic, és a dir, que parlin una mateixa llengua, o bé que cada un conegui el codi utilitzat per l'altre.
S'anomena *feedback* la situació en la qual la comunicació circula en dos sentits, és a dir, quan hi ha un anar i tornar de les informacions.

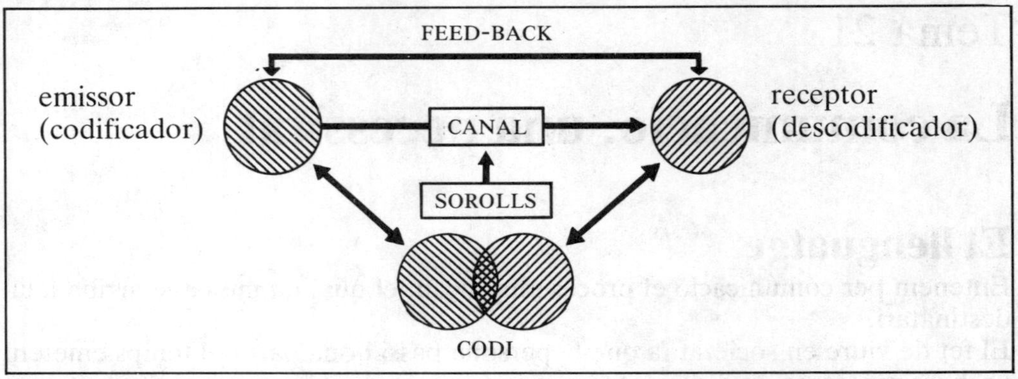

El signe lingüístic

La **semiologia** (o semiòtica en alguns autors) és la ciència general dels signes; només una part d'ella correspon a la lingüística. Estudia qualsevol sistema de significació (les imatges, els objectes, els gests...), és a dir, tot allò relacionat amb el llenguatge.

Vivim envoltats de signes naturals i artificials que emeten contínuament diversos missatges (el llum vermell d'un semàfor, el timbre del despertador, el cel ennuvolat...); tots ells tenen en comú que són portadors d'una informació. Tenen un valor significatiu, al marge, en molts casos, de la pròpia intencionalitat.

La comunicació verbal o llenguatge humà s'estableix a través dels signes lingüístics. Ha estat, per la seva importància, el sistema semiològic més estudiat.

El pensament és una massa amorfa, un *continuum* que ordenen, classifiquen i estructuren d'acord amb unes lleis internes pròpies els diferents sistemes lingüístics, és a dir, les llengües. Cada llengua interpreta de diferent manera la realitat que l'envolta i alhora aquesta realitat condiciona la llengua.

Per al lingüista suís Ferdinand de Saussure (1857-1913), el signe lingüístic és l'associació d'una imatge mental, el concepte (significat), amb una imatge acústica (significant); són com les dues cares d'un full de paper. La relació que s'estableix entre el significat i el significant és convencional, arbitrària, ja que cada llengua utilitza paraules diferents per referir-se a un mateix objecte; fins i tot els signes onomatopeics, que intenten ser una imitació dels sons reals, varien d'una llengua a una altra.

El valor funcional de cada signe lingüístic depèn de la relació que s'estableix amb la resta de signes, amb els quals s'oposa, de la mateixa manera que en el joc dels escacs la funció que atorguem al «cavall» ve determinada per l'oposició que s'estableix amb la resta de peces del joc, i no pas per la forma externa que adopta.

La doble articulació del llenguatge humà

Imaginem-nos un codi on a cada significat li correspongués un crit o un gest diferent; amb aquest codi només podríem transmetre escassos missatges, amb el risc, fins i tot, d'interpretar-los d'una manera inexacta, ja que les seves unitats (el crit o el gest) no es podrien descompondre en unitats mínimes que permetessin una anàlisi més precisa i més matisada del missatge. És així, amb aquestes limitacions, com funciona el llenguatge dels animals irracionals i la resta de sistemes de comunicació no verbal. Contràriament, allò que caracteritza els codis lingüístics és la possibilitat d'emetre una quantitat infinita de missatges a través de la combinació, segons unes normes, d'un nombre limitat d'unitats fòniques. Aquest mecanisme, altament rendible, s'anomena la **doble articulació**.

Si partim del següent enunciat:

Unes noies altes

i el dividim en unitats més petites que tinguin significat

Un-e-s noi-e-s alt-e-s

ens adonem que aquestes poden ser substituïdes, aplicant la prova de la commutació, per altres unitats mínimes que aporten un nou significat:

aquell-e-s cadir-e-s baix-e-s

Aquestes són les unitats que pertanyen a la primera articulació.

N'hi ha de dos tipus: els que tenen un valor lèxic: **lexemes** (arrel) (*un-, aquell-, noi-, cadir-, baix-, alt-...*) i els que només aporten una informació de tipus gramatical: **morfemes** o desinències (la marca de femení [*a*] i de plural [*s*]); en tots dos casos parlem d'unitats mínimes significatives.

Una nova divisió de l'enunciat

u-n-e-s n-o-i-e-s a-l-t-e-s

ens condueix a les unitats mínimes sense significat: els **fonemes**; és la segona articulació del llenguatge, amb la característica que el canvi d'una unitat per una altra pot alterar tot el significat de la paraula.

So, fonema i grafia

La **llengua**, com definí Saussure, és un vehicle de comunicació, un codi que posseeixen, en estat potencial, tots els parlants, mentre que la **parla** és l'actualització, l'ús que es fa d'aquest codi en un moment donat; cada parlant n'exerceix un control exclusiu. Això fa que es parli una mateixa llengua de distinta manera (al marge de les divergències dialectals); dos enunciats no són mai pronunciats exactament igual. Quan parlem articulem un seguit de **sons**, l'un darrere l'altre (tira fònica), que són el resultat de les vibracions produïdes pels òrgans articulatoris (els llavis, la llengua, les dents...). La quantitat de sons i de matisos clarament discernibles que pronunciem supera, de bon tros, en nombre els reconeguts pels propis parlants. No tots els sons, però, serveixen per distingir significats diferents; només aquells que es caracteritzen per posseir algun tret distintiu que els oposi funcionalment a un altre so s'anomenen fonemes (en cada llengua n'hi ha un nombre limitat). Per exemple:

sac/sec/séc/sic/soc/sóc/suc

Aquests set monosíl·labs tenen diferent significat; allò que els diferencia és el so vocàlic; es tracta, doncs, de set fonemes diferents. Ara bé, si fem pronunciar el primer mot *(sac)* a cinc persones diferents, segurament cap d'elles no l'articularà exactament igual; n'hi haurà que obriran més que d'altres la cavitat bucal, però això no alterarà el significat del mot, no serà un tret articulatori pertinent; en aquest cas no podem parlar de fonemes diferents.
La representació gràfica dels fonemes es fa per mitjà de les **grafies**. No sempre una mateixa grafia correspon a un mateix fonema:

a) Un mateix fonema pot ser representat per grafies diferents. El so de ca*s*a també el trobem ortogràficament en la grafia *z* a *z*ero.
b) Una mateixa grafia pot representar fonemes diferents (la *g* a *g*aire i a lle*g*ir).
c) Un fonema pot ser representat per dues grafies (= dígrafs): ca*rr*o.
d) Una grafia pot representar dos fonemes. La *x* a la paraula e*x*amen.
e) Una grafia pot no representar cap fonema (= lletra muda): *h*armonia.

Les normes ortogràfiques ens ajuden, en la mesura que és possible, a compensar aquest desfasament entre fonema i grafia.

Fonètica i fonologia

Són dues disciplines que es necessiten perquè es complementen. La **fonologia** estudia la funció diferencial dels sons, és a dir, els fonemes, i ho fa aplicant el principi de la commutació. Un sol canvi afecta sempre la totalitat del sistema, ja que les relacions entre els seus membres queden alterades.
La **fonètica** s'encarrega de discernir i classificar tots els sons que els parlants poden arribar a articular. Els estudia des d'un punt de vista material, tal i com es presenten, sense connectar-ho amb la significació. La lingüística estudia la fonètica en col·laboració amb d'altres disciplines.
Seguint la distinció entre llengua i parla, la fonologia és una disciplina que connecta amb el concepte de llengua, mentre que la fonètica cal situar-la a nivell de parla. Es divideix en:

– fonètica **articulatòria**: estudia fenòmens o moviments que es produeixen a l'aparell fonador amb la finalitat d'emetre el so.
– fonètica **acústica**: es basa en l'estudi de les ones sonores que resulten dels moviments vibratoris (si agafem una vareta i la colpegem suaument, oscil·larà d'un costat a l'altre: això és la vibració).

– fonètica **auditiva**: analitza els efectes que provoca l'ona sonora en l'òrgan que rep aquest estímul.

Text complementari

L'espai comunica. L'espai és signe de *status*. En una classe el professor té més espai que els alumnes. A més a més els veu a tots, mentre que ells no es veuen o, en tot cas, veuen per darrera al de davant. Això en una disposició normal a les nostres aules. Una altra cosa és que es posin en cercle i el professor sigui un punt més de l'anella. En aquest cas, que es dóna en poques escoles, quelcom ha canviat, fins al punt que més d'un professor es nega a fer la classe en aquestes condicions. D'una manera inconscient li fa l'efecte que la pèrdua de l'espai l'ha despullat de la seva autoritat. Si entrem en una classe de seguida sabem qui és el mestre. L'índex identificador primari és l'espai.

I a l'església. Jo recordo que al meu poble, de petit, l'església estava ben distribuïda. Cadascú al seu lloc i un lloc per a cadascú. El rector que oficiava tenia un gran espai per a moure's i una bona cadira per a seure. Al presbiteri, també els escolans, encara que tenien menys espai i cadires diferents. I ja més avall els feligresos. Però, compte!, homes a un costat i dones a l'altre. A més a més, per a les famílies riques del poble, la classe dominant local, un espai reservat. Cada una d'aquestes famílies tenia un banc folrat i còmode amb uns agenolladors confortables. Era una zona reservada. Nosaltres sabíem que allí no hi podíem anar. Ho sabia tothom. Aquell espai era tan sagrat com el del mossèn o el dels escolans. Avui ja no és així: l'església ha posat en pràctica la socialització de l'espai i tan sols en les grans celebracions conserven aquells signes que tenen el regust medieval d'una societat dividida en «estats», classes socials, amb autoritats, rics i militars en lloc preferent, en el seu lloc. Perquè el lloc que ocupa cadascú, el seu espai, és un signe d'allò que és cadascú.

Normalment no ens adonem d'aquests aspectes de la nostra cultura. Percebem els signes com a signes de manera inconscient. Sovint, si ho pensem, ens podem arribar a creure que és gairebé una perllongació de la naturalesa. Que és natural que el professor tingui més espai que els alumnes o que el mossèn en tingui més que els feligresos i fins i tot que el rei s'assegui al costat de l'Evangeli. Tanmateix són manifestacions de la cultura i nosaltres les hem après com hem après a parlar. Sí, és ben cert. I jo quan era nen sabia que no podia seure al banc de tal família ni a la cadira del professor. Molts nens sabien que no podien seure al cap de taula. Vaig aprendre que havia de mantenir unes distàncies amb les nenes i que no podia tocar certes parts del meu cos i tampoc del de les nenes. La distància entre nen i nena era sagrada. Tan sagrada que deien que hi havia el dimoni al mig.

Sebastià SERRANO, *Signes, llengua i cultura* (1980)

Addenda

La fonètica experimental: Pere Barnils (Centelles 1882-Barcelona 1933)

Establí les bases científiques de la fonètica catalana i es decantà progressivament, al costat de Jean-Pierre Rousselot, cap a la fonètica experimental, que aplicà a la correcció dels defectes del parlar (concretament la sordo-mudesa).
Des de l'any 1908 fins al 1911 amplià estudis lingüístics a la universitat alemanya de Halle. L'any 1912 s'incorpora a la secció filològica de l'IEC. El novembre de 1913 és nomenat director del laboratori de Fonètica Experimental de Barcelona. L'any següent assisteix, com a representant de la lingüística catalana, al I Congrés Internacional de Fonètica Experimental d'Hamburg, i el 1918 assumeix la direcció tècnica de l'Escola de Sords-muts de Barcelona. Tota aquesta intensa activitat fou compaginada amb nombroses obres: *Estudis fonètics* (1917), *La paraula* (1918), *Defectes del parlar* (1930), etc. Pere Barnils és l'exemple del científic que sabé posar el seu talent i la seva capacitat de treball al servei de la llengua catalana. La Dictadura de Primo de Rivera (1923-30), però, estroncà, de manera definitiva, l'obra que tan brillantment havia sabut consolidar.

Suggeriments de treball

1. Comenteu la frase següent: «Els mitjans de comunicació de masses (TV, ràdio, cinema...) poden ser avui dia factors alienants.»
2. El vestuari és també un sistema semiològic, un vehicle de comunicació social, sotmès al canvi del temps. De la fotografia següent, analitzeu-ne tot allò que reflecteixi la personalitat de la gent que hi surt, la solemnitat de l'acte, etc.

3. Tema de debat a classe: «El poder de la moda.»
4. Fixeu-vos en l'expressió de la cara i la posició del cos d'aquests dos actors. Què en deduiríeu?

5. ¿Coneixeu algun altre tipus de cultura (la xinesa, els esquimals, els indis d'Amèrica...) en la qual les formes de salutació i de comiat tinguin una gestualitat diferent de la nostra? Compareu-les.
6. Els còmics utilitzen un llenguatge especial: es valen d'un codi, conegut per tothom, que els permet d'expressar el sentiment, el moviment, el pensament, etc. sense necessitat d'utilitzar paraules. Interpreteu les vinyetes següents d'acord amb l'esmentat codi (metàfores visualitzades, signes cinètics, onomatopeies):

7. Els següents exercicis de fonètica estan pensats amb la finalitat que l'alumne distingeixi clarament els sons que plantegen més dificultat. El professor els pronunciarà en veu alta (no més de tres cops cada mot) i l'alumne els haurà de classificar, segons el propi dialecte.

A) treball de [s], [z]

dimissió, compromisos, pesa, improvisació, casa, confusos, decisió, caça, matisar, peça, realitzar, tapissos, dosi, bisexual, antesala, topazi, donzella, poetessa, entresol, paràlisi, crisi, emissora, pressió, bisecció, transigir, transmissor, excessiu, fossar, dissident.

B) treball de [r], [rr]

berenar, corda, portaria, rodona, cabra, poruc, ràdio, barret, cloure, tornar, seria, caure, contrarestar, antireligiós, rebre, Manresa, vendre, folre, arròs, seguretat, carre*r*ó, ric, fred, eriçó, ultraràpid, arrítmic, baronessa, autoretrat, gairebé.

C) treball de [ʃ], [ʒ]

pijama, xut, projecte, planxar, jeure, jugar, bugia, xicot, punxar, joc, xoc, reixa, gec, eixugar, geografia, xai, peix, jaqueta, petonejar, coixí, guixos, ajudant, xocolata, panxa, barrejar, pluja, baixaríem, enveja, dibuix.

D) treball de [tʃ], [dʒ]

fletxa, mitjó, butxaca, rellotge, dutxa, escletxa, garatge, fitxa, caputxa, prestatge, salvatge, putxinel·li, boig, mig, metge, despatxar, passeig, raig, desitjar, lleig, empatxar, esquitxada, miratge, totxo, platja, metxa, encotxar-se, pitjar, maig, mitjos.

8. Del fragment següent busqueu-ne totes les grafies que no representin cap so, i els dígrafs; quins se separen a final de ratlla?

«Ara sí que la ciutat sembla nòrdica. No hi ha gaire gruix de neu, i són bells els dibuixos de les teulades. Al fons les muntanyes, alguna amb múltiples feixes, que subratlla la neu. He vist un paller darrera una masia, tot florit de blancor, com amb flors arraïmades. Entre la neu, la palla era ben bé d'or, i semblava tèbia: mai com avui la palla m'havia semblat un or indubitable. He arribat al cim, trepitjant la flonjor freda. Damunt Olot flota una boira lletosa i les valls de l'altre vessant són magnífiques. A mig aire de les muntanyes, esfumant els nòrdics agrupaments de faigs, flota també una llenca de boira, però més tènue i blava. S'ha asserenat. A primera hora de la tarda he passejat i m'he assegut vora el riu, en el sol tebi. La neu es fon i sembla més pura. Les soques dels plàtans tenen franges mullades, d'un verd lluent d'aquarel·la. Passen pel pont carretes amb llenya, tirades per bous amb ritme arcaic, majestuós.» (Marià Manent, *A flor d'oblit*)

Exercicis de repàs

1. Ompliu els buits amb *o* o *u*

    1. És f..namental que tinguis un esperit ..bert, j..venil i sense escrúp..ls si vas a T..rí
    2. El cònс..l de R..mania no acceptà la s..pèrbia g..vernamental
    3. Quan p..gueu anirem a la m..ntanya a sentir cantar els r..ssinyols
    4. Van intentar s..b..rnar en J..an mentre viatjava per H..ngria
    5. Encara que no v..lguis t'has de menjar primer la b..tifarra i després els t..rrons
    6. No vaig p..der s..p..rtar el mal que em feia el t..rmell després de la picada de l'esc..rçó
    7. Va quedar tan at..rdit quan sabé que no li c..ncedien el tít..l que estigué a punt d'esc..pir i b..fetejar el tribunal
    8. Malgrat la tram..ntana hem c..llit molts b..lets per ac..mpanyar el plat de t..nyina
    9. Dubt.. que p..guem s..rtir sense una brúix..la
    10. D..naren un tr..fe.. a la j..ventut pel seu tri..mf

2. Ompliu els buits amb *a* o *e*

    1. Hauri..u d'anar amb compt.. amb el s..rgent si voleu ..ss..ssinar l'..mbaixador
    2. L..s m..ravelles del mon..stir no es poden ..v..luar
    3. ..mpúries és un dels indrets que més ..nyoro
    4. En un r..có de la cambr.., d..vant de l'atl..s, trobaràs la màrf..ga
    5. L'ass..mblea determinà que els tr..balladors no es podien deixar arr..vatar els privilegis
    6. Per un excés de m..l..nconia li calgué anar al psiquiatr..
    7. Corr.., obr.. la capsa i en tr..uràs una sorpresa
    8. El suïcid.. va caur.. des de la torr..
    9. L'orgu.. està av..riat; caldrà que l'eb..nista l'..nv..rnissi
    10. A aquest..s hor..s jo j..uria el v..dell si tingués febr..

Tema 22

El procés de fonació

La producció del so

Com ja s'ha dit, els òrgans que intervenen en la producció del so no tenen aquesta funció com a primordial. L'aparell fonador es pot dividir en tres parts fonamentals: 1) les cavitats infraglòtiques (diafragma, pulmons, bronquis, tràquea); 2) la cavitat glòtica o laríngia (laringe, les cordes vocals); 3) les cavitats supraglòtiques (faringe, cavitat bucal i nasal). Totes tres són imprescindibles però d'importància desigual.

a) Els pulmons són com un magatzem; durant la inspiració s'omplen d'aire i amb l'expiració l'expulsen; un cop plens, el diafragma els comprimeix fent que l'aire sigui expel·lit amb la força i el ritme suficients. En la majoria de llengües la fonació té lloc durant l'expiració. Els bronquis i la tràquea són simplement tubs d'entrada i sortida de l'aire.

b) La laringe, situada abans de la tràquea, és un òrgan mòbil format per quatre cartílags fonamentals. Un d'ells, visible externament (tiroide), és conegut popularment amb el nom de «nou del coll». La laringe subjecta les cordes vocals, uns plecs musculars extraordinàriament elàstics; en contacte amb l'aire poden vibrar, amb la qual cosa tenim un **so sonor**, o bé mantenir-se en repòs, **so sord**. La glotis és l'obertura que queda entre les cordes.

c) Quan l'aire surt de la laringe es troba amb la cavitat faríngia i el vel del paladar, que acaba amb un apèndix anomenat *úvula* o, comunament, *campaneta*; si el vel del paladar es troba adherit a la paret faríngia, l'aire ha de sortir forçosament per la boca **(sons orals)**; si està en una posició caiguda facilita també el pas de l'aire pel nas **(sons nasals)**.

A la cavitat bucal trobem al marge d'altres òrgans el paladar dur, els alvèols i les dents superiors, òrgans passius; en canvi la llengua, el maxil·lar inferior, els llavis i el vel del paladar són enormement actius. Així com la cavitat nasal no es pot modificar de cap manera, la cavitat bucal, gràcies a la mobilitat de la llengua, pot formar nous ressonadors. (Vegeu el dibuix de la pàgina següent.)

Punt i mode d'articulació

La classificació dels sons d'una llengua es fa tenint en compte els òrgans que intervenen en el moment de l'articulació. Si l'aire surt lliurement, és a dir, sense cap obstacle que li interrompi el pas, parlem de **sons vocàlics**; contràriament, en els **sons consonàntics** la columna d'aire no surt lliurement. Aquesta interrupció es pot fer de diverses maneres:

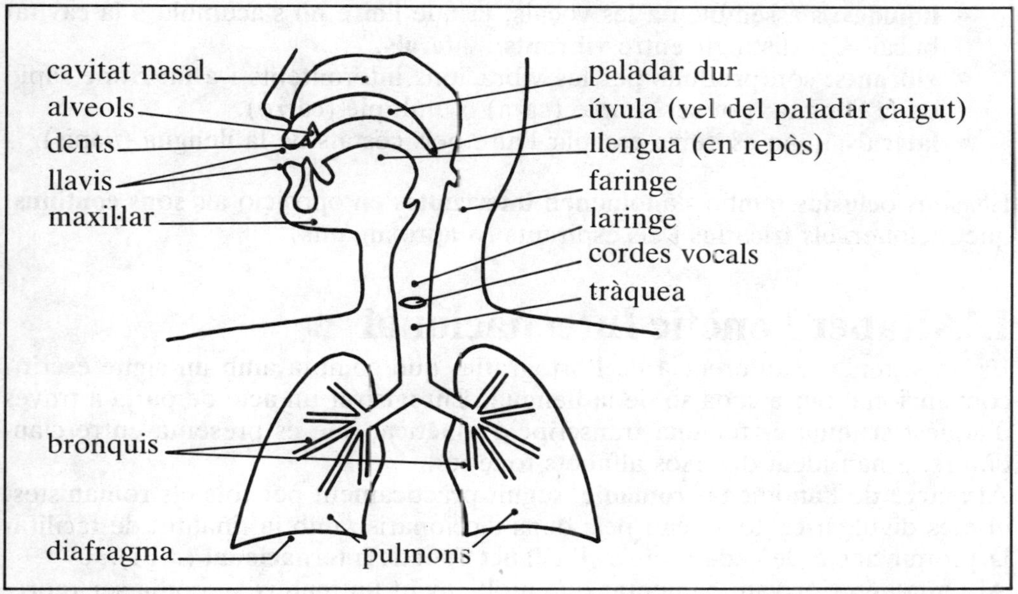

– Segons el punt d'articulació, és a dir, els òrgans que es posen en contacte, tenim sons:

- **bilabials:** quan s'ajunten el llavi superior i l'inferior (*b*ata).
- **làbio-dentals:** si les dents incisives superiors toquen el llavi inferior (*f*um).
- **dentals:** quan l'àpex o punta de la llengua es recolza en la cara interior de les incisives superiors (*d*au).
- **alveolars:** si l'àpex de la llengua toca la geniva, és a dir, les cavitats, on són incrustades les dents (so*l*).
- **palatals:** quan la llengua es posa en contacte amb el paladar (*g*erro).
- **velars:** si aquest contacte es dóna entre la part posterior de la llengua i el vel del paladar (*g*ana).

– Segons el mode d'articulació, és a dir, la manera especial que adopta cada òrgan, tindrem sons:

- **oclusius:** quan dos òrgans, estretament units, en desenganxar-se produeixen una petita explosió (*p*ota).
- **fricatius:** en aquest cas no es produeix un tancament complet, però sí un estrenyiment, que fa que l'aire surti fregant la superfície (*f*oc).
- **africats:** és una combinació dels dos casos anteriors; hi ha una oclusió seguida d'una fricació (me*tg*e).
- **espirants:** la sortida de l'aire es fa d'una manera contínua, sense que hi hagi l'estrenyiment dels sons fricatius (ca*d*a).
- **nasals:** la sortida de l'aire es fa per dos canals diferents, el bucal i el nasal (*m*à).

- **líquides:** s'assemblen a les vocals, ja que l'aire no s'acumula a la cavitat bucal. Cal distingir entre **vibrants** i **laterals**.
- **vibrants:** són produïts per les vibracions intermitents i a un ritme ràpid de la llengua; pot ser simple (ca*r*a) o múltiple (ca*rr*o).
- **laterals:** quan es deixa escapar l'aire pels costats de la llengua (*ll*apis).

Els sons oclusius també s'anomenen **interruptes** en oposició als sons **continus**, que inclouen els fricatius i els espirants (o aproximants).

L'Alfabet Fonètic Internacional

És un sistema, a diferència de l'ortografia, que compta amb un signe escrit i convencional per a cada so de la llengua. Enregistrar un acte de parla a través d'aquest sistema és fer una transcripció fonètica, que es presenta entre claudàtors. S'han ideat diversos alfabets fonètics.
Al marge de l'anomenat **romànic**, seguit pràcticament per tots els romanistes, el més divulgat en fonètica i pels bons diccionaris, amb la finalitat de facilitar la pronunciació de cada mot, és l'**Alfabet Fonètic Internacional** (AFI).
Al tema anterior vam comentar que molt sovint un mateix so podia ser representat, ortogràficament, per grafies diferents (per exemple, ca*s*a i *z*ero), fenomen que afecta amb més o menys intensitat totes les llengües. Doncs bé, en la transcripció fonètica d'aquests dos mots utilitzaríem un únic símbol per a representar el mateix so: [ká*z*ə] [*z*ɛ́ru]

Concepte d'al·lòfon

Determinats fonemes no tenen sempre la mateixa realització fònica; en funció del context, és a dir, del so que els precedeix i els segueix, són pronunciats d'una manera o d'una altra. No obstant això, aquestes diferències no són funcionals, o sigui, no modifiquen el significat de la paraula; és en aquest cas que parlem d'al·lòfons o variants d'un fonema. Fixeu-vos en les següents parelles de mots:

*b*arret	*d*it	*g*ot
a*b*at	a*d*ob	a*g*ost

El so en cursiva de les tres primeres paraules és oclusiu; en canvi, en a*b*at, a*d*ob i a*g*ost articulem sons espirants: són els al·lòfons dels fonemes /b/, /d/ i /g/ respectivament. Si ens ho proposéssim, els podríem pronunciar com a oclusius i no s'alteraria el significat de la paraula: el resultat seria tan sols una pronúncia estranya. L'AFI assigna també a cada al·lòfon un símbol diferent.

Concepte de neutralització. L'arxifonema

Com ja vam comentar, la llengua és un sistema de signes el valor dels quals depèn de la relació que s'estableix amb les altres unitats. Aquest tipus de relació, segons el lingüista Jakobson, es basa en un mecanisme d'oposicions binàries. Cada parella de fonemes comparteix una sèrie de trets comuns i només una característica els diferencia; per exemple, a *d*éu i *t*eu els dos sons en cursiva són alhora oclusius i dentals. Aquesta, és, doncs, la seva base de trets comuns; l'únic que els fa ser diferents és que en el primer cas les cordes vocals vibren, produint un so sonor, i en el segon un so sord; la sonoritat és el tret diferencial. Ara bé, en determinats contextos aquest tret diferenciador desapareix. Deixa d'haver-hi oposició i es **neutralitzen**. El resultat és un so que té només la base de trets comuns i s'anomena **arxifonema**; s'indiquen entre barres com els fonemes però en majúscules. En els casos de fre*d*, se*t*, els dos sons en cursiva es pronuncien igual: la sonoritat, que era el tret diferencial en l'exemple anterior, aquí, en aquesta situació, ha desaparegut; ho transcriuríem amb el següent arxifonema: /T/

La tonicitat

La pressió que exerceix el diafragma sobre els pulmons fa que l'aire sigui expel·lit amb més o menys força cap a les cordes vocals.

Aquesta intensitat rep el nom d'**accent**, i marca la diferència, ja tradicional, entre síl·labes tòniques i síl·labes àtones.

Segons el filòleg Joan Coromines, el nostre sistema d'accentuació és binari; això vol dir que si la paraula és molt llarga, hi trobem un accent principal i un accent secundari cada dues síl·labes, anant de darrera a davant des de la vocal tònica, norma que no segueix el castellà. No és vàlid en el cas dels pronoms febles aglutinats a un verb, ja que aleshores en el català central no hi ha accents secundaris; el mallorquí i el rossellonès, però, discrepen del català central.

Una de les funcions de l'accent és destacar els nuclis dels respectius sintagmes, és a dir, delimitar les unitats d'una frase; això permet, algunes vegades, desfer l'ambigüitat del context. Pot ser que un mot, en subordinar-se a tot un grup, perdi el seu accent, o a l'inrevés. Això cal tenir-ho en compte quan fem una transcripció fonètica; l'accentuació queda subjecta a l'entonació, que predomina sobre la intensitat. Per una qüestió pràctica marcarem la síl·laba tònica com indica l'Alfabet Romànic.

Text complementari

Així com l'escriptura dita alfabètica representa el primer intent de fixar una ortografia coherent amb un sistema fonològic determinat, la mateixa evolució de les llengües ha comportat que no n'hi pugui haver cap que sigui totalment fonètica, en el sentit que cada guarisme representi un so i viceversa. De la mateixa manera que en català la *c* de *ceba* representa el mateix so de la *s* de *seva* o *seua*, i en canvi la *e* que la segueix representa una *e* oberta [ɛ] en el primer cas i una *e* tancada en el segon [e], en totes les llengües trobem aquestes contradiccions ortogràfiques, que sovint revelen realitats fonètiques del passat, com el cas que acabem de veure *c/s*.

L'interès pels sons de la llengua arrenca de molt enrera. Segons Bertil Malmberg, «a l'entorn de l'any 2000 a. de JC, ja trobem una inscripció egípcia on són tractats el quequeig i altres defectes de la pronunciació o de la veu». La primera descripció coneguda dels sons del sànscrit clàssic, deguda al gramàtic indi Pànini, data probablement del segle IV a. de JC, bé que no va ser descoberta fins a començaments del segle XIX. Posteriorment, també els gramàtics grecs i llatins van intentar de descriure «els sons de les lletres».

Un dels textos més venerables i sorprenents de la història de la lingüística és la descripció dels sons de l'islandès que, a finals del segle XII, va fer un gramàtic anònim, a l'apèndix gramatical que acompanyava la recopilació de poemes islandesos *Edda*, del poeta Sturluson Snorri. En aquest tractat gramatical, ja trobem les nocions modernes de «fonema» i de «prova de la commutació», dos conceptes que acabem de retrobar vuit segles més tard.

Xavier Romeu, *Manual de fonologia catalana* (1983)

Addenda

L'accentuació

- S'accentuen les paraules agudes que acaben en vocal (no semivocal) *(capità)*, vocal+s *(interès)*, i en les terminacions *en, in (entén), (Berlín)*.
- S'accentuen les paraules planes que no acaben en cap de les dotze terminacions anteriors *(ànec)*. Recordem que els diftongs decreixents no acaben en vocal.
- S'accentuen totes les paraules esdrúixoles *(ciències)*.
- Hi ha dos tipus d'accent
  à è ò → greu o obert
  é í ó ú → agut o tancat
- L'accent diacrític serveix per distingir mots ortogràficament idèntics, però que designen coses diferents (*bé-be, dóna-dona, és-es, féu-feu, més-mes, nét-net, fóra-fora, món-mon, mà-ma, pèl-pel, sé-se*, etc.).

La dièresi

- Indica que la vocal *i* no fa de consonant *(conduïes)*.
- Marca que la vocal *u* dels grups *gu, qu* davant de *e, i*, cal pronunciar-la *(qüestió)*.
- Desfà diftongs decreixents *(països)*.
- Excepcions:
  - si el mot es pot accentuar ja no cal posar dièresi *(veí)*
  - en les terminacions llatines *-us, -um (Màrius), (mèdium)*
  - en els prefixos acabats en vocal *(reunió), (coincidir)*
  - en els sufixos *-isme, -ista (egoisme), (egoista)*
  - en l'infinitiu, condicional, futur i gerundi dels verbs acabats en *-air, -eir, -oir, -uir (agrair), (agrairia), (conduiré) (conduint)*

L'apòstrof i la contracció

- L'article masculí singular s'apostrofa davant de qualsevol mot començat per vocal o *h* *(l'hoquei), (l'1 de maig), (l'avi)*. Però mai davant d'una *i* consonàntica *(el iogurt)* ni d'una *h* aspirada *(el hall)*.
- L'article femení singular no s'apostrofa davant d'una *i*, *u* àtones *(la unió)*, i sempre en la resta de casos *(l'hora), (l'illa)*. Excepcions: *(la una)* (hora), *(la efa)* (noms de lletres), *(la ira)* (en casos de confusió).
- La preposició *de* s'apostrofa sempre *(d'ara)*, però *(de iode)*.
- Contraccions:
  - de + el = del(s) *(és del noi)*
  - a + el = al(s) *(dóna-ho al noi)*
  - per + el = pel(s) *(passo pel carrer)*
  - ca + el = cal(s) *(vaig a cal barber)*
  - ca + en = can(s) *(és de can Jubany)*
- Es trenca la contracció si el mot següent comença per vocal o *h* *(vinc de l'hort)*

Separació de síl·labes

Dígrafs que se separen a final de ratlla *ss, rr, ix, tx, ll;* dígrafs que no se separen *qu, gu, ny, ll*; se separen també mots compostos com *(nos-al-tres) (sub-al-tern) (in-hu-mà) (tot-hom)*.

[ə] la vocal neutra

- A final de paraula escriurem *a* si el mot és femení, i *e* si és masculí; hi ha nombroses excepcions: *(drama) (mare) (febre) (ciclista) (profeta) (llebre) (dia) (higiene)*, etc.
- Si el dubte és dins una paraula, incloses les formes verbals, cal buscar-ne una altra de la mateixa família que tingui la síl·laba dubtosa tònica *(ocellet-ocell)*.
- El plural dels mots acabats en vocal neutra és sempre *-es (taula-taules)*.
- per aquesta raó es produeixen els canvis següents:

  ca-ques
  ga-gues
  ça-ces
  ja-ges
  gua-gües
  qua-qües
- Les desinències verbals s'escriuen amb *e* si van seguides d'un altre so *(cantàveu)* i amb *a* quan coincideix amb el final de la paraula *(salta)*. Excepcions *(omple, corre, obre, vine)*.
- Les formes àtones dels verbs següents *treure, jeure, néixer, fer, caure, haver saber* s'escriuen amb *a (trauria-trèiem)*.

O-U

- Cal recórrer als primitius per saber com s'escriu la síl·laba dubtosa *(pot-potet)*
- La norma anterior no és vàlida en els casos dels pseudo-derivats *(món-mundial)*.
- Les formes àtones dels verbs *collir, cosir, escopir, sortir, tossir* s'escriuen amb *o* i les tòniques amb *u (cullo)*.
- L'imperatiu i el present de subjuntiu dels verbs *poder* i *voler* s'escriuen amb *u*. Les síl·labes àtones de la resta de temps s'escriuen amb *o (pugui, pogués)*.

ʒ

– *j* davant {*a* rajar, *o* jove, *u* just}   *g* davant {*e* gener, *i* ginesta}

– excepcions:
  – els grups *-ecc, -ect (injecció), (injectar)*
  – mots com *(jerarquia), (majestat), (jeure), (jersei), (jeroglífic), (Jep = Josep)*
  – noms d'origen hebreu: *(Jesús), (Jerusalem),* etc.

ʃ

x {– principi de mot *(xocolata)*; – darrere *i (guix)*; – darrere *u* semivocal *(disbauxa)*; – darrere consonant *(punxar)*}

ix darrere les vocals {*a* (calaix), *e* (peix), *o* (boix), *u* (gruix)}

La grafia *X* representa dos sons diferents:
s'anomena *xeix* quan equival a [ʃ], per exemple «calaix», «xarop», i *ics* quan es refereix o bé als sons sords [ks], «lèxic», o als sonors [gz], «exacte». Són sonors sempre els mots iniciats per EX- i INEX- seguits de vocal.

tʃ

tx {– enmig d'un mot *(cotxe)*; – a fi de mot si el seu derivat manté el mateix so enmig de mot *(despatx)*}

ig darrere {*e (sorteig)*, *a (faig)*, *o (estoig)*, *u (fuig)*} → els derivats es fan amb *g* o *j* i *tg* o *tj*

g darrere *i (mig)* → els derivats es fan amb *tg* o *tj*

R-RR

rr = entre vocals *(corró)*

r {– a començament de mot *(ratolí)*; – darrere consonant *(folre)*; – en compostos *(autoretrat)*; – la forma d'infinitiu *(cosir)* a excepció del model -re *(coure)*}

Per a l'ús de la *r* muda vegeu el tema 24

B-V

b {– generalment darrere la lletra *m (ambiciós)*; – davant una *l* o *r (cabra) (moble)*; – si trobem una *p* o *b* dins la mateixa família *(llop-lloba)*; – cal tenir en compte alguns pseudo-derivats *(llavi-labial)*}

v
- la desinència de l'imperfet d'indicatiu de la 1.ª conjugació *(saltàvem)*
- darrere la lletra *n* *(canvi)*
- si trobem una *u* dins la mateixa família *(neu-nevar)*
- cal tenir en compte alguns pseudo-derivats *(calb-calvície)*

[Z] (essa sonora)

Utilitzem la grafia *z*
- a l'inici d'un mot *(zebra)*
- darrere consonant *(esmorzar)*
- alguns mots cultes del grec *(amazona)*, *(topazi)*

Utilitzem la grafia *s*
- entre vocals *(museu)*
- els derivats de *fons (enfonsar), dins (endinsar)* i *trans (transitar)*

[S] (essa sorda)

Utilitzem la grafia *s*
- a l'inici de mot *(savi)*
- en alguns mots compostos *(entresol)*
- darrere una consonant *(dansa)*
- a final de mot *(tros)*. També s'hi pot trobar la grafia *ç (lluç)*

Entre vocals utilitzem dues esses *(massa)*.

Recordeu que la lletra *c* només s'escriu davant les vocals *e, i (cera) (acció)*, i la ç davant *a, o, u (caça), (cançó), (forçut)*. Els sufixos *-ança* i *-ença* sempre amb *ç (enyorança), (coneixença)*.

Oclusives finals

- Si el mot acaba en vocal tònica predominen els sons sords *p, t, c (sap), (pot), (foc)*. Els sufixos de mots femenins *-etud* i *-itud (quietud), (solitud)*, amb d'altres paraules *(fred)* en són una excepció.
- Si el mot acaba en vocal àtona o consonant cal mirar derivats de la mateixa família *(verb-verbal)*, excepcions: la primera persona del present d'indicatiu *(tinc)*.
- El gerundi és l'únic temps verbal que s'escriu amb una *t* muda *(perdent)*.
- A final de síl·laba s'escriuen amb *b* les síl·labes inicials *ab, ob, sub* i amb *p* la síl·laba *cap (absència), (capdavall)*; cal tenir en compte les excepcions *(cabdell...)*.

Suggeriments de treball

1. Canvieu el so que representa la grafia en cursiva per altres de manera que, en cada cas, n'obtingueu mots amb significats diferents. Cal prescindir de l'ortografia.

   s*a*rd, *m*ira, *f*as, r*u*s, m*o*lt, p*o*nts, d*e*nts, *g*ent, *a*s, t*o*s, h*o*m, *d*ia, r*i*c, t*é*, n*o*, f*o*n, p*u*rs, t*e*ns.

2. Classifiqueu els mots següents segons el so de la grafia en cursiva. Què en deduïu?

   habitu*d*, cor*b*, dissa*b*te, a*d*quirir, gru*p* tancat, diàle*g*, vin*dr*é, claro*r*, don*cs*, fre*d*, o*b*tenir, po*c* agradable, *d*iccionari, tu*b*, nebo*t*, impa*c*te, clu*b*, sol·licitu*d*, po*t*ser, pare*t* ensorrada, *b*alena, espeleòle*g*, *g*as, vin*t*-i-dos, sor*pr*endre, su*d*, ca*p* quadrat, nàufra*g*, préss*e*c, esquer*p*, impoten*t*, *d*idal, *t*resor, *v*uit, pròle*g*, escri*p*tor, escri*c*, *g*uant, profun*d*, cam*p*, a*quí*, *t*rena, am*b* tu.

3. Amb l'ajuda dels professors respectius, penseu quins sons de la nostra llengua són comuns i quins diferents a l'espanyol, al francès i a l'anglès.

4. Pronunucieu ben clarament, davant d'un mirall si pot ser, les paraules següents (observeu-ne el procés de fonació):

   fuga, llumet, cigarreta, bombeta, sabatilla, ànec, lloba, xarrupar, onze, horitzó, lletja, raig, lògic, confessar, xicot.

5. Indiqueu quines de les parelles següents sonen igual:

1. quin joc tan divertit	quin xoc tan divertit
2. vull l'altre salze	vull l'altra salsa
3. has trobat alzines?	has trobat els cines?
4. he jugat al pis	he eixugat el pis
5. l'han casat	l'han caçat
6. els avis	els savis
7. les eleccions	les seleccions
8. t'han aplaudit	tan aplaudit
9. quin cigne!	quin signe!
10. l'havia venuda	la via venuda
11. ara porten préssecs	ara porta'n préssecs
12. que boig era!	que boja era!
13. què val?	cabal

6. Dels sintagmes següents delimiteu-ne les unitats de la primera i de la segona articulació:

   1. Una fageda deshabitada
   2. El discurs del compatriota fou imprecís
   3. Les cases eren grandíssimes
   4. El besnét cantava meravellosament
   5. L'equipatge és blavenc

7. Altereu el significat d'aquests mots canviant-ne només la posició de la síl·laba tònica. Cal modificar, quan calgui, l'ortografia. Per exemple: val*ent* *va*len

atur*at*	t*o*rro
ll*i*ga'm	*a*ngles
ol*i*va	num*e*ro
anim*a*ls	col·loc*at*
canvi*à*	p*a*ti
sab*i*a	

8. Marqueu les síl·labes tòniques dels mots en cursiva de les frases següents, tenint en compte la nostra prosòdia:

   1. No *descanviïs* encara els diners
   2. L'*atmosfera* de les ciutats acostuma a estar ben contaminada
   3. El *xofer* conduïa hàbilment
   4. El campionat de *futbol* ara comença
   5. Tinc tres *diòptries* a cada ull
   6. És bo que s'*anunciïn* ben clarament
   7. L'*olimpíada* és l'*interval* que separa dos jocs olímpics consecutius
   8. Els nous *míssils* vénen de Moscou i van a Salou
   9. La secció de *rèptils* és oberta
   10. Les radiacions afecten la *medul·la* òssia.
   11. El jugador d'*handbol* és, a més a més, poliglot

Exercicis de repàs

1. Escriviu els accents que hi falten:

   1. Pensaveu que teniem la intencio d'anar a Grecia?
   2. Des d'aqui podem seguir placidament el festival de la canço.
   3. De que et parlava el teu vei Ramon?
   4. Pero tot just hague entrat s'adona que la precaucio era ben inutil.
   5. Els sofas son d'una simplicitat gairebe rustica.
   6. El meu instint de supervivencia n'es una bona garantia.
   7. Et trucare des del telefon d'un cafe qualsevol.
   8. Un dels directius de la industria textil fa un programa per radio.
   9. El nostre calcul va fer desapareixer l'oxigen de l'atmosfera.
   10. Era logic que volguessiu saber que feia.

2. Poseu l'accent diacrític en els mots on calgui:

   1. Pel juny ja no se li veu el pel.
   2. Els seus nets tenen fama de nets.
   3. Si que en va fer un bon us.
   4. Se que la Cecília ho te.
   5. Deien que volien veure mon.
   6. Si treus un deu en ciències, vens a casa meva i et regalaré allò.
   7. Fora bo que sabéssiu d'algun lloc on jugar a futbol.
   8. Aquesta dona que et dona això es diu Júlia, es la mes alta.

9. En Lluís feu que ma mare li donés la bota mes plena.
10. L'Esther digué adeu al rodamón i al seu os.

3. Completeu els buits amb les grafies P, T, C, B, V, D, G:

si..nar, esplèndi.., su..til, tími.., recan..i, desim..olt, tre..alla, cal.., ga..ardina, exactitu.., encàrre.., humi.., fàsti.., líqui.., ha..er, re..entar, a..ortament, pàl·li.., nebo.., nor.., su..ministra, ca..dal, go..ern, tram..ia, a..dició, ..neumàtic, au..ment, su..scriure, gela.., automò..il, ad..ocat, amar.., rígi.., profun.., conce.., biòle.., super.., ..aró, re..olcar, fan.., compren.., anti.., càsti.., Este..e, a..orrir, feixu.., joventu.., tu..s

Tema 23

El sistema vocàlic

La síl·laba

Les paraules, tot i la complexitat de la seva definició, poden ser segmentades en unitats més petites anomenades síl·labes; cada síl·laba correspon a una emissió de veu; és a dir, a un conjunt de sons que tenen com a nucli una vocal, l'únic element imprescindible per a poder articular la síl·laba i on recau, a més a més, la tonicitat. A l'entorn d'aquest nucli trobem els sons marginals, que reben el nom de: **explosius** (posició d'obertura o d'atac) si són anteriors al nucli, i **implosius** (posició de tancament o coda) si són posteriors

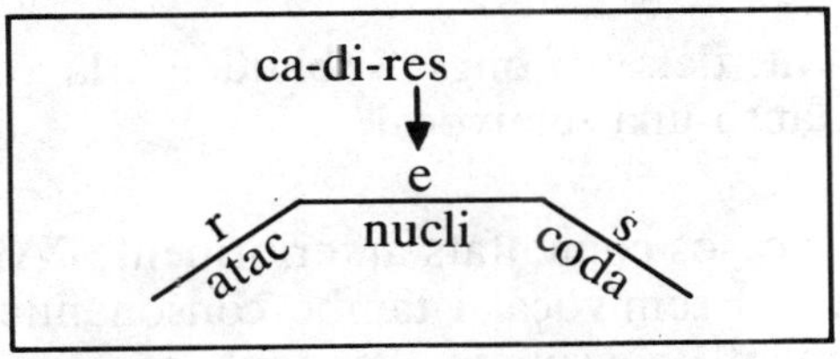

Es classifiquen en **obertes** o **lliures** (sense coda), o sigui acabades en vocal, i **tancades** o **travades** (amb coda).

Els diftongs

Els elements marginals que recolzen en el nucli sil·làbic no sempre han de ser sons consonàntics; també de vegades les vocals poden ocupar aquesta posició; és el cas dels diftongs, tradicionalment definits com la unió de dues vocals que formen una sola síl·laba. Es divideixen en:

– **decreixents**, quan a més a més d'una vocal nuclear, trobem un so vocàlic (semivocal) que ocupa la posició de coda:

ai: *mai* [mái̯]
ɛi: *feina* [fɛ́i̯nə]
ei: *reina* [rréi̯nə]
ii: *novii* [novíi̯] només és propi del dialecte balear
ɔi: *noi* [nɔ́i̯]
oi: *no hi tornis* [noi̯tórrnis]
ui: *divuit* [diβúi̯t]
əi: *aigualir* [əi̯ɣwəlí]
reineta [rrəi̯nétə]

au: *cau* [káu̯]
ɛu: *feu* [fɛ́u̯]
eu: *neu* [néu̯]
iu: *viu* [bíu̯]
ɔu: *ou* [ɔ́u̯]
ou: *pou* [póu̯]
əu: *taulada* [təu̯láðə]
teulada [təu̯láðə]

– **creixents,** quan aquest so vocàlic marginal es troba abans del nucli, o sigui, en una posició d'atac. S'anomena semiconsonant quan és una [u] i va precedida dels sons [g] o [k]

g, q + ua *guant* [gwán] *quan* [kwán]
g, q + üe *güell* [gwéʎ] *qüestió* [kwəstió]
g, q + üi *pingüí* [piŋgwí] *ubiqüitat* [uβikwitát]
g, q + uo *paraiguot* [pərəi̯ɣwɔ́t] *quota* [kwɔ́tə]

Cal tenir present que la [i] i la [u] poden fer la funció de consonants quan es troben entremig de dues vocals o bé obren síl·laba, seguits de la vocal nuclear.

iode [yɔ́ðə]
meua [méẉa]

En el cas, poc freqüent, dels triftongs, «obliqüeu», la vocal nuclear es troba entre una semiconsonant i una semivocal.

Per transcriure tots els casos comentats anteriorment, l'AFI només utilitza dos símbols: /j/ per a una [i] semivocal i també consonàntica; i /w/ per a la [u] semivocal, semiconsonant i consonant. Per tant, en aquests casos creiem que és més entenedor utilitzar els símbols proposats per l'Alfabet Romànic:

/i̯/ per a la [i] semivocal *rai* [rrái̯]
/y/ per a la [i] consonant *toia* [tɔ́yə]
/u̯/ per a la [u] semivocal *cau* [káu̯]
/ẉ/ per a la [u] consonant *cauen* [káẉən]
/w/ per a la [u] semiconsonant *quant* [kwán]

Característiques fonètiques de les vocals

Els trets que caracteritzen els sons vocàlics enfront dels consonàntics són:

– El pas lliure de la sortida de l'aire.
– La vibració de les cordes vocals.
– La possibilitat de formar el nucli de la síl·laba.
– El fet de rebre la tonicitat del mot.

La seva classificació té en compte el grau d'obertura de la boca, amb el consegüent arrodoniment dels llavis, i la posició de la llengua. Hi ha quatre graus d'obertura de la cavitat bucal: mínim [i] [u], màxim [a] i dos d'intermedis [ə] [e] [ɛ] [o] [ɔ]; [ɔ] [o] [u] s'articulen amb un arrodoniment dels llavis. Si la llengua s'acosta a la part anterior del paladar dur, el so serà anterior o palatal [i] [e] [ɛ]; en canvi, si s'acosta al vel del paladar, el so serà posterior o velar [u] [o] [ɔ]. Finalment, quan la llengua adopta una posició central el so articulat serà [a] o [ə].

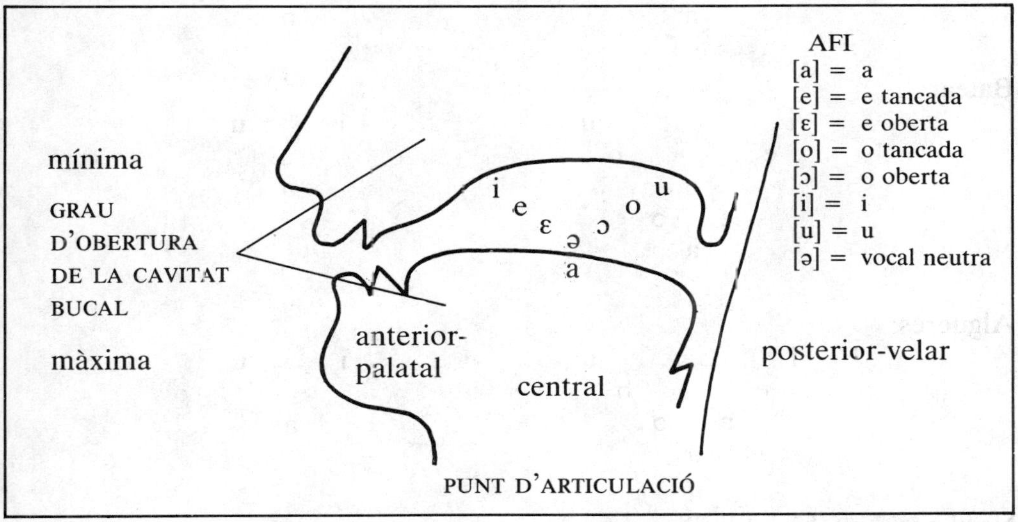

Neutralitzacions vocàliques

Una de les peculiaritats del vocalisme català és l'existència de dos subsistemes vocàlics: el tònic i, més reduït, l'àton. Aquesta reducció s'explica per les neutralitzacions (vegeu el tema anterior) que tenen lloc quan la síl·laba és àtona; segons el català central i algunes zones de les Balears:

sistema tònic			*sistema àton*	
n*a*ta	[a]		[ə]	n*a*teta
n*é*ta	[e]	[ə]	[ə]	n*e*teta
n*e*ta	[ɛ]		[ə]	n*e*teta
sab*ó*	[o]		[u]	sab*o*nera
p*o*t	[ɔ]	[u]	[u]	p*o*tet
s*u*c	[u]		[u]	s*u*quet

Esquemes generals de les vocals

Català central: sistema tònic

i u
e o
ɛ ɔ
a

sistema àton

i u
ə

Rossellonès:

i u	i u
e o	
a	ə

Balear:

i u	i u
e o	
ə	ə
ɛ ɔ	
a	

Alguerès:

i u	i u
e o	
ɛ ɔ	a
a	

Nord-occidental i valencià:

i u	i u
e o	e o
ɛ ɔ	a
a	

Malgrat la coincidència en el nombre d'unitats, la diferència bàsica entre el català central i l'occidental, en posició tònica, és la distinta distribució dels sons. En el català occidental, els fonemes [e] [ɛ] es neutralitzen, en posició àtona, en una [e]. Ara bé, si la paraula comença amb [a], [e], [ɛ] i és una síl·laba àtona, la neutralització es fa, generalment, en [a]. Els fonemes [o], [ɔ], en posició àtona, es neutralitzen en [o].
En mallorquí es conserva la [o] àtona sense tancar-la en [u], a diferència del menorquí i l'eivissenc.

Contactes vocàlics

Elisió. És la supressió d'un so quan entra en contacte amb un altre d'una paraula diferent. Aquesta supressió pot ser marcada per l'ortografia (apòstrof). Les elisions no marcades s'acostumen a produir per:

– contacte de fonemes vocàlics idèntics

port*a a*ntiga [pɔ́rrtən̪tíγə]
ball*a a A*gramunt [báʎəγrəmún]
menj*o u*na poma [méɲʒunəpómə]

– contacte entre una vocal neutra, que desapareix sempre, i qualsevol altra vocal

menj*o* *a*metlles (àtona + v. neutra) [méɲʒumɛ́ʎʎəs]
cad*a* *i*njecció (v. neutra + àtona) [káðiɲʒəksió]
f*e*r *e*l ximple (tònica + v. neutra) [féʎʃímplə]
mitj*a* h*o*ra (v. neutra + tònica) [mídʒɔ́rə]

L'elisió no es produeix quan els dos sons són tònics:

m*à* h*à*bil [m*á* *á*βil]

Sinalefa. Es produeix quan l'última vocal d'una paraula i la primera de la següent s'uneixen formant un diftong, que no ha de ser necessàriament de la llista normativa. Com en el cas de l'elisió, hi ha una reducció en el nombre de síl·labes.

n*o* h*i* vagis [nói̯βáʒis]
cant*a*r *i* ballar [kəntai̯βəʎá]
f*a* *u*n any [fáu̯náɲ]

Aquesta unió produeix, en molts casos, que [i] o [u] esdevinguin consonants:

h*i* *é*s? [yés]

Hi ha situacions en les quals tant podem fer elisió com sinalefa:

i *e*m venia a veure — elisió → [imbəníəβɛ́u̯rə]
i *e*m venia a veure — sinalefa → [yəmbəníəβɛ́u̯rə]

En d'altres es produeixen les dues coses alhora:

vin*e* *a* *o*brir la porta [bínəu̯βriləpɔ́rrtə]

Aquests enllaços no es produeixen si la pronunciació és emfàtica, excessivament lenta o bé pausada.

Gràfic del punt d'articulació dels sons vocàlics

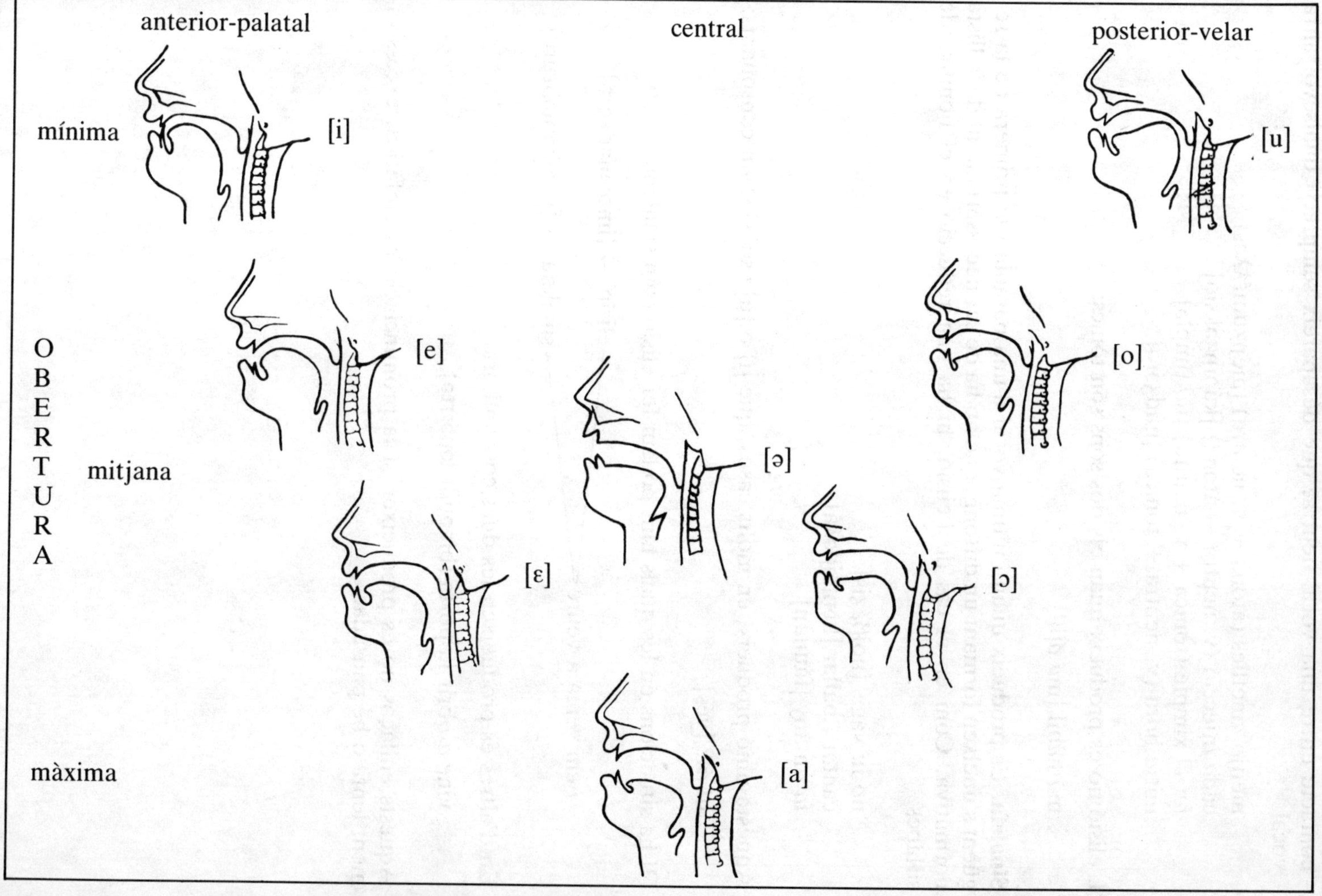

Text complementari

Diferentment del cas del francès o del castellà, el català admet diverses variants en l'estàndard oral, les quals van més enllà de les diferències entre «accents» que hi ha en anglès o en alemany. De fet, en el pla fonètic hi ha diferències notables entre l'estàndard d'un valencià i el d'un barceloní. Com que aquestes diferències s'aguditzen a mesura que es deixa el nivell estàndard per passar a registres col·loquials, caldria, en primer lloc, *evitar en la variant pròpia les característiques massa dialectals, inadequades per a un estàndard*; i, en segon lloc, *insistir en els trets més generals de la llengua i relativitzar els trets que admeten variants*. Aquests criteris portarien, d'una banda, a rebutjar característiques massa locals (per exemple «sats» per «saps») i, d'altra banda, a subratllar els trets més generals (per exemple, els enllaços fònics) i a posar en segon terme els trets no generals (per exemple, l'anomenada geminació de la «b» en mots com «amable», que només realitzen certs parlants cultes del Principat).

Francesc VALLVERDÚ, *Elocució i ortologia catalanes* (1986)

Suggeriments de treball

1. Classifiqueu els sons vocàlics següents segons el vostre dialecte:

A) treball de [e], [ɛ]

mel, abella, tren, teula, barret, tres, cel, fred, gerro, nen, ganivet, ocell, orella, peix, dent, mestra, pesseta, galeta, carrer, paper, cullera, neu, content, aquest, primer, mongeta, martell, pomera, diners.

B) Treball de [o], [ɔ]

gorra, cor, ninot, cargol, os, porta, pont, roba, pilota, home, poble, corda, papallona, cotxe, conte, llençol, mosca, escombra, no, menjador, noi, futbol, foc, pobre, porc, poma, boca, font, sol, senyora.

C) Treball de [u], [o], [ɔ]

trompeta, mobles, esmorzar, dormiria, c*o*lònia, lloc, t*o*rtuga, goma, ton, xocolata, m*o*cador, escola, oficina, closca, biblioteca, sorpresa, gos, cantador, taronges, toth*o*m, dinou, triomfar, metro, catalanoparlant, zoo, vídeo, porno, millorat, ampolla, Moscou.

D) Treball de [ə], [a]

par*e*, pel, alt, que, ca, de, avi*a*t, entr*a*r, higien*e*, cine, profe, líder, cel·luloid*e*, Sitges, ant*e*sala, vic*e*-ministre, tel*e*grafia, v*e*ritat, jug*a*da, plat, tr*a*mpa, pat*a*ta, tel*e*patia, Londres, estr*a*nya, sac, s*e*ixanta, ef*a*, raig, làs*e*r.

2. Separeu les síl·labes dels mots següents i marqueu-hi els diftongs, tenint en compte les normes ortogràfiques de separació de dígrafs i de mots compostos.

   rossinyol, violí, alhora, hiena, duana, dúieu, cotxe, descendir, veuen, odio, agraïa, escataina, roqueta, esglai, feinejar, noiet, camió, tia, besavi, reeditar, cuiner, tothom, renyar, almoiner, nosaltres, neu, guaitar, bigues, garrameus, creueu, grua, teatre, feixa, cauen, viu, tothora, boira, ascensor, platja, ciutat, creieu, bescuit, servei.

3. Assenyaleu quin fenomen (elisió o sinalefa) té lloc en els versos següents:

   1. Allà amunt hi havia un prat
   2. Ve a repartir el blat
   3. Representeu en cos i en esperit
   4. La ginesta amb tanta olor
   5. I ella canta i salta i grua
   6. No puc apagar aquest foc
   7. Desolada i única
   8. Allà on hi ha llum
   9. Mai una amistat estreta
   10. I el diable em cal servir
   11. Que avui em toca, demà no ho sé
   12. I em vénen ganes d'anar al darrere

Exercicis de repàs

1. Poseu l'article (amb preposició si cal) davant els noms següents:

   ... italiana, ... escena, ... iode, ... rellotge, ... Isabel, ... 11 de setembre, anirem ... autopista, ... indústria, campionat ... hoquei, ... smoking, ... anàlisis, has d'anar a ... barber, ... unió, ... asimetria, ... ioga, marxarem a ... una, ... institut, és un regal ... nois, ... efa, ... pendent, vinc ... hort, ... senyal, ... ionosfera, ... iot, ... dubte, ... allau, ... xocolata, ... illa, ... llegums, vine ... camí ... afores, ... full, ... injecció, ... Maria, ... Ernest, ... enyorança.

2. Poseu dièresi o accent a tots els mots que n'hagin de dur:

   innocua, conduies, questio, vei, construissin, deduiriem, produieu, seduit, examen, deria, Anton, agrair, imperialista, ciencies, harmonium, egoisme, reduissis, facilment, diuretic, coincidencia, proisme, aniran, influien, construint, creia, arruinat, lluida, comprare, contigues, terros, agrairia, avia, velocitat, entendrieu, medium, trair.

3. Poseu-hi les vocals que falten en les paraules següents:

   furónc..l, cérv..l, cel·luloid.., lin..al, re..dmetre, sobre..ixir, contra..tacar, pre..lecció, id..òleg, vide..teca, audi..metria, r..ureda, pens..u-hi, ant..sala, Londr..s, perc..ntatge, demòcrat.., d..v..ntals, reflex..s, m..ndial, lice.., foc..s, m..ntat, h..ngarès, v..lguéssiu, cèlebr.., pólv..ra, líd..r, enorm.., higien.., vic..-ministr.., zo.., porn.., i..g..slau, pseud..-derivat, a..rosol, id..al, a..roplà, t..atre.

Tema 24

El sistema consonàntic

Fonètica sintàctica segons la variant central

Quan parlem, poques vegades articulem una sola paraula; el més corrent és que es posin en contacte uns mots amb altres; aquest fet provoca una sèrie de modificacions a nivell fonètic.

A) Fenomen de l'ensordiment

- Tots els sons oclusius, fricatius i africats, en posició final de mot i seguits d'una pausa, són sempre sords:

  fre*d* [frɛ́t]
  cu*b* [kúp]
  càsti*g* [kástik]
  noi*s* [nɔ́i̯s]

- Tots els sons oclusius en posició final de mot, i seguits d'un so vocàlic, són sords:

  fre*d* intens [frɛ́tin̪tɛ́ns]
  cu*b* obert [kúpuβɛ́rr]
  càsti*g* infernal [kástikiɱfərrnál]

- Els sons oclusius, fricatius i africats sonors, tant a final de síl·laba com de paraula, s'ensordeixen si es troben abans d'un so sord:

  fre*d* furiós [frɛ́tfuriós]
  cu*b* trencat [kúptrəŋkát]
  càsti*g* fort [kástikfɔ́rr]
  tran*s*portar [trənspurrtá]
  à*b*sida [ápsiðə]
  a*d*scriure [ətskríu̯rə]

B) Fenomen de la sonorització

- Qualsevol so consonàntic sord, a final de síl·laba o de mot, es converteix en el corresponent sonor quan va seguit d'una consonant sonora:

  un gru*p* de biòlegs / ca*p*damunt [uŋgrúbdəβiɔ́ləks] [kábdəmún]
  pare*t* buida / atzar [pərɛ́dbúi̯ðə] [ədzárr]
  escri*c* lentament / anècdota [əskríglen̪təmén] [ənɛ́gdutə]
  A*f*ganistan / bu*f* de vent [əvgənistán] [búvdəβén]
  el*s* bitllets / esmorzar [əlzbiʎʎɛ́ts] [əzmurrzá]

pe*ix* net [péʒnɛ́t]
despa*tx* bonic [dəspádʒbuník]

- Les consonants fricatives i africades sordes, a final de mot, se sonoritzen seguides d'una vocal:

bolígra*f* a terra [bulíɣrəvətɛ́rrə]
el*s* avis [əlzáβis]
pe*ix* agafat [péʒəɣəfát]
so*ts* oberts [sódzuβɛ́rrs]
despa*tx* elegant [dəspádʒələɣán]

C) Fenomen de l'assimilació

Quan un so consonàntic adopta les característiques articulatòries pròpies del so que el segueix, parlem d'assimilació. Aquest fenomen, en funció del punt d'articulació, es divideix en:

- *labialització:* el so [n] es converteix en [m] o en l'al·lòfon [ɱ] quan va seguit d'un so labial (p,b,f,v,m)

Sa*nt P*ol [sámpɔ́l]
ne*n b*ell [nɛ́mbéʎ]
co*nf*essar [kuɱfəsá]
ca*nv*i [kámbi]
ta*nm*ateix [tammətéʃ]

- *dentalització:* els sons [n] i [l] seguits d'una consonant dental (t,d) es transformen en un so dentalitzat (un al·lòfon)

fa*lt*a [fál̪tə]
ca*nt*a [kán̪tə]

- *palatalització:* els sons [l] i [n] es converteixen en els seus corresponents sons palatals [ʎ] [ɲ], davant de qualsevol so palatal (ʃ, ʒ, ʎ, ɲ)

el xec / un xec [əʎʃɛ́k] [uɲʃɛ́k]
el jardí / un jardí [əʎʒərrðí] [uɲʒərrðí]
el lloc / un lloc [əʎʎɔ́k] [uɲʎɔ́k]
el nyanyo / un nyanyo [əʎɲáɲu] [uɲɲáɲu]

- *velarització:* el so [n] seguit d'una consonant velar (k, g) es transforma en un so velaritzat (un al·lòfon) = [ŋ]

ta*nc*at [təŋkát]
sa*ng*uinós [səŋginós]

D) Fenomen de la geminació

Geminar vol dir pronunciar de forma duplicada un so consonàntic. Aquest fenomen pot ser marcat, o no, per l'ortografia:

- ho indica l'escriptura:

  mm: Immaculada [imməkuláðə]
  nn: connectar [kunnəktá]
  l·l: col·legi [kullɛ́ʒi]
  dd: addicte [əddíktə]
  ll-ll: Bell-lloc [beʎʎɔ́k]

En els grups -gg- i -cc- pronunciem sons diferents; per tant, no es poden incloure en aquest apartat:

  suggerir [sugʒərí]
  acció [əksió]

- no ho indica l'escriptura:

  1) els grups -bl- -gl- -pl- entre vocals:

  po*bl*e [pɔ́bblə]
  re*gl*a [rrégglə]
  tri*pl*e [trípplə]

  2) en els grups -tll- -tl- -tm- -dm- -tn- el so [t] adquireix les característiques pròpies del so següent:

  ra*tll*a [rráʎʎə]
  a*tl*àntic [əllán̪tik]
  se*tm*ana [səmmánə]
  a*dm*irar [əmmirá]
  è*tn*ia [ɛ́nniə]

  3) d'altres exemples:

  futbol [fubbɔ́l]
  submís [summís]
  capmoix [kammóʃ]

  4) alteració de la primera consonant:

  bn, pn → mn — abnegat [əmnəɣát], hipnosi [imnɔ́zi]

  gn, cn → ŋn — cognom [kuŋnɔ́m], tècnic [tɛ́ŋnik]

E) Fenomen de l'emmudiment

Quan un so consonàntic no es pronuncia diem que s'emmudeix:

- la [r] primera dels mots:

  arbre [áβrə]
  prendre [pέn̪drə] i els derivats que tenen [r] a la desinència

- la [r] final en els infinitius: venir [bəní]

- la [r] final en sufixos:

  colomar [kulumá]
  sabater [səβəté]
  blavor [bləβó]
  parador [pərəδó]

- la [r] final en diverses paraules de sistematització difícil:

  por [pó]
  carrer [kərré]
  clar [klá]

- la grafia (h) és muda, fins i tot en els mots estrangers catalanitzats, menys en el cas d'alguna interjecció:

  l'hoquei [lukέi̯]
  l'handbol [ləmbɔ́l]

- la [s] de la paraula *aquest* [əkét]. Sempre és muda en plural encara que a continuació hi hagi un mot començat en vocal:

  aquests anys [əkέdzáɲs]

- en l'aplec [rt] en plural es tendeix a no pronunciar la [t]:

  verds [bέrrs]
  sords [sórrs]

- és muda la [s] precedida d'un so fricatiu o africat:

  bolígrafs [bulíɣrəf]
  raigs [rrátʃ]
  falçs [fáls]

- en els grups [mpt] i [mpc], la [p] és muda:

  compte [kómtə]
  exempció [əgzəmsió]

- [p] [b] a final de mot precedits de [m] s'emmudeixen:

  camp [kám]
  tomb [tóm]

- [t] [d] a final de mot precedits de [n] o [l] també s'emmudeixen:

  pont [pɔ́n]
  malalt [məlál]

- s'acostuma a emmudir la [s] a final de mot seguida o bé d'un so fricatiu o d'un so vibrant:

  els jocs [əʎʒɔ́ks]
  les roques [lərrɔ́kəs]

F) Fenomen de la sensibilització

El fenomen contrari és el de la sensibilització, és a dir, quan en determinats contextos una consonant generalment muda es pronuncia:

- la [r] dels infinitius i la [t] en el gerundi seguides d'un pronom feble:

  anant-hi [ənán̪ti]
  estimar-lo [əstimárrlu]

- la [b] de la paraula *amb*, davant d'un mot començat per vocal:

  però { amb avió [əmbəβió]
  amb tu [əmtú] }

- la [s] de la paraula *aquest*, davant de mots començats per vocal tònica:

  aquest any [əkɛ́stáŋ]
  aquest home [əkɛ́stɔ́mə]
  aquest oli [əkɛ́stɔ́li]

- la [t] de:

  quant — quant és? [kwán̪tés]
  cent, vint — igual que en el mot *aquest:*

  cent anys [sén̪táɲs]
  cent homes [sén̪tɔ́məs]
  vint anys [bín̪táɲs]
  vint homes [bín̪tɔ́məs]

  sant — en cas de topònim = Sant Andreu [sán̪tən̪dréu̯]
  — quan indica diada = Sant Esteve [sán̪təstéβə]

Al·lòfons

Els fonemes /b/, /d/, /g/ apareixen en els següents contextos:

- principi absolut o després de pausa:

  barra [bárrə]
  dona [dɔ́nə]
  gorra [górrə]

- darrere d'un so nasal:

  ambició [əmbisió]
  endins [ən̪díns]
  enganxar [əŋgəɲʃá]

- darrere d'un altre so oclusiu:

  capbussar [kabbusá]
  abdicar [əbdiká]
  cap-gros [kabgrɔ́s]

- la [d] darrera de [l] o [ʎ]:

  aldarull [əl̪dərúʎ]

i els seus respectius al·lòfons (β, δ, γ) en la resta de contextos:

havia [əβíə]
agafa [əγáfə]
queda [kéδə]

/n/ — [ɱ] ⟶ Quan precedeix a un so làbio-dental:
amfibi [əɱfíβi] infant [iɱfán]

/n/ — [n̪] ⟶ Quan precedeix a un so dental:
entaular-se [ən̪təu̪lárrsə]

/n/ — [ŋ] ⟶ Quan precedeix a un so velar:
tanca [táŋkə]

/l/ — [l̪] ⟶ Quan precedeix a un so dental:
alta [ál̪tə]

Les variants dialectals

- La pervivència del fonema làbio-dental /v/ és pròpia dels subdialectes tarragoní, balear i alguerès.
- Ensordiment de les consonants /z/ en /s/, /dʒ/ en /tʃ/, /dz/ en /ts/ propi del valencià apitxat.

- El català occidental acostuma a africar quan es troben en posició inicial o postconsonàntica els sons [ʒ] [ʃ]: jou [tʃóu̯].
- L'articulació de la palatal fricativa sonora i africada sonora en [y] darrere vocal: pujar = [puyá], en el català nord-occidental (pallarès).
- Palatalització, en el subdialecte ribagorçà, dels grups Cl, PL, FL: clau [kʎáu̯], ploure [pʎóu̯re].
- Contràriament, el balear no palatalitza els grups romànics T'L, D'L, J'L com en català antic i en valencià: espatlla [əspátlə].
- En balear, la vocal final dels segments -QUA -GUA passa a [o] o [u] segons les zones: aigua [áj̯ɣo], [áj̯ɣu].
- En valencià, el palatal fricatiu sonor només pot aparèixer per fonètica sintàctica, ja que s'articula com a africat: àgil [ádʒil].
- Hi ha un predomini, en valencià, a articular com a sonores les oclusives sordes en contacte amb una vocal: pit ample [pidámple].
- En canvi, hi ha una tendència a emmudir les oclusives sordes en contacte amb una consonant.
- A la part occidental no geminen els grups -BL-, -GL-, -PL-. Per exemple [pɔ́βle].
- El balear no pronuncia, generalment, cap -r final.
- En menorquí es produeix un emmudiment força general de la [y] intervocàlica: [fúyə] = [fúə]; [páyə] = [páə], però no de la [ʎ] intervocàlica.
- En valencià es dóna la caiguda de la -d- intervocàlica: cremada [kremá]. I s'articulen, en la majoria dels casos, consonants que per a l'oriental són mudes, com per exemple la -r final dels infinitius.

Text complementari

43. Vocalisme del llatí vulgar. I] El llatí clàssic posseïa deu vocals, per tal com per a cadascuna de les cinc bàsiques distingia els dos matisos de breu i llarga: Ă, Ā, Ĕ, Ē, Ĭ, Ī, Ŏ, Ō, Ŭ, Ū. Ara bé, el fonament rítmic del llatí clàssic ha estat substituït en la Romània per la distinció del timbre vocàlic; millor dit, les llengües romàniques, una vegada més, no han fet altra cosa que partir del llatí vulgar: efectivament, hi ha testimonis entre els gramàtics i en les inscripcions, que ens acrediten que ja en llatí vulgar es practicà la substitució de la diferència quantitativa per la diferència de qualitat vocàlica, de forma que ja no es distingia, aleshores, entre una Ĕ breu i una Ē llarga, sinó entre una E oberta i una E tancada. Les vocals breus es pronunciaven obertes, i les vocals llargues es pronunciaven tancades. Teòricament, doncs, el llatí vulgar disposava de cinc parells de vocals, obertes i tancades, com abans el llatí clàssic havia disposat de cinc parells de vocals, breus i llargues: Ă > A oberta, Ā > A tancada; Ĕ > E oberta, Ē > E tancada, etc. Però en realitat: a) els dos matisos de A es confongueren de seguida en un únic so de A mitjana; b) la E tancada (pel fet d'ésser tancada, molt propera a la I), i la I oberta (pel fet d'ésser oberta, propera a la E) es confongueren en E tancada; c) paral·lelament, la O tancada (pel fet d'ésser tancada, molt pròxima a la

U), i la U oberta (pel fet d'ésser oberta, pròxima a la O) es confongueren en O tancada.

Antoni M. Badia i Margarit, *Gramàtica històrica catalana* (1981)

Suggeriments de treball

1. Escriviu dins dels claudàtors el símbol de l'AFI que hi correspon:

«I el rústic, situat allà dalt, amb els fems i les gelades de l'eternitat. No és que
[ ] [ ] [ ] [ ]
fos oli d'ametlles, i podia usar de la llengua per a confegir un solemne renec, au-
[ ] [ ] [ ] [ ] [ ]
tèntic com un all de bruixa; però al vespre, abans d'ençarar-se amb un turó de
[ ] [ ] [ ] [ ]
fumejants mongetes, despenjava el rosari, fet de pinyols, i passava les cinquanta
[ ] [ ] [ ] [ ] [ ] [ ]
avemaries, i encara, després, resava un parenostre per la salut de l'amo; és clar
[ ] [ ] [ ] [ ] [ ]
que aquest parenostre algun cop era dit recargolant el ventre, però ni el més es-
[ ] [ ]
queixat, ni el més díscol, no era capaç de cometre la imprudència de menjar-se'n
[ ] [ ] [ ] [ ] [ ]
una síl·laba.» (J.M. de Sagarra, *Memòries*)

2. Assenyaleu les parelles que no sonin igual:

1. fu*ig* corrents / fu*ig* d'aquí
2. pe*ix* d'ara / pe*ix* cru
3. cala*ix* verd / cala*ix* petit
4. m*ig* alat / m*ig* enlaire
5. hi ve*ig* bé / hi ve*ig* malament
6. un fe*ix* de llenya / un fe*ix* immens
7. despa*tx* elegant / despa*tx* tancat
8. pro*p* d'aquí / pro*p*vinent
9. cu*p* de vi / cu*p* buit
10. xèri*f* covard / xèri*f* valent
11. bolígra*f* nou / bolígra*f* tacat
12. fre*d* a la cara / fre*d* intens
13. gela*t* car / gela*t* de llimona
14. San*t* Andreu / San*t* Antoni
15. càsti*g* lleu / càsti*g* fort
16. ami*c* íntim / ami*c* de sempre
17. gro*c* intens / gro*c* pàl·lid
18. pe*s* net / pe*s* equivocat
19. mé*s* car / mé*s* barat
20. due*s* nenes / due*s* àvies
21. e*l* llapis / e*l* martell

22. e*l* xofer / e*l* rellotge
23. tron*s* i llamps / tron*s* suaus
24. lla*ç* ben fet / lla*ç* desfet
25. gri*s* negre / gri*s* clar

3. Encercleu el so corresponent a la grafia en cursiva en cada cas:

colo*rs* [r] [rr] [∅]
mag*d*alena [g] [k] [ɣ]
pa*n*xa [n] [ɲ] [ŋ]
aque*s*t [∅] [s] [z]
due*s* joves [∅] [s] [z]
el*s* xecs [∅] [s] [z]
am*b* tu [∅] [b] [β] [p]
*in*fernal [n̪] [m] [ɱ] [n]
me*n*jar [n] [ɱ] [ɲ] [ŋ]
solitu*d* [d] [t] [∅]
ta*p* de vi [b] [β] [p]
cà*p*sula [p] [b] [β]
e*x*plosió [ks] [gz] [s]
e*x*amen [ks] [gz] [s]
bai*x* i babau [ʃ] [ʒ] [s] [z]
ja*ç* tou [z] [s]
su*b*polar [p] [b] [β]
e*n*veja [n̪] [m] [ɱ]
anan*t* [n̂] [m] [∅]
menu*t* de casa [t] [d] [∅]

4. Classifiqueu els sons en cursiva:

ta*p* de suro / profun*d* / e*tz*ibar / do*s* rics / po*c* espai / no*c*turn / ra*j*ar / ba*t*lle / clu*b* obert / aque*s*t home / enfon*s*ar / sobre*s*alt / o*b*tenir / a*d*quirir / se*tz*e / filòle*g* / tot*s* sols / gru*p* de quatre / po*c* buit / vé*s*-hi / desi*g* / *ll*ana / desi*g* intens / calai*x* / calai*x* buit / Man*r*esa / cart*r*ó / va*ig* a casa / endin*s*ar / *g*ata / *d'*hora / trobado*r* / *t*ipus / go*ss*a / tra*j*ecte.

[∅]	[p]	[b]	[t]	[d]	[k]	[g]	[s]
[z]	[ʎ]	[ʒ]	[ʃ]	[dʒ]	[tʃ]	[r]	[rr]

5. Transcriviu fonèticament les paraules següents:

cobla / ètnic / trobador / subministre / ratlla / advocat / necessari / connexió / miracle / immens / llentia / aixafar / samarreta / empenta / vindrà / arrebossar / adreça / safareig / metge / aixella / adjunt / viatjar / esquitxa / confessar / enginyer / temptar / motllo / gronxador / sang.

6. Transcriviu fonèticament els grups de mots següents:

    1. Es posa en discussió
    2. S'apugen els preus
    3. No canvia la política
    4. Fa cent anys
    5. S'enfilava cap al cim
    6. Ajardinaran la zona
    7. Darrere la reixa
    8. Que no mengi formatge
    9. Té sang al nas
    10. Feia un tuf desagradable
    11. Hi havia dues roques
    12. Peix bullit
    13. Tap deficient
    14. Un atlas
    15. S'enfonsava en el fang
    16. Aigua bona
    17. Fa el desentès
    18. A mans dels comtes
    19. Drac majestuós
    20. Tinc classe a les cinc

Exercicis de repàs

1. Escriviu en els punts suspensius la grafia que calgui (s, z, ss, c, ç, cc, xc, sc):

    di..oldre, col..e, contra..entit, emi..ió, na..os, a..imetria, entu..iasme, ga..ificar, tran..atlàntic, ama..ona, ..inglot, ..ingle, pa.., te..i, enyoran..a, abade..a, prince..a, ..ona, tro.., eri..ó, pin..à, cap..al, pre..entir, a..epció, re..idu, a..ensió, pallu..os, e..èntric, marque..a, di..ernir, pin..a, su..eptible, a..edir, omi..ió.

2. Ompliu, quan calgui, els buits de les frases següents:

    «En això ..ingué l'..ora de ..aixa.. a l'ofici. Els músics ja espera..en, asseguts a l'o..bra, preparats els instruments per emp..endre la da..allada. Tota la munió d'..ostes (...) esta..en a punt, congregats a la sala (...) tot..om ..aixà.. cap a l'..era (...) da..e..a la llarga co..ua dels altres ..ostes, segons categoria d'edat, de pare..tiu o d'..isenda (...) amb un gran en..enou de xiscles (...).
    La to..e quadrada, mig fortalesa mig mirado.., dreta en un cantell de la casa; l'escut gra..at en la clau (...) deien prou la secula.. a..el d'on ..enien els Fraginals, la més antiga i respectada de totes les ..elles famílies d'..isendats (...).
    L'a..usió a les paternals se..eritats feien que en Jordi es..atanés els ulls, com ..olent xucla.. amb la ..ista les paraules de mossèn Llorenç, en rep..endre l'explicació inte..ompuda.» (J. POUS I PAGÈS, *La vida i la mort d'en Jordi Fraginals*)

3. Escriviu en els punts suspensius la grafia que calgui (j, g, ig, tj, tx, x, ix):

    qui..alla, desi.., ob..ecció, ra..olí, ..ent, ..erarquia, pate.., mare.., esqui.., fu..ida, passe..en, ..arampió, guer..o, mi..ó, pun..ar, pano..a, estiue.., ..ersei, mi.., flon..a, avanta..oses.

Quadre de les correspondències entre fonema, so i grafia

SONS VOCÀLICS			*SONS CONSONÀNTICS*					
FONEMA	*SO*	*GRAFIA*	*FONEMA*	*SO*	*GRAFIA*	*FONEMA*	*SO*	*GRAFIA*
/a/	[a]	a llapis	/p/	[p]	p tip b tub	/ʃ/	[ʃ]	x xiquet ix reixa
/e/	[e]	e llépol	/t/	[t]	t set d fred	/ʒ/	[ʒ]	g girafa j joc
/ɛ/	[ɛ]	e serra	/k/	[k]	g càstig qu quatre c fàstic	/ts/	[ts]	ds líquids ts sotsobrar tc etcètera
/ə/	[ə]	a terra e torre				/dz/	[dz]	tz atzar
/i/	[i]	i anís	/b/	[b]	b balena v vedell	/tʃ/	[tʃ]	tx cotxe ig boig g desig
				[β]	b abella v aviram			
/i̯/	[i̯]	i mai						
/y/	[y]	i duia	/d/	[d]	d dintre	/dʒ/	[dʒ]	tj mitja tg platges dj adjectiu
				[ð]	d adéu	/l/	[l]	l pala
/o/	[o]	o bot					[ɫ]	l salta
			/g/	[g]	g gorra gu guerra	/ʎ/	[ʎ]	ll lluna
/ɔ/	[ɔ]	o roba		[ɣ]	g paga gu paguem	/r/	[r]	r poruc
						/rr/	[rr]	r autoretrat rr arròs
/u/	[u]	o polida u music	/f/	[f]	f filla			
/u̯/	[u̯]	u bou	/v/	[v]	v vi f afganès	/m/	[m]	m moble n enmig
							[ɱ]	m triomf n inflor
/w/	[w]	u quadern	/s/	[s]	s savi ss rossa sc ascensor ç cabeça c ciri	/n/	[n]	n nina
							[n̪]	n conte
							[ŋ]	n sang
/w̯/	[w̯]	u cauen						
			/z/	[z]	s rosa z onze	/ɲ/	[ɲ]	ny canya

Quadre del punt i mode d'articulació dels sons consonàntics

PUNT D'ARTICULACIÓ / *MODE D'ARTICULACIÓ*

	Bilabials		*Labio-dentals*		*Dentals*		*Alveolars*		*Palatals*		*Velars*	
	Sorda	*Sonora*	*Sorda*	*Sonora*	*Sorda*	*Sonora*	*Sorda*	*Sonora*	*Sorda*	*Sonora*	*Sorda*	*Sonora*
Oclusives	p (*p*are)	b (*b*ala)			t (*t*aula)	d (*d*ona)					k (*c*ama)	g (*g*ot)
Espirants		(β) (sa*b*ó)				(ð) (ca*d*a)						(ɣ) (pa*g*a)
Fricatives			f (*f*oc)	v (*v*aca)			s (*c*el)	z (*z*ero)	ʃ (*x*ec)	ʒ (*j*oc)		
Africades							ts (po*ts*er)	dz (se*tz*e)	tʃ (co*tx*e)	dʒ (fe*tg*e)		
Líquides – Laterals						(l̪) (fa*l*ta)		l (bo*l*a)		ʎ (*ll*um)		
Líquides – Vibrants – Simple								r (ca*r*a)				
Líquides – Vibrants – Múltiple								rr (*r*ic)				
Nasals		m (*m*are)		(ɱ) (i*n*fant)		(n̪) (ca*n*ta)		n (*n*ena)		ɲ (ca*ny*a)		(ŋ) (ta*n*ca)

Gràfic del punt d'articulació dels sons consonàntics

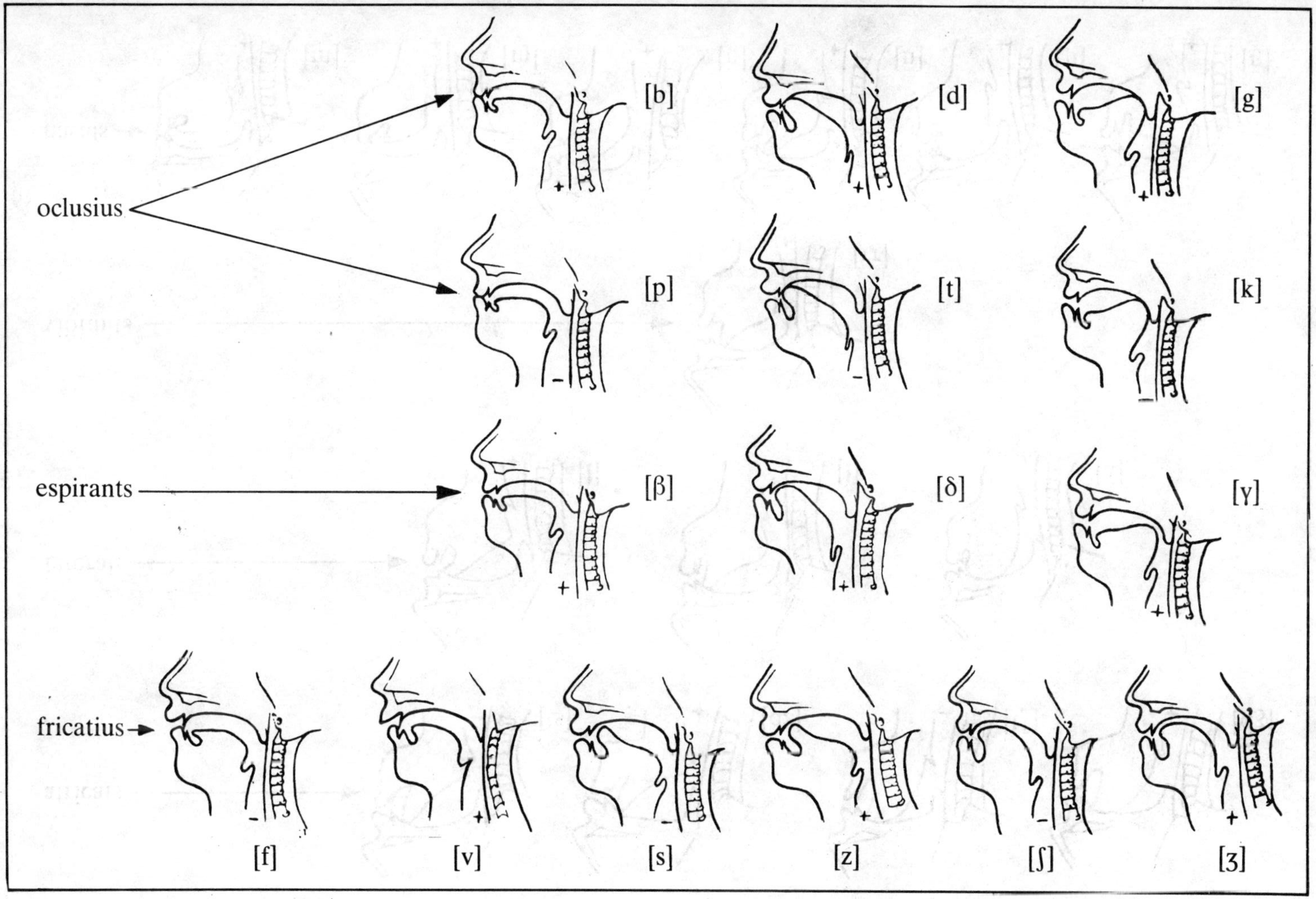

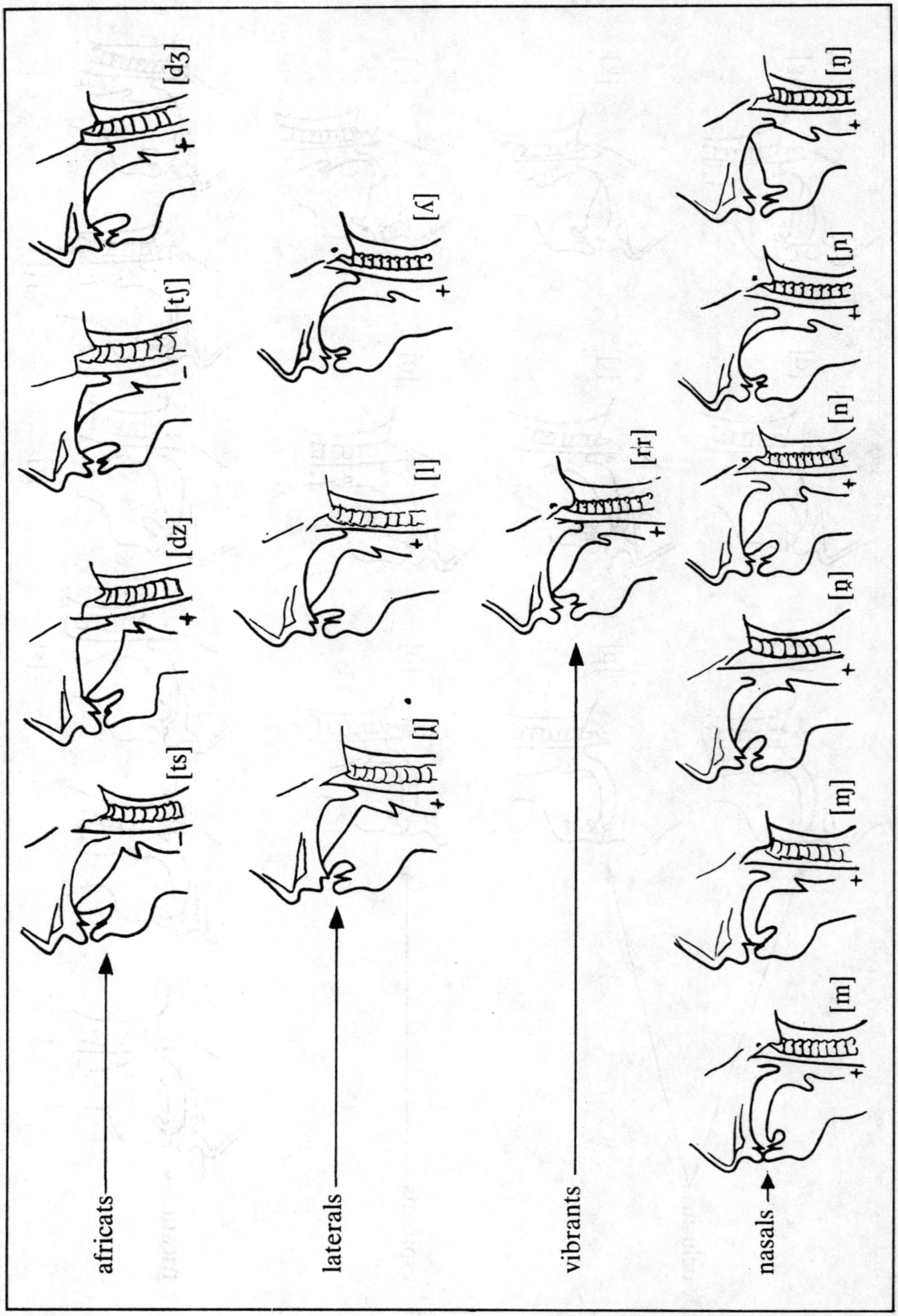
africats
[ts]
[dz]
[tʃ]
[dʒ]
laterals
[l]
[l]
[ʎ]
vibrants
[rr]
nasals
[m]
[ɱ]
[n̪]
[n]
[ɲ]
[ŋ]

Morfosintaxi

Orientació bibliogràfica

A. M. Badia i Margarit, *Gramática catalana,* 2 vols., Ed. Gredos, Madrid, 1962.

J. Barberà i altres, *Curs de gramàtica normativa,* 3 vols., ICE de la Universitat de València, 1980.

Joan Coromines, *Lleures i converses d'un filòleg*, Club editor, Barcelona, 1971.

Pompeu Fabra, *Gramàtica catalana*, Ed. Teide, Barcelona, 1956.

Pompeu Fabra, *Converses filològiques*, 2 vols., Ed. Barcino, Barcelona, 1954-1955.

Albert Jané, *Gramàtica catalana,* Ed. Salvat, Barcelona, 1968.

Jeroni Marvà, *Curs superior de gramàtica catalana*, Ed. Barcino, Barcelona, 1968.

Joan Mascaró, *Morfologia*, Enciclopèdia Catalana, Barcelona, 1985.

J. Roca-Pons, *Introducció a l'estudi de la llengua catalana*, Ed. Vergara, Barcelona, 1971.

Josep Ruaix i Vinyet, *El català en fitxes/2. Morfologia i sintaxi*, Barcelona, 1981[3].

Joan Solà, *Estudis de sintaxi catalana*, 2 vols., Edicions 62, Barcelona, 1972-1973.

Joan Solà, *A l'entorn de la llengua,* Ed. Laia, Barcelona, 1977.

Joan Solà, *Qüestions sintàctiques pendents en la normativa actual*, dins *Actes del Sisè Col·loqui Internacional de Llengua i Literatura Catalanes* (Roma, 1982), Publicacions de l'Abadia de Montserrat, 1983, pp. 153-194.

Tema 25

L'oració

Introducció

El concepte d'oració o frase pot definir-se des de múltiples punts de vista. Segons alguns gramàtics, si el fonema és la unitat mínima que estudia la lingüística, l'oració n'és la màxima; segons altres, l'oració constitueix el conjunt d'elements gramaticals que gravita a l'entorn d'un verb en forma personal. En definitiva, es tracta d'un terme de significació complexa que és encara objecte de debat. Amb el desig de simplificar, caracteritzarem l'oració d'acord amb tres criteris: prosòdic, sintàctic i semàntic.

L'oració com a unitat prosòdica

La prosòdia i la seva transcendència es palesen, sobretot, en la llengua oral. De fet, els signes de puntuació dels textos escrits no són sinó un reflex pàl·lid i, doncs, molt incomplet, de les pauses i modulacions, complexes i rellevants, del llenguatge parlat. Partint de la base d'aquesta riquesa de l'entonació oral, direm que en tot missatge o discurs s'aprecia la presència de pauses que destrien seqüències oracionals. Comprovem-ho en el següent:

> La màquina fa molt soroll. El mecanògraf fuma constantment i tem que el tabac s'acabi. Rondina sovint perquè s'equivoca molt i ha de corregir el text a cada moment. Ha escrit només dos fulls en tres hores. Està desesperat.

D'una lectura correcta se'n desprenen les següents oracions, algunes simples i altres compostes, amb el benentès que, en les compostes, l'entonació pot separar les oracions simples que les integren:

- La màquina fa molt soroll.
- El mecanògraf fuma constantment i tem que el tabac s'acabi.
- Rondina sovint perquè s'equivoca molt i ha de corregir el text a cada moment.
- Ha escrit només dos fulls en tres hores.
- Està desesperat.

L'oració com a unitat sintàctica

Cada oració respon a una ordenació sintàctica en dos sintagmes. La següent, per exemple, podem descompondre-la d'aquesta manera:

La màquina fa molt soroll

SN SV

ORACIÓ

El sintagma nominal (SN) té per nucli un nom i el sintagma verbal (SV), un verb. En l'oració només és indispensable la presència del SV; en la següent, per exemple, el SN apareix elidit:

∅ ha escrit només dos fulls en tres hores

SN SV

ORACIÓ

Notem de passada, en aquest mateix exemple, que el SV pot constar, a més del verb, d'altres sintagmes.

L'oració com a unitat semàntica

L'oració

(que) el tabac s'acabi

SN SV

presenta una estructura de SN+SV idèntica a oracions com *La màquina fa molt soroll* o *El mecanògraf fuma constantment*. A diferència d'elles, però, no té un sentit per si sola i necessita d'una informació suplementària que la completi: *Tem que el tabac s'acabi*.

Així, les oracions que, com les anteriors, són de sentit complet reben el nom de principals; les de sentit incomplet, en canvi, formen amb les principals les oracions compostes:

Tem que el tabac s'acabi   Rondina sovint perquè s'equivoca molt

De tota manera, l'oració composta, com es veurà en el tema 30, està integrada també per la unió d'oracions principals, és a dir, de significació plena.

Modalitats de l'oració

L'entonació és la corba melòdica descrita pel contrast entre els tons de les síl·labes d'una oració. Prescindint de l'entonació personal de cada parlant, lliure i molt variada, cada llengua disposa d'unes formes d'entonació amb significació precisa que indiquen el principi i el final de l'oració i l'actitud del parlant.

D'acord amb la diversitat d'entonacions i amb certs canvis morfològics, tota oració presenta les modalitats següents:

a) **Enunciatives o asseveratives**. La seva corba melòdica és la més freqüent entre totes les modalitats oracionals. Es limita a enunciar un missatge sense cap marca morfològica específica ni cap mena de signe gràfic que la distingeixi. Exemples:

El tren sempre arriba tard   Va llegir la novel·la en un dia

Les oracions enunciatives es subdivideixen en afirmatives, com les anteriors, i en negatives:

Demà no vindré   Això no s'ho creu ningú

b) **Interrogatives**. Una corba melòdica ascendent basta per transformar una oració enunciativa en una d'interrogativa. Gràficament es representen amb el signe d'interrogació (usualment situat, en català, només al final de l'oració):

Us falta res?   Qui convida a sopar?

Hi ha diverses classes d'interrogació:

- La interrogació general o oberta implica una desconeixença global d'allò que es pregunta i demana, sense la introducció de mots interrogatius, una simple resposta afirmativa o negativa. En català, aquest tipus d'interrogació es caracteritza també per anar precedida habitualment d'un *que* emfàtic, desproveït de valor interrogatiu:

  Que ja han dinat?   Que no véns?

- La interrogació parcial o tancada es refereix a un desconeixement parcial d'allò que es pregunta, demana una resposta més extensa que en el cas anterior i va precedida de mots interrogatius:

  Qui és?   Com t'ho has fet?

  Les interrogatives parcials es subdivideixen en directes, com en els exemples transcrits, i en indirectes *(M'agradaria descobrir qui és; Vull saber com t'ho has fet)*, les quals van inserides dins una altra oració, sovint en funció de complement directe, i no porten signes d'interrogació.

- Cal destacar, finalment, les interrogacions retòriques i les interrogacions «eco». Les primeres constitueixen pures fórmules emfàtiques que no demanen resposta perquè, de fet, ja la impliquen *(¿Haurem d'oblidar potser l'exemple dels patriotes?)*; les segones, per la seva banda, repeteixen, i d'aquí el seu nom, una part de l'oració sobre la qual pregunten:

  –Demà me'n vaig a Eivissa
  –Demà?/Te'n vas?/A Eivissa?

c) **Exclamatives**. Una corba melòdica intensiva pot transformar una oració enunciativa en una d'exclamativa. Gràficament es representen amb el signe d'admiració (usat, en català, com el d'interrogació); morfològicament, solen anar precedides de mots intensius *(que, quant, quin...)*:

Que ignorant que és!   Quants llibres!   Quina casa!

Per a alguns gramàtics, les interjeccions equivalen a oracions exclamatives completes; és el cas de *Ca!* (No m'ho crec!) o *Ep!* (Vés alerta!).

d) **Imperatives o exhortatives**. Expressen ordres o instruccions. En un sentit afirmatiu, recorren usualment als verbs en mode imperatiu (*Seu*); en un sentit negatiu, en canvi, el mode verbal és el subjuntiu *(No seguis)*. En altres casos, l'oració exhortativa apareix amb verbs en infinitiu precedits per la preposició *a (A callar tothom)*; cal tenir en compte, però, que els altres usos de l'infinitiu per expressar una ordre no són legítims (així, per exemple, no ho és *No fumar*, en el sentit imperatiu de *No fumeu*).
La intenció d'emetre una ordre es manifesta també en els verbs de voluntat o que expressen desig o necessitat seguits de la construcció QUE+subjuntiu:

No cal que hi pensis   M'agradaria que m'ho diguessis

Per últim, les oracions exclamatives i interrogatives adopten, en certes ocasions, un clar matís exhortatiu:

Tothom a fora!   Vol callar d'una vegada?

L'oració passiva

Sense entonació ni signe gràfic propis, l'oració passiva s'obté a partir de modificacions morfosintàctiques. Sigui l'oració activa (enunciativa) següent:

L'arquitecte Molins	va dissenyar	aquest edifici
S	V	CD

La passiva resultant és aquesta:

Aquest edifici	va ser dissenyat	per l'arquitecte Molins
S	V	CAgent

Per tant, les transformacions realitzades consisteixen a canviar el subjecte i a substituir el complement directe per l'anomenat complement agent:

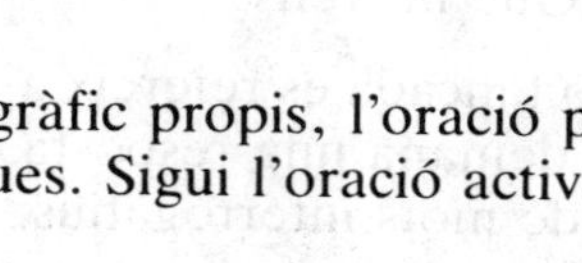

S'altera també l'estructura del verb:

va dissenyar ⟶ va ser dissenyat
V ⟶ SER + PARTICIPI

Amb participis com *seguit, acompanyat, conegut* o *respectat*, les construccions passives poden aparèixer amb la preposició *de* precedint el complement agent *(Aquest cantant és conegut de tothom)*.
La passiva amb *ser*, heretada del llatí, on era molt freqüent, ha arrelat poc en les llengües romàniques, i menys encara en els registres col·loquials. En principi, només pot formar-se a partir d'oracions amb complement directe, i així i tot amb limitacions (vegeu, al tema 29, l'apartat referent al complement directe). A més, la passiva amb *ser* resulta sovint artificiosa; no es pot negar que una passiva com *La finestra és tancada per mi* (procedent de *Tanco la finestra*) és tan impecable com allunyada de la llengua real: no és probable que cap parlant la digui mai. Per això, la llengua recorre a altres construccions més fluides, com les que dupliquen el complement directe en forma pronominal; amb aquest procediment, de les oracions passives esmentades més amunt obtindríem les següents:

Aquest edifici el va dissenyar l'arquitecte Molins
La finestra la tanco jo

Un altre exemple:

L'ambaixador ha estat rebut pel ministre

es transforma en

L'ambaixador l'ha rebut el ministre

Per evitar també la passiva amb *ser,* la llengua, sobretot la parlada, utilitza un altre tipus molt més manejable de passiva: l'anomenada passiva pronominal o passiva reflexiva, que es construeix a partir del pronom *se*:

Es lloguen patinets   Es convoca els aspirants

De fet, en aquestes oracions la funció sintàctica del SN que acompanya el verb no sempre és la mateixa. En cas de concordar amb el verb, el SN fa de subjecte (passiu) d'una oració passiva reflexiva *(Es lloguen patinets)*; si no concorda amb el verb, el SN és el CD d'una oració impersonal activa *(Es convoca els aspirants)*. És clar que quan el verb i el SN estan en singular *(S'aixeca la sessió)*, són possibles les dues interpretacions, a no ser que el SN es trobi davant del verb *(El retaule es conserva a Solsona)*, ja que aleshores el SN fa només de subjecte. Cal fer menció que, en la llengua oral, la concordança del verb amb el SN que l'acompanya, sobretot si va davant, és quasi general; tan sols no la segueixen certs parlars occidentals *(Es lloga patinets)*. Finalment, alguns pronoms *(hom, un)* permeten mantenir el verb en singular i exerceixen la funció de subjecte de l'oració:

Hom lloga patinets   Hom convoca els aspirants

Text complementari

No és fàcil reduir a grups els diferents criteris que acabem d'exposar [per definir l'oració]. **Alguns són de caràcter marcadament formal, com el que exigeix la presència d'un subjecte i un predicat o el verb en mode personal. Altres poden considerar-se semàntics, com els que parlen de «l'expressió d'un pensament» o de «sentit complet». (...) La importància de l'entonació en relació amb el concepte d'oració ha estat posada en relleu per diversos autors (...). Al costat de Lerch poden citar-se també Delacroix i Bühler: segons aquest darrer, la melodia i l'entonació són essencials. La paraula té un valor virtual que s'actualitza en l'oració, sotmesa a les inflexions de l'entonació. S'ha dit també que qualsevol paraula o conjunt de paraules poden constituir una comunicació si l'entonació n'actualitza els valors semiològics. De la mateixa manera, Buyssens afirma que només es necessita el to perquè una successió de sons esdevingui una unitat. Tot i que (...) no pot afirmar-se una perfecta coincidència entre oració gramatical i unitat fònica, és innegable la importància de l'entonació. És evident que els tipus fonamentals de comunicació oracional es basen, com diu Gardiner, en determinats tipus d'entonació: penseu, per exemple, en la característica entonació interrogativa i la seva corba amb final ascendent, en contrast amb la figura pròpia de l'entonació enunciativa, amb final descendent.**

J. ROCA-PONS, *Introducción a la gramática* (1986[7])

Addenda

Ús de la partícula «pas»

S'empra per reforçar l'adverbi *no*, especialment en:

- l'expressió d'una negació parcial:

  – L'autobús surt a les deu
  – No *pas* els diumenges

- les ordres o prohibicions:

  No et moguis *pas*

- la negació d'una suposició implícita:

  – Anirem d'excursió?
  – No *pas* jo!

- frases comparatives:

  Val més ella que no *pas* ell

- l'expressió de probabilitat:

  No ho tens *pas* tu? No l'has *pas* vist? / No l'has vist *pas*?

Els pronoms «ningú», «res», «cap», i els adverbis «gens», «mai», «enlloc»

Aquestes paraules no tenen sentit negatiu en les oracions interrogatives i condicionals i equivalen, respectivament, a *algú, alguna cosa, algun, una mica, alguna vegada* i *en algun lloc:*

Si *mai* vols vendre't el cotxe, avisa'm (*mai*=alguna vegada)
Que tens *res* per menjar? (*res*=alguna cosa)

El seu ús freqüent en oracions negatives ha generat que els donem un sentit negatiu, i així ho sol fer el llenguatge parlat. En aquest cas, la normativa preceptua que cal afegir-hi l'adverbi *no* quan van davant del verb:

No va aplaudir *ningú* *Ningú no* va aplaudir
(En la llengua parlada: *Ningú* va aplaudir)

Precedit de l'adverbi *no*, el pronom *res* conserva el seu sentit afirmatiu bàsic (*No res l'espanta*, dit d'una persona poruga); seguit del mateix adverbi, en canvi, introdueix oracions negatives (*Res no l'espanta*, dit d'una persona valenta). En aquests casos, la supressió de l'adverbi produeix una ambigüitat *(Res l'espanta)* que només es desfà en restituir-lo al seu lloc (abans o després del pronom).

El pronom «res» i l'adverbi «gens»

Cal no confondre el pronom indefinit *res* amb l'adverbi quantitatiu *gens* (en castellà, tots dos equivalen a *nada*):

No té *res* a la cartera (no hi té cap cosa: pronom)
No té *gens* de paciència (ni una mica: adverbi)

Així, les dues oracions següents tenen significats diversos:

No m'agrada *res* (oposat a: m'agrada tot)
No m'agrada *gens* (oposat a: m'agrada molt)

Suggeriments de treball

1. Separeu els constituents (SN-SV) de les oracions següents:

   1. No ens havíem vist mai. 2. Ningú no li deia l'hora. 3. La directiva es reunia, aproximadament, cada dimecres. 4. Demà ho recolliran els escombriaires. 5. Va arribar aquell dia fatídic. 6. Els van transportar entre tots. 7. Ha estat interromput el subministrament d'aigua durant dues hores pels operaris de la companyia. 8. Demà et diré el secret.

2. Classifiqueu les següents oracions segons la modalitat:

   1. Vols estar-te quiet d'una vegada? 2. Ningú no sap qui ha fet això. 3. Un altre dia, neteja bé el cotxe. 4. A aquells polítics no se'ls escolta ningú. 5. Dos per tres fan sis. 6. És tan tossut! 7. Com corre, aquella moto! 8. No sé com s'ho fa. 9. Com t'ho faràs? 10. Tens un bolígraf vermell?

3. Transformeu les següents oracions exhortatives afirmatives en exhortatives negatives:

   1. Corre, que farem tard! 2. Vinga, pareu! 3. Fes més exercici! 4. Vull que mengis més. 5. Porta'ls una capsa de bombons. 6. Beveu cervesa. 7. Riu-te'n! 8. Vine demà. 9. Obre la finestra!

4. Convertiu en negatives, tot canviant els determinants quan convingui, les oracions següents:

   1. Van venir-hi tots els convidats. 2. Canta molt. 3. Algú haurà de pagar el dinar. 4. Ho sabia tothom. 5. Aquell artista coneixia tots els recursos. 6. T'ho regalarà tot.

5. Passeu les següents oracions actives a passives:

   1. Aquest hivern, la neu ha tallat totes les carreteres de muntanya. 2. Demà comunicarem els resultats als aspirants. 3. Aquell ocell tan petit fa el niu cada primavera al mateix lloc. 4. Sovint consultava la guia telefònica. 5. Li van arreglar la calefacció uns operaris especialitzats. 6. Van coure la carn en un fogonet de butà. 7. En Josep va veure la Núria a la sortida del cinema.

6. Transformeu les següents oracions passives en actives mitjançant la duplicació del CD:

   1. Els cartells han estat penjats per la comissió de festes. 2. El diplomàtic serà alliberat aviat pels seus segrestadors. 3. Aquelles cols són venudes al mercat pel pagès a uns preus irrisoris. 4. La comitiva era acompanyada de carrosses. 5. Les biblioteques són consultades pels soferts lectors. 6. Aquests jugadors són coneguts de tots els aficionats.

Exercicis de repàs

1. Ompliu els buits de les frases següents amb *gens* o *res*, segons convingui:

   1. No hi ha ... de cafè. 2. Aquesta llana no pesa .... 3. No sento ... de nou. 4. No trobava ... del seu interès. 5. Aquest noi no és ... simpàtic. 6. Tens ... de beguda? 7. Aquesta pel·lícula no m'agrada ... 8. Treballa sense ... d'entusiasme.

Tema 26

El sintagma nominal (I)

Constituents del SN

Com ja s'ha dit, el nom constitueix el nucli i l'element imprescindible en l'estructura del SN. Això no obstant, de vegades el lloc del nom és ocupat per formes pronominals, per altres formes gramaticals nominalitzades (substantivades) i fins i tot per oracions, com veurem més endavant.
El SN consta sovint, a més del nucli, d'altres elements que el determinen i/o el complementen. Són els determinants i/o els complements del nom, que s'escriuen entre parèntesis quan es vol indicar que són opcionals

SN → (Det +) N (+ CN)

i dels quals tractarem a continuació.

Els determinants

Prenguem com a base l'oració següent:

Tarragona és d'origen romà

Aquí el SN apareix sense determinants i consta, doncs, només del nom. El mateix nom, però, pot anar precedit opcionalment de certes classes de determinants:

Aquella Tarragona és d'origen romà
Aquesta Tarragona m'agrada més que la de fa vint anys

i en canvi no permet anar acompanyat d'altres:

*La Tarragona és d'origen romà
*Qualsevol Tarragona és d'origen romà

En contrast amb això, certs tipus d'expressions nominals reclamen la presència obligatòria dels determinants:

{El / Aquell / El teu} + cotxe val tres milions

Els determinants es classifiquen, com es recordarà de cursos anteriors, en:

- articles: *el, la, els, les*. A les Balears s'utilitzen les formes de l'article salat

* Un asterisc indica que la construcció que precedeix és agramatical (que cap parlant no la diu) o incorrecta.

(*es, sa, es, ses*, amb algunes variants; vegeu la pàg. 60), mentre que en el dialecte nord-occidental es conserven les formes *lo* (que cal no confondre amb el pronom feble enclític *-lo* ni amb el castellanisme «lo», calcat de l'article neutre *lo* del castellà) i *los*.
Pel que fa a l'anomenat article personal, que precedeix els antropònims, adopta les formes *el/en* i *la*, i en baleàric *en* i *na*.

- demostratius: *aquest, aquell*, corresponents, respectivament, a la proximitat o llunyania en l'espai (*aqueix*, en la llengua actual, pràcticament ha desaparegut, substituït pels altres dos). En valencià, el sistema demostratiu està format per: *est(e), eix(e)/ix(e), aquell*.
- possessius: *meu, teu, seu, nostre, vostre, seu*; en determinades posicions, porten necessàriament un article o un altre determinant (*el meu* cotxe). Les formes àtones del possessiu (*mon, ton, son, ma, ta, sa, mos, tos, sos, mes, tes, ses*) han quedat relegades a les relacions de parentiu (*mon pare, ta germana*) i a algunes frases fetes *(cada terra fa sa guerra; Sa Excel·lència)*.
- numerals: subdividits en *cardinals (dues, tres...), ordinals (primer, sisè...), partitius (mitja, terça...)* i *multiplicatius (doble, triple...)*.
- quantitatius i indefinits: *quant, molt, poc, bastant, gaire, massa, més, altre, algun, un, tot, tal, qualsevol...*
- interrogatius: *quin, quina, quins, quines*.

Estructures del determinant

Els determinants poden aparèixer sols (*la* caixa) o combinats amb d'altres, com per exemple:

- article + possessiu: *el meu* gos

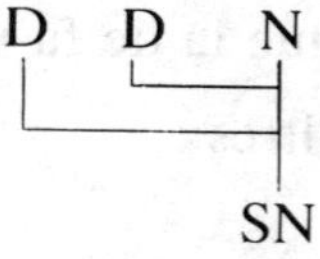

- demostratiu + numeral + possessiu:

aquells tres meus gossos

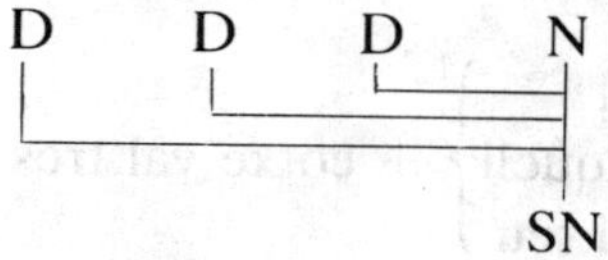

D'altra banda, els determinants poden aparèixer davant i darrere del nucli:

la foca *aquella* — *aquell* llibre *teu*

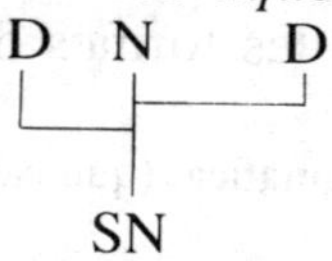

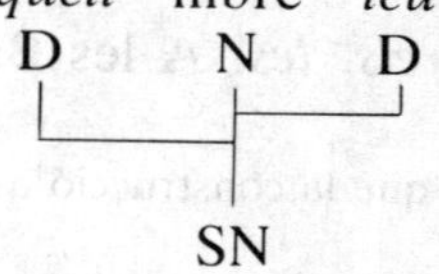

Per acabar, cal tenir presents els casos en què la funció de determinant adopta la forma de Sintagma determinatiu (SDet), que va unit al nom per mitjà d'una preposició (prep):

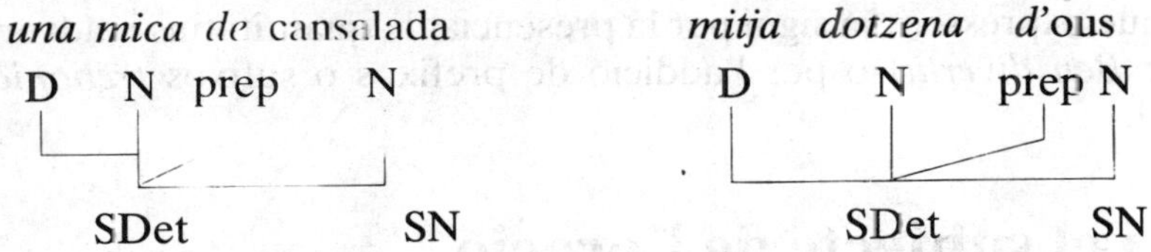

El complement del nom

El complement del nom (CN) qualifica el nucli i és opcional. Pot adoptar les estructures següents:

a) *Adjectiu:* La taula *gran* s'ha trencat
b) *Preposició + SN:* El cotxe *de l'alcalde*
c) *Oració adjectiva:* L'ocell *que cantava*

Cal fer, encara, quatre remarques en relació a altres estructures del complement del nom:

a) Aquest complement pot constar de dos CN referits al mateix nom i col·locats un al davant i l'altre al darrere (Un *gran* amor *de joventut*).
b) Els complements del nom poden presentar, al seu torn, altres complements del nom (el pany de la porta *d'entrada*; la pota de la taula *metàl·lica*; un vestit verd *poma*).
c) Funcionen també com a CN les anomenades *aposicions*; les més característiques es transcriuen entre comes (Gaudí, *arquitecte genial*, era de Reus), però poden representar-se per noms adherits al nucli amb funció d'adjectiu (El mar *Mediterrani* s'està convertint en una claveguera; El poeta *Jacint Verdaguer* va morir el 1902).
d) El complement del nom introduït per la preposició DE pot substituir-se pel pronom feble *EN*: Sabíem el nom *del noi* → *En* sabíem el nom; Volia taronges, però el botiguer no *en* sabia el preu (*de les taronges*).

L'adjectiu com a integrant d'un SN

Quan un adjectiu complementa el nucli d'un SN sovint pren la forma de qualificatiu; de fet, adjectius qualificatius i noms de vegades es confonen (*els poetes metges* i *els metges poetes*) i, al llarg de la història de la llengua, és freqüent que un nom esdevingui adjectiu i a la inversa. A més, els adjectius admeten fàcilment la substantivació (el color *groc* → el *groc*).
Sintàcticament, l'adjectiu sol dependre del substantiu, dependència marcada sovint amb un mot d'enllaç *(brut de carbó, ple d'aigua...)*.
L'adjectiu se situa habitualment darrere del nom. Per raons expressives, però,

pot situar-se al davant; en alguns casos, l'alteració d'aquest ordre pot comportar canvis de significat *(Un home pobre - Un pobre home)*. Certs adjectius només poden ocupar una posició respecte al nom *(mala terra; força major)*.
La majoria d'adjectius qualificatius admeten graus d'intensificació de la característica que expressen, ja sigui per la presència de quantitatius o adverbis *(Bastant fàcil; Ben divertit)* o per l'addició de prefixos o sufixos *(rebonic, baixet, baixíssim)*.

El SN i el subjecte de l'oració

Fins ara hem examinat les funcions dels diversos elements que integren el SN. Ara cal estudiar una de les funcions bàsiques del SN dins l'oració: la funció de subjecte. Per identificar el subjecte d'una oració cal retenir les característiques següents:

1. L'oració consisteix bàsicament en la concordança entre subjecte i verb. Casos particulars:

   - quan el SN consta de dos o més noms, units per juxtaposició o coordinació, el verb s'escriu en plural: *Jugadors, afeccionats i periodistes* van felicitar l'àrbitre.
   - quan el SDet i el nom d'un SN no coincideixen en nombre, el verb pot concordar indistintament amb l'un o amb l'altre:

Una sèrie	*d'elements*	*forma*	un conjunt
sg	pl	sg	

Una colla de	*bètols*	*van agredir*	l'àrbitre
sg	pl	pl	

   - quan el nom és singular gramaticalment, però col·lectiu en el significat, el verb pot adoptar una concordança o l'altra:

     La gent { *recorda* / *recorden* } l'incendi de l'any passat

2. Com ja veurem en temes posteriors, poden ser subjecte la majoria de pronoms tònics *(nosaltres, algú, aquell...)* i no poden ser-ho la majoria dels àtons *(em, et, ens, us...)*.

3. El subjecte no va mai precedit de preposició. S'ha de destacar el cas singular de la preposició *entre* al davant del subjecte format per més d'un SN, en el sentit de «junts», «conjuntament»:

   Entre el pare i la mare van comprar el pis
   (El pare i la mare *junts/conjuntament* van comprar el pis)

4. Una oració substantiva pot fer també de subjecte. Com es veurà més endavant, aquesta oració substantiva és susceptible d'adoptar la forma d'infinitiu o bé d'anar precedida per una conjunció o un pronom relatiu:

    Beure és necessari
    Li molestava *que el tren no fos puntual*
    Qui té duros fuma puros

5. En moltes ocasions, i per causes diverses, el subjecte se situa darrere del verb:

    Sobren *medicaments*
    A quina hora surt *l'autobús?*
    Ja ha arribat *el fred*
    L'has dit *tu*, aquest disbarat?

6. En certes construccions, el subjecte és totalment o parcialment substituïble pel pronom *EN*:

    Falten *futbolistes tècnics* → *En* falten
    Han passat *cinc minuts* → *N'*han passat cinc

De tota manera, els gramàtics no són unànimes a l'hora de determinar la funció sintàctica d'aquesta pronominalització.

Remarques

a) entre subjecte i verb normalment no hi ha d'anar coma; a vegades n'hi posem per indicar una pausa emfàtica de la pronunciació:

    Va deixar-nos ben sorpresos, *aquell individu*

b) la funció de subjecte —i d'altres que pugui fer el SN— la realitza *tot* el SN, independentment dels elements que contingui (Det, CN); així, doncs, en una oració com

    El cotxe de bombers va arribar tard

de bombers fa de CN de *cotxe* i el conjunt *El cotxe de bombers* fa de subjecte de *va arribar*

c) com és sabut, el subjecte pot elidir-se *(En Ramon va comprar torrons / Va comprar torrons)*; de fet, tota forma verbal porta un subjecte gramatical més o menys explícit en la persona i el nombre, que es pot fer patent lèxicament per mitjà del que tradicionalment anomenem subjecte *(va comprar = ell va comprar = en Ramon va comprar)*

d) hi ha oracions que sempre apareixen sense subjecte explícit, com és ara amb determinats verbs que expressen fenòmens de la naturalesa: *fa sol, plourà, tronava, llampega, era de dia*...; tradicionalment, se'ls ha anomenat verbs impersonals (vegeu el tema 28).

Text complementari

72. La substitució d'un nom o grup nominal (precedit o no de la preposició *de*) pel pronom feble *en* adjuntat al verb, no solament pot esdevenir-se en un complement-acusatiu, sinó en el subjecte gramatical de les proposicions del tipus IV (V. § 46). Ex.: *Ahir va arribar un vaixell; avui n'arribaran quatre. Dormen sis nens a cada cambra; en aquesta en dormen set.*

En una proposició el verb de la qual és *haver-hi* (Ex.: *Hi ha una esquerda a la paret*), el membre originàriament complement-acusatiu *(una esquerda)* es comporta, quant a la possibilitat d'ésser representat per tal o tal pronom feble, exactament com el subjecte gramatical d'una proposició del tipus IV: com aquest, és representable per *en* quan és un nom indeterminat *(Hi ha aigua, al dipòsit? —Ja no n'hi ha)*, però no per *el, la, els* o *les* quan és un nom determinat (responent a una pregunta com *Hi havia el teu oncle?*, no pot dir-se *No l'hi havia*, com responent a una pregunta com: *Ha arribat el vaixell que esperàveu?*, no pot dir-se *No l'ha arribat)*. El dit membre no és ja, doncs, sentit com el complement-acusatiu de *haver-hi* (altrament seria representable per *el, la,* etc.), sinó més aviat com el seu subjecte (com *un parent meu* l'és del verb *arribar* en la proposició *Ha arribat un parent meu.* V. § 46), i s'explica que la llengua hagi acabat per fer-hi concordar el verb, d'on han pres naixença construccions com *Hi han dos homes, Hi havien moltes dificultats, Si hi haguessin més cotxes.* Aquestes construccions, llargament usades en la llengua parlada, han estat fins avui considerades incorrectes, però potser algun dia s'hauran d'admetre en la llengua escrita, en concurrència, naturalment, amb les construccions tradicionals *Hi ha dos homes, Hi havia moltes dificultats, Si hi hagués més cotxes* (úniques fins avui considerades correctes).

Pompeu FABRA, *Gramàtica catalana* (1956)

Addenda

Remarques sobre alguns determinants

- El quantitatiu BASTANT/S té una única forma per al masculí i el femení (*Té bastant fred. Menjava bastants patates*).
- Els quantitatius MASSA, FORÇA i PROU són invariables *(Massa caramels. Força problemes. Prou crits!)*.
- Cal no confondre el quantitatiu QUANT amb l'adverbi temporal QUAN *(No sé quants anys pot tenir. No sé quan vindrà)*.
- TANT perd la *-t* final davant d'adjectius, adverbis i locucions adverbials *(Estava tan prim! Va tan a poc a poc, que fa posar nerviós)*.
- El barbarisme «Els demés» pot evitar-se amb la utilització d'indefinits com (TOTS) ELS ALTRES, ELS RESTANTS o LA RESTA.
- El plural de QUALSEVOL no és «Qualsevols», sinó QUALSSEVOL.
- L'indefinit CADA no ha de ser substituït per TOTS/TOTES en expressions temporals: *Cada any vénen de vacances* (*Tots els anys...*, és incorrecte).

- VARI/VÀRIES és usat indegudament com a indefinit *(«Hi havia vàries persones»)*, i només és correcte usat com a adjectiu qualificatiu amb el sentit de «variat/variades» *(Remeis varis. De procedències vàries)*. Es pot evitar l'ús incorrecte recorrent a ALGUNS, UNS QUANTS o DIVERSOS *(Hi havia diverses persones)*.
- Els ordinals es construeixen a partir dels cardinals. Així, doncs, cal refusar formes com *quint (cinquè), sext (sisè), sèptim (setè), octau (vuitè), dècim (desè)...*
- El possessiu LLUR/LLURS només és correcte referit a un posseïdor plural, independentment del nombre del substantiu al qual acompanya. Així, són correctes *Els oncles i llur fill* o *Els masovers i llurs gossos*, però no *«L'oncle i llur fill»* o *«El masover i llurs gossos»;* en aquests darrers casos caldrà substituir LLUR per SEU *(L'oncle i el seu fill. El masover i els seus gossos)*, substitució que, d'altra banda, sempre és possible *(Els oncles i el seu fill...)*.

Suggeriments de treball

1. Poseu l'article davant dels noms següents:

dent, estratagemes, senyal, llegums, compte, pebre, avantatges, corrent, deutes, postres, calor, olors, anàlisis, pendent, dubtes, suor, costums, interviu, titella, dot, fel, afores, verdor, síncope, síndrome.

2. Indiqueu tots els possibles significats dels noms següents segons el gènere:

son, vall, fi, ordre, canal, còlera, salut, editorial, llum, pudor, terra, vocal, guia, coma, planeta, pols, paleta, delta, clau.

3. Localitzeu deu noms que, sense canviar de significat, admetin el doble gènere.

4. Determineu tots els elements dels següents SN:

1. Aquella finestra de la casa veïna. 2. Aquells tres vells amics teus. 3. Tres quarts de quilo de pasta italiana. 4. Una camisa groga sense mànigues. 5. Algun llibre de la biblioteca del meu barri. 6. La cullera grossa de l'àvia del meu cosí. 7. La cartera de pell de cocodril africà del seu germà.

5. Determineu els CN dels SN en les frases següents:

1. Hi havia un grup de manifestants que sostenia una pancarta. 2. Al final del carrer Ramon Turró hi han instal·lat un circ japonès. 3. La família de Ramon Casas, pintor modernista, va comprar el monestir de Sant Benet de Bages. 4. Plantejava problemes de resolució difícil. 5. Contemplava les estrelles amb un telescopi de fabricació alemanya. 6. Aquells dos xicots, molt espantats, van fugir ràpidament. 7. Feia una nit molt fosca que no m'agradava gens.

6. Identifiqueu el subjecte de les oracions següents:

1. N'han vingut quatre. 2. Li agrada viatjar de nit. 3. El van pintar entre tots. 4. Hi havia una pila de llenya seca al pati. 5. És molt convenient fer exercici cada dia. 6. El llibre te'l tornaré demà. 7. Era ben estrany, tot allò. 8. El van rebre tots els parents, amics i coneguts. 9. L'ordenació alfabètica de tots els noms dels alumnes

de l'Institut de Batxillerat d'Esparreguera és complexa. 10. No ens compensa pagar a terminis.

7. Canviant, quan calgui, el gènere, adjunteu a cada un dels adjectius següents, sense modificar-ne el nombre, un nom femení:

prudent, salvatge, feliços, iguals, difícil, alegre, diferent, mediocre, miop, pobre, eficaços, rus, gris, bullent, dolorós, espontani, lleig, plebeu, insigne, obedients.

8. Els adjectius *alt, bona, cert, nou, pobre* i *trist* canvien de significat segons si van al davant o al darrera del substantiu. Escriviu exemples que verifiquin aquesta afirmació.

Exercicis de repàs

1. Corregiu, quan calgui, l'ús de *llur* o *llurs*:

   1. Va visitar llurs pares a l'hospital.
   2. Els soldats estrenaren llurs uniformes el dia de la patrona.
   3. L'àvia i llurs néts quedaren aïllats.
   4. Les masies i llurs voltants estaven inundats.
   5. La gossa i llurs cadells prenen el sol.

2. Escriviu en els buits següents els quantitatius *molt, força, gaire, prou, massa, bastant:*

   1. Fa ... calor? Sí, ...: estem a 35 graus.
   2. No fa ... dies que va arribar.
   3. En tens ..., de caramels; no te'ls mengis tots.
   4. N'hi havia ..., de persones a casa seva.
   5. ... que t'ho donaria si pogués!
   6. Aquest any collirem ... cebes.

3. Ompliu els buits amb les paraules *tan, tant, quan, quant*:

   1. ... deixi de ploure anirem a buscar cargols.
   2. És ... bonic que voldria comprar-ho.
   3. ... pinzells necessites?
   4. ... caminar i encara no hi hem arribat.

4. Esmeneu les frases següents:

   1. Tu compra la xocolata; les demés coses ja les compraré jo.
   2. Tot i que vaig anar-hi vàries vegades no hi havia ningú.
   3. Tots els dimarts tenim classe de dansa.
   4. El meu germà fa sext d'EGB.
   5. Mentre nosaltres ballàvem el resto del grup s'ho mirava.
   6. Els cítrics, qualsevols que siguin, contenen moltes vitamines.

Tema 27

El sintagma nominal (II)

El pronom

En paraules de Fabra, els pronoms designen «els éssers o les coses sense, però, anomenar-los». En principi, ocupen el lloc del SN i, per tant, compleixen funcions nominals. La seva naturalesa semàntica és diferent de la de les restants categories gramaticals; mentre aquestes tenen un significat permanent, el dels pronoms és només ocasional i depèn del context. La significació del pronom *aquest*, per exemple, és la del nom al qual es refereix; en si mateix, però, prescindint del context, manca de significació concreta:

–Quin llibre vols?
–*Aquest*

Formalment, els pronoms es divideixen en set grups i, en molts casos, com veurem, coincideixen amb les formes dels determinants examinades en el tema anterior. Classes de pronoms: demostratius, possessius, numerals, quantitatius i indefinits, interrogatius, relatius i personals (subdividits, al seu torn, en tònics o forts i àtons o febles).

Els pronoms demostratius

Coincideixen amb les formes dels determinants del mateix nom i n'afegeixen tres que són exclusivament pronominals: *açò* (viu a l'àmbit valencià) o *ço* (forma arcaica d'ús només literari), *això* i *allò*. Es tracta de tres formes anomenades neutres perquè no fan referència a realitats de gènere determinat.

Els pronoms possessius

Han d'adoptar obligatòriament l'estructura article + possessiu:

Se m'ha espatllat la ràdio. Em deixes *la teva*?

En conseqüència, les formes àtones del possessiu i les formes *llur* i *llurs* no poden actuar com a pronoms.

Els pronoms numerals

Coincideixen amb els determinants del mateix nom. De vegades es refereixen a un nombre concret d'éssers *(Ja són* set *els que han caigut al sot)*; d'altres, designen realitats ja al·ludides *(Van sortir deu corredors però* dos *es van retirar)*; d'altres, finalment, supleixen noms implícits *(El termòmetre marca* sis *sota zero)*.

Els pronoms quantitatius i indefinits

Al marge dels determinants del mateix nom que poden també ser pronoms, els següents quantitatius i indefinits són exclusivament pronominals: *hom, tothom, algú, ningú, altri, cada u, cadascú, quelcom, res*.

Els pronoms interrogatius

A més de les formes dels determinants del mateix nom, els interrogatius *qui* (referit a persones) i *què* (referit a coses) són únicament pronominals. Tots dos poden anar sols o precedits de preposicions, segons la funció sintàctica que exerceixen:

Qui ha vingut? Amb *qui* vindràs? *Què* vols? De *què* et queixes?

Els pronoms relatius

Atesa la seva amplitud i importància sintàctica, s'estudien amb detall en el tema 31, on es tracten les oracions de relatiu.

Els pronoms personals tònics o forts

Són els que designen les persones gramaticals. De fet, només són pròpiament personals els de primera i segona persones, ja que els de tercera poden referir-se també a coses.

	SINGULAR		PLURAL	
	masculí	femení	masculí	femení
1.ª persona	jo mi		nosaltres	
2.ª persona	tu vós vostè		vosaltres vostès	
3.ª persona	ell	ella	ells	elles
3.ª persona reflexius	si		si	

L'ús de les formes de tractament *vós* i *vostè* revela algunes particularitats. *Vós* procedeix del pronom de segona persona del plural *(vosaltres)*, però avui dia només s'utilitza per dirigir-se a una persona; *vostè* i *vostès*, en canvi, són de segona persona i apareixen amb la tercera persona verbal.

Tu, mi i *si* s'usen darrere d'algunes preposicions com *a, amb, de, en, per, contra, entre:*

Me'n vaig *sense tu* Viatjava *amb mi*
Aquell poeta parla sempre *de si* mateix

S'usa *jo* en lloc de *mi* quan alguna de les preposicions esmentades regeix dos o més termes coordinats *(Entre jo i tu)* i quan el pronom se situa prop d'una preposició i el verb que aquesta regeix *(Sense jo dir res; Abans de néixer jo). Si*, d'altra banda, és, en realitat, un reflexiu substituïble per *ell*:

Aquell poeta parla sempre d'*ell* mateix

Cal remarcar, finalment, la construcció balear preposició + jo *(per jo, contra jo)*, equivalent a la més general preposició + mi *(per mi, contra mi)*.

Els pronoms àtons o febles

Anomenats també, algunes vegades, clítics, s'adjunten al verb formant una unitat fonètica; l'accent recau sempre sobre el verb. Es denominen proclítics quan precedeixen el verb *(Ho porten demà)* i enclítics quan el segueixen *(Amagueu-los)*. En la major part del parlar balear i en el rossellonès, les formes enclítiques són les que reben l'accent *(Aixecar-sè, provem-hó, en veurè'l)*. L'estudi dels pronoms febles revela el seu gran rendiment expressiu, que permet evitar repeticions i ambigüitats.
Només els de primera i segona persones són personals, ja que els altres es poden referir també, o es refereixen exclusivament, a coses. Presenten les possibles formes que veiem a la taula de la pàgina següent.

Col·locació dels pronoms febles.

En relació al verb que complementen, els pronoms febles segueixen les normes de col·locació següents:

a) Amb verbs en infinitiu, gerundi o imperatiu, se situen al darrere:

Donar-lo Trobant-li Agafa'l

b) En la resta de temps verbals se situen al davant:

El dóna Li trobaria L'havia agafat

c) Amb el perfet perifràstic i amb les perífrasis verbals se situen indistintament al davant o al darrere:

El vaig comprar ⟶ Vaig comprar-lo
Li heu de parlar ⟶ Heu de parlar-li

Cal evitar la incorrecció de repetir, al davant i al darrere del verb, el mateix pronom (així, *Ho vaig comprar-ho* no és admissible). Aquests pleonasmes,

	1.ª sg	1.ª pl	2.ª sg	2.ª pl	3.ª mas sg	3.ª fem sg	3.ª mas pl	3.ª fem pl	3.ª CI sg	Re-flex	Neutre	Adv	Adv quant	
Plena	-me	-nos	-te	-vos	-lo	-la	-los	-les	-li	-se	-ho	-hi	-ne	Darrera verb acabat en consonant o *u*
Reduïda	’m	’ns	’t	-us	’l	-la	’ls	-les	-li	’s	-ho	-hi	’n	Darrera verb acabat en vocal exceptuant *u*
Reforçada	em	ens	et	us	el	la	els	les	li	es	ho	hi	en	Davant verb començat en consonant
Elidida	m’	ens	t’	us	l’	l’	els	les	li	s’	ho	hi	n’	Davant verb començat en vocal

però, són normals i correctes amb els pronoms *Tot* i *Ho (Entre tots ho farem tot)*.

Funcions dels pronoms febles

Amb la intenció que complementi i sintetitzi tot allò que, sobre les funcions sintàctiques, s'explica en el tema 29, el quadre següent resumeix les principals funcions dels pronoms febles (que aquí es relacionen, per simplificar, en la forma reforçada):

	Formes	Funcions
1.ª persona	EM/ENS	CD i CI / Verbs pronominals
2.ª persona	ET/US	CD i CI / Verbs pronominals
3.ª persona	EL, LA, ELS, LES	CD i ATR. determinat
	LI (HI) / ELS	CI
	ES	CD, CI reflex. o recíp. / Verbs pronominals / Impersonals
Neutre	HO	CD neutre o ORACIÓ de CD / ATR. indeterminat, ORACIÓ d'ATR.
Adverbials	EN	• S, CD, ATR, CPred • CN, CPrep, o CC introduïts per DE (no de Mode) • Verbs pronominals
	HI	CI, CPred, CPrep o CC no introduïts per DE (i els CC de Mode)

Combinacions de pronoms febles

L'aparició simultània de més d'un pronom feble (dos, tres i fins i tot quatre) planteja una qüestió prèvia d'ordre. En el següent quadre s'estableix, d'esquerra a dreta, la prioritat de col·locació:

Reflexiu	2.ª persona	1.ª persona	3.ª persona			
			CI	CD i Atribut		
Se	Te, us...	Me, ens...	Li, els...	El, la, els, les, ho...	en	hi

Les formes pronominals a utilitzar les ordenarem començant per les que es trobin més a l'esquerra del quadre transcrit. Vegem-ho en els exemples següents:

Es troba malament ⟶ S'hi troba
Van enviar els préssecs als parents ⟶ Els els van enviar
Us han robat el cotxe davant la comissaria? ⟶ Us l'hi han robat?

Un cas particular el constitueix la transformació de *Li* en *Hi* en les següents combinacions:

CD	CI	
el		l'hi: *L'hi compraré* (el llibre, a ell o a ella)
la		la hi: *La hi dono* (la notícia, a ell o a ella)
els	+ li ⟶	els hi: *Els hi va fer* (els regals, a ell o a ella)
les		les hi: *Les hi porta* (les joies, a ell o a ella)
en		n'hi: *N'hi demanava* (diners, a ell o a ella)

(Aquesta darrera combinació —*n'hi*— és la usual en la llengua parlada, tot i que l'escrita prefereix *li'n.)*

Cal tenir present que hi ha un seguit de combinacions no admeses per la llengua i que, de fet, l'instint lingüístic del parlant ja no li permet de construir. Són, entre altres, les següents: *en+en, en+ho, hi+hi, hi+ho, es+es, us+us, et+et, ens+ens, us+et, et+us, ens+em, em+ens* i *em+em.*

Remarques sobre aquestes combinacions

En alguns casos de combinacions pronominals, la llengua escrita se sol separar de la col·loquial:

- La combinació *Els hi* ha de substituir sempre dos complements. Així, cal rebutjar el reforç *Hi*, molt freqüent, quan només se substitueix un complement; una oració com *Els hi veig la cara* (*els*=a ells; *hi*=∅), doncs, és la forma incorrecta de *Els veig la cara*.
- Quan coincideix el CI plural *Els* i els CD *Els, La, Els, Les* i *Ho*, la llengua parlada tendeix a reduir les cinc combinacions possibles (*Els el, Els la, Els els, Els les* i *Els ho*) a una única forma: *Els hi*.
- Cal no confondre les següents formes i combinacions, de pronunciació pràcticament idèntica:

Li	*Li* toca el sol CI	
L'hi	Van robar el vídeo al carrer	(*L'* *hi* van robar) CD CCL
L'hi	Li van tornar el regal	(*L'* *hi* van tornar) CD CI

Li hi Li remolcaré el cotxe fins al garatge (*Li hi* remolcaré el cotxe)
CI CCL

- Les combinacions *Li ho* i *La hi*, pròpies de la llengua escrita, són reduïdes gairebé sempre a *L'hi* en la parlada:

Torna-li això ⟶ Torna- *li*- *ho*
CI CD

La vaig veure a la platja → *La hi* vaig veure
CD CCL

Li vaig preguntar l'hora → *La hi* vaig preguntar
CD CI

- Són infreqüents les combinacions *L'en* (antigament *Lo'n*) i *La'n:*

Treia el cotxe del taller ⟶ *L' en* treia
CD CCL

Despenjava la maleta de l'armari → *La 'n* despenjava
CD CCL

Variants dialectals

En valencià, la combinació de *Li* amb *El, La, Els* i *Les* no comporta el pas de *Li* a *Hi*. D'aquesta manera, el pronom de CI precedeix el de CD: *Li'l, Li La, Li'ls* i *Li les*:

Li va partir el nas ⟶ *Li 'l* va partir
CI CD

En balear, sobretot en els registres col·loquials, es mantenen, com en català antic, les combinacions que anteposen el CD al CI: *El me donen, posa'ls-me, obre-les-me.*

Text complementari

Però la grafia de les combinacions pronominals pertany al joc viu de la llengua, al seu funcionament actiu; renunciar a aclarir-ho fóra pendre una funesta actitud, el poble que ho fes renunciaria a explicar-se i fer llum en el joc viu del maneig de la seva llengua, i faria un primer pas cap a la resignació a degradar-la a dialecte. No oblidem que les combinacions pronominals en català formen un sistema força més ric, complicat i flexible que en castellà, i incomparablement més que en francès. Vet aquí per què nosaltres no ens podíem passar dels guionets.
Pensem en la munió d'equívocs que resultarien d'abolir-los. *Dansen* podria significar «ells ballen» o «dar-nos-en» o bé «donant-se'n»: ara els tres sentits s'ex-

pressen per tres grafies ben clares i diferents; *merèixel* fóra «mereix-lo» o bé «merèixer-lo»; *obrinse* «obrir-nos» o «obrint-se»; *diguem* podria valer per «digues-me» o bé ser el plural del subjuntiu i imperatiu del mateix verb; molts escriurien *canteu* no sols com a indicatiu plural sinó també (recordant-se de *cantàveu*) en el sentit de «canta-ho» imperatiu amb pronom. ¿Una frase *tot era passejanse* contindria el gerundi *passejant-se* o l'infinitiu *passejar-nos*? ¿*Començava en acabanse* voldria dir «en acabant-se això» o «en acabar-nos nosaltres (tal o tal cosa)»? *Prenguin* surt a cada pas però valdria alhora per «prenguin ells» o bé «prengui'n» = «prengui (vostè) d'allò». En fi, una forma com *enviansen* podria significar quatre coses diferents: «envia'ns-en (tu)», «enviant-se'n» (gerundi), «enviar-nos-en» i (en poesia) «ells se n'envien».
El petit esforç que demana distingir aquestes coses, que està a l'abast de tothom, és una gimnàstica útil per al cervell, no pas un munt de nocions que carregui la memòria de fets inconnexos. Ni tan sols hem de pensar a fer marxa enrere en aquest punt.

Joan Coromines, *Lleures i converses d'un filòleg* (1971)

Addenda

Els pronoms febles: qüestions fonètiques, morfològiques i ortogràfiques

- D'acord amb les regles d'apostrofació, el pronom *La* no adopta la forma elidida (l') davant de verb o pronom que comenci per *i* o *u* àtones:

  Si ella vol, la invitaran   La hi portarem demà

- El pronom *Se* no s'apostrofa davant del pronom *Us:*

  Se us ha vist el llautó

- Altrament, i per raons eufòniques, *Se* conserva la forma plena davant de verbs iniciats amb so de essa:

  Se sent un soroll sospitós   El casament se celebrarà demà

  La conservació de la forma plena davant del verb es produeix també amb altres pronoms com *Me, Te, Vos,* en frases fetes i, sobretot, després de mots com *Tot, Tant, Com:*

  Déu vos guard   Tant me fa

- En les combinacions de dos o tres pronoms, l'apòstrof, en cas d'existir, s'ha de situar sempre tan a la dreta com es pugui:

Transcripcions incorrectes	*Transcripcions correctes*
S'en ha desfet / Se'n ha desfet	Se n'ha desfet
Traieu-m'el	Traieu-me'l
Posa-m'en-hi / Posa-me'n-hi	Posa-me-n'hi

- Finalment, i com ja s'ha vist, algunes combinacions pronominals de la llengua escrita s'aparten dels usos de la llengua parlada. Al costat de construccions pronominalment lògiques (com *us n'han donat* o *ens n'anem*), la llengua literària n'admet d'altres procedents del llenguatge col·loquial *(us en han donat* i *ens en anem)*. No s'admeten, en canvi, altres fenòmens propis del registre oral, com la intercalació de l'anomenada *e* eufònica entre consonants de so dur (*ens-e-les pren* o *us-e-sent,* per comptes de *ens les pren* i *us sent)* o reduccions fòniques de pronoms en posició enclítica (del tipus *afanyem's-e* o *treu-el* en lloc de *afanyem-nos* i *treu-lo*).

Suggeriments de treball

1. Amb els pronoms quantitatius i indefinits *algú, ningú, alguna cosa, quelcom, un, altre, qualsevol, res, cada u, cadascú, tot, tothom* ompliu els buits de les oracions següents (utilitzeu-ne totes les formes possibles):

   1. Tens ... per dinar? 2. Això ho pot fer ... 3. A ... el que sigui seu. 4. Que ha marxat ...? 5. Aquests regals són per a ... 6. Portaràs ...? 7. ... podrà menjar el que vulgui. 8. Els pisos els comprarà ... 9. Si no ho fas tu, ... ho farà. 10. Ho donarem a ...

2. Localitzeu i classifiqueu els pronoms que apareixen en el text complementari del tema 32.

3. Redacteu frases amb demostratius, possessius, numerals, quantitatius, indefinits i interrogatius on es distingeixi el seu ús com a determinants i com a pronoms.

Exercicis de repàs

Indiqueu si les combinacions pronominals següents estan correctament escrites:

dóna-l-hi, indica-ls-ho, estira-t'hi, deixa'm-els, canta-ls'hi, menja'te-l, riu't-en, pentina'te-ls, troba'n-hi, quedar's-hi.

Tema 28

El sintagma verbal (I)

El nucli

Com ja s'ha dit, el verb constitueix el nucli de tot sintagma verbal. De cursos anteriors se sap que el verb català integra, segons criteris morfològics, tres conjugacions: la primera inclou els verbs amb terminació -AR a l'infinitiu i és la més regular *(Cantar);* la segona incorpora els acabats a l'infinitiu amb les terminacions -RE àtona *(Perdre)*, -ER àtona *(Témer)* i -ER tònica *(Voler)* més els verbs *Fer* (i compostos: *Desfer, Refer...*), *Dir* i *Dur*; finalment, la tercera conjugació presenta dos models: la majoria dels verbs, anomenats incoatius, es conjuga com *Servir* (amb l'infix *-eix-* —al Principat— i *-sc-* —a les Illes i al País Valencià— en els presents d'indicatiu i de subjuntiu i en l'imperatiu). Els altres verbs de la tercera es conjuguen com *Dormir*, és a dir, sense infix.

Les formes verbals es caracteritzen també per disposar, en la desinència, d'uns morfemes que constitueixen l'anomenada auxiliaritat verbal: nombre, persona, temps, aspecte i mode. Tots ells s'han estudiat en cursos anteriors i, per tant, ara ens limitarem a fer-ne un breu repàs.

L'auxiliaritat verbal

- **Nombre**. Fa referència al subjecte del verb i pot ser, doncs, singular i plural.
- **Persona.** Relaciona el verb amb la persona gramatical representada pels pronoms personals que l'acompanyen *(Jo, tu, ell/a, nosaltres, vosaltres, ells/es)*. Cal notar, però, que aquests pronoms personals sovint s'elideixen perquè les formes verbals ja permeten distingir-los. Juntament amb el nombre, la persona és la marca que permet establir la concordança del verb amb el subjecte.
- **Temps.** Dels tres moments en què té lloc l'acció verbal, present, passat i futur, el primer és el que reuneix més riquesa d'ús. En present poden referir-se accions passades *(Carlemany rep el títol d'emperador l'any 800)*, perennes *(El Volga desemboca al mar Caspi)* i futures *(Demà enllesteixo la feina i la presento)*.
- **Aspecte.** Es refereix a l'acabament de l'acció verbal. Si aquesta és completa *(Va dormir)*, l'aspecte és *perfet* o *perfectiu;* si és incompleta *(Dormia)*, l'aspecte és *imperfet* o *imperfectiu.* El pretèrit perfet d'indicatiu i tots els temps compostos són d'aspecte perfectiu, mentre que tots els altres temps són d'aspecte imperfectiu.
- **Mode.** Indica la manera com es realitza l'acció verbal. L'*indicatiu* és el mode de les accions reals, i el *subjuntiu* de les possibles, irreals o desitjables. Per la seva banda, l'*imperatiu*, molt pròxim al subjuntiu, és molt limitat de formes i expressa ordres o instruccions.

Cal recordar, finalment, que els morfemes (o desinències) verbals contenen tota la informació sobre aquests components d'auxiliaritat verbal, ja sigui posposats al verb (en els temps simples) o be anteposats (en els temps compostos):

acab Lexema	*-aves* Morfema (auxiliaritat)	*persona* : 2a. *nombre* : singular *temps* : pretèrit *aspecte* : imperfectiu *mode* : indicatiu

En les formes dels temps compostos, l'auxiliaritat es troba expressada precisament en el verb anomenat auxiliar, anteposat al verb que es conjuga: *vas* acabar, *havíem* acabat, etc.

Els verbs irregulars

Es consideren verbs irregulars aquells que s'aparten, per raons fonètiques i, és clar, ortogràfiques, dels models dels verbs considerats regulars (són, segons Fabra, a qui nosaltres seguim, *cantar, perdre/témer, servir/dormir*; vegeu, en l'apèndix, els paradigmes de les conjugacions regulars). Al marge que algunes irregularitats es restringeixen a un àmbit del domini lingüístic, la distinció clara entre verbs regulars i irregulars no està definitivament fixada. Al capdavall, molts dubtes sobre irregularitats verbals es resolen, sobretot, amb l'ajuda de recopilacions de paradigmes verbals o de diccionaris ortogràfics.
La majoria de verbs irregulars pertanyen a la segona conjugació, tot i que hi ha casos rellevants a la primera i a la tercera. L'exposició següent es limita a presentar algunes de les irregularitats més destacables.

- **Irregularitats a l'arrel (o lexema) del verb**

a) Aparició d'una consonant velar:

/g/ en verbs com BEURE, COURE o MOURE *(begui, cogui, mogui)*
/sk/ en verbs com VIURE o NÉIXER *(visc, nasquem)*

b) Verbs acabats a l'infinitiu en *-ure* substitueixen o suprimeixen la *-u* davant vocal accentuada:

DEURE ______________________ Devíem
BEURE ______________________ Bevem
SEURE ______________________ Seiem
TREURE _____________________ Traient
CAURE ______________________ Queia

c) Alguns verbs, com ÉSSER/SER, ANAR o FER, poden canviar totalment l'arrel: *era, vagi, faig*.

d) Els participis forts fan recaure l'accent sobre l'arrel en lloc de la desinència: *tret, mort, ofert, imprès, entès*...

- **Irregularitats a la desinència del verb**

a) En algunes formes (com la 2a. persona del singular del present d'indicatiu) de verbs de la segona i tercera conjugació (com APARÈIXER, CÓRRER, NÉIXER, VÈNCER i FUGIR), apareix una vocal neutra [ə] irregular que en facilita la pronunciació. Compareu, per exemple, formes com *apareixes, corres, neixes, vences* i *fuges* amb d'altres com *perds, surts* o *planys*.
Es tracta, de fet, d'una irregularitat procedent de les peculiaritats fonològiques de la llengua.

b) Algunes formes no permeten la divisió en morfemes separables: *sé*, del verb SABER, *vull* del verb VOLER o *he/haig* i *ha* del verb HAVER.

c) En comptes de la E tancada general en els gerundis, alguns verbs la presenten oberta: *valent* (de VALER), *calent* (de CALDRE), *podent* (de PODER).

Formes no personals

Pel fet de no anar acompanyades dels pronoms personals tònics, com les altres formes, l'**infinitiu**, el **gerundi** i el **participi** reben el nom de formes no personals. Alguns gramàtics les anomenen també formes nominals del verb, ja que funcionalment hi equivalen.

- **L'infinitiu.** Les seves funcions són moltes vegades equiparables a les d'un nom. De fet, alguns infinitius com *deure* o *menjar* fa temps que han adquirit, al costat del seu caràcter verbal, una substantivació plena *(el deure, el menjar)*.
  L'infinitiu sol anar acompanyat d'un altre verb en forma personal, que sovint s'hi relaciona amb una preposició *(Es va descuidar de tancar; S'esforçava a complaure)*. Altrament, amb l'infinitiu forma cada verb el perfet perifràstic.
- **El gerundi.** Per la seva posició en la frase, equival sovint a un adjectiu *(Desitjant arribar d'hora → Desitjós d'arribar d'hora)* i, sobretot, a un adverbi *(Camina xiulant)*. A diferència de l'infinitiu, el gerundi no admet articles ni preposicions.
- **El participi**. Forma part dels temps compostos de tots els verbs i equival absolutament a un adjectiu. No admet l'adjunció de pronoms febles i permet sempre la flexió de gènere i nombre.
  De fet, amb el temps, molts participis han esdevingut purs noms, com és ara *arribada, sortida* o *cobert*.

Perífrasis verbals

A banda de les formes perifràstiques, que constitueixen els temps compostos del verb, i de les construccions passives, són freqüents les anomenades perífrasis verbals. Es tracta de dos verbs col·locats l'un al costat de l'altre, bé directament o bé mitjançant una preposició (en algun cas, una conjunció), que expressen una única idea verbal i, doncs, formen una unitat funcional inseparable. El primer verb, que ha perdut la seva significació —s'ha gramaticalitzat—, hi figura en una forma personal i, per tant, és el que porta les marques de persona, nombre i temps, i és anomenat auxiliar. L'altre verb es presenta en una forma no personal (infinitiu, gerundi o participi) i actua com a principal, ja que conté el valor semàntic de la perífrasi.

Les perífrasis constitueixen un conjunt obert i variable que depèn, per a la seva classificació, dels diversos criteris lingüístics que hom hi apliqui. En general, des d'un punt de vista sintàctic, les d'infinitiu presenten la forma no personal adherida al verb i sense funció específica; en canvi, en les de gerundi i participi cal separar el verb auxiliar de les formes no personals, que són analitzables sintàcticament (com a atributs, predicatius o complements circumstancials). Detallem a continuació algunes de les perífrasis més freqüents:

a) D'INFINITIU

obligació o necessitat	HAVER + DE + INF	Hem de fer esport
	CALDRE + INF	Cal pensar-s'ho
probabilitat	DEURE + INF	Deuen ser les sis
possibilitat	PODER + INF	Puc venir al teatre
imminència	ANAR + A + INF	Anava a dimitir, però el van cessar abans
	ESTAR A PUNT DE + INF	Està a punt de caure
inici	COMENÇAR + A + INF	He començat a estudiar anglès
reiteració	DEIXAR + DE + INF	No deixa de molestar

b) DE GERUNDI

duració	ESTAR + GER	Està mirant la televisió
	ANAR + GER	El forat es va tapant lentament
conseqüència	ACABAR + GER	La neu acabarà produint problemes

c) DE PARTICIPI

conseqüència	QUEDAR + PART	Van quedar aïllats en una masia
	RESTAR + PART	L'afer restà arranjat
	DEIXAR + PART	Van deixar planxada la roba
finalització	DONAR + PER + PART	Aquest tema el donem per acabat

Classes de verbs

Segons criteris morfosintàctics, els verbs poden classificar-se així:

- **Transitius.** Admeten el CD, si bé poden no portar-lo *(saltar, oblidar)*.
- **Intransitius.** No admeten el CD *(néixer, caure)*.
- **Auxiliars.** El més habitual és *Haver* i també els utilitzats en les perífrasis verbals estudiades en l'apartat anterior.
- **Impersonals.** Manquen de subjecte, almenys de subjecte explicitat lèxicament. Són bàsicament els verbs que, en 3a. persona, expressen fenòmens meteorològics o atmosfèrics *(ploure, llampegar, fer sol...)*. Al seu costat cal mencionar la forma *haver-hi*, també sempre en tercera persona:

  Hi havia boira   *Hi haurà garrotades*

  La gramàtica normativa prescriu que aquest ús impersonal del verb *haver-hi* s'ha de limitar sempre al singular, prescindint del nombre de l'element que el segueix *(Hi ha cotxes)*; tanmateix, la llengua col·loquial tendeix a fer plural la forma verbal quan el nom que va a continuació també ho és *(Hi han cotxes)*. Certs usos de *ser* tenen també un valor impersonal *(Ja és tard)*.
- **Copulatius.** Buits de contingut, uneixen simplement un nom amb un atribut que el qualifica *(En Pere està cansat)*. Són verbs copulatius *ser* o *ésser, estar* i *semblar* (amb el sinònim *parèixer*, usat en certs dialectes), per bé que les seves funcions no sempre són copulatives (vegeu l'epígraf dedicat a l'atribut en el tema següent).
- **Defectius**. No es conjuguen en tots els temps. És el cas de *caldre* o *soler*.
- **Pronominals**. Adjunten, obligatòriament o no, un pronom feble coincident amb la persona del subjecte.

  Alguns, com *pentinar-se* o *rentar-se*, són clarament reflexius, perquè el pronom té per objecte o complement el mateix subjecte de l'acció verbal *(ens pentinàvem, es renta)*.

  N'hi ha que usen opcionalment el pronom, repetint emfàticament el subjecte. És el cas de *beure/beure's (va beure un vas de vi / es va beure un vas de vi)* o de *morir/morir-se (mor / es mor)*.

  Un altre grup, integrat per *cremar-se, desfer-se* i anàlegs, assenyalen un canvi d'estat en l'interior del subjecte *(El bosc es crema; el gelat es desfà)*.

  Altres, com *queixar-se* o *atrevir-se*, no poden prescindir del pronom, que va soldat al verb i, doncs, no acompleix cap funció sintàctica (no existeixen *queixar* o *atrevir*). Un cas anàleg és el del pronom *Hi* en verbs del tipus *sentir-hi* o *veure-hi* (anomenats «de percepció»).

  Tampoc no fa cap funció sintàctica el pronom *En* usat obligatòriament en sentit abstracte en verbs com *saber-ne* o *parlar-ne (Ja en parlarem; el Joan en sabia)*.

  Finalment, verbs com *anar-se'n, sortir-se'n* o *estar-se'n* afegeixen dos pronoms i modifiquen el sentit del verb. En alguns casos, per confusió amb aquests darrers, se sol adjuntar incorrectament el pronom *En* a verbs que no el necessiten, com ara *emportar-se* o *endur-se* (*va emportar-se un raspall; potser s'endurà una sorpresa*, formes correctes / *va emportar-se'n un raspall; potser se n'endurà una sorpresa*, formes incorrectes).

Text complementari

Ús dels temps verbals

I. El present d'indicatiu expressa:

a) que l'acció s'esdevé en el moment que és anunciada (present actual).
El guia *acompanya* els turistes.
La truja *alleta* els porcells.

b) un fet habitual o cert en qualsevol moment (present habitual).
Les dictadures *ofeguen* la llibertat.
La rancúnia *envileix* l'esperit.

c) un fet passat actualitzat al moment que hom l'exposa (present històric).
En enderrocar el tercer recinte murallat, Barcelona *comença* a ser una gran ciutat.
Des que fou signat el tractat dels Pirineus, Catalunya *resta* definitivament mutilada.

d) un fet que es refereix a un passat recent o a un futur immediat.
Has anat al dispensari? Ara mateix en *vinc*.
Demà els gegants de la ciutat *fan* la primera sortida de l'any.

e) un fet futur després d'un *si* condicional.
Si demà *véns* et donaré feina.
Si el temps no *s'espatlla* tindrem bones vacances.

II. L'imperfet d'indicatiu expressa:

a) una acció passada que era actual en un temps passat.
El vam veure que *dormia* sota un arbre.
El sol *es ponia* i el missatger encara no havia arribat.

b) una acció que és condició perquè una altra es produeixi (en aquest cas és vàlid també l'ús de l'imperfet de subjuntiu).
Si *tenies* més seny no coneixeries tants fracassos.
Si *menjaves* amb mesura t'estalviaries molts trastorns.

c) un fet habitual o repetit en el passat.
L'agutzil tot el dia *mandrejava*.
A l'Edat Mitjana Catalunya *dominava* el comerç mediterrani.

d) un passat recent o un futur immediat en relació a un moment del passat.
Tot just *sortíem* de casa que va començar a ploure.
Vam anar tot passejant a rebre'ls perquè no *arribaven* fins al cap d'una hora.

e) un fet que s'esdevé en un moment precís del passat.
A les sis, el president *inaugurava* la sessió.
Després de maldar tot el matí contra la fatiga i el mal temps, a les tres *assolíem* el cim.

f) una acció present l'actualitat de la qual es procura desvirtuar projectant-la al passat.
Volíem demanar-vos un favor.
Us *saludàvem* perquè no hi hagi malentesos.

(...)

IV. El pretèrit indefinit expressa:

a) un fet que s'acaba de produir o que s'ha produït en un temps encara actual.
El gos *s'ha menjat* la cansalada.
L'espectacle *ha estat* una enganyifa.

b) un fet habitual o cert en qualsevol moment (el verb ha d'anar acompanyat d'un adverbi de temps o d'una expressió equivalent).
La voluntat dels forts sempre *ha constituït* la llei dels dèbils.
Des que el món és món les riqueses *han envilit* els homes.

c) un fet futur després d'un *si* condicional (el verb també ha d'anar acompanyat d'un adverbi de temps o d'una expressió equivalent).
Si no *l'heu trobat* d'ací a dues hores, comuniqueu-ho a la família.
Si demà encara no *ha vingut* és que està malalt.

(...)

IX. El condicional simple expressa:

a) un fet l'acompliment del qual depèn d'una condició.
Si menjaves més t'*engreixaries*.
Si plogués no *faria* tant de fred.

b) un desig atenuat.
Voldria parlar-vos.
Em *plauria* fer-vos un present.

c) la suposició, la concessió, l'oposició.
Jo *asseguraria* que farà mal temps.
Amb tot, *seria* una bestiesa acceptar-ho.

d) un fet que en un moment del passat era considerat com futur (futur de passat).
Va dir-nos que *vindria*.
Semblava que el *compraria* però no es va decidir.

X. El condicional compost expressa:

a) la possibilitat d'una acció futura anterior a una altra o a un temps determinat (futur compost de passat).
Era de veure que *s'hi hauria avingut* aviat.
Admetien que *hauria estat* una bestiesa deixar-ho córrer.

b) després d'un *si* condicional un fet irreal en el passat que hauria estat conseqüència d'un altre.
Si m'haguessis cregut no *hauries acabat* desprestigiat.
Si ens haguéssim afanyat *hauríem arribat* més d'hora.

Pompeu Fabra, *Gramàtica catalana* (1956)

Addenda

L'obligació

L'obligació i la necessitat de fer una cosa s'expressa en català mitjançant una de les construccions següents:

HAVER DE + INF: *Hem de comprar* xampany

CALDRE + { INF: Li *calia dormir*
QUE + VERB: *Cal que descansi* més }

SER NECESSARI + { INF: *És necessari fer* alguna cosa
QUE + VERB: *És necessari que fem* alguna cosa }

A nivell col·loquial, s'usa també TENIR DE + INFINITIU: *Tinc d'anar-hi demà.* Cal rebutjar formulacions no admeses com:

- TENIR QUE + INF: *Tinc que fer-ho*
- HAVER QUE + INF: *Hi ha que anar-hi*
- SER PRECÍS + INF: *És precís beure aigua «Sant Narcís»*
- DEURE DE + INF: *Devem d'informar-nos*

Precís és correcte, però en altres casos, si s'usa com a adjectiu, amb el valor d'«exacte»: *Aquest motor és molt precís.*
Deure + infinitiu, que en català antic podia tenir també sentit d'obligació, avui apareix bàsicament com a perífrasi de probabilitat: *Deu pensar que estem de broma.*
En certs casos, els verbs *Convenir* i *Importar* poden també expressar el sentit d'obligació o de necessitat: *Convé fer-ho aviat. Importa que hi vagi tothom.*

Concordança del participi

En català el participi concorda en gènere i nombre amb el subjecte de l'oració (*Les finestres* han estat *pintades*). També és possible d'establir concordança en altres casos, encara que no obligatòriament:

a) quan el participi d'un temps compost porta el CD anteposat i representat per un pronom feble de 3a. persona *(el, la, els, les, en):*

- *He comprat pomes i n'he menjades*
- *Les cadires, les hem pintades a mà*

b) quan, tot i que el pronom no és el CD del participi, aquest correspon als verbs VOLER, PODER, SABER, FER, GOSAR, HAVER DE i algun altre:

No l'he poguda acabar (l'aquarel·la)

En definitiva, es tracta d'un fenomen que depèn molt de parlants i de zones geogràfiques. La seva casuística és complexa i encara objecte de debat entre els gramàtics.

Gerundi de posterioritat

El gerundi expressa una acció simultània *(Ens vam trobar sortint de l'Institut)* o bé immediatament anterior a la del verb principal *(Escrivint als diaris, farem sentir la nostra veu)*. És considerat incorrecte, en canvi, el gerundi que expressa una acció posterior a la del verb principal:

Tothom va omplir les paperetes, *dipositant-les a l'urna*

La millor solució és coordinar copulativament les dues oracions *(... i va dipositar-les)*.

Suggeriments de treball

1. Expliqueu les causes de la irregularitat de les formes verbals següents:

   estigués, visqui, caiguem, establert, creixes, crec, bull, dugueu, van, veiés, seguessis (de *seure*), fonc, atès, sabent, recorres.

2. Indiqueu el valor de les perífrasis verbals de les oracions següents:

   1. L'avi va fent. 2. La dona s'ha donat per satisfeta. 3. Es va quedar bocabadat. 4. Avui podrem acabar. 5. Ho he estat rumiant tot el dia. 6. Li caldrà reposar. 7. No l'he deixat convençut. 8. On vas a parar! 9. Comencem a passar. 10. No deixa d'insistir. 11. Ja anireu venint. 12. Continua nevant. 13. Passarem a fer un altre exercici. 14. Havia de començar a estudiar la lliçó. 15. Queda entès que plegarem a les deu.

3. Assenyaleu el grup a què pertany cada una de les formes dels verbs pronominals següents:

   clissar-hi, rifar-se, asseure's, glaçar-se, creure's, mostrar-se, fumar-se, pintar-se, oblidar-se, aprendre'n, riure's, prendre's, arrupir-se, fixar-s'hi, eixugar-se, abstenir-se, avorrir-se, trencar-se, penjar-se.

4. Elaboreu una llista d'infinitius, gerundis i participis amb valor habitual de, respectivament, noms, adverbis i adjectius.

Exercicis de repàs

1. Traduïu al català les frases següents:

   1. Teníamos que ir deprisa. 2. Deberían llegar antes de las nueve. 3. Probablemente tendremos que llamar a la vecina. 4. Es preciso que venga tu hermano. 5. Será necesario que llames al doctor. 6. Tendrá fiebre, quizás. 7. Había tenido que salir urgentemente. 8. Serán las nueve. 9. Debe encontrarse mal.

2. Corregiu les frases que continguin un gerundi incorrecte:

   1. Caigué del balcó trencant-se coll i barres. 2. Va llençar una burilla calant foc al bosc. 3. Baixava l'escala saltant. 4. Vaig trobar en Pere anant al cinema. 5. Saltant

i rient es diverteixen. 6. Anant a comprar he vist l'accident. 7. Anava caminant desmaiant-se de sobte. 8. Va arribar a aquell país essent rebut per les autoritats. 9. Va anar a les eleccions guanyant la presidència. 10. L'enxamparen atracant una senyora. 11. Anant d'excursió es va perdre.

3. Completeu les frases amb la forma de participi convenient i, si és possible, feu-la concordar:

    1. L'escriptor ha editat la novel·la, però encara no l'ha ... (vendre).
    2. He sentit aquestes cançons per la ràdio, però encara no me les he ... (aprendre).
    3. Aquesta cançó l'he ... (sentir) cantar sovint.
    4. La mestra ha preguntat les lliçons i la nena no les ha ... (saber).
    5. Ha agafat el pot i encara no l'ha ... (omplir).
    6. Quantes persones han ... (desaparèixer) aquest any?
    7. Ahir vaig dur les targes a la impremta; dubto que les hagin... (imprimir).
    8. La tia ha comprat cafè; ja l'has ... (moldre)?
    9. Aquest matí, les he ... (tenir) a les mans.
    10. No l'he ... (gosar) cridar abans de les vuit.

4. Escriviu el present d'indicatiu dels següents verbs:

eixir, sentir, consentir, pressentir, concebre, combatre, bullir, admetre, teixir, cloure.

5. Ompliu els buits de les oracions següents amb la forma o formes possibles del verb corresponent:

    1. Has ... (suplir) la poca traça amb bona voluntat.
    2. No em va agradar que la teva germana ens ho ... (retreure).
    3. No us feia gràcia que la qüestió es ... (debatre) en públic, oi?
    4. Si no us ve de gust beure'n més, no en ... (beure).
    5. En Marcel continua ... (creure) que això és teu.
    6. Si tu ... (conèixer) els seus arguments, te'n faries càrrec.
    7. Ell ja ... (intuir) que allò no era veritat.
    8. Ens va sorprendre quan ... (treure) la clau de la bossa.
    9. Si ... (ser) més polits, ... (trobar) les coses quan les busqueu.
    10. Li han recomanat que ... (pertànyer) a la nostra associació.

6. Completeu la següent sèrie verbal:

pret. perf ind.	*imperatiu*	*futur*	*participi*	*gerundi*	*infinitiu*	*pres. subj.*	*condicional*
sabérem	....	....	....	....	....	....	....
....	**interrompeu**	....	....	....	....	....	....
....	....	**mereixeràs**	....	....	....	....	....
....	....	....	**tret**	....	....	....	....
....	....	....	....	**naixent**	....	....	....
....	....	....	....	....	**poder**	....	....
....	....	....	....	....	....	**faci**	....
....	....	....	....	....	....	....	**traduiria**

Tema 29

El sintagma verbal (II)

Funcions del sintagma verbal

A més del nucli, estudiat en el tema anterior, el sintagma verbal pot constar d'atribut i de complements verbals:

SV ——→ V (+ Atribut) (+ CV)

El SV exerceix la funció de predicat, el qual és de dos tipus:

a) nominal: el verb es limita a enllaçar el subjecte amb un sintagma que el complementa anomenat atribut. Els verbs que integren aquest predicat es denominen copulatius (de còpula = unió, enllaç). Així, el predicat nominal, PN, pot representar-se d'aquesta manera:

PN ——→ Vcop + Atribut

b) verbal: a diferència del cas anterior, el verb posseeix significat i es comporta de manera semblant al nucli del SN. Pot rebre un o més complements, anomenats verbals: directe, indirecte, preposicional, predicatiu, circumstancial i agent (ja estudiat en el tema 25).

L'atribut

També conegut com complement atributiu, es refereix al verb i al subjecte de l'oració i, per tant, generalment hi concorda; depèn dels verbs copulatius: *ser, estar* i *semblar*. Atès que aquests verbs són intransitius, l'atribut és incompatible amb el complement directe. Adopta les estructures següents:

a) **Adjectiu:**

La porta és *verda* Estava *boig* Estàvem *desolats* Sembla *fàcil*

b) **Adverbi o locució adverbial**. En aquest cas, l'atribut no concorda amb el subjecte i el verb:

Ell és *així* Està *com un llum* Això em sembla *bé*

c) **SN:**

Aquest pa sembla *una pedra* Era *paleta* Això és *viure*
El responsable era *aquell* Sagarra és *un gran traductor de Shakespeare*

d) **Preposició + SN**. En aquest cas, la concordança de l'atribut tampoc no és possible:

Sóc *d'Avinyó* La taula és *de marbre* Semblava *de seda*

e) **Oració substantiva:**

La feina serà *evitar-ho* El seu amic va ser *qui el va advertir*

Substitució pronominal

a) La gramàtica prescriu que quan l'atribut és determinat (precedit d'article, demostratiu o possessiu) cal substituir-lo pels pronoms *El, La, Els, Les*:

Aquell és *el meu metge* ⟶ Aquell *l'*és
Aquelles eren *les candidates* ⟶ Aquelles *les* eren

En realitat, la llengua s'aparta d'aquest ús normatiu i tendeix a pronominalitzar en *Ho* i, de vegades, en *En* els atributs determinats.

b) L'atribut indeterminat se substitueix pel pronom *Ho*, que en ocasions alterna amb *En*:

És molt *tranquil* ⟶ *Ho* és (molt)
És molt *tranquil* ⟶ *N'*és molt (de tranquil)
Sembla *estrany* ⟶ *Ho* sembla
Està bastant *nerviosa* ⟶ *Ho* està (bastant)
Està bastant *nerviosa* ⟶ *N'*està bastant (de nerviosa)

Remarques

a) Moltes vegades els verbs copulatius no funcionen com a tals i, en conseqüència, no tenen atribut; es tracta dels usos predicatius dels verbs copulatius, que aleshores formen part d'expressions adverbials determinades, sovint, per les preposicions que els acompanyen.

- *Ser*, per exemple, té valors locatius *(És a París)*, temporals *(Va ser abans d'ahir; Són les vuit)*, causals *(És pel teu bé)*, finals *(Tot sigui a fi de bé)*, esdevenimentals *(Què serà de mi?)* o de destinació *(Això és per a ella)*.
- *Estar* té valors locatius *(S'està a casa)* o temporals *(S'hi va estar dos mesos)* i, acompanyat de pronoms i preposicions, sentits molt diversos *(No s'estava de res; No puc estar per tu; La feina està per fer...)*.

b) Semblar també actua com un verb impersonal *(Sembla que serà un bon negoci)*.

c) L'atribut se situa sovint davant del verb o després del verb i el subjecte:

El primer va ser ell Va ser ell, *el primer*

En realitat, el subjecte i l'atribut de vegades es poden confondre. Quan un dels dos és un adjectiu, aquest és l'atribut:

Allò era *intolerable* *Llarg* és el camí.

I quan un dels dos és una oració, aquesta és el subjecte:

És <u>mentida</u> <u>el que ha dit el ministre</u>
At. S

d) Amb el verb *ser*, algunes oracions presenten falta de concordança entre el subjecte i l'atribut; en aquests casos, l'atribut es localitza perquè és l'element que no concorda amb el subjecte i el verb:

Les marees són *un fenomen misteriós*
Una manera d'aprendre són els viatges

e) No existeix atribut en les anomenades construccions tautològiques amb el verb *ser*; en aquestes construccions, el subjecte es repeteix davant i darrere del verb amb intenció emfàtica:

El negoci és el negoci

f) El predicat nominal i, per tant, l'atribut de vegades van acompanyats de complement indirecte o circumstancial:

Aquest és el llibre <u>per al teu germà</u> (CI)

Les aigües sulfuroses són bones <u>per al ronyó</u> (CC)

g) Cal no confondre l'atribut amb el participi dels verbs en forma passiva, els quals (vegeu tema 25) poden anar seguits d'un complement agent introduït per les preposicions *Per* o *De*:

El manifestant <u>és apallissat</u> (V) <u>per la policia</u> (C Agent)

El complement directe

Com ja s'ha dit, és propi dels verbs transitius. Va directament unit al verb, generalment sense preposició, però no hi concorda obligatòriament. Adopta les estructures següents:

a) **SN:**

La mona menja *cacauets* La mona *en* menja

b) **Oració substantiva:**

– conjunció + oració: La televisió va anunciar *que faria molta calor*
– (de+) infinitiu: Els polítics intenten *(de) formar govern*

Substitució pronominal

a) *El, La, Els, Les* substitueixen CD determinats (precedits d'article o demostratiu):

Tinc *la solució* → *La* tinc Veig *aquella ciutat* → *La* veig *b)* *En* substitueix el CD indeterminat o precedit de quantitatius:

Tinc *son* → *En* tinc   Comprava *deu postals* → *En* comprava deu

Com s'observa en el segon exemple, quan el CD incorpora un quantitatiu el pronom *En* sol substituir-ne només el nucli. En el cas que el CD es compon de més d'un SN, la substitució pronominal per *En* implica l'aparició de la preposició *De*:

Va pescar *tres peixos esquifits i dos de grossos* → En va pescar tres *d'*esquifits i dos de grossos.

c) *Ho* substitueix el CD representat pels pronoms neutres *Això* i *Allò* o per una estructura d'oració:

Busca'm *això* → Busca-m'*ho*
Sospitava *que la notícia era falsa* → *Ho* sospitava

d) *Em*/*Ens*, *Et*/*Us*, *Es* substitueixen el CD quan es refereix a la 1a. o la 2a. persones o quan l'oració és reflexiva o recíproca (és a dir, quan el pronom té per antecedent el subjecte de l'oració):

La ràdio *ens* molesta   No *t'*estima gaire
L'Esther no *se* sap vestir   El conductor i el guàrdia *s'*insulten

Remarques

a) El CD s'identifica, algunes vegades, transformant l'oració a passiva. Aleshores el CD passa a ser subjecte de l'oració passiva (vegeu tema 25). Convé tenir molt present, però, que no tots els verbs transitius admeten la passiva, i que fins quan l'admeten el CD ha de ser determinat. Així, les passives següents són agramaticals:

El gos té $\underline{\text{la ràbia}}$ ——→ *La ràbia és tinguda pel gos
CD

El militar obeeix $\underline{\text{ordres}}$ ——→ *Ordres són obeïdes pel militar
CD

b) Una norma general prescriu que, en català, com en altres llengües (francès, anglès) i a diferència del castellà, el CD va sempre sense preposició:

Va visitar *la seva germana*

Com a excepció principal d'aquesta norma, la preposició precedeix el CD quan es tracta d'un pronom personal tònic:

A vosaltres no us han cridat

S'admet també la preposició quan el CD és un dels pronoms *Tots, Tothom, Ningú, El qual (La qual...)* i *Qui*; en alguns casos s'eviten ambigüitats:

Ha vist *tothom* / Ha vist *a tothom*

c) En l'exemple *A vosaltres no us han cridat,* de l'apartat anterior, s'ha pogut advertir que el CD hi apareix dues vegades, una com a pronom personal tònic *(A vosaltres)* i l'altra com a pronom personal àton *(us).* És un cas de duplicació del CD, és a dir, un pleonasme (admès), que es produeix també en casos com els següents:

<u>Aquest tema</u> <u>l'</u> acabarem demà / <u>L'</u>acabarem demà, <u>aquest tema?</u>
CD CD CD CD

<u>Els llibres</u> <u>els</u> va vendre al drapaire /
CD CD

<u>Els</u> va vendre al drapaire, <u>els llibres</u>
CD CD

Com es recordarà (vegeu tema 25), aquestes oracions són recursos utilitzats per evitar les construccions passives. De fet, pretenem emfasitzar l'element nominal repetit.

d) Per a molts gramàtics, el SN que segueix al verb impersonal *Haver-hi* (vegeu el tema anterior) fa la funció de CD:

Hi haurà *vi* Hi havia *moltes persones*

El complement indirecte

Pot aparèixer amb verbs transitius i intransitius, va precedit de les preposicions *a* o *per a*, es refereix bàsicament a éssers animats i adopta les estructures següents:

a) *a / per a* + **SN**:

Va enviar un telegrama *al seu fill* → *Li* va enviar un telegrama

b) *a / per a* + **oració substantiva de relatiu:**

Regalaven calendaris *a qui en demanava*

Substitució pronominal

a) *Li, Els* substitueixen CI singulars o plurals, sense distinció de gènere:

Va donar les notes *al pare* ——→ *Li* va donar les notes
Va donar les notes *a la mare* ——→ *Li* va donar les notes
Portava flors *per als malalts* ——→ *Els* portava flors
Portava flors *per a les malaltes* ——→ *Els* portava flors

b) *Em/Ens, Et/Us, Es* substitueixen el CI quan es refereix a la 1a. o la 2a. persones o quan l'oració és reflexiva o recíproca:

Ens van arreglar el televisor — *Us* heu de fer el sopar
El Roger *es* posa la bufanda — Els dos jugadors *es* claven garrotades

c) *Hi* substitueix el CI en aquests dos casos:

– quan el CD de l'oració està representat per un dels pronoms *Em/Ens, Et/Us:*

Em van presentar *a la reina* ⟶ M'*hi* van presentar
Us heu ofert *als veïns?* ⟶ Us *hi* heu ofert?

– quan el CI és un ésser inanimat:

Va dedicar molts anys *a l'estudi* ⟶ *Hi* va dedicar molts anys
Concedia escassa atenció *al projecte* ⟶ *Hi* concedia escassa atenció

En aquest cas, el CI pot revestir també l'estructura d'una oració d'infinitiu:

El va induir *a equivocar-se* ⟶ L'*hi* va induir
Els obligava *a treballar* ⟶ Els *hi* obligava

Remarques

a) En el llenguatge parlat és molt freqüent l'anomenat datiu ètic, variant del CI que denota un interès especial en la realització de l'acció i que és suprimible:

Me'l llegiré tot (el llibre) ⟶ El llegiré tot
Me li van donar el premi ⟶ Li van donar el premi

b) Algunes construccions amb CI precedit de la preposició *a* són ambigües. En l'oració *En Joan comprarà un ordinador a l'Enric*, no se sap si *Enric* és el destinatari o el venedor. L'ambigüitat es desfà canviant la preposició *a* per *per a*.

c) De vegades es pot dubtar que el CI referit a éssers inanimats no sigui un complement circumstancial de lloc:

Han posat llum *a la cantonada* ⟶ *Hi* han posat llum
El vailet dóna cops *a la taula* ⟶ El vailet *hi* dóna cops

El dubte es resol reduint la construcció «verb+complement directe» (en aquests dos casos, *posar llum* i *donar cops*) a un sol verb que en reculli el significat:

Han il·luminat la cantonada (CD) — El vailet copeja la taula (CD)

A la cantonada i *a la taula*, doncs, eren, originàriament, complements indirectes.

d) En ocasions, quan el CI és un ésser inanimat, es vacil·la a substituir-lo per *li* o per *hi*; si es fa per *li* és perquè el CI es personifica:

Han donat corda *al rellotge* → *Hi* han donat corda / *Li* han donat corda
Van regalar mobles *a l'associació* → *Hi* van regalar mobles / *Li* van regalar mobles

e) El CI pot formar part d'una estructura de predicat nominal:

Els pastissos no són saludables *per als diabètics*

f) Cal no confondre el CI amb el complement circumstancial de designació temporal introduït per *per a (Ho he encarregat per al diumenge)*. No hi ha unanimitat entre els gramàtics a l'hora de distingir el CI del complement circumstancial de finalitat o destinació precedit de *per a*:

Vaig portar el regal (CD) per als nebots (CI) → Els (CI) el (CD) vaig portar

Però en l'oració següent *per als nebots* esdevé complement circumstancial:

Vaig portar a la tia (CI) el regal (CD) per als nebots (CC Destinació) →
L' (CD) hi (CI) vaig portar per als nebots

g) Amb verbs que signifiquen «comunicació», del tipus *escriure, telefonar* o *telegrafiar*, el CI se sol pronominalitzar incorrectament:

	Incorrecte	*Correcte*
Escric *al pare*	*L'*escric	*Li* escric
Telefono *al pare*	*El* telefono	*Li* telefono

La incorrecció s'explica perquè el CD de cada verb (el missatge escrit o oral) està implícit en la comunicació. Això es pot veure en els exemples següents:

Escric *al pare* (una carta) ⟶ *Li* escric (una carta)
La policia telefona *als bombers* ⟶ La policia *els* telefona

h) Com el CD, el CI pot aparèixer duplicat (pleonasme):

A ella no *li* explicareu això?
Al rei li van prendre el rellotge
Li van prendre el rellotge, *al rei*

i) Convé recordar els casos de pronominalització simultània del CD i del CI (vegeu tema 27).

El complement preposicional o de règim verbal

Va introduït per una preposició exigida (regida) per la naturalesa gramatical del verb. Aquestes preposicions són, bàsicament, A *(accedir, acostumar-se, dedicar-se...)*, DE *(parlar, oblidar-se, adonar-se...)*, EN *(pensar, vacil·lar, complaure's...)* i AMB *(avenir-se...)* i determinen el significat específic del verb. Aquest complement presenta les estructures següents:

a) **Preposició + SN:**

Es dedica *a la metafísica* Parla *de futbol*
No s'avenia *amb la sogra* Pensava *en la pel·lícula* Es burla *d'ell*

b) **Oració substantiva:**

— QUE (conjunció) + oració: S'ha acostumat *que li facin el llit*
— Preposició + infinitiu: M'he oblidat *de comprar el pa*

Cal remarcar que l'estructura primera (QUE+oració) no pot anar mai precedida de preposició; no són correctes, per tant, construccions com *S'ha acostumat a que li facin el llit.*
En el cas de l'estructura segona (preposició+infinitiu), els verbs que regeixen *En* davant un SN canvien aquesta preposició per *A* o *De*:

Pensen *a*/*de* tornar-li el llibre

Substitució pronominal

a) Els complements preposicionals introduïts per *A*, *En* o *Amb* se substitueixen pel pronom *Hi:*

Va accedir *a la petició* ⟶ *Hi* va accedir
Es complau *en les discussions* ⟶ S'*hi* complau
S'avé *amb el sogre* ⟶ S'*hi* avé

b) Els complements preposicionals introduïts per *De* se substitueixen pel pronom *En:*

Dubtem *de tot* ⟶ *En* dubtem

Remarques

a) En ocasions, alguns d'aquests verbs no exigeixen preposició; aleshores, el complement que els segueix no és preposicional:

El metge va tractar $\underbrace{\text{el malalt}}_{\text{CD}}$ ⟶ El metge *el* va tractar

En la conferència, el metge va tractar de les epidèmies (CPrep) ⟶

⟶ En la conferència, el metge *en* va tractar

En altres casos, l'absència o presència de la preposició obeeix a raons estilístiques:

Es va oblidar el llibre (CD) ⟶ Se'*l* va oblidar

Es va oblidar del llibre (CPrep) ⟶ Se'*n* va oblidar

El complement predicatiu

Similar a l'atribut, apareix amb verbs de contingut significatiu més ampli *(mantenir-se, quedar, tornar-se, posar-se, conservar-se...)* que el de *ser, estar* i *semblar* i complementa alhora el verb i el subjecte o el verb i el CD:

El pacient es va tornar groc

El jutge va deixar lliures (CPred) tots els detinguts (CD)

Adopta les estructures següents:

a) **SN:**

Considerava aquell seu amic *un pobre home*

b) **Adjectiu o participi:**

El xampany s'ha tornat *agre*

c) **Preposició** [De/Per/Com(a)] + **SN:**

Els prenen *per savis* El tracten *de ximple* El van admetre *com a soci*

d) **(Preposició +) oració subordinada substantiva:**

M'han pres *pel que no sóc*

Substitució pronominal

El complement predicatiu se substitueix pel pronom *Hi:*

Els rosers han quedat *glaçats* ⟶ Els rosers *hi* han quedat
El concursant es manté *tranquil* ⟶ El concursant s'*hi* manté

Remarques

a) El complement predicatiu i l'atribut es diferencien pels verbs dels quals depenen i per les respectives substitucions pronominals:

Es va quedar bocabadat (CPred) ⟶ S'*hi* va quedar

Aquest noi sembla llest (Atr.) ⟶ Aquest noi *ho* sembla

b) Per evitar la possible confusió entre el complement predicatiu i el complement circumstancial de mode, cal tenir present: 1r.) que el circumstancial de mode és pràcticament sempre un adverbi, mentre que el predicatiu no ho és mai; 2n.) que, en conseqüència, mentre que els circumstancials de mode complementen només el verb, els predicatius complementen el verb i el subjecte o el verb i el CD:

Vivia *bé* (CCM) Vivia *sol* (CPred)

c) Cal distingir el complement predicatiu quan es refereix al verb i al CD i el complement del nom que es refereix al nucli d'un SN. En el primer cas, tots dos complements (CPred i CD) es poden pronominalitzar simultàniament; en el segon cas, el CN no pot pronominalitzar-se si no és integrat dins el sintagma al qual es refereix:

La nevada ha deixat els camins (CD) intransitables (CPred)	La nevada *hi* ha deixat els camins La nevada *els hi* ha deixat(s)

Va penjar la cortina (CD) estampada (CN) ⟶ *La* (CD+CN) va penjar

De vegades, la diferenciació entre el CPred i el CN és més problemàtica perquè depèn d'aspectes estilístics que només el context pot aclarir. Pensem només en oracions com *Duia el vestit nou* o *Va comprar el pis barat*, totes dues clarament ambigües.

d) Alguns verbs, com *fer-se* o *dir-se*, substitueixen el complement predicatiu pel pronom *En*:

S'ha fet *capellà* ⟶ Se *n*'ha fet
Es diu *Adrià* ⟶ Se'*n* diu

El complement circumstancial

Es tracta d'un complement d'àmplia llibertat d'emplaçament dins l'oració que expressa matisos i circumstàncies de l'acció verbal. Alguns gramàtics han intentat classificar-lo en dos grups segons es refereixi al verb o a tota l'oració; val a dir, però, que aquestes classificacions resulten complexes i problemàtiques. Alguns complements circumstancials, com els de lloc, temps, mode (manera) o quantitat, són o equivalen als adverbis del mateix nom; altres, com els d'instrument, companyia, causa, condició, finalitat o conseqüència, indiquen factors diversos de l'acció. El complement circumstancial presenta les estructures següents:

a) **Adverbi**, que pot aparèixer:

- sol: *Ahir* corria *molt*
  CCT CCQ
- quantificat per un altre adverbi: Escrivia *molt malament*
  Adv. Adv.
  CCM
- precedit de preposició: *Fins llavors* no ho va entendre
  CCT
- acompanyat de preposició i SN, que complementen l'adverbi:

Viu *lluny* *del centre*
Adv C Adverbi
CCL

- en forma de locució adverbial (*cap al tard, de bon matí, a cau d'orella, a corre-cuita, de bat a bat, fil per randa, de gom a gom, gens ni mica...*): De cop i volta va desaparèixer
  CCM

b) **SPrep:**

De matinada saltava *pels marges*
CCT CCL

c) **SN:**

Vindrà *dilluns*
CCT

d) **Oració subordinada adverbial:**

Tornaré *quan vulguis*
Or.Sub.Adv.Temp.

Treballa *cantant*
Ger. modal

Repartits els premis, va començar la festa
Participi temporal

Substitució pronominal

La majoria de complements circumstancials se substitueixen pel pronom *Hi*; només els de lloc que indiquen origen reclamen el pronom *En:*

Pujava de pressa (CCM) ⟶ *Hi* pujava

Anava al Bruc (CCL) ⟶ *Hi* anava

Venia del Bruc (CCL) ⟶ *En* venia

Remarca

Alguns adverbis, com els d'afirmació *(sí)*, negació *(no, mai)* o dubte *(potser)*, no actuen com a complements circumstancials. Usualment reben el nom de modificadors, perquè atorguen una modalitat al verb i reflecteixen l'actitud del parlant davant d'allò que l'oració expressa:

Potser (Modif.) → *canviaré* (V) de pentinat

Text complementari

En línies generals, en català ordenem els elements de les frases així com segueix: «subjecte + verb + atribut o complement directe o complement preposicional + complement indirecte». Els elements circumstancials solen anar a la fi, llevat del temporal, que prefereix anar al començament. Dic en general perquè, en cert tipus de frases (les denominades «existencials») l'ordre subjecte-verb és precisament invertit:

2 ***ja ha arribat la calor***
3 ***hi ha hagut una explosió de gas.***

Un dels casos més freqüents d'alteració de l'ordre normal és el que es basa en la pressuposició contextual, és a dir en el fet que un dels elements és particularment conegut dins el context i interessa donar-li un relleu especial. S'aconsegueix de donar-li relleu traient-lo del cos sintàctic de la frase pròpiament dita i posant-l'hi al davant o al darrera. En aquests casos, un pronom feble ocupa el lloc abandonat: la frase 5 esdevé la frase 6 (posposició), i la 7 esdevé la 8 (avantposició) (subratllo els pronoms):

5 ***ja t'he dit que cauries***
6 ***ja t'*ho *he dit, que cauries***
7 ***i farem les vacances pel juny***
8 ***i, les vacances,* les *farem pel juny.***

Joan Solà, *A l'entorn de la llengua* (1977)

Addenda

Alguns usos preposicionals

A/EN

En les determinacions de lloc pot usar-se indistintament l'una o l'altra. Cal usar obligatòriament A davant els noms de lloc *(Viu a València. Resideix a París)*. La normativa recomana EN amb preferència a A davant de demostratius i dels indefinits UN i ALGUN *(En aquell lloc. En una estació)* i, contràriament, l'ús de A davant d'article i interrogatiu *(Busca l'agulla al paller. No sap a quin país viu!)*.
Noteu que hi ha locucions amb A *(a taula, a ciutat, a comarques...)* i d'altres amb EN *(en mar i en terra)*.
Les parts del dia exigeixen A *(al matí, a la tarda, al vespre, a la nit...)* i també les estacions de l'any *(a l'hivern, a la tardor...)*; altres designacions temporals, PER *(per Nadal...)*. Quant als mesos, els preceptistes solen recomanar aquesta darrera preposició *(per l'octubre, pel maig...)*, que en el llenguatge col·loquial alterna sovint amb A *(a l'agost a les set ja és fosc...)*.
Entre alguns indefinits com *res* o *quelcom* i un infinitiu cal posar A *(res a veure/perdre/fer/parlar/pelar...)* i, doncs, evitar l'ús de QUE *(res que veure)*.

EN/AMB

Tot i que, en general, el seu ús no presenta problemes, cal parar atenció a les incorreccions motivades pel fet que es pronunciïn de manera molt semblant *(pensava* «amb» *aquest fet → pensava en aquest fet)*.
El sistema de locomoció pot expressar-se amb la preposició AMB, en alternança, però, amb EN *(vindrà amb/en avió)*.

DE

Un ús peculiar d'aquesta preposició és la substitució d'un nom sobreentès, freqüentment representat pel pronom *en (En tinc un DE blanc i un DE rosat. En vaig comprar un DE molt barat. Tinc dos amics francesos i un DE belga)*.
En certes expressions que exigeixen la preposició DE, se sol usar incorrectament la preposició A: «cuina a gas», «barca a motor», «faldilla a quadres»... Les formes correctes són amb DE *(cuina de gas, barca de motor, faldilla de quadres)*, anàlogament com diem *màquina de vapor, fogó de petroli, barca de vela / de rems, corbata de ratlles* o *camisa de quadres*.
Semblantment, complements de noms com *olor, pudor* o *gust*, necessiten la preposició DE: *olor de colònia* (no «a colònia»), *pudor de sulfúric* (no «a sulfúric»), *gust de taronja* (no «a taronja»)...

PER/PER A

Aquestes dues preposicions sovint es confonen perquè, en molts dialectes, la llengua oral tendeix a suprimir sistemàticament la *A* de la segona. Cal tenir present que, en general, PER indica motiu, causa o mitjà *(Ho faig per gust. S'ha esguerrat per culpa seva. Vaig enviar-ho per correu)*, mentre que PER A expressa la finalitat o la destinació *(Ho ha comprat per a la seva mare. És un xarop per a la febre)*.

Davant d'adverbis i conjuncions s'empra sovint PER (*Per sempre. Per quan fa fred. Per si plou*).
(Per a l'ús de PER i PER A davant d'infinitiu, vegeu el tema 32, pàgs. 351-352).

SOTA

Cal no confondre la preposició SOTA (oposada a SOBRE) amb BAIX (adverbi o adjectiu). Compareu:

Deu graus	*sota*	zero / Parla	*baix*	/ És un arbre	*baix*
	prep.		adv.		adj.

SOTA indica posició inferior d'algú o alguna cosa respecte d'algú altre o d'una altra cosa.

CAP A

Normalment s'elideix la segona preposició davant de demostratius i d'adverbis començats per *a-: cap aquella font, cap aquí.*

FINS A

Es redueix a FINS davant d'adverbis, de demostratius i de la conjunció QUE *(Fins allà. Fins aquell carrer. Fins que diguis prou).*
En les determinacions de lloc i de temps, la A de la preposició composta es manté si, suprimida FINS, l'expressió continua portant A:

No arribarà *fins a* les dotze → Arribarà *a* les dotze
Anirem *fins al* bosc → Anirem *al* bosc

Notem que FINS (sense A) pot ser també un adverbi, que indica inclusió, equivalent a ÀDHUC i FINS I TOT (*Fins* / *Fins i tot* / *Àdhuc* reien les criatures).

SENSE

Aquesta preposició té en català un comportament peculiar que li permet de substituir tot un SN sobreentès:

Si no tenim vi passarem *sense*

En aquest cas, no es considera correcte d'afegir un pronom darrere d'aquesta preposició, com fan altres llengües («Si no tenim vi passarem *sense ell*»).
Noteu, també, que no pot adjuntar-se a la preposició AMB (*amb o sense* vi; *amb o sense* sal) sinó a un nom: *amb vi o sense, amb sal o sense.*

Canvi i caiguda de preposicions

a) Les preposicions A, DE, EN i AMB, d'acord amb la normativa, s'han d'elidir davant de la conjunció QUE:

S'exposa *a* un càstig → S'exposa ∅ que el castiguin
S'adonava *de* la por dels nens → S'adonava ∅ que els nens tenien por
Havia pensat *en* el premi → Havia pensat ∅ que guanyaria el premi
Han amenaçat *amb* la vaga → Han amenaçat ∅ que farien vaga

Aquesta caiguda de preposicions es produeix també en les preposicions compostes i locucions prepositives que contenen en darrer lloc una de les anteriors:

Abans de la seva sortida → Abans ∅ que surtin
No passeja *des de* l'inici del fred → No passeja des ∅ que fa fred
Continuarem *fins al* final → Continuarem fins ∅ que finalitzi

b) Davant d'un infinitiu, les preposicions EN i AMB s'han de canviar per A o DE (o, a vegades, també PER), substitució que cada parlant farà segons el seu sentit estilístic:

Tinc interès *a/de/per* veure'l (no «en veure'l»)
Estava d'acord *a/de* fer acte de presència (no «amb fer»)

Remarques:

1. El canvi i caiguda de preposicions pot produir, segons els casos, expressions ambigües i/o forçades, que poden evitar-se amb recursos diversos, com ara relatius, substantius, gerundis, canvis de verb i altres. Així, una oració com

   El problema ve que s'ha entossudit

   on la supressió de la preposició DE davant la conjunció QUE produeix una duresa expressiva, pot formular-se d'altres maneres:

   El problema és que s'ha entossudit / El problema ve de la seva tossuderia / El problema ve del fet que s'ha entossudit / Entossudint-se, ha creat el problema.

2. La normativa admet la preposició EN davant d'infinitiu si la construcció té valor causal o temporal; en aquests casos, però, no es considera correcte l'ús de AL, que és sistemàtic en la llengua oral:

   En veure'l tan il·lusionat, no li vaig donar la mala notícia
   En entrar el professor, tothom va callar

Remarques sobre «SER» i «ESTAR»

1. Els usos de SER i ESTAR responen a una casuística molt extensa i discutida que resulta de sistematització difícil. En general, s'observa un desplaçament de certs usos de SER en benefici d'ESTAR a causa de la pressió del castellà.
   Al contrari del que passa en aquesta llengua, en català SER expressa una acció durativa, és a dir, limitada en el temps:

   Dilluns *vaig ser* a Madrid / El gos *és* al carrer

   En canvi, ESTAR designa accions terminatives, de temps llarg o determinat:

   Vaig estar un any a Madrid

2. Alguns parlants utilitzen incorrectament ESTAR quan la forma correcta és SER o HAVER-HI. Així, se sent *(Que) està el Joan?* en lloc de *(Que) hi és, el Joan? / (Que) hi ha el Joan?*

Suggeriments de treball

1. Identifiqueu els complements verbals de les frases següents:

   1. En Marçal té a les mans un grapat de petits objectes de colors. 2. Li semblava que aquests últims quatre anys havien passat de pressa. 3. En Joaquim creu en l'ordre establert 4. Li telefono cada matí però no hi és. 5. Des del tramvia vaig veure que la velleta queia a terra. 6. Quan li digueren que havia suspès es tornà groc. 7. No ens agradaven les seves excuses. 8. Acostuma't a tornar d'hora. 9. A contracor, l'Arnau va donar un cigarret a la Carola. 10. Digueu a l'Anna que vingui de seguida.

2. Substituïu pel pronom feble adient els complements en cursiva de les frases següents:

   1. Iniciaren *la festa* a les nou de la nit. 2. Poseu-vos *a la meva dreta*. 3.Untarem *la roda* de sèu. 4. Trobaràs *programes* a la sala. 5. Va penedir-se *d'haver rigut*. 6. Podries llegir la carta *a les veïnes*. 7. Vinc *del cinema*. 8. Vaig *al teatre*. 9. Llença *els segells*. 10. Agafa *allò que t'he dit*. 11. La Maria té molta *gana*. 12. Camina *lentament*. 13. Demà vindran a presentar-me *aquest xicot*. 14. He avançat *el rellotge* unes quantes hores. 15. Vaig haver d'admetre *els robatoris*. 16. L'Antoni dedica el llibre *als pares*. 17. Han caigut dues *pedres* a l'autopista. 18. Dóna-ho *a la Miquela*. 19. És *veritat?* 20. Semblen *els teus amics*. 21. Està *malalt*.

3. Substituïu cada complement en cursiva per un pronom feble, digueu-ne la funció sintàctica i combineu-los adequadament:

   1. Escalfeu *la llet per a la malalta*. 2. El professor dedica *el temps als alumnes*. 3. Ara traurem *el raïm de la nevera*. 4. Procura portar *la instància a la secretaria* abans de les nou. 5. Han col·locat *fustes a la carretera*. 6. T'he dit que deixessis *el barret a l'armari*. 7. Dono *els diners al delegat*. 8. Els reis porten *joguines als nens*. 9. Vàrem dir *als treballadors que no ho fessin*. 10. Posarem *la roba de l'avi a la calaixera*. 11. Treia *la bandera del balcó*. 12. Torno *els contes a les meves amigues*. 13. Plantarem *patates a l'hort*.

4. Ompliu els buits de les frases següents amb la combinació pronominal apropiada:

   1. He sentit que els comenteu la pel·lícula; comenteu ... objectivament. 2. Si no li dónes la notícia ... donaré jo. 3. Si la moneda ha caigut al forat, no crec que ... puguem treure. 4. Em van demanar que els escrigués un conte, però ja ... escriuré l'any vinent. 5. Quan els expliqueu l'incident, expliqueu ... tranquil·lament. 6. Torneu a deixar l'escala on l'heu trobada i torneu ... abans de migdia. 7. Tens els pantalons bruts; renta ... al safareig. 8. Em va encomanar unes postals, però no sé si ... trobaré. 9. M'han dit que els paquets són a la porteria, però no ... he vistos. 10. Si vols més sucre al cafè, posa ... més. 11. Vaig decidir de dur-los la carta, però en el moment de portar ... va arribar el missatger.

5. Senyaleu la substitució pronominal normativa:

   1. Obro la porta a la Neus (l'hi obro / la hi obro / la li obro)
   2. Utilitzava la màquina amb habilitat (la hi utilitzava / l'utilitzava / la utilitzava)
   3. Treia les sabates de l'armari (les en treia / li'n treia / n'hi treia)

4. Ficava anissos dins el pot (li'n ficava / n'hi ficava / en ficava)
5. Envieu els llibres als editors (envieu-los-els / envieu-los-hi / envieu'ls-hi)
6. Va acompanyar la Mercè a casa (l'hi va acompanyar / la hi va acompanyar / li va acompanyar)
7. Doneu pastissos als nens (doneu-los-en / doneu-los-hi / doneu-els-en)
8. Poseu-vos vinagre a l'amanida (poseu-vos-en / poseu-vos-n'hi / poseu-vos-hi)
9. Explicarem l'anècdota als fills (los la explicarem / els la explicarem / els l'explicarem)
10. Em vaig acostumar a l'ambient (me'n vaig acostumar / m'hi vaig acostumar / me n'hi vaig acostumar)

6. Localitzeu els pronoms febles del següent text, indiqueu si tenen funció sintàctica i tracteu d'identificar l'element que substitueixen:

—Ja m'ho imagino. Per això mateix li recomano el cocodril. El pot penjar en una paret, deixar-lo a terra o col·locar-lo damunt d'una taula. Fa bonic a tot arreu. Tinc un client que en va posar un damunt de la taula del menjador i només el treuen a l'hora dels àpats. Ell i tota la seva família hi estan embadocats. Vénen sovint a donar-me les gràcies.
M'anava rendint a poc a poc. És un personal que sap fer l'article. A més, el cocodril tenia una mirada dolça, suplicant. Sembla mentida que amb el vidre puguin fer uns ulls amb tanta vida.
—Si l'hi compro i després me'n penedeixo, diu que me'l comprarà?
—Li asseguro que no hi haurà cas. Si se l'emporta, no se'n voldrà desprendre mai més. Al contrari: ja veurà com d'aquí pocs dies, vindrà a veure'm per si li puc proporcionar la parelleta.
—Però, si em passa el que li dic, se'l quedarà? (Pere CALDERS, *Tot s'aprofita*)

Exercicis de repàs

1. Corregiu, quan calgui, l'ús dels verbs *ser* i *estar* en les oracions següents:

1. Estan al pis de dalt. 2. Són a la Cerdanya. 3. Són al cinema. 4. La noia està a la botiga. 5. Dimarts estaré a Banyoles. 6. S'està a casa cada diumenge. 7. Hi estàveu bé. 8. Que està el Pere?

2. Traduïu les frases següents:

1. No había nada que discutir. 2. Huele a cebolla. 3. Tengo un coche rojo y otro negro. 4. Ha abandonado la política para siempre. 5. Juan viene en coche y María a pie. 6. En vacaciones se está en casa. 7. Mañana por la noche no vengas. 8. Al salir por la tarde vi a Juan. 9. En la ciudad el termómetro descendió a tres bajo cero. 10. Estaba bajo las órdenes del cabo.

3. Ompliu el buit de les frases següents posant-hi totes les preposicions possibles:

1. Els vaig trobar … l'església. 2. Enviaré postals … amics. 3. Escriu … la premsa. 4. Hem quedat … veure'ns. 5. Circulen molts camions … la carretera. 6. Queden moltes qüestions … resoldre. 7. Pensa sovint … els exàmens. 8. Anirem … Brasil … avió. 9. Sempre és l'últim … arribar-hi. 10. … pensar-hi, vaig córrer.

4. Poseu *a, en, de, per, amb*, o ∅, segons calgui, en els buits de les frases següents:

   1. Parlen ... que construiran un pont. 2. L'informe ... què et refereixes l'he perdut. 3. Ha fracassat a causa ... que no tenia padrins. 4. ... sortir del cine, va començar a nevar. 5. Des ... que no plou, hi ha restriccions d'aigua. 6. S'afanya ... acabar la redacció. 7. N'hi ha prou ... celebrar-ho un cop. 8. Vindrà abans ... que acabin les classes.

5. Poseu *cap, cap a, fins, fins a*, segons calgui, en els buits de les frases següents:

   1. Ha anat amb cotxe ... aquí baix. 2. Té festa ... demà passat. 3. Va plorar ... que va arribar la mare. 4. Van estudiar ... les vuit. 5. Anàvem ... l'estació d'esquí. 6. ... els sords ho van sentir.

Tema 30

L'oració composta

Introducció

Rep el nom d'oració composta la unitat prosòdica, sintàctica i semàntica amb més d'un sintagma verbal, és a dir, la unió d'oracions, també denominades clàusules o proposicions:

M'agrada el jersei que portes
Va orientar-se amb un mapa però es va perdre
Li va demanar que apagués el llum

Per a alguns gramàtics, l'oració composta consta exclusivament de verbs en forma personal; de fet, davant de les formes verbals no personals (infinitiu, gerundi i participi) ens trobem en la frontera entre oració simple i composta. És innegable, però, que aquestes formes, sobretot l'infinitiu, permeten l'adjunció de complements verbals (vegeu les perífrasis d'infinitiu, gerundi i participi en el tema 28). En una oració com *Volia marxar ràpidament d'aquell país*, per exemple, l'infinitiu *marxar* consta de dos CC i, amb ells, integra el CD del verb en forma personal. Sembla clar, doncs, que, en aquest cas, la forma no personal encapçala una oració sintàcticament unida amb la primera *(Volien)*.
L'oració composta estableix dues classes d'enllaç entre les oracions que la formen. Quan les oracions s'uneixen en el mateix nivell sintàctic apareix la coordinació i la juxtaposició; la subordinació, en canvi, que implica dependència, resulta d'unir oracions a diferent nivell sintàctic.

La coordinació

Les oracions coordinades s'uneixen per mitjà de conjuncions:

Va dormir dotze hores *i* no va acabar la son

Conserven, habitualment, independència sintàctica i unitat de sentit; si, ometent la conjunció, les separem, s'obtenen oracions completes d'estructura i significat:

Va dormir dotze hores   No va acabar la son

En sèries de tres o més oracions, però, la conjunció freqüentment se substitueix, per raons estilístiques, per una coma, que cal considerar també com a element d'enllaç. Per tant, en l'exemple següent apareixen tres coordinades:

Va comprar el cotxe, va anar a Dosrius i li van posar una multa

Un cas diferent es planteja quan tres o més oracions coordinades van unides amb conjuncions diferents:

El dinar es cremava *i* la llet vessava, *però* el cuiner llegia

En aquest exemple, l'oració *el cuiner llegia* es coordina adversativament amb les coordinades copulatives que la precedeixen.
Finalment, són molt freqüents les coordinades que elideixen el verb perquè el contenen de forma implícita:

L'advocat fumava cigarrets i el seu client, *(fumava)* puros.

Classes de coordinades

Segons la conjunció que les uneix, les coordinades es classifiquen en:

a) **Copulatives.** Unides per les conjuncions *i, ni* (que exigeix *no* en la primera oració), es limiten a addicionar oracions:

No s'ho plantejava *ni* s'ho volia plantejar

Un grup relacionat amb les copulatives és el de les **distributives**, que expressen una relació d'alternança entre oracions i van introduïdes per diverses partícules:

Els uns fugien d'estudi, *els altres* ho embolicaven
O véns *o* me'n vaig   *Aquí* fa calor, *allà* fa fred
Ni treballa *ni* deixa treballar

b) **Disjuntives.** Unides per la conjunció *o* (de vegades acompanyada de *bé, sinó*), expressen la necessitat de triar entre opcions:

Torna'm el bolígraf *o* deixa'm el llapis
El resumiré, el copiaré *o bé* el fotocopiaré

Hi ha disjuntives amb valor d'equivalència, unides per *o, o sigui (o sia), és a dir*, en oracions com:

La producció de taronges i llimones, *és a dir*, de cítrics, ha crescut
En futbol, l'«off-side», *o sigui* el fora de joc, és una infracció freqüent

c) **Adversatives**. Unides per conjuncions com *però, sinó (que), ara (bé), tanmateix, no obstant això, encara que, més aviat, malgrat això, a pesar d'això, amb tot...*, expressen oposició entre elles:

Anava borratxo *però* va poder arribar a casa
No és culpa d'ell, *sinó que* és culpa de les circumstàncies
És un inepte irrecuperable; *tanmateix* fa de director general

d) **Il·latives**. Unides per les conjuncions *(i) doncs, (i) en conseqüència, (i) així, (i) per tant*, expressen que una és conseqüència o deducció de l'anterior:

Neva molt *i, per tant,* demà no sortirem
Van fer-li mala cara; *en conseqüència*, no hi va tornar

La juxtaposició

Quan les oracions coordinades prescindeixen de conjuncions es diu que són juxtaposades. En l'escriptura, l'element que aleshores les enllaça són alguns signes de puntuació: el punt i la coma, els dos punts i, sobretot, la coma. El punt, en canvi, no fa d'enllaç de les oracions juxtaposades, sinó que separa oracions independents. De tota manera, la distinció entre punt i punt i coma és fluctuant i obeeix, gairebé sempre, a motius estilístics.

El sopar és a taula; deixem la feina
Aquesta reacció no m'estranya gens: és el seu comportament habitual
Entri, miri, remeni, compri

Text complementari

L'oració composta és igual a la suma o aglutinació de dues o més oracions simples (...). Perquè dues o més oracions simples constitueixin una oració composta, cal que se supeditin conjuntament a una unitat intencional superior que les abasti totes i que es manifesta en la línia tonal, unitària (...): aleshores aquesta unitat intencional superior és l'oració composta. Per a l'oració composta és en certa manera indiferent que les oracions de què consta tinguin o no sentit fora d'ella: en el primer cas tenim oracions de la mateixa categoria (juxtaposades o coordinades); en el segon cas s'origina una jerarquia entre oracions més importants i menys importants, o, per dir-ho en termes gramaticals, entre principals i subordinades (...); com es veu, pel que acabem d'indicar en forma disjuntiva, és també en certa manera indiferent, per a l'oració composta, que les oracions que la constitueixen s'uneixin per simple contacte (juxtaposició) o mitjançant elements d'enllaç (conjunció).

A.M. Badia i Margarit, *Gramática catalana* (1962)

Addenda

Ús d'alguns signes de puntuació

Convé deixar clar, abans de tot, que les indicacions següents són, en la majoria de casos, orientatives i no normatives; res no hi ha de tant fluctuant i subjectiu com l'ús dels signes de puntuació. En aquest sentit, cal insistir en el fet que la puntuació d'un text mai no és única i que, per tant, admet múltiples solucions. Al capdavall, com ja s'ha dit en tractar de l'oració, la puntuació només és un reflex molt parcial de les pauses i entonacions del llenguatge parlat.

La coma. Marca una pausa breu. Com a norma general, mai no es pot intercalar una sola coma entre subjecte i verb. Essencialment s'usa:

a) Per separar paraules o oracions en una sèrie:

Una vetllada trista, grisa, monòtona
Va obrir la finestra, va treure la mà, va comprovar que plovia

La coma se suprimeix quan l'última paraula o oració s'uneix a l'anterior amb *i* o *ni*:

Cafè, copa i puro

b) Per aïllar paraules, aclariments o oracions dins l'oració:

El bisbe, amb aire solemne, va beneir la processó
Un meu oncle, aquell que vivia a Amèrica, ha tornat

c) Per marcar un vocatiu o una interpel·lació:

Pere, vine   Nen, calla i no molestis

d) Per elidir el verb:

El primer tren surt a les sis i el segon, a les set

e) En la inversió d'elements de l'oració i en pleonasmes:

És ben divertit, això
El lavabo, el trobareu al fons a l'esquerra

f) Davant d'una conjunció adversativa si les oracions són d'extensió breu:

Va mantenir l'equilibri força estona, però al final va caure

g) Per tancar elements de subordinació o d'enllaç:

Més m'estimo, doncs, callar
No em molesta, és a dir, no em preocupa

h) Per evitar confusions. Notem la diferència entre aquestes dues oracions:

Quan arribi, el sopar estarà preparat
Quan arribi el sopar, estarà preparat

El punt. Indica una pausa més marcada i s'usa per acabar un període de sentit complet, és a dir, per separar oracions no directament relacionades:

Va posar la ràdio. S'avorria. Va agafar un llibre de la biblioteca i el va fullejar. El timbre de la porta el va desensopir.

La distinció entre el punt i seguit i el punt i a part no és rigorosa. En principi, s'usa el punt i a part en canviar de tema, o quan enfoquem el mateix tema des d'un altre punt de vista.

El punt i coma. Marca una pausa intermèdia entre la coma i el punt, amb el qual sovint conflueix. Se sol usar:

a) en una sèrie d'oracions en què totes, amb excepció de la primera, elideixen el verb:

La idea és bona; la realització, mediocre; el resultat, pèssim

b) precedint conjuncions, sobretot concessives:

La temperatura era molt baixa; malgrat tot, va decidir sortir

Els dos punts. S'empren en aquests casos:

a) Per enumerar:

Va demanar consell a tothom: parents, amics i companys de feina

Convé remarcar que mai no s'usen els dos punts en les enumeracions precedides del verb *ser:*

Els dies de la setmana són dilluns, dimarts...

b) En l'estil directe:

En el pas del Rubicó, Juli Cèsar va dir: *Alea iacta est*

c) Per exposar un tema o qüestió:

L'alcalde d'aquesta població fa saber:

d) Per donar pas a aclariments, resums o justificacions:

Tots els seus esforços han estat inútils: ha fracassat
Demà no vindré: plou massa

Els punts suspensius. S'usen per suspendre un judici, per suggerir més del que no es diu amb paraules o, tancats entre parèntesis o claudàtors, per indicar que s'ha suprimit una part del text que es reprodueix literalment. Són sempre tres:

Amb franquesa: aquest individu em sembla un...
Jo vull ser optimista, però...
Qui vulgui peixos...

Els parèntesis. S'utilitzen per intercalar dins l'oració un aclariment; avui dia es tendeix a reservar-los una funció estrictament informativa:

Narcís Monturiol (inventor del submarí) va néixer a Figueres (Alt Empordà)

Els guions. S'assimilen sovint als parèntesis, però, a més d'informació, solen incorporar incisos més narratius que informatius:

Va sortir i —potser enlluernat pel sol— es va entrebancar

En la pràctica, les dues comes, els parèntesis i els guions són tècniques intercanviables. Ara: cal tenir en compte que les comes aïllen poc l'expressió o l'oració intercalada, mentre que els guions l'aïllen bastant i els parèntesis molt:

Va cometre, involuntàriament, un gran error
Va cometre —involuntàriament— un gran error
Va cometre (involuntàriament) un gran error

Les cometes. S'utilitzen per destacar el significat peculiar d'una paraula i per indicar la reproducció literal d'una frase (o expressió) o d'una part d'un text:

«L'eximpli de la mata de jonc» procedeix del cronista Ramon Muntaner
Derrotat, el president va proclamar: «Tornarem a lluitar, tornarem a sofrir, tornarem a vèncer»
Els adverbis modals, en paraules de Fabra, «juguen respecte al verb el mateix paper que els adjectius respecte al nom»

Una convenció internacionalment admesa descarta, en canvi, l'ús de cometes en la transcripció de títols d'obres i de paraules estrangeres; els uns i les altres es distingeixen amb el subratllat, que equival a la cursiva dels textos impresos:

Aquestes vacances llegiré *Guerra i pau*

Per viatjar a l'estranger s'emporta *traveller's checks*
Fa *footing* cada tarda

El signe d'interrogació. Se sol col·locar només al final de l'oració, sobretot quan és curta o comença per un mot interrogatiu:

Vols dir? Qui és aquest que ve?

S'utilitza també al principi per desfer equívocs i quan l'oració és llarga i no comença per cap marca interrogativa.

El signe d'admiració. S'usa generalment al final de l'expressió o oració exclamativa:

Fa un fred que pela!

Notem, finalment, que els signes d'interrogació i d'admiració serveixen de punt, però no exclouen els altres signes de puntuació.

Suggeriments de treball

1. Classifiqueu les oracions coordinades següents segons el valor de la conjunció *o* en cada cas:

   1. O t'afanyes o no hi arribarem mai. 2. Deixes de molestar o me'n vaig. 3. Era funcionari, o sigui, treballava per a l'Estat. 4. Envia-me'l a casa o porta-me'l a l'oficina. 5. O véns tu o vinc jo. 6. Les exportacions, o sigui les vendes a l'exterior, han disminuït. 7. Callava per ignorància o bé per discreció? 8. La inflació creixia, o sigui, tot s'apujava.

2. Indiqueu la classe a la qual pertanyen les oracions coordinades següents i analitzeu-les sintàcticament:

   1. Ho demanaven sempre, però no els ho concedien mai. 2. No va al teatre ni al cine. 3. Aquí canten, allà ballen. 4. No és culpa del paleta sinó de l'arquitecte. 5. Ni sap conduir ni en sabrà mai. 6. Aquest afer és complicat i, per tant, convé resoldre'l amb prudència. 7. Ara engega el televisor, ara posa la ràdio. 8. No és de vidre sinó de plàstic. 9. Passarem per la carretera de la costa o per l'autopista, però no per la general. 10. Va apagar els llums, va tancar la porta i va sortir del pis.

3. En el text següent hi predominen les subordinacions de frases llargues. Afegint i suprimint el que calgui, tracteu de reduir-ne la longitud amb l'ús d'oracions coordinades i juxtaposades:

   «Aquesta tarda, dinats, hem anat amb l'Obiols als Josefins, que ara en diuen l'Institut de Sant Josep, i En Torres-Garcia, que és, de naixença, uruguaià, però que es té ell mateix per català d'adopció, puix que s'ha format ací i parla com nosaltres, ha aconseguit que li deixessin una sala que hi ha al fons del pati on pensa d'obrir una acadèmia de dibuix i pintura. (...) Jo coneixia En Torres-Garcia abans de venir a viure a Sarrià, per les reproduccions d'obres seves que va publicar una revista que es deia «Pèl i Ploma» alguns números escadussers de la qual vaig comprar l'any passat als encants de llibres de les Drassanes» (J.V. Foix, *Catalans de 1918*).

4. Localitzeu i classifiqueu les oracions coordinades i juxtaposades del text següent:

   «Aquest home poleix vidres. No és un vidrier, però tampoc no és un òptic, encara que treballa per als òptics. Ha après bé l'ofici: va polint els vidres, minuciós, prolix, en silenci. Vidres lluents, llisos, treballats amb paciència subtil. És clar que polint vidres només es pot viure modestament; però un bon artesà és ben considerat arreu, no fa nosa a ningú, ningú no s'hi fixa, i, com que no és poderós, viu en l'anonimat. L'home que poleix vidres, quan ja tenia més de vint anys, es va posar a estudiar el llatí. De fet, no tenia llengua: la seva llengua familiar ha estat el castellà, però ell viu a l'exili perquè és jueu» (Pere GIMFERRER, *Dietari*).

Exercicis de repàs

1. Puntueu el text següent:

   «La segona casa és egrègia un somni impossible de classicisme en un món luxós de llum colonial a Manderley tot era fosca i boirines en canvi a Tara tot és claror dels vastos camps de cotó i de les aranyes de vidre que espurnegen amb el cristall efímer de les nits de festa i amb el flamarejar sagnós de la guerra i la fumera blanca dels fusells part de dins Tara és fustam i quinqués i escalinates i sembla que cada racó s'hi encengui amb el cruixir suau del vestit verd d'Escarlata O'Hara Tara és el temple de la beutat la Diana caçadora de les fondes contrades del Sud que té els ulls vius juganers i dolços i el plec de llavis enèrgic i prim de Vivien Leigh» (Pere GIMFERRER, *Segon dietari*, 1980-1982).

2. Feu el mateix:

   «Ara l'atenció oficial i especialitzada no va fallar ni per un instant estacions seguidores instal·lades en els llocs més convenients de la terra no deixaven de petja els viatgers de l'espai i si hi havia algú prou conscient i responsable fos on fos podia sintonitzar les emissores que li proporcionaven informació puntual quan aquest cas es produïa veia clarament en Robert Farragut i el robot que volaven i congeniaven d'una manera exemplar aquella antiga imatge dels cosmonautes engavanyats per granotes de plàstic i problemes de falta de gravetat havia passat a la història el tinent Farragut es passejava pel luxós interior de la nau amb una bata florejada d'estar per casa tranquil i relaxat com si passés un final de setmana en un hotel de cinc estrelles de tant en tant el robot li servia un Martini o un *whisky* amb gel sense soda i s'ho bevia a poc a poc assaborint-ho mentre fumava un cigarret amb un posat hedonístic molt evident a vegades els dos viatgers s'asseien en unes butaques amples i còmodes i sostenien converses reposades sobre temes d'interès general» (Pere CALDERS, *Tot s'aprofita*).

3. Feu el mateix:

   «Masaryk ha mort i en morir ha deixat Txecoslovàquia alliberada per ell en plena activitat com a Estat i com a nació si el gran patriota ha mort la pàtria ja lliure és immortal.
   Llarga vida i alta vida la de Masaryk ell home del poble pel seu origen familiar demòcrata per les seves idees intel·lectual per la seva professió polític i governant per un imperatiu del deure cívic és el símbol més complet dels principis moderns de

la llibertat humana ell va unir en el seu pensament i en el seu cor en una llibertat essencial i única la llibertat individual i la llibertat col·lectiva la dels homes i la dels pobles.

Liberal demòcrata patriota i socialitzant aquest va ésser ideològicament Tomàs G. Masaryk històricament ha aconseguit la més alta categoria que un home pot aconseguir la d'alliberador de la pàtria.

Quina colpidora coincidència entre l'esperit individual de Masaryk i l'esperit nacional de Txecoslovàquia mai un poble no s'ha vist millor representat i interpretat per un fill seu les tendències del President Alliberador són les mateixes de la Nació Alliberada Txecoslovàquia i Masaryk han estat dignes l'un de l'altre» (Antoni Rovira i Virgili, *Quinze articles*).

Tema 31

La subordinació adjectiva i substantiva

Introducció

Com ja s'ha mencionat, les oracions subordinades s'uneixen a la principal amb una relació de dependència. Dit d'una altra manera: tota oració subordinada s'incorpora a una de principal amb la mateixa relació que mantenen amb el nom i amb el verb els elements sintàctics de l'oració simple. Així, d'una oració simple com

El científic *exiliat* va admetre, *aleshores,* la seva *equivocació*

se'n pot obtenir una de composta en la qual l'adjectiu, l'adverbi i el substantiu són reemplaçats per oracions subordinades:

El científic *que s'havia exiliat* va admetre, *quan es moria, que s'havia equivocat*

En conseqüència, les subordinades poden ser adjectives, substantives i adverbials segons la funció sintàctica respecte a l'oració principal. De fet, les dues primeres depenen només d'una part de l'oració principal (d'un SN les adjectives i del verb, en general, les substantives) i, per tant, s'hi troben inserides com a elements constitutius; per la seva banda, les adverbials, en expressar circumstàncies de l'acció, complementen o es refereixen a una part o al conjunt de l'oració principal.

L'oració de relatiu

Va introduïda per un pronom relatiu (*qui, que, el qual*) que pot anar precedit de preposició, article o demostratiu. El pronom, que permet de distingir-la, fa de nexe amb l'oració principal i compleix totes les funcions sintàctiques d'un SN dins la subordinada:

Va apagar el llum *que* havien deixat encès

En aquesta oració, *que,* identificable com a relatiu perquè és substituïble per *el qual,* uneix la principal (*Va apagar el llum*) i la subordinada i, alhora, fa de CD dins la segona.

Qui fa un cove fa un cistell

En aquesta altra, *qui* també fa de nexe (*Fa un cistell qui fa un cove*) i funciona simultàniament de subjecte de l'oració subordinada (*Qui fa un cove*).
Les oracions de relatiu, per la funció que compleixen en relació a la principal, es classifiquen en dos grups: les **adjectives** complementen un SN de l'oració principal (*que havien deixat encès,* en el primer exemple, és complement del

nom *llum* de la principal); les **substantives** es comporten com un SN de l'oració principal (*qui fa un cove,* en el segon exemple, és el SN subjecte de la principal *fa un cistell*) i manquen d'antecedent explícit.

Oracions subordinades adjectives

Pel fet de referir-se a un SN de l'oració principal, denominat antecedent, funcionen com a autèntics adjectius o complements del nom i solen intercalar-se dins l'oració principal:

El vidre que s'ha trencat val molts diners
El vidre trencat val molts diners

Es divideixen en **especificatives** i **explicatives.** Les primeres determinen l'antecedent i les segones afegeixen a l'oració una informació no essencial i van, habitualment, entre pauses.

Especificativa: Els soldats que van desertar travessaven la frontera
Explicativa: Els soldats, que van desertar, travessaven la frontera

Presenten les estructures següents:

Forma	*Funció*	*Exemples*
• que/article+qual(s)	S,CD,CCT	El pot *que* busques
• prep.+què[*coses*]	CI,CPrep,CC	El tema *de què* parlava
• prep.+qui[*persones*]	CI,CPrep,CC	L'home *amb qui* treballem
• prep.+art.+qual(s) *[persones o coses]*	CI,CPrep,CC	El tema *del qual* parlava L'home *amb el qual* treballem
• (prep.+) on	CCL	El poble (*a*) *on* va viure

Remarques a les subordinades adjectives

a) Algunes variants dels relatius són exclusives de les adjectives explicatives:

- *El qual, La qual, Els quals* i *Les quals,* sempre sense preposició i intercanviables amb *Que*:

  El meu padrí, *el qual* / *que* viu a Blanes, s'ha mort.

- *Cosa que, Fet que,* (Prep.+) *La qual cosa* i anàlegs es refereixen a tota una oració o antecedent global:

Van tallar l'aigua,	*cosa que* *fet que* *la qual cosa*	va obligar a tancar la piscina

  Van tallar l'aigua, *per la qual cosa* van tancar la piscina

  Ara: aquestes construccions, de caire culte, la llengua parlada les sol substituir per d'altres que eviten el relatiu:

  Van tallar l'aigua, *i per això* van tancar la piscina

- De vegades, amb el desig de clarificar o emfasitzar, es repeteix l'antecedent o un equivalent al costat del relatiu:

  Em van robar la cartera, *cartera que* m'havia comprat el dia abans
  Li van robar sis cadires modernistes, *mobles que* havia heretat

b) Propis de les especificatives i de les explicatives, *Del qual, De la qual, Dels quals* i *De les quals* són relatius amb matís possessiu que equivalen al castellà *cuyo,* al francès *dont* i a l'anglès *whose* i que sintàcticament fan de CN:

Aquest és l'enginyer els ponts *del qual* (enginyer) s'ensorren

El llenguatge parlat sol evitar aquest relatiu amb altres construccions, com és ara *Que relatiu + possessiu* (no admesa):

*Aquest és l'enginyer *que els seus ponts* s'ensorren

c) *On* és un adverbi amb funció de relatiu quan va immediatament precedit de l'antecedent. És substituïble per *En què, En el qual*:

Aquesta és la ciutat *on* voldria viure

No cal dir que *On* pot introduir-se amb altres preposicions (*Per, a, de...*). Finalment, cal subratllar que, sense antecedent explícit, *On* encapçala subordinades adverbials de lloc (Vés *on vulguis*).

d) Convé no confondre el *Que* relatiu àton (no precedit mai directament de preposició) i el *Què* relatiu tònic (usat sempre amb preposició).

Les oracions subordinades substantives

També denominades completives, ocupen el lloc d'un SN i funcionen en l'oració composta com el nom dins l'oració simple. En conseqüència, poden exercir la major part de les seves funcions sintàctiques (subjecte, atribut, CD, CI, CPrep, CPred, CN i CAgent). Adopten les estructures següents:

a) **Que** (conjunció) + **oració**:

Lamento *que no vingueu al sopar*

b) **(preposició+) Infinitiu**:

Va resoldre *(de) marxar abans d'hora*

c) **Oració substantiva de relatiu,** que pot anar encapçalada per:

- (preposició +) Qui:

  Qui dia passa any empeny   Parla malament *de qui li desagrada*

- (prep.+) (tot/tothom+) art/dem+Qui [persones] / Que [persones o no]:

El qui [ús culte] / *El que* [ús parlat] *guanyi* rebrà un trofeu
Aquell qui [ús culte] / *Aquell que* [ús parlat] *guanyi* rebrà un trofeu
Donaven globus *als qui/que* en volien
Donaven globus *a tots els/aquells qui/que* en volien
Donaven globus *a tothom qui/que* en volia

- (prep.+) (tot+) Això/Allò/El... + Que:

  No puc admetre *això/allò/el que* dius
  Va comprar *tot allò que* va veure
  No estic d'acord *amb tot això que* fas

Funcions

A banda de les observacions que segueixen, per identificar la funció sintàctica de les substantives remetem al tema anterior, on es tracta del reconeixement dels complements verbals.

a) **Subjecte.** Poden fer de subjecte les tres estructures de subordinades substantives:

M'agrada *que entri el sol al pis*
Els preocupa (*d'*) *arribar tard*
Qui oli remena els dits se n'unta

En el primer i en el segon exemples, les oracions subordinades no poden ser introduïdes amb l'article *El*; en canvi, sí que hi podríem anteposar la fórmula *El fet*:

M'agrada *el fet que* entri el sol al pis
Els preocupa *el fet* d'arribar tard

Per identificar una subordinada substantiva de subjecte cal observar que, en aquest cas, el verb de l'oració principal no admet mai anar precedit de pronom personal tònic (*jo, tu, ell...*); d'altra banda, la substitució de la subordinada per un nom permet de fer la prova de la concordança amb el verb de l'oració principal.

b) **Atribut.** Responen a aquesta funció les tres estructures de subordinades substantives:

La veritat és *que no ho he fet*
Està *que bufa*
Aquest nen sembla *que estigui malalt*
El seu propòsit era *acabar ahir*
Aquest diari és *el que vull*

La subordinada substantiva de relatiu en funció d'atribut pot introduir-se amb el pronom QUE:

Fou ell *que em donà la notícia*
És aquest mal, *que no em deixa viure*

c) **Complement directe.** Les tres estructures de subordinades substantives poden fer de CD:

Us prego *que tingueu paciència*

(En cap cas no és correcte elidir el *que* introductori; vegeu els textos complementaris d'aquest tema)

Volia *anar al concert*

(Amb certs verbs, la presència de la preposició davant de l'infinitiu és optativa: Desitjava [*d'*] *arribar-hi*)

Buscaré *allò que em vas deixar abans-d'ahir*

Algunes gramàtiques incorporen a la funció de CD les oracions presentades en estil directe:

Va dir: *deixeu-me en pau* (=Va dir *que el deixessin en pau*)

Les interrogatives parcials indirectes (vegeu tema 25) sovint tenen la funció de CD:

Pregunta-li *si ho sap* No sabia *què dir*
Desconec *com s'ho ha fet*

Cal remarcar que les substantives de CD es reconeixen perquè pronominalitzen sempre en *Ho,* al marge del fet que el verb de la principal, si no té subjecte explícit, admet sempre l'anteposició d'un pronom personal tònic ([*Ell/Ella*] *Temia que s'acabessin les vacances*). També es pot recórrer a la substitució de la subordinada per un nom o per un pronom neutre per tal d'efectuar, sempre que sigui possible, la transformació a passiva (vegeu temes 25 i 29).

d) **Complement indirecte.** Només fan aquesta funció les substantives de relatiu:

Donava la mà *als qui entraven*

e) **Complement preposicional.** Les tres estructures de subordinades substantives poden funcionar com a CPrep:

Es queixaven *que tenien fred*
Van tractar *d'arreglar l'aixeta*
Es burlava *dels que queien al parany*

f) **Complement predicatiu.** No admet l'estructura d'infinitiu però sí les altres dues, no gaire freqüents:

Es va quedar *que semblava mut*
El prenen *per aquell que surt a la televisió*

g) **Complement del nom.** Poden fer aquesta funció les tres estructures de subordinació substantiva:

Tinc la sospita *que això no és cert*
Mantenia el desig *d'anar-hi*
La por *del que diran* et mortifica massa

De vegades, l'element complementat és un adjectiu, que sol ser el nucli d'un atribut o d'un complement predicatiu:

Estava convençut *que se'n sortiria*
Estava convençut *de sortir-se'n*
Els ostatges arriben cansats *de tot el que han passat*

Les substantives de relatiu en funció de CN poden anar en aposició:

Un dels meus veïns, *el que treballa al banc,* es ven el pis

h) **Complement agent.** Només fan aquesta funció les substantives de relatiu:

La cerimònia va ser seguida amb atenció *per tots els qui hi van anar*

Remarca

Les subordinades substantives de relatiu en funció de CI, CPrep, CPred, CN i CAgent van precedides d'una preposició que només indica la relació sintàctica entre la principal i la subordinada. Per tant, en analitzar sintàcticament la subordinada, cal prescindir d'aquesta preposició, com es veu en els exemples següents:

nexe
Regalen una bufanda a qui compra un abric
qui: S; compra: V; un abric: CD
Or. principal — Or. Sub. Subst. de CI

nexe
Es lamentaven del que havien dit
del = de+el: CD; havien dit: V
Or. principal — Or. Sub. Subst. de CPrep

nexe
El van confondre amb aquell que la policia buscava
aquell que: CD; la policia: S; buscava: V
Or. principal — Or. Sub. Subst. de CPred

nexe
Em preocupen les conseqüències del que has fet
del = de+el: CD; has fet: V
Or. principal — Or. Sub. Subst. de CN

nexe
Era considerat traïdor per aquells qui l' odiaven
S CD V
Or. principal Or. Sub. Subst. de CAgent

Text complementari

OMISSIÓ INDEGUDA DE LA CONJUNCIÓ *QUE*

284. — Llegim en un document publicat per una entitat barcelonina: "Li agrairem tingui l'amabilitat de trametre'ns qualsevol publicació que cregui pugui esdevenir útil al nostre objecte."
Deixant de banda la impropietat amb què sembla usat el verb *esdevenir,* constatem en aquest paràgraf dos casos d'omissió indeguda de la conjunció *que.*
La supressió de la conjunció en una proposició que fa de complement és inacceptable en català, és contrària al geni de la nostra llengua. Parlant, ¿quin català diria mai *li agrairé vingui* en lloc de *li agrairé que vingui*?
Doncs, essent, en el paràgraf transcrit, *tingui* complement de *agrairem,* i *pugui* complement de *cregui,* on diu *agrairem tingui* hauria de dir *agrairem que tingui,* i on diu *cregui pugui* hauria de dir *cregui que pugui.*

ANTEPOSICIÓ INDEGUDA DE L'ARTICLE A LA CONJUNCIÓ *QUE*

289. — Ben conegut és —perquè ha estat combatut manta vegada, per cert no gaire eficaçment— el fet de trobar-se sovint reemplaçada la conjunció *que* per un *què* accentuat, en anteposar-se-li indegudament alguna de les proposicions *de, a* o *en.* Ex.: *Estava contenta de què no l'haguessin vista entrar al teatre,* en lloc de *Estava contenta que no l'haguessin vista entrar al teatre.*
Però ara comença a donar-se amb certa freqüència un altre cas de substitució de *que* per *què,* degut a l'anteposició, també indeguda, de l'article a aquella conjunció: "...motivant *el què* molts amics es traslladessin al domicili...". Ací hi ha un verb transitiu (*motivant*) acompanyat del seu complement directe (*molts amics es traslladessin al domicili...*) i basta a enllaçar aquest complement amb el verb la simple conjunció *que*: *...motivant que molts amics,* etc.
Tota construcció feta a base de canviar *que* en *què* és, per aquest sol fet, inadmissible. Ni fent de subjecte, una proposició conjuntiva hauria, segons nosaltres, de construir-se amb l'article: *El què vós li diguéssiu això l'ha molestat en gran manera.* Sense article i començant amb un *que* inaccentuat, aquesta proposició resultaria indubtablement més correcta.
Però, àdhuc admetent-se l'anteposició de l'article a la conjunció *que,* caldria, ens sembla, no accentuar mai aquesta conjunció, no donant, així, al mot *què* altres valors que el de pronom relatiu o el de pronom interrogatiu.

Pompeu FABRA, *Converses filològiques* (1954)

Addenda

Les formes d'article + relatiu

Són correctes les agrupacions *el que, la que, els que* i *les que,* precedides o no de preposició, quan equivalen, respectivament, a *aquell que* (*allò que*), *aquella que, aquells que* i *aquelles que*:

Feia *el que* (*allò que*) li manaven   Tria *les que* (*aquelles que*) vulguis

Això no obstant, les mateixes agrupacions són incorrectes quan se les fa equivaler a «(preposició+) article + qual»:

Incorrecte	*Correcte*
*L'ideal pel que lluita	L'ideal *pel qual* (o *per què*) lluita
*El club del que era soci	El club *del qual* (o *de què*) era soci
*El poble en el que viuré	El poble *en el qual* (o *en què*) viuré

Els pleonasmes de relatiu i pronom feble

En general, convé evitar la presència del pronom feble que acompanya i es refereix a un pronom relatiu. L'aparició simultània de tots dos resulta pleonàstica:

*El seu xalet, *en el qual* ja *hi* hem estat
*Aquell barri, *on hi* va viure de nen
*Aquest és l'origen *del qual en* procedim tots

Suggeriments de treball

1. Inseriu la segona frase dins la primera utilitzant una forma de relatiu:

   1. Tothom parla del partit. Ahir hi va haver un partit.
   2. Trauré les llonganisses del rebost. Les havia ficades al rebost.
   3. Aquí tens els plànols del pis. Amb aquests plànols el pots reformar.
   4. Té un cirerer. Les cireres del cirerer són molt dolces.
   5. Confio en l'aprenent. M'has parlat de l'aprenent.
   6. Aquell noi és el fill del professor. El professor em va aprovar.
   7. He comprat una enciclopèdia. Tots els volums de l'enciclopèdia porten il·lustracions en color.
   8. Prescindirem del cotxe. Ens havíem acostumat al cotxe.

2. Completeu els buits de les frases següents amb totes les formes de relatiu possibles i indiqueu-ne la funció sintàctica:

   1. Aquell és el noi ... no vindrà. 2. El llibre ... t'interesses està exhaurit. 3. Em compraré l'ordinador ... m'han recomanat. 4. Aviat arribarem a la cova ... hi ha restes ibèriques. 5. La setmana ... vas venir érem de vacances. 6. Aquest és l'amic

... aniré de viatge. 7. Les nenes, ... tenien febre, no van anar a l'escola. 8. La notícia ... parlen és falsa. 9. Les carreteres ... passarem no figuren al mapa. 10. No us oblideu ... hem tractat.

3. En les oracions següents, substituïu els complements del nom subratllats per subordinades adjectives i analitzeu-les sintàcticament:

   1. El noi japonès va tenir un accident fa un mes. 2. Haurem d'arrencar els fruiters bords. 3. L'autobús de Girona surt a les deu. 4. Era un home d'hàbits regulars i metòdics. 5. Et guardo un llibre amb el llom daurat. 6. La fruita madurada a l'arbre és més bona. 7. Aquell atleta, totalment desconegut, va guanyar la medalla d'or. 8. Aquelles propostes, de mal gust i inacceptables, van ser refusades.

4. Substituïu els sintagmes nominals subratllats per subordinades substantives de relatiu i analitzeu-les sintàcticament:

   1. Tots els sol·licitants rebran resposta. 2. Comunica-ho a les persones interessades. 3. Parla de coses insubstancials. 4. No us oblideu dels seus consells. 5. L'últim de la cursa pagarà el sopar. 6. Aquest enginyer serà el director de l'empresa química del meu poble.

5. Classifiqueu les següents oracions en adjectives i substantives i determineu, en cada grup, de quin tipus són:

   1. Digueu-li que no cridi tant. 2. Va ser ella que em va donar l'entrada. 3. M'han robat aquella moto que vaig comprar l'any passat. 4. El cert és que això no ho entenc. 5. T'ho prepararé per al dia que vulguis. 6. S'han acostumat que els ho donin tot fet. 7. M'interessa que ho facis bé. 8. Tinc la certesa que s'equivoquen. 9. Aquell poble de muntanya, que vaig visitar de jove, s'ha quedat sense habitants. 10. Estava segur que aquella iniciativa no prosperaria.

6. Analitzeu sintàcticament les oracions compostes següents indicant la funció de la subordinada en relació a la principal:

   1. És impressionant que l'home hagi arribat a la Lluna. 2. Cada dia em recorden que els vaig prometre portar-los d'excursió. 3. Preguntar no és ofendre. 4. Tots els qui el veien es pensaven que s'havia tornat boig. 5. Em sembla malament que hi vagis tan tard. 6. En aquells magatzems, aquella tarda, donaven un regal segur a qui hi entrava. 7. Durant l'hivern, aquella carretera no era arreglada pels qui se n'havien d'ocupar. 8. Després d'una assemblea tensa, el van obligar que presentés la dimissió. 9. Ens va perjudicar molt que s'hagués cremat el bosc aquell estiu. 10. Qui vulgui que vingui. 11. Qui dia passa any empeny.

7. Substituïu els sintagmes nominals subratllats de les oracions següents per subordinades substantives:

   1. Espero una solució ràpida. 2. Tothom confiava en l'arribada dels bombers. 3. M'agradaria la casa pintada de groc. 4. Presentaran el producte als interessats. 5. Va guanyar el més preparat. 6. El projecte va ser acabat en dos dies pels aspirants a la plaça d'arquitecte municipal.

Exercicis de repàs

1. Ompliu els buits de les frases següents amb totes les formes de relatiu possibles (feu-hi les contraccions necessàries):

   1. La drecera ... hem passat era plena d'argelagues.
   2. M'agradaria trobar la noia ... anaves ahir.
   3. És la persona ... confiem.
   4. La planta ... m'has regalat no m'agrada.
   5. Els temes ... parlen m'avorreixen.
   6. La destral ... estelles els troncs és oscada.
   7. Encara hi ha llocs ... no arriba el ferrocarril.
   8. El llibre ... et refereixes és molt car.
   9. És un animal la pell ... s'adoba.

2. Uneix les dues frases amb un pronom relatiu:

   1. Em refio de la mesada. M'has promès la mesada.
   2. Van declarar dos testimonis. No comptàvem amb els testimonis.
   3. Anirem al poble. Tu vas néixer al poble.
   4. He trobat uns segells. Tenen un valor incalculable.
   5. Aquestes són les arracades. La tanca de les arracades és d'or.
   6. Aquest és l'amic. Et parlo d'aquest amic.

3. Esmeneu els relatius incorrectes de les frases següents:

   1. El cotxe amb el que vas no és fiable. 2. La noia amb la que surts, t'enganya. 3. Ha escrit dos contes que tenen un argument semblant. 4. Tot està dat i beneït, el que ens alegra. 5. L'ideal al que tots aspirem és utòpic. 6. Han estrenat una pel·lícula quin director és molt jove. 7. Una història que no ens havien parlat.

Tema 32

La subordinació adverbial

Les subordinades adverbials

També anomenades circumstancials, ocupen el lloc d'un complement circumstancial. Unes (temporals, locatives, modals i comparatives) van precedides i tenen valor d'adverbis o locucions adverbials, que indiquen el valor de l'oració adverbial i l'enllacen, i solen complementar el verb de l'oració principal; les altres (consecutives, condicionals, concessives, causals i finals) s'introdueixen amb conjuncions o locucions conjuntives i habitualment complementen el conjunt de l'oració principal. En general, les oracions adverbials no pronominalitzen i, de totes les subordinades, són les més mòbils, és a dir, les més capaces de desplaçar-se dins l'oració composta:

Els vampirs surten *quan el sol es pon*
Quan el sol es pon, surten els vampirs
Els vampirs, *quan el sol es pon,* surten

Les subordinades adverbials revesteixen les estructures següents:

a) **Adverbi/Conjunció + oració**:

Vine *sempre que vulguis*
Si el molestes no acabarà mai

b) **Preposició + Infinitiu (+ Complements):**

Anava a Barcelona *per treballar (en una tesi)*

c) **Gerundi (+ Complements):**

Passant (pel carrer) em vaig trobar un rellotge

Amb un propòsit emfàtic, el gerundi de vegades va precedit de partícules com *Tot* o *Bo i*: *Tot passant, Bo i passant*.
Sovint el gerundi adquireix el valor d'una subordinada adjectiva explicativa:

El gos, *descansant damunt l'herba,* es va adormir
El gos, *que descansava damunt l'herba,* es va adormir

Quan, amb el mateix valor, el gerundi se situa al final de l'oració, se solen produir ambigüitats:

Els he vist pel carrer *passejant*

En aquest cas l'ambigüitat —saber qui passejava— es desfà recorrent a una altra construcció (*Els he vist pel carrer quan passejaven*).

d) **Participi (+ Complements):**

Vista aquesta qüestió, passem a un altre tema

Cal fer notar que les subordinades adverbials integrades per infinitius, gerundis o participis no tenen, sovint, un valor únic. Així, per exemple, en l'oració *Jugant ell tenim el partit guanyat,* la subordinada adverbial encapçalada pel gerundi té un significat causal (*Com que juga ell...*), condicional (*Si juga ell...*) o fins i tot temporal (*Quan jugui ell...*).

Temporals

Van encapçalades per adverbis de temps (*quan, mentre, abans, sempre, després...*) o per preposicions (*fins, des de...*), la majoria seguits obligatòriament de la conjunció *que*:

Quan te'n vagis avisa'm
Arribava a casa *després que comencés a ploure*
No l'he vista *des que tenia vint anys*

En les accions futures l'ús del verb en futur o en subjuntiu és opcional:

Sortirem *quan arribi*
Sortirem *quan arribarà*

L'infinitiu, el gerundi i el participi formen subordinades temporals. En aquest cas, l'infinitiu pot aparèixer precedit d'una partícula (la preposició *En,* que en el llenguatge parlat se sol substituir per la preposició *A* + article):

En baixar del cotxe feia fred
Després de treballar tant ens convé un descans
Pujant amb l'aeri a la muntanya es va marejar
Acabat el sopar van començar els discursos

Locatives

Apareixen amb *On* sense antecedent explícit (vegeu la subordinació adjectiva en el tema anterior). L'adverbi pot anar precedit de preposicions (*a, de, per, fins, cap...*) i d'altres adverbis (*allà, arreu...*):

Compra-ho *on facin descompte*
Passava *per allà on podia*

Modals

Introduïdes bàsicament per *(tal) com, com si, així com, segons (com/que)*:

Fes-ho *com et sembli*
Segons com acabi el partit, em donaré de baixa del club

Quan coincideixen el verb de la principal i el de la subordinada, el segon s'elideix sovint:

S'ha portat *com* (s'ha portat) *un home*

Finalment, el gerundi i el participi formen subordinades amb valor modal:

Va arribar *tremolant de fred*
Es va presentar a l'examen *dominat pels nervis*

Comparatives

Introduïdes per combinacions fixes d'adverbis i conjuncions, es classifiquen, segons la relació que mantenen amb la principal, en:

a) Comparatives d'igualtat (*tant-com; tan-com*):

No he treballat *tant com em pensava*
El noi és *tan* intel·ligent *com el seu pare*

Són molt usuals les construccions d'igualtat encapçalades per *igual, exacte, etc.* + *al que, del que*:

Aquest cotxe és *igual al que* em volia comprar

b) Comparatives de desigualtat. Poden ser de *superioritat* (*més-que/del que; millor-que/del que*) i d'*inferioritat* (*menys-que/del que; pitjor-que/del que*):

Ho ha fet *millor del que* em pensava
Això és *menys* fàcil *del que* suposava

Els nexes incorporats a la comparativa varien, de fet, segons la seva estructura:

- *que no/que no pas* (quan el verb de la comparativa és explícit: *Prometia* menys que no / que no pas *donava*)
- *que/que no/que no pas* (si s'elideix el verb de la comparativa: *Fa* més *calor a fora* que/que no/que no pas *a dins*)
- *que/que no pas* (quan la comparativa és un infinitiu, gerundi o participi: *Val més prevenir* que/que no pas *lamentar; Val* més *fer-ho a poc a poc* que/que no pas *equivocant-se; És* pitjor *que l'hagis castigat* que/que no pas *amonestat*)
- *que no pas* (quan la comparativa és negativa: Més *m'estimo que llegeixi còmics* que no pas *que no llegeixi res; Més val callar* que no pas *no dir la veritat*)

c) Comparatives de proporcionalitat (*com més-més/menys; com menys-més/menys;* els dos termes de la comparació poden aparèixer reforçats per un *tant* invariable):

Com més ingressos tenen *menys* estalvien
Com menys treballa *més* gandul es torna

Per acabar, dues remarques sobre les comparatives:

1) Cal tenir present que en totes les comparatives *el primer terme-nexe* de la comparació s'integra dins l'oració principal.
2) Les comparatives presenten una complexitat que aquí no és possible de tractar en tota la seva extensió.

Consecutives

Expressen una conseqüència d'allò que indica l'oració principal i s'introdueixen amb:

- *tant, tanta... - que*: Passava *tanta* gana *que* delirava
  (La primera part del nexe pot aparèixer elidit: *Treballa* (tant) *que es mata*)
- *de manera que/de forma que*: Diu les coses *de manera* (*forma*) *que* ofèn
- *massa, molt, prou,* etc. - *perquè*: És *massa* llest *perquè* li ho puguis fer creure
- *fins al punt que*: Estava trist *fins al punt que* no va sortir de casa en dos dies

En aquests dos darrers casos, l'infinitiu pot formar també oracions consecutives; en el primer, precedit de *per* (És *massa* escèptic *per comprometre's*) i en el segon, de *de* (Estava cansat *fins al punt de presentar la dimissió*).
Finalment, algunes consecutives van precedides de la preposició *de* + l'adverbi *on*:

Vam veure el terra mullat, *d'on* vam deduir que havia plogut

Condicionals

Descriuen les condicions de realització d'allò que s'indica a l'oració principal i van precedides de:

- *si*:

  Si obres el llibre ho trobaràs

  Si la condicional és negativa, apareix *Si no,* que cal no confondre amb la conjunció adversativa *sinó*

- *posat que, a condició que, en cas que*:

  Vindran *a condició que els vagis a buscar*

- *mentre, mentre que, sempre que*:

  Mentre es comporti així, no l'admetran enlloc

- *fora que, llevat que, tret que*:

  Demà menjarem arròs *fora que a algú no li agradi*

- *només que, sols que*:

  Només que hi treballem dos dies ho enllestirem

- *que*:

  Pobra d'ella, *que ho faci malament*

Infinitius, gerundis i participis poden formar subordinades condicionals:

En cas d'arribar tard, truqueu al timbre
Comprant tanta gent, la botiga farà negoci
Pintada de nou, la façana pot quedar bé

Concessives

Representen un obstacle o una objecció a allò dit en l'oració principal, l'acció de la qual, malgrat tot, es realitza. Les locucions que les encapçalen són les següents:

- *encara que, malgrat que, ni que*:

  No els ho diguis *encara que t'ho exigeixin*

- *per bé que, bé que, si bé*:

  Si bé es va acordar, ningú no en va fer cas

- *tot i que, amb tot (i) que*:

  Parlava bé l'anglès *tot i que havia nascut a Olesa*

- *per més que, per … que*:

  Per més que insisteixis no et farà cas
  Per pesat que et posis no t'ho donaré

- *mal que, baldament*:

  Mal que et molesti he d'obrir la finestra

Gerundis i participis poden integrar, sovint precedits de marques concessives, subordinades d'aquesta classe:

(Tot i) Estudiant molt, no dominava el tema
La calefacció, *(bé que) arreglada de nou,* no funcionava

També l'infinitiu, encapçalat sempre per conjunció o locució conjuntiva:

Malgrat / Tot i parlar tant, no deia res d'interès

Causals

Indiquen la causa de l'efecte descrit per l'oració principal, la qual, per tant, és el resultat d'allò que expressa la subordinada causal. Apareixen introduïdes per les conjuncions i locucions següents:

- *perquè*:

  Mirava molt el rellotge *perquè anava tard*

- *ja que, vist que*:

  Ho vaig consultar al diccionari *ja que no n'estava segur*

- *com, com que, com sigui que*:

  Com que hi havia molta cua, me'n vaig anar

- *a causa que, atès que*:

  Atès que els criteris no són fiables, prescindirem d'aquesta explicació

- *que*:

  Abriga't, *que fa fred*

- *car, puix (que), per tal com*:

  Aquest tema no el tractaré *car serà objecte de cursos* posteriors

La preposició *Per* davant d'infinitius introdueix oracions causals:

Això li ha passat *per refiar-se'n massa*

Els gerundis poden formar també oracions d'aquesta classe:

Congelant els aliments va estalviar molt

Finals

Indiquen la finalitat d'allò que l'oració principal expressa. El verb de l'oració final sol adoptar formes del subjuntiu. Van introduïdes per les conjuncions i locucions següents:

- *perquè*:

  Li van apujar el sou *perquè no deixés l'empresa*

El fet que causals i finals puguin anar precedides de la mateixa conjunció pot produir alguns casos d'ambigüitat. Encara que les causals usin l'indicatiu i les finals el subjuntiu, cal tenir present que, en molts verbs, les formes de primera i segona persones del plural dels presents d'indicatiu i de subjuntiu coincideixen. Així, en una oració com *Em quedo perquè treballem,* el fet de treballar tant pot indicar causa com finalitat. L'ambigüitat només es resol canviant la conjunció: *Em quedo a fi que treballem* i *Em quedo ja que treballem.*

- *a fi que, per tal que*:

  Espanta els ocells *per tal que no se li mengin la collita*

  Amb *Per, Per tal de* i *A fi de,* els infinitius integren oracions finals:

  Anaven de vacances al febrer *per no passar calor*

Text complementari

Finalment, cal dir que mentre que la fonètica i la morfologia de les llengües romàniques són continuadores de les del llatí vulgar, la sintaxi oracional n'està tan allunyada que hom pot considerar que hi hagué una efectiva solució de continuïtat. En l'etapa inicial de totes les llengües romàniques, hi predominava absolutament la parataxi (o juxtaposició de les oracions) sobre la hipotaxi (o subordinació gramatical), puix que el poble mai no es mostra gaire disposat a les concatenacions lògiques i l'engranatge dels pensaments. La rígida construcció del sistema oracional del llatí havia estat, doncs, substituïda per una altra de ben simple, gairebé sols paratàctica, i en aquells temps en què les llengües vulgars a penes no s'escrivien, els matisos de coordinació i subordinació o intencionals del text eren manifestats amb canvis orals del ritme o de l'entonació.
Els textos catalans més antics a penes no expressen més que realitats objectives amb verbs en indicatiu. Però en desenvolupar-se les literatures romàniques, aviat es retornarà a la construcció de períodes amb hipotaxi, i caldrà organitzar un sistema propi de conjuncions; així la hipotaxi romànica serà forjada de bell nou, independent, per bé que paral·lela, de la del llatí. Això, però, serà tasca dels literats.
Si observem la prosa d'un dels primitius textos catalans, els *Usatges,* veiem com hi era de pobra la sintaxi. Quasibé tot són oracions simples, enllaçades per les conjuncions més primàries: la copulativa *e* sobretot, i sovint també la disjuntiva *o.* Hi ha moltes oracions amb el verb en futur, les quals després serien construïdes en el mode subjuntiu. Abunden així mateix les oracions de relatiu, puix que era l'època de transició entre el relatiu i la conjunció *que,* i com és sabut, aquesta moltes vegades procedeix etimològicament d'un relatiu.

Manuel SANCHIS GUARNER, *Aproximació a la història de la llengua catalana* (1980)

Addenda

Principals usos de «que»

a) Usat com a conjunció, pot introduir la majoria d'oracions subordinades:

1. *Substantives*: Convé *que li diguem* (Subjecte), Diuen *que li diran* (CD)...
2. *Adjectives*: El meu oncle, *que viu a Florència,* és molt alt (Recordeu que en aquestes oracions no s'ha de confondre *que,* àton, amb el relatiu tònic *què,* que sempre ha de portar preposició).
3. *Adverbials*:

- temporals: Van obrir les portes *que ells ja estaven cansats d'esperar*
- modals: Té pa a l'ull, *que deia l'avi*
- consecutives: Plovia tant *que no van gosar sortir*
- causals: No tanquis, *que fa calor*
- finals: Deixa la porta oberta, *que pugui sentir el telèfon*
- condicionals: Pobre d'ell, *que vingui tard*
- comparatives: És més fort *que tu*

b) No confongueu QUE (àton) amb QUÈ (tònic) en casos com els següents:

1. QUE, quantitatiu i ponderatiu, usat en exclamatives com a determinant (*que* coses!) o com a adverbi (*que* corres, noi!)
2. QUE introductor i intensificador d'una interrogativa:
   Que ja heu acabat? *Que* plou?
   Noteu que, en aquests casos, no és cap pronom interrogatiu
3. QUE intensificador d'una exclamativa:
   Que burro *que* és! *Que* vingui, si és valent!

c) En alguns casos, el valor del QUE pot ser interpretat, sense que es produeixi ambigüitat, en més d'un sentit:

Pareu de posar discos, *que* m'atabalen

En aquest exemple, QUE pot interpretar-se com un relatiu (*els quals m'atabalen*) o com un nexe causal (*ja que m'atabalen*).

Doncs

- *Doncs* és una conjunció il·lativa que indica sempre conseqüència i mai no té significat causal. Per tant, és erroni usar-la, com de vegades es detecta en la llengua escrita encapçalant subordinades causals (introduïdes per les conjuncions i locucions conjuntives examinades en aquest tema):

Ús erroni	*Ús correcte*
*Ho vaig consultar abans, doncs no n'estava segur	Ho vaig consultar abans, perquè / ja que no n'estava segur

Per i per a

- L'ús de les preposicions *per* i *per a,* molt freqüents en la subordinació, presenta, segons la normativa, una casuística variada i no gaire fàcil de sistematitzar. El filòleg Joan Coromines ha proposat unes normes al respecte, cada dia més seguides, que tenen la virtut de simplificar al màxim sense perdre rigor ni matisos semàntics. Són, en síntesi, aquestes:

– Davant d'un substantiu o d'un altre element nominal (article, pronom, adjectiu) s'usa *per* o *per a* segons ho exigeixi el sentit:

Aquesta casa l'han comprada *per als* fills
Aquesta casa ha estat comprada *per* un turista
Ho van fer *per* Catalunya i *per a* Catalunya

– Davant de verbs (en infinitiu), adverbis i conjuncions, *per a* no és mai necessari i *per* és sempre correcte. Davant l'infinitiu de finalitat i de tota conjunció o adverbi, l'ús de *per a* és incorrecte; davant els altres tipus d'infinitiu, l'ús de *per* o *per a* és opcional:

Aquesta eina serveix *per/per a* tallar ferro

Els verbs en les condicionals

- En la subordinació condicional, els temps verbals ofereixen algunes particularitats. En primer lloc, l'ús de l'imperfet d'indicatiu o de subjuntiu és opcional (*Si els* **avisaves,** *vindrien* o *Si els* **avisessis,** *vindrien*); en segon lloc, quan en l'oració condicional apareix el plusquamperfet de subjuntiu, el verb de l'oració principal reclama el condicional, simple o compost (*Si els* **haguessis avisat, vindrien/haurien vingut**), i no pas el plusquamperfet de subjuntiu (és incorrecte, doncs, *Si els haguessis avisat, haguessin vingut*).

Si no / sinó

- Convé distingir clarament el caràcter i l'ús de *si no* enfront de *sinó*. *Si no* es compon d'una conjunció condicional i d'un adverbi de negació i s'usa, doncs, en oracions de sentit clarament condicional (*Si no calleu no sentim res*); altres vegades, es tracta d'una conjunció concessiva al costat del mateix adverbi *(Si no pràctic, el gerro és decoratiu)*. Per la seva banda, *sinó* és una conjunció adversativa, equivalent moltes vegades, a efectes d'identificació, a *però sí* (*Això no és moscatell sinó vi ranci*).

Suggeriments de treball

1. Substituïu els sintagmes subratllats de les frases següents per subordinades adverbials:

   1. Vols dir que ho faran segons les teves instruccions? 2. No et puc precisar el dia de la meva arribada. 3. Ha tornat a la seva terra natal. 4. Els van avisar massa tard. 5. Us hem esperat des de les dotze. 6. El negoci els va sortir conforme als seus càlculs. 7. Es va llevar a tres quarts d'una del migdia. 8. Ens trobarem a la cruïlla de camins.

2. Reemplaceu els nexes subordinants de les oracions següents per d'altres d'equivalents tot indicant, en cada cas, el tipus de subordinació:

   1. Com que ningú no l'escoltava, el conferenciant va tancar l'acte. 2. Si no ho vols ja s'ho menjarà ell. 3. Ha resultat tal com jo havia previst. 4. Sempre es fica on no el demanen. 5. Apaga la ràdio, que no puc concentrar-me. 6. Han instal·lat un sistema d'alarma a la botiga per evitar robatoris nocturns. 7. Tot i que la novel·la el

fascinava, la son el va vèncer aviat. 8. Mentre mantinguis aquest interès en la feina, te'n sortiràs. 9. Sempre que em necessitis, telefona'm. 10. Van llogar un apartament a la platja de Creixell per passar-hi l'estiu.

3. Indiqueu el valor de les subordinades adverbials dins les oracions següents:

   1. A pesar que viuen tan lluny no els oblido. 2. Es ven el cotxe per pagar els impostos. 3. Es va trencar un braç per ser massa temerari. 4. Vaig sortir del poble tot pensant en la seva gent. 5. És tan insòlit que em desconcerta. 6. El problema no és tan fàcil com et sembla. 7. Es llevava en sortir el sol. 8. Cremades les falles, s'acaben les festes. 9. Aquell ganivet és més esmolat que no sembla. 10. No ho diria ni que m'escanyessin.

4. Analitzeu sintàcticament les oracions compostes següents indicant la classe a la qual pertanyen les subordinades adverbials:

   1. Qui té el cul llogat no seu quan vol. 2. Ha canviat el cotxe perquè el vell ja no tirava. 3. Aquest detergent deixa la roba més blanca que la neu. 4. En aquest barri s'aparca on es vol. 5. L'astronauta, emocionat, va trepitjar la superfície lunar. 6. Sempre que ho facis així, valdrà més el farciment que el gall. 7. Arribant tan d'hora segurament trobaràs entrades. 8. Per més que jugo a la loteria no em toca mai. 9. Vist que les representacions tenen molt èxit, la companyia ha decidit prorrogar les seves actuacions en aquell teatre dues setmanes més. 10. Compro molts llibres per no haver d'anar a la biblioteca.

5. En les oracions subordinades adverbials següents, transformeu les causals en consecutives i viceversa, fent els mínims canvis possibles:

   1. Té tanta febre que delira. 2. Va arribar tan tard a l'estació que va perdre el tren. 3. No li vaig cobrar la visita perquè estava amb l'aigua al coll. 4. Està massa preocupat perquè et faci cas. 5. Acabarà el llibre perquè té molt temps lliure. 6. Estava esverat fins al punt que abraçava la gent pel carrer. 7. Com que tenia molta fam, va demanar quatre plats. 8. Hagueren d'obrir les finestres perquè hi havia massa fum.

6. En les oracions subordinades adverbials següents, destrieu les causals de les finals i substituïu-ne el nexe per un altre del mateix valor:

   1. No ha vingut perquè té por. 2. T'atabalaran perquè compris el cotxe. 3. Estalvien per comprar-se un pis. 4. Va venir per treballar. 5. Ens van cridar perquè ens necessitaven. 6. Atès que tothom surt content, l'obra deu ser bona. 7. Amaguem-nos, que no ens pugui veure. 8. Amaguem-nos, que ja arriba.

Exercicis de repàs

1. Indiqueu el valor de QUE en les frases següents:

   1. Tinc tanta sang que a les cinc tinc son. 2. No ho faran que no els insistiu molt. 3. Posa les cadenes al cotxe, que ja neva força. 4. Anaven a dormir que ja era de dia. 5. Agafeu les claus, que pugueu entrar a la nit. 6. Que tu l'hagis guanyat és sorprenent. 7. Van arribar aquell dia que feia tant de vent. 8. Els cabells li brillaven que ni esmaltats d'or. 9. Ai, noia, i que et tornes fina! 10. No oblideu que tanquen

a les vuit. 11. Que desolador que és, aquest paratge! 12. Tinc molt interès que conegui la meva obra. 13. Deixeu de dir bestieses, que no porten enlloc. 14. Que potser vols prendre'm el pèl? 15. No cal que corris tant, que no tenim pressa. 16. Que salada que és, aquesta sopa!

2. Corregiu quan calgui, l'ús de *doncs*:

1. Van haver-lo de desnonar doncs no pagava els impostos. 2. No serà possible de cantar, doncs estem afònics. 3. Fa mal temps, doncs no sortim de casa. 4. Ell és el metge de capçalera, doncs serà ben rebut a tothora. 5. Tanca el llum doncs tinc son. 6. Vés-hi de pressa, doncs s'ha fet molt mal. 7. Penso, doncs existeixo. 8. Espavila't, doncs faràs tard.

3. Ompliu els buits de les frases següents amb *si no* i *sinó,* segons convingui:

1. No va ser en Joan ... en Pere. 2. ... no véns d'hora ens n'anirem. 3. No és Verdaguer ... Maragall l'autor de «La vaca cega». 4. No em donis consells ... te'ls demano. 5. És bo que ho sàpigues ... no t'ho diria. 6. ... hi pares atenció perdràs el fil. 7. Porta'm l'escala ... no hi arribo. 8. ... fos perquè plou me n'aniria.

Lexicologia

Orientació bibliogràfica

Josep Balbastre, *Nou recull de modismes i frases fetes,* Pòrtic, Barcelona, 1979.
Maria Teresa Cabré i Gemma Rigau, *Lexicologia i semàntica,* Enciclopèdia Catalana, Barcelona, 1985, pp. 134-156.
Pompeu Fabra, *Gramàtica catalana,* Teide, Barcelona, 1956, pp. 142-159.
Manuel Franquesa, *Diccionari de sinònims,* Pòrtic, Barcelona, 1975.
Lluís López del Castillo, *Llengua standard i nivells de llenguatge,* Laia, Barcelona, 1976.
Santiago Pey, *Diccionari de sinònims i antònims,* Teide, Barcelona, 1970.
Joana Raspall i Joan Martí, *Diccionari de locucions i frases fetes,* Edicions 62, Barcelona, 1984.
Xavier Romeu, *Breu diccionari ideològic català,* Teide, Barcelona, 1978.

Tema 33

Els processos de formació del lèxic (I)

La flexió

Parlarem de flexió quan al lexema o radical d'un mot li afegim uns morfemes flexius variant-ne el significat, sense variar substancialment el nucli significatiu. Aquests morfemes flexius poden ser de **gènere** (*nen/nena*) i de **nombre** (*nen/nens*) quan s'apliquen als noms i adjectius. Quan se'n fa ús en les formes verbals tenim els morfemes de **persona** (*canto, cantes, canta...*); de **nombre** (*en Joan menja / els nens dormen*); de **temps** (*canto, cantava, cantaré, canti...*); d'**aspecte** (perfectiu o imperfectiu); de **mode** (indicatiu, subjuntiu...); etc.

Les variacions en el lexema o radical

Quan a un mot se li aplica algun dels mecanismes que en modifiquen l'estructura i la significació, el radical pot sofrir diferents canvis. Aquests poden ser:

1. *Fonètics*
   - Ensordiment o sonorització: una consonant oclusiva i fricativa en posició final és sempre sorda; amb la modificació pot continuar sent sorda o bé es pot sonoritzar segons el fonema resultant:

     cap → caparró
     groc → grogós

   - El pas dels sons africats en posició final escrits -IG o -G en sons africats sonors ([dʒ] escrits -TJ-) o fricatius sonors ([ʒ] escrits -J-/-G-):

     mig → mitjancer
     roig → roja

   - La substitució o addició de fonemes segons les regles fonètiques:

     substitució: neu/nevar/nevada
     addició: cap/capçal/capçalera

   - La desaparició en els noms acabats en -A, -E, -O, d'aquests sons a l'hora de fer-ne derivats:

     cama/cam-eta
     mare/mar-assa
     porxo/porx-ada

   - La majoria dels mots acabats en vocal tònica afegeixen -N:

     humà: humans/humanitat/humanitari
     tro: trons/tronar/tronada

– Si derivem un mot a partir d'un verb, se sol prendre el radical de gerundi:

córrer: corrent/correntia

2. *Accentuals*
L'accent es desplaça del lexema o mot base a l'afix (una o més lletres o síl·labes afegides al començament o a l'acabament del radical d'un mot, un prefix o sufix), bo i afectant en alguns dialectes (baleàric, central i rossellonès) la pronúncia per neutralització de la síl·laba desaccentuada:

porter/porteria
sabó/saboneria

3. *Ortogràfics*

raça/races
aigua/aigües/aigüera

La derivació

Un dels mecanismes més productius per crear nous mots és la derivació. Es pot definir com el procés d'obtenció de termes nous d'una mateixa família semàntica a partir del lexema o radical, bo i afegint-hi els anomenats morfemes derivatius o afixos.
Els afixos poden ser de diversos tipus:

prefixos: quan van davant del lexema (**en***verinar*)
sufixos: quan van darrere del lexema (*finestr***eta**)
infixos: quan van situats entre el lexema i el sufix (*esfil***agars***ada, peix***at***er*)

Els sufixos

Tenen com a característica principal que sempre són tònics. Per tant, desplacen l'accent del lexema. Com veurem en els quadres de derivació poden també fer variar de categoria gramatical el mot originari. Així, d'un nom en podem derivar un adjectiu o un verb (*pedra, pedrós, pedregar*). D'altra banda, els sufixos sempre modifiquen en diferent grau la significació del mot primitiu. Vegem-ne alguns casos:

- el sufix *-a* significarà canvi de gènere masculí a femení (*gat*/*gat***a**)
- els sufixos *-et, -eta*; *-ol, -ola*; *-ó, ona,* etc., indicaran la creació de diminutius
- els sufixos *-as, -assa*; *-arro, -arra* indiquen augmentatius (*homen***às**; *don***assa**;
- els sufixos *-as, -assa*; *-arro, -arra* indiquen augmentatius (*homen***às**; *don***assa**; *cotx***arro**)
- els sufixos *-us, -ussa*; *-ot, -ota* aporten un sentit pejoratiu (*cam***ús**/*cam***ussa**; *gent***ussa**; *carall***ot**/*carall***ota**)
- també hi ha sufixos que poden indicar noms d'ofici *-er, -era* (*fust***er**, *mainad***era**). D'altres indiquen llocs col·lectius: *-et* (*cany***et**) o d'instrument: *-et* (*clarin***et**), etc.

– Per la funció semblant, destaquem el cas dels hipocorístics, és a dir, les formes familiars de dir un nom personal. El català tendeix a formar-los elidint les primeres síl·labes (Ció, Cesc, Mila, Tina...), tot i que, en certs casos (Immaculada, Núria, Xavier...), el procediment és l'invers.

Per al quadre general de sufixos, vegeu l'apèndix.

Els prefixos

El nombre de mots obtinguts per aquest sistema és molt inferior a la productivitat que dóna la sufixació. A diferència dels sufixos, els prefixos no tenen com a funció mantenir o canviar la categoria gramatical del mot del qual provenen. Generalment, els prefixos provenen d'un adverbi o d'una preposició. A nivell culte se n'han adaptat també del llatí i del grec (prehistòria, contraindicació, arxi-milionari...).
Per al quadre general de prefixos, vegeu l'apèndix.

Els infixos

Són els elements que s'interposen entre el radical i el sufix. Generalment, no tenen cap valor semàntic. Serveixen per a obtenir formes dobles amb diferent significat (*peller*: qui fabrica les pells; *pell***et***er*: qui les comercia). A vegades els infixos denoten també matisos de petitesa (*plor***iny***ar*); d'insuficiència (*endor*mis*car-se*); d'augment (*allarga*ss*ar*) i pejoratius (*parl***otej***ar*).
Per al quadre general d'infixos, vegeu l'apèndix.

La parasíntesi

És un tipus de derivació especial. El mot admet alhora un prefix i un sufix. Vegeu-ne algunes exemples: **en**-*dins*-**ar**, **en**-*jog*-**assat** i **en**-*alt*-**iment**.

Els pseudo-derivats

Quan derivem nous mots a partir d'un mot llatí i no pas del mot català originari, es formen els pseudo-derivats, és a dir, falsos derivats que procedeixen directament del llatí i que generalment formen part de la llengua culta.

LLATÍ	PRIMITIU	DERIVAT	PSEUDO-DERIVAT
*calv*us	calb	calba, calbesa, calbejar	*calv*ície
*curv*us	corb	corba, encorbar	*curv*atura, *curv*ilini
*mob*ilis	moure	moviment, movem	*mòb*il, im*mòb*il, auto*mòb*il
*juv*enis	jove	jovent, joventut, jovenesa, jovenalla	*juv*enil

*prob*o	provar	provador, provatura, emprovar, provable (que es pot provar)	*prob*able (que és factible), *prob*abilitat, *prob*abilisme

Text complementari

Cobertes és preferible a _escobertes_ (vegeu el _Diccionari ortogràfic_, on figura _cobertes_, però no _escobertes_).

Però en el mateix cas que _escobertes_ es troben un nombre considerable de mots, com els plurals femenins, que s'han incorporat la terminació de l'article plural femení: _estisores, estenalles, estovalles, esclofolles, esclòvies_, etc., en lloc de _tisores, tenalles, tovalles, clofolles, clòvies_, etc. ¿Cal en tots els casos condemnar igualment les formes començades en _es-_?

Un cas anàleg d'aglutinació ofereixen els mots _aglà, anou, afrau, agram, arrel, arrova_, etc., per _gla, nou, frau, gram, rel, rova_, etc. I no és, naturalment, la nostra llengua tan sols que presenta mots nats d'una falsa divisió entre dos mots: és prou conegut el cas del mot francès _lierre_, abans _ierre_ (heura).

En tals casos cal, en general, donar la preferència a les formes primitives, sempre, però, que no hi hagi alguna raó poderosa per a admetre o àdhuc preferir la deguda a la incorporació de la final de l'article.

Pompeu FABRA, *Converses filològiques* (1954-1955)

Addenda

Remarques sobre l'ortografia de l'infinitiu i d'alguns noms

Infinitiu:

- Totes les formes acabades en *-guer* són considerades col·loquialismes.
- Alguns infinitius acabats en *-èixer* són castellanismes (*permanèixer, florèixer*...).
- Hi ha tot un seguit de verbs de la segona conjugació (*batre, fondre, admetre, interrompre, concebre, concórrer*, etc.) que, de manera incorrecta, col·loquialment se'ls dóna la forma d'infinitiu com si fossin de la tercera.

Noms: Els noms femenins acabats en *-etud* i *-itud* s'han d'escriure amb *-d* final.

Suggeriments de treball

1. Cerqueu derivats dels següents mots, segons l'esquema:
   cirera--------cirerer----------cirerar

   oliva, taronja, plàtan, mongeta, pera, poma, ametlla, llimona, carxofa, garrofa, pèsol, préssec, carbassa, pruna, codony, maduixa.

2. Indiqueu si les paraules de les parelles següents tenen el mateix significat:

endreçar/adreçar	aviar/enviar	engreixar/greixar
emmarcir/marcir	acaçar/percaçar	enraonar/raonar
arrossegar/rossegar	deposar/posar	descolgar/colgar
enregistrar/registrar	pertorbar/torbar	trastornar/tornar
encarregar/carregar	commutar/mutar	adreçar/dreçar

3. En els noms d'ofici següents separeu el lexema del sufix:

ordinari	ferrer	serraller	paleta
tramviaire	analista	vidrier	masover
perforista	bugader	ferrador	duaner
barreter	assaonador	cirurgià	terrissaire
enginyer	endevinaire	llevadora	cisteller
massatgista	escombriaire	impressor	muntador

4. Mitjançant els diversos prefixos convertiu aquests mots en verbs:

malalt	butxaca	just	llis	barat	llit
bla	mòbil	farina	mirall	taula	trist
vernís	ros	pedra	núvol	boira	quadrat
llosa	fred	febre	rodó	llum	blanc
recer	dur	feble	greix	sec	

5. Formeu un substantiu dels verbs següents:

estrebar	revenjar	embussar	prestar
descomptar	manllevar	jutjar	fondre
habitar	estimar	festejar	solcar
marejar	aguantar	mesurar	enfocar

6. Amb els sufixos *-itat, -esa, -itud, -or* i *-isme,* formeu un substantiu derivat dels següents mots:

clar	pobre	cèlebre	groc	sol	savi
suau	jove	blanc	social	escèptic	recte
fred	sord	lent	magne	assidu	amarg

7. Agrupeu els verbs següents segons que derivin d'un substantiu, un adjectiu, un adverbi o un altre verb:

esterrassar	acolorir	desentranyar
desentendre	desentestar-se	entonar
atrinxerar	endinsar	desentonar
dissenyar	reprendre	distreure
feinejar	acalorar	embrutar
entristir	refondre	incrementar
espesseir	festejar	garbellar
felicitar	col·leccionar	sovintejar

8. Assenyaleu l'infix d'aquests mots:

amagatall	pelleter	pobrissalla
flamarada	punxegut	ratolí
porticó	costaner	sastrinyol
caparrut	plovisquejar	pedruscall

9. Indiqueu quins elements (prefixos, lexemes, infixos i sufixos) formen els mots següents:

prefiguració	assaborir	esgratinyar
bescantar	escanyolit	inconcebible
afortunada	endormiscadís	replantejat
empolsinador	menysteniment	entristir
aferrissat	matalasser	pigallós
calcinat	engreixinat	apegalós
panxarrut	escardalenc	esfreixurar

10. Completeu la sèrie:

ofici	*matèria*	*lloc*
llibreter	....	....
....	peix	....
....	....	matalasseria
....	cafè	....
....	jardí	....
rellotger	....	....
....	fusta	....
....	....	floristeria
cotxer	....	....
....	rajola	....
....	terrissa	....
....	....	arrossar
....	....	espardenyeria
orxater	....	....
....	ferro	....
....	xocolata	....

11. Completeu els mots de la primera columna amb un sufix i el mot resultant relacioneu-lo amb alguna de les frases de la segona columna.

plorar			amb moltes flames
garriga			que busca bolets
badall			que descarta l'esperit
foc			que plora molt
espai			que fa acrobàcies
eben			que s'hi cap bé
trapezi		*-ista*	que badalla sovint
avar	+	*-ós, -osa*	poc desprès
cadira		*-er, -era*	abundant en garrigues
bolet		*-aire*	garlaire
formiga			conjunt d'avets
material			multitud de gent
xerra			que treballa la fusta
trèmul			que fa cadires
avet			que tremola

Exercicis de repàs

1. Completeu els buits de les frases següents:

   «En la solitu… de l'espai vaig pensar en la teva actitu… el dia que saberes que tenia aptitu…s per a convertir-me en astronauta. En aquestes latitu…s galàctiques sento la lentitu… amb què passa el temps.»

2. Completeu els mots següents amb *ç* o *s* segons admetin els sufixos *-ança, -ença* o no els admetin:

lloan…a	renaixen…a	alian…a
exten…a	comparan…a	nan…a
defen…a	prometen…a	dan…a
descan…a	frisan…a	temen…a

3. Completeu les sèries d'adjectius:

bonic	....	....	....
....	vaga	....	....
....	....	....	esveltes
....	xopa	....	....
nul	....	....	....
....	cega	....	....
blau	....	....	....
....	....	buits	....

4. Corregiu les formes incorrectes:

   «En Joan va permanèixer a l'estació fins que va sapiguer que no hi aniries. No va volguer que l'anéssim a buscar i es va fer excloir de la llista de viatgers per no favorèixer la manca de places en el tren de les 10.»

Tema 34

Els processos de formació del lèxic (II)

La composició

La llengua, a més a més d'enriquir el seu cabal lèxic amb el sistema de la derivació i els préstecs procedents d'altres llengües, compta amb un altre mecanisme de formació de vocables denominat composició. Consisteix a formar mots nous mitjançant la unió de dos o més mots que, perdent el significat particular, passen a tenir en la nova unitat formada un significat diferent. Aquestes noves unitats es denominen **paraules compostes** i es caracteritzen per tenir una unitat lèxica, morfològica i sintàctica pròpia. Així, no té la mateixa entitat dir *té la llengua llarga* que *és una llenguallarga*.

La composició es pot dur a terme per tres sistemes diferents: la **juxtaposició** (composició paratètica), l'**el·lipsi** (composició sintètica) i la **composició per partícules**.

La juxtaposició

Els compostos formats per juxtaposició són els que resulten d'unir dues o més unitats sense alterar cap llei gramatical. Amb el temps aquests mots han perdut el significat originari per prendre un nou sentit unitari. Gairebé tots els mots resultants d'una juxtaposició són substantius i adjectius. Podem obtenir-los mitjançant diverses combinacions:

Substantius

a) substantiu + adjectiu: *galta-negra, guàrdia urbà, Riba-roja*
b) adjectiu + substantiu: *migdia, curt circuit, altaveu*
c) substantiu + substantiu: *figa-flor, comte-rei, lliri-jonc*
d) substantiu + preposició + substantiu: *ull de poll, cuc de seda*, i *cul-de-sac*
e) substantiu + conjunció + substantiu (generalment amb guionets intercalats): *col-i-flor, cap-i-cua, vetes-i-fils, allioli*

Per a la formació del plural normalment pluralitzem els dos components, tret d'alguns casos de l'apartat e) i la majoria dels b), que només pluralitzen el segon i els de l'apartat d), que només pluralitzen el primer.

Adjectius

a) adjectiu + adjectiu (tots dos qualificatius), quan expressen un sol concepte: *verd fosc, agredolç*

Per a la formació del plural només pluralitzem el segon component. Els compostos del tipus **verd fosc** mantenen invariables els dos components.

b) adjectiu + adjectiu (tots dos numerals): *setanta-cinc*, *cent vint-i-dos*

Per formar el plural només pluralitzem el segon element.

La composició el·líptica o sintètica

Parlem de composició el·líptica quan el mot compost és el resultat de la unió forçada mitjançant la transgressió de les lleis gramaticals i, fins i tot, prescindint d'algun dels elements inicials. Per aquest sistema podem obtenir substantius, adjectius i verbs.

Substantius

a) substantiu + substantiu: *ferrocarril* (carril de ferro), *terratrèmol, fotocòpia* (còpia per fotografia)
b) substantiu + adjectiu o participi: *sostremort, celobert*
c) verb + substantiu: *comptagotes, cobrellit, portaveu*

Per formar el plural de b) i c) només pluralitzem el segon component. En el cas a), generalment pluralitzem el segon.

Adjectius

a) substantiu + adjectiu: *camallarg, caranet, llenguallarg*, *esmaperdut*
b) adjectiu + substantiu: *blau cel*, *verd poma*
c) adjectiu + adjectiu: *sord-mut, greco-romà*, *històrico-artístic*

Per formar el plural en a) només pluralitzem el segon element. En b) pluralitzem només el primer. I en c) generalment pluralitzem el segon, però a vegades els dos.

Verbs

a) substantiu + verb: *colltòrcer, capficar, aiguabarrejar*
b) adjectiu + verb: *primfilar*

Casos especials

a) verb + verb: *corre-cuita, suca-mulla*, *alçaprem*
b) locucions verbals i adverbials: *cuita-corrents*, *pengim-penjam*
c) els mots d'origen onomatopeic: *piu-piu, ziga-zaga, tic-tac, catric-catrac*

d) els topònims: hi ha nombrosos noms de lloc o topònims que s'han format per la unió de dos mots, fins al punt que s'han fossilitzat de manera absoluta i només identifiquen un sol nom: *Montserrat, Vilaniu, Vallferrera, Castellnou, Vilanova*, *Puigcerdà*

e) altres compostos:
– *passavolant, plus-vàlua, vaivé, usdefruit*...
– *Déu-vos-guard, adéu-siau, vist-i-plau, estira-i-arronsa, anar-i-tornar*...

La composició per partícules

El resultat d'aquest sistema de composició són mots el primer element dels quals és una partícula (preposició o adverbi) o un prefix i, el segon, un substantiu, adjectiu o verb. Dins la frase, aquests compostos poden fer la funció d'adverbi, preposició o conjunció: *antediluvià, benvinguda, gairebé, aleshores, a les hores* i *malentendre*.

El sentit figurat

El significat d'un mot o d'una frase pot variar segons el context en què s'inclogui. Fins i tot, pot variar per adquirir un nou significat. És aleshores que podem parlar de sentit figurat. És un mecanisme de lexicalització que emprem en els més diversos camps de la comunicació quotidiana. Pot donar-se el cas que usem una expressió amb un sentit ben allunyat del que tenia originàriament. Així, quan en una reunió hi ha un ambient enrarit, amb mal humor, tens i amb enfrontaments, el podrem resumir amb una expressió procedent del món mariner: *hi ha mala maror*. És però, sobretot, dels mots que designen les diverses parts del cos humà d'on surten la majoria d'expressions amb sentit figurat. Així, quan volem dir que hem sorprès o desenganyat algú, usem l'expressió *l'he deixat amb un pam de nas*.

En el camp literari s'empra aquest procediment sobretot per explicar situacions especials, mitjançant les quals l'autor vol generar una sensibilització especial per allò que ens comunica: «Són llaguts o balandres / els pensaments que em llisquen / pel llac de la memòria / de la cremada joventut?» (Joan Vinyoli).

De vegades, una expressió amb sentit figurat pot equivaler a una frase feta, que estudiarem tot seguit, però generalment són expressions amb autonomia pròpia. Podríem dir que el sentit figurat és el primer estadi de lexicalització d'una frase, mentre que les frases fetes són ja estereotipades, fixes. Aquest seria el cas de l'expressió figurada *tocar el dos,* que equivaldria *a anar-se'n,* si la transforméssim en frase feta completant-la de la següent manera: *tocar el dos que el tres ja és fora.*

Les locucions i les frases fetes

Les locucions són uns grups de mots amb ordre i forma ja fixats. Els utilitzem semànticament i sintàcticament com un sol mot. Generalment, la mateixa idea pot ser expressada per un sol mot (*fer un salt* / *saltar*).

Les locucions poden funcionar sintàcticament com a grups nominals (*cotó fluix*), verbals (*fer unes ratlles*), adverbials (*a balquena*), prepositius (*no obstant*) o conjuntius (*de manera que*).

Les locucions verbals, és a dir, aquelles que tenen com a nucli una forma verbal, són, generalment, formes molt lexicalitzades de sentit molt unitari que funcionen amb una total autonomia sintàctica. El nou sentit adquirit fa que minvi el valor significatiu de la forma verbal, i és aleshores que podem parlar de les **frases fetes.** Així, encara que siguin expressions equivalents, no és pas el

mateix dir *estar a la lluna* o *estar leri-leri* que *badar* o *desequilibrat*.
Les frases fetes, normalment, les construïm amb verbs molt usuals: *fer, donar, haver, anar, prendre, estar...*

FER: és el verb que més frases fetes forneix a la llengua:

- amb significat específic
  en Jaume ha fet un llibre (escriure)
- amb SN
  fer un cop de cap (endormiscar-se/decidir-se)
- locucions genuïnament catalanes
  fer-la petar (parlar), *fer l'orni* (dissimular), *fer dissabte* (netejar)
- amb sentit figurat
  fer Pasqua abans de Rams (avançar-se), *fer el darrer badall* (agonitzar)

DONAR: *donar-se ànsia* (apressar-se), *donar gat per llebre* (enredar)
HAVER: *no hi ha més cera que la que crema* (manca de recursos), *hi ha més dies que llonganisses* (sobrar temps per a fer quelcom), *hi ha pena de la vida* (existència de dificultats).
ANAR: *anar a la seva* (individualisme), *anar a toc de campana* (disciplinadament), *anar a jóc* (a dormir).
PRENDRE: *prendre candela* (intervenir), *prendre a pit* (amb gran interès), *prendre el cel amb les dents* (irritar-se), *prendre-s'ho a la fresca* (despreocupar-se'n).
ESTAR: *estar fora de plom* (insegur), *estar entre l'espasa i la paret* (en un dilema), *estar leri-leri* (a punt), *estar com una cabra* (poc enteniment), *no estar per orgues* (amb poc humor), *estar a l'escapça* (sense res).

Intercanvis lingüístics

Com ja hem vist en el tema 3, amb les pertinents definicions i exemples, existeixen diversos sistemes per a adquirir noves paraules procedents d'altres llengües: els cultismes, els pseudo-derivats, els barbarismes, els manlleus i els neologismes.

Text complementari

Així, el present diccionari, que és un sol llibre, es compon de dues parts ben diferenciades: les *locucions* i les *frases fetes*. Si volem caracteritzar les unes i les altres des d'un punt de vista lingüístic, direm que les locucions acompleixen una funció gramatical (i solen ésser reemplaçables per un mot simple de la mena dels adverbis o de les anomenades partícules, com són les preposicions i les conjuncions), mentre que a les frases fetes els pertoca d'exercir una funció lèxica (i correntment poden ésser reduïdes a un verb simple).
Així, per exemple, seran locucions: *abans de gaire* (=aviat), *d'un quant temps ençà*

(=darrerament), *en gran nombre* (=molts), *fluix de boca* (=indiscret). O bé, seran frases fetes: *estirar més el braç que la màniga* (=excedir-se), *fer-se una coca* (=esclafar-se), *no saber a quina carta quedar-se* (=estar indecís), etc.

Antoni Badia i Margarit, pròleg a Joana Raspall i Juanola i Joan Martí i Castell, *Diccionari de locucions i frases fetes* (1984)

Addenda

Ús del guionet:

- Per separar els pronoms febles quan van després del verb: *rentar-vos, vés-te'n, dóna -me-la.*
- En l'escriptura dels nombres: *vint-i-tres, trenta-nou, dos-cents vuit.*
- En els prefixos tònics següents: *arxi-, ex-, no-, pre-, quasi-, sots-, pseudo-, vice-,* etc.
- En les onomatopeies i les repeticions: *bum-bum, ziga-zaga.*
- En els mots compostos:
  a) verb + nom o nom + adj., si el segon element comença amb R (*mata-rates*), S (*gira-sol*) o X (*escura-xemeneies*).
  b) Per evitar lectures errònies (*Font-romeu, Puig-oriol, Puig-reig*).
  c) En els compostos heterogenis (*poca-pena, nord-est, abans-d'ahir, vetes-i-fils*).

Suggeriments de treball

1. Relacioneu cada verb amb el nom amb el qual pugui formar un compost:

	1. agulles
	2. soques
	3. caigudes
	4. mel
	5. monedes
	6. xocs
a. parar	7. taulells
b. picar	8. espatlles
c. xuclar	9. bombetes
d. guardar	10. martí
e. portar	11. avions
f. saltar	12. costes
	13. retrats
	14. poll
	15. equipatges
	16. porta
	17. cops
	18. pedrer

2. Relacioneu els següents noms compostos amb els mots de la columna de la dreta:

1. picaplets	a. fanfarró
2. pelacanyes	b. dependent
3. pixatinters	c. vagabund
4. rodamón	d. xerraire
5. saltataulells	e. advocat
6. bocamoll	f. oficinista
7. perdonavides	g. pobre

3. Amb els verbs *fer, donar, posar, treure, tenir* i *dir,* construïu locucions verbals sinònimes dels mots següents:

sermonejar	borronar	palplantar-se
badocar	aplanar	apedaçar
mentir	desitjar	moblar
fumar	petonejar	insultar
pactar	bavejar	entristir-se
envejar	bufetejar	fruitar

4. Escriviu la forma verbal corresponent —conservant el mateix mode, temps i persona— del verb derivat en *-ejar*:

1. farà el ronso	7. dóna cops a la taula
2. s'ha fet clar	8. feia de fura
3. feia el tafaner	9. feien pampallugues
4. tenien tremolors	10. feia la guerra
5. donaven voltes	11. es farà fosc
6. fa el fatxenda	12. treure fum

5. Escriviu frases on pugueu incloure cada un dels compostos següents:

1. aiguabarreig	9. corre-cuita
2. pengim-penjam	10. celobert
3. comptagotes	11. ullprendre
4. primfilar	12. cellajunt
5. estira-i-arronsa	13. colltòrcer
6. capficar	14. migpartir
7. eixugamans	15. cap-serrar
8. parallamps	16. sangglaçar-se

6. Doneu una breu explicació del que significa cada compost i desglosseu-ne els mots originaris bo i indicant-ne la categoria gramatical:

1. camatort	9. coragre
2. ullblau	10. trespeus
3. tocadiscos	11. tirabuixó
4. picapoll	12. milhomes
5. somiatruites	13. aiguanaf
6. cercabregues	14. escanyapobres
7. primmirat	15. trencanous
8. rata-pinyada	16. aiguafort

17. caragirat
18. galtaplè
19. ferrocarril
20. aiguaneu
21. carabrut
22. obrecartes

7. Relacioneu els mots de les dues columnes per tal d'obtenir-ne locucions amb un sentit figurat:

	1. d'una agulla
	2. clínic
	3. del rem
	4. d'una escala
a. ull	5. de comarca
b. cap	6. de brot
c. coll	7. d'ampolla
	8. d'una muntanya
	9. de casa
	10. d'any
	11. d'un pont

8. Expliqueu el significat figurat de les següents locucions:
   1. no es moca amb mitja màniga
   2. encolomar el mussol
   3. quedar-se a l'escapça
   4. deixar amb un pam de nas
   5. estar dat i beneït
   6. treure foc pels queixals
   7. ser carn i ungla
   8. treure el ventre de pena
   9. caure l'ànima als peus

9. Aclariu el sentit de les locucions en cursiva de les frases següents:
   1. hem posat la cadira *de gairell*
   2. han acceptat l'encàrrec *a ulls clucs*
   3. la proposta *fa olor de socarrim*
   4. quan ho ha dit se li *han vist les orelles*
   5. el projecte *se n'anirà en orris*
   6. van acceptar l'encàrrec *a mans besades*
   7. en Joan hi *remena les cireres*
   8. si ho fas, ja *has begut oli!*

10. Amb l'ajuda del diccionari, classifiqueu els mots següents segons la llengua d'origen:

1. repòrter	8. confetti	15. xalet
2. xofer	9. patata	16. eslògan
3. curaçao	10. menú	17. bidet
4. tomàquet	11. bistec	18. wàter
5. batuta	12. estàndard	19. hotel
6. piano	13. xampú	20. xut
7. xocolata	14. sandvitx	21. bar

11. Amb l'ajuda del *Diccionari etimològic i complementari de la llengua catalana,* de Joan Coromines, busqueu el procés de formació dels mots «assassí» i «bacó».

12. Definiu el sentit de les locucions següents:

    1. a cara o creu 2. ball de patacada 3. curt de gambals 4. groc com la cera 5. d'allò més 6. folrat d'armilla 7. el negoci d'en Robert amb les cabres 8. la setmana dels tres dijous 9. xuclat de galtes 10. racó de món 11. hereu de la casa cremada 12. i un nap 13. vulgues no vulgues 14. sense cap ni centener 15. tocat i posat 16. joc de poques taules 17. ni amb fum de sabatots 18. mort per mort 19. per cap vent del món 20. lleuger com una daina 21. una escalfada d'orelles.

13. Definiu el significat de les següents frases fetes. Després intenteu de fer una frase amb cadascuna, posant entre parèntesis l'expressió per la qual poden ser substituïdes:

    1. agafar el rave per les fulles
    2. vendre la casa i anar a lloguer
    3. anar amb els peus plans
    4. remenar les cireres
    5. anar d'Herodes a Pilats
    6. passar per l'adreçador
    7. anar pengim-penjam
    8. fer el préssec
    9. inflar el cap
    10. beure's el cervell
    11. caure aigua per l'amor de Déu
    12. demanar la lluna en un cove
    13. ésser bufar i fer ampolles
    14. ésser l'esca del pecat
    15. haver-hi més dies que llonganisses
    16. tenir cara de bon any
    17. pagar bitllo-bitllo
    18. suar la cansalada
    19. fer escarafalls
    20. fer la llesca
    21. dormir més que el guix
    22. canviar la pesseta
    23. quedar-se per vestir sants
    24. mudar l'aigua al canari
    25. néixer amb la flor al cul

Exercicis de repàs

1. Poseu els pronoms febles darrere del verb:

    1. la hi vaig donar
    2. me la vau comprar
    3. ens ho van comunicar

4. us els vau endur
5. me les vaig menjar
6. t'ho vaig dir

2. Escriviu en lletres els següents nombres:

 46, 61, 185, 222, 500, 621 i 1.125

3. Formeu compostos a partir dels verbs: *girar, guardar, escurar, saltar, parar, buscar* i *matar,* tenint en compte les regles de l'ús del guionet. Amb els mots obtinguts escriviu-ne frases.

4. Amb els mots següents formeu compostos tenint en compte les regles de l'ús del guionet:

 poca, panxa, penya, coix, dret, formal, tort, segat, cama, cap, vergonya, sots, milionari, fora, est, gros, esquena, content, senyat, temàtico, president, arxi, nord, boca, pena, calent, molla.

Tema 35

Relacions entre unitats semàntiques

La comparació

La comparació consisteix a establir una relació analògica entre dues persones, dos objectes, dues qualitats, etc. Generalment, partim d'un terme real A i el comparem amb una imatge que, si bé té el seu origen en un objecte real, ha pres un sentit figurat: *bo com el pa, llarg com una quaresma, sord com una campana.*

L'estructura sintàctica de tota comparació ha de constar de tres elements:

1. la **base** de la comparació (terme real), que generalment és composta per substantius, adjectius, verbs (*brillaven* com un *sol*) o tota una frase (*aquell home és fidel* com un *gos*).
2. el **segon terme** (en sentit figurat).
3. els **nexes,** partícules que uneixen la base i el segon terme (*com, com si, tan...com, sembla, fa l'efecte,* etc.).

Segons l'ús, la comparació es classifica en dos tipus: lliure i lexicalitzada.

La comparació lliure persegueix efectes estilístics, literaris o d'expressió personal i, doncs, admet transgressions de la realitat i de la lògica: «*Com la pluja d'abril dolça música, / que mes llangors em gronxin una mica*» (Josep Carner).

La comparació lexicalitzada parteix del fons comú de la llengua i és d'ús generalitzat entre els parlants. Aquestes formes han pres un significat lèxic unitari, que s'ha fossilitzat. Han perdut el significat originari i han esdevingut autèntiques frases fetes: *carregat com un ruc, pelut com un ós.*

La polisèmia

És el fenomen per mitjà del qual un mot pot adquirir diversos significats segons el context. Aleshores parlem de mots **polisèmics,** que són oposats als monosèmics, els quals només admeten un significat per cada significant. Així, quan diem: *En Joan té la copa a les mans,* el mot *copa* pot tenir diversos significats. Ens podem referir a un vas per beure; al líquid que cap dins d'una copa; al trofeu en forma de copa ornamental i, finalment, a la competició que té una copa com a trofeu. Gairebé tots els mots del vocabulari bàsic tenen possibilitats de ser polisèmics. La polisèmia permet acumular diversos significats en un sol significant, amb la qual cosa els usuaris d'una llengua se serveixen d'un sistema lingüístic molt més simplificat. Aquest fenomen es denomina **economia lingüística**.

La metàfora

Quan diem *cabells d'or* volem expressar *cabells brillants com l'or.* La metàfora *d'or* és el resultat de la translació (transferència, que és el que vol dir el terme grec del qual prové) del significat d'un mot a un altre. En la metàfora sempre s'estableix una identificació poètica entre un element real i un d'irreal quan només el segon és present en el discurs literari. Hi ha metàfores que han esdevingut tan habituals en la llengua col·loquial, que ni ens n'adonem quan en fem ús. Aquest seria el cas de: *el cap de taula, tinc pell de gallina* o *té el cap ple de pardalets.* En canvi, n'hi ha que, molt més elaborades pels literats, arriben als límits del possibilisme lèxic i ens sobten per la inviabilitat del que se'ns diu: «Avances amb el mot que el vent diu a la fulla, / el mot que ve del llamp i acaba en el colom» (Bartra). Aquí, el poeta no fa altra cosa que aplicar les significacions de *mot* a significants poc o gens probables dins el marc de la lògica estricta.

Les metàfores s'aconsegueixen per mitjà d'un doble procés:

a) la superació del/s significat/s mitjançant la comparació: *blanc com un borralló de neu*
b) la creació de nous significats mitjançant la juxtaposició i la síntesi: *la mort, és a dir, la desconeguda*

Es pot dir que la metàfora és una comparació implícita que ha suprimit les partícules que caracteritzen la comparació. Segons els sentits que tinguin podem classificar les metàfores en quatre grups:

a) Les que parteixen de les parts del cos d'una persona: *braç de mar, coll d'ampolla, boca de canó*.
b) Les que parteixen de qualitats animals aplicades a plantes i persones.
Plantes: *pota de cavall*, *peus de rata*
Persones: *ets un ase*, *és una cotorra*
c) Les que es basen en experiències molt personals. Són elaborades especialment en el camp de la creació literària. Solen ser complexes i llargues: «Tu ho has volgut, / que et trenés com un fil amb el seu fil / i retorcés la corda» (G. Ferrater).
d) Les metàfores sinestèsiques designen algun concepte nou a partir de la unió de paraules procedents dels diversos camps sensorials (vista, oïda, tacte...). Així, quan en la parla col·loquial diem *noia dolça* i *home eixut.* O també, quan el poeta ens diu: «Sense enyor / se'ns va morint la llum que era color / de mel, i ara és color d'olor de poma» (G. Ferrater).

La metonímia

És la designació d'una cosa amb el nom d'una altra que guarda amb la primera alguna de les relacions següents: causa-efecte, continent-contingut, concret-abstracte, matèria-objecte, etc. Es relaciona amb la sinècdoque, que en grec significa «coses enteses al mateix temps». Si diem *Doneu-nos el nostre pa de cada dia* podem entendre que qui ho diu demana més que no pas el pa estricte. És, doncs, l'operació que consisteix a usar un mot per designar un concepte amb la intenció de referir-nos a un altre, bo i mantenint sempre els dos conceptes una relació íntima. Així, quan diem que demà jugarà l'*equip de la Creu Alta* volem designar el F.C. Sabadell; *tinc un erra cinc (R 5)* (marca de cotxe); *les rapinyaires* (designació d'un tipus d'aus); *els modernistes* (autors lligats al corrent Modernista); *un bon Priorat* (un bon vi); *viure sota sostre* (tenir casa) i *el cor fidel* (persona lleial).

La sinonímia

És un fenomen de relació entre dos o més mots els quals es poden substituir mútuament, augmentant d'aquesta manera considerablement les possibilitats expressives de la llengua. És a dir, quan un mateix significat pren significants diferents. El mot *casament* pot ser substituït segons el context de la frase o el nivell de llenguatge per: boda, matrimoni, enllaç, casori, esposalles, noces, núpcies, unió conjugal, connubi, esposori, himeneu, conjugi i maridatge. Tot aquest enfilall de mots direm que són sinònims de *casament*:

> *El casament se celebrà a les 12* equival a *La boda se celebrà a les 12, L'enllaç se celebrà a les 12,* etc.

Hi ha pocs sinònims absoluts; la majoria són sinònims parcials, en funció del context en el qual s'utilitzen. Fins i tot pot donar-se el cas de dos mots (o expressions), sinònims que, situats en nivells de llenguatge diferents, no poden ser substituïts. Aquest és el cas de *tenir* i *posseir*. Mentre puc dir *tinc* o *posseeixo una casa,* en canvi no és possible d'intercanviar els dos verbs quan dic *tinc vint anys* i *posseeixo vint anys*.

L'homonímia

Consisteix en la coincidència de significant entre dos o més mots, els significats dels quals són diferents. Existeixen tres tipus de mots homònims:

1. els **homògrafs:** coincideixen plenament en l'ortografia i la pronúncia (*fi,* d'acabament; *fi,* de destinació).
2. els **homòfons:** que pronunciem de la mateixa manera però que no s'escriuen igual (*sòl* i *sol*).
3. els **heteròfons:** que s'escriuen amb una lleu diferència i no es pronuncien igual (*fóra,* del verb ser i *fora,* adverbi).

L'antonímia

Consisteix a oposar el significat de dos mots (*mort/viu*). De vegades, aquesta oposició presenta una gradació entre més de dos mots (*moll/humit/sec; calent/tebi/fred*).

Hi ha dos tipus d'antònims: els gramaticals i els lexicals. Els gramaticals es

formen quan afegim a un mot morfemes de derivació, sobretot prefixos amb càrrega negativa (*gust*/**dis***gust; dependència*/**in***dependència*).
Els lexicals són els autèntics antònims. Són mots monosèmics amb sentit oposat (*jove*/*vell; prim*/*gras*...).

Els eufemismes

Són els vocables o expressions que en substitueixen d'altres socialment considerats tabú o malsonants.
Alguns s'usen amb clares intencions polítiques d'ocultar una realitat (*reajustament* per *puja de preus; excedents laborals* per *obrers parats; camps de concentració* per *camps d'extermini*). Altres es refereixen a les funcions biològiques del cos humà, especialment les sexuals i les fisiològiques (*fer ús del matrimoni* per *copular; anar de cos* per *defecar*). Un altre grup ben definit és integrat pels oficis socialment poc valorats (*empleat de finca urbana* per *porter; professor d'Educació General Bàsica* per *mestre; empleada domèstica* per *minyona*). Altres tracten d'evitar al·lusions directes a defectes físics o a l'edat de les persones (*invident* per *cec; minusvàlid* per *paralític; tercera edat* per *vellesa*).
Sovint, els eufemismes i les paraules que supleixen formen autèntiques llistes de sinònims distribuïbles en els diversos registres lingüístics. Això es pot comprovar, per exemple, en *borratxera* (col·loquial), *embriaguesa* (culte), *intoxicació etílica* (mèdic o tècnic) i *torradora, gat* (vulgar).

Els camps lèxics o semàntics

Estan configurats per un seguit de mots que, tot i designar conceptes diferents, pertanyen a un mateix conjunt de significació o a una mateixa àrea de la nostra experiència. Aquest seria el cas del terme «locomoció», que conté tots els mots que designen objectes mitjançant els quals es poden realitzar desplaçaments terrestres, marítims i aeris.

El camp semàntic de la locomoció

TERRESTRE

Patinet		
Carruatge	carrossa carro	de trabuc de parell de vela de palla d'alfals de bóta de torn

	cotxe (de dues rodes)	cab
		cabriolé
		calessa
		mallorquina
		tartana
		tílburi
		xarret
	(de quatre rodes)	berlina
		brec
		birlotxo
		jardinera
		carretel·la
		diligència
		faetó
		galera
		landó
		malcoix
		ripper
		victòria
Bicicle		
Bicicleta	de passeig	
	de turisme	
	tàndem	
	de competició o de cursa	
	plegable	
	infantil	
Ciclomotor		
Velomotor		
Moto/ Motocicleta	de motocross	
	de trial	
	tot terreny	
	de velocitat	
	de turisme	
	sidecar	
	vespa	
Automòbil	de turisme	sedan
		berlina o cupé
		brec o familiar
		descapotable
		utilitari

- de transport de passatgers
  - microbús
  - autobús → troleibús
  - autocar
- de transport de mercaderies
  - furgoneta
  - camioneta
  - camió
  - tràiler
- de competició
  - turisme
  - gran turisme
  - esport
  - fórmules
  - de rècord
- especials
  - tot terreny (*jeep, land-rover,* etc.)
  - tractor agrícola
  - grua
  - excavadora
  - anivelladora
  - dúmper
  - piconadora/aplanadora
  - bulldòzer
  - amfibi
  - eruga o semieruga
  - blindat
  - tanc o carro de combat

Ferrocarril

- tramvia
  - de tracció animal
  - de vapor
  - elèctric
- tren
  - urbà o metro
  - interurbà
    - de passatgers
    - de mercaderies
    - mixt
    - correu
    - òmnibus
    - tramvia
    - exprés
    - ràpid
    - automotor
    - militar
    - blindat
    - especials
      - cremallera
      - funicular
      - aerotrèn

- **Trineu**
  - d'un sol patí o lapó
  - de dos patins

MARÍTIMA

- **Embarcació**
  - rai
  - piragua
    - doble
    - amb balancí
    - d'escorça
    - caiac
    - umiak

- **Barca**
  - xalana
  - falutx
  - esclop
  - gavarra o barcassa
  - barques de pesca
    - quillat
    - barca de bou
    - barca de palangre
    - barca de sardinals / sardinalera
    - de teranyina
    - caro
    - llagut
    - gussi
    - bot
    - motxa
    - de cabotatge
      - la mitjana
      - la tartana

- **Vaixell**
  - segons el sistema de propulsió
    - de vela
      - goleta o pailebot
      - bergantí/bricbarca/corbeta
      - bergantina
      - xabec
      - clíper
      - balandra
    - de vapor
    - de motor o motonaus
    - de turbines
    - de propulsió nuclear
  - segons l'ús
    - mercants
      - llagut
      - xalana
      - petroliers
      - de contenidors
      - frigorífics

- carboners
- fruiters
- cisternes
- mineralers
- de guerra
  - galió
  - galera
  - pescamines/dragamines
  - torpediner
  - destructor
  - submarí
  - canoner
  - portaavions
  - creuer
  - fragata
  - minador
  - cuirassat
  - llanxa
    - pneumàtica
    - ràpida
    - antisubmarina
    - torpedinera
    - canonera
    - guardacostes
- esportives
  - hidroplà
  - llanxa pneumàtica
  - iot
  - l'*finn*
  - l'470
  - l'*star*
  - l'*soling*
  - l'*tornado*
  - l'*flying Dutchman*
  - l'*tempest*
- de passatge
  - paquebot
  - motonau
  - *ferry-boat*
  - *hovercraft*
  - transbordador
  - transatlàntic
  - *golondrina*
  - *bateaux mouches*
- de pesca
  - balener
  - bacallaner
  - sardiner
  - de bou

	auxiliars	vaixell d'abastament
		vaixell hospital
		vaixell escola
		vaixell taller
	especials	draga
		cabler
		trencaglaç
		remolcador
		vaixell factoria
		vaixell meteorològic
		vaixell oceanogràfic
		vaixell de salvament

AÈRIA

Aeròstat	globus	estratosfèrics o tripulats	
		no tripulats o sondes	
dirigibles	rígids o zeppelins		
	semirígids		
Avió	segons el nombre d'ales	mono-plans	d'ala baixa
			d'ala mitjana
			d'ala alta
		biplans	
		triplans	
		multiplans	
	pel nombre de motors	monomotors	
		bimotors	
		polimotors	
	segons les funcions	militars	bombarder
			de caça
			interceptor
			caça-bombarder
			de reconeixement
			d'antisubmarí
		civils	de càrrega
			de passatgers
			correu
			de turisme
			d'esport
			avioneta

punt de vista aerodinàmic	subsònics de baixa velocitat subsònics d'alta velocitat transsònics supersònics hipersònics

Hidroavió

Planejador

Autogir

Helicòpter

Coet

Satèl·lit

Text complementari

El poeta treu les paraules del diccionari i les torna a definir en contextualitzar-les, en donar-los un espai màgic on és possible la transformació. No pas qualsevol transformació, i tornem a trobar-hi els límits: mai el silenci no pot ser la imatge de la força, ni el mar de les fronteres, o la nit de la set, o la set de la nit, perquè, fins i tot aïllada, cada paraula té un compromís de significació, tan subtil com vulgueu, que li permet de servir només per a suggerir aquells sentits nous que no trenquin el fil primíssim que uneix la paraula amb el conjunt de significats possibles. N'és un exemple la metàfora, fins i tot la més convencional. Puc dir *d'or* d'uns *cabells* perquè hi puc percebre trets que els associen: el color, el preu i la raresa. Tanmateix, la metàfora és possible sempre que l'agermanament no sigui total: els cabells són rossos, valuosos i singulars; però no pas durs, ni amagats a la terra. Vet aquí que la metàfora (tota metàfora) té les seves lleis i el poeta les haurà de respectar per força: podrà dir *cabells de cendra, de neu, d'eben* o *de foc*; però mai *cabells de fam* (si no és que aquesta metàfora té com a rerafons una metonímia —i aquesta és una altra llei) perquè entre *fam* i *cabells* no hi ha aquell fil subtil que lliga un mot amb el conjunt de significats possibles. Si aquest fil es trenca, el llenguatge es fa fonedís.

Jesús TUSON, *El luxe del llenguatge* (1986)

Addenda

Els diccionaris

Són reculls que inventarien i defineixen, generalment per ordre alfabètic, els mots d'una llengua, els termes d'una ciència, els estris d'una professió, etc.
Els diccionaris tracten, aïlladament o per seccions, les múltiples informacions dels mots. Així doncs, existeixen diferents tipus de diccionaris, referits a les definicions, l'origen, la diversitat de formes, les equivalències, l'ortografia...
El **diccionari normatiu** aplega els mots admesos per l'Institut d'Estudis Catalans com a genuïns i correctes. Qualsevol de les entrades ens subministra la categoria gramatical del terme i les accepcions amb els corresponents exemples. El *Diccionari general de la llengua catalana,* de Pompeu Fabra, és el que compta amb més anys de tradició. Recentment, recomanat per l'Institut, ha aparegut el *Diccionari de la llengua catalana,* de la Fundació Enciclopèdia Catalana, obra col·lectiva que actualitza en molts aspectes l'anterior, bo i afegint-hi sobretot el vocabulari tècnic aparegut en els últims decennis.
El **diccionari etimològic** és aquell que documenta l'origen i l'evolució dels mots. El català compta, de fa pocs anys, amb el *Diccionari etimològic i complementari de la llengua catalana* de Joan Coromines (en curs de publicació).
El **diccionari dialectològic** és el que recull, en forma gairebé d'inventari, les variants dels mots per procedències geogràfiques i que, fins i tot, incorpora formes no genuïnes i arcaiques. En aquest camp comptem amb els deu volums del *Diccionari català-valencià-balear* d'Antoni Maria Alcover i Francesc de Borja Moll. Conté també arcaismes, antropònims, topònims i, en molts casos, documentació sobre l'etimologia dels mots.
El **diccionari enciclopèdic** recull els vocables de la llengua estàndard a més de termes geogràfics, històrics, científics, tècnics..., amb abundant il·lustració gràfica. La *Gran Enciclopèdia Catalana* (16 volums) n'és l'exemple més ambiciós. Amb abast molt més limitat i escolar existeixen el *Diccionari Enciclopèdic,* resum de l'Enciclopèdia, i el *Petit Curial Enciclopèdic.*
Els **diccionaris específics** són aquells que s'ocupen d'aspectes ben concrets de l'estudi de la llengua. En són exemples els de sinònims i antònims; els ideològics, que ordenen els mots per àrees o camps semàntics; els ortogràfics, que defineixen la categoria gramatical dels mots i la seva correcta escriptura, els de locucions, modismes i frases fetes; els de barbarismes, etc.
Els **diccionaris especialitzats** són inventaris dels mots propis d'oficis, de ciències o d'humanitats. De vegades, per les seves limitacions, no ultrapassen l'estadi de simples vocabularis. En són exemples els dedicats a termes jurídics, mèdics, elèctrics, químics, literaris, informàtics, físics, musicals, de la construcció, del comerç, de l'argot, de la banca, de la matemàtica, de l'automòbil...
Els **diccionaris d'equivalències o bilingües** ens informen sobre les correspondències dels mots catalans amb els d'altres llengües. Així, disposem de diccionaris bilingües, entre d'altres, de català-espanyol, català-francès, català-anglès, català-alemany, català-japonès, català-portuguès, català-rus...

Suggeriments de treball

1. Relacioneu els mots de la primera columna amb les expressions sinònimes de la segona:

1. bladar	a. groller
2. bast	b. seguit, un darrere l'altre
3. sensata	c. que es pot provar
4. provable	d. camp de blat
5. acte	e. dubtar
6. vacil·lar	f. seriosa
7. sèrie	g. acció
8. probable	h. possible

2. Compareu els mots de les dues columnes de manera que el resultat tingui un sentit coherent:

1. ser ros		a. un porc
2. estar sord		b. una gasela
3. estar prim		c. un lloro
4. eixerit		d. un pecat
5. vermell		e. un pinyó
6. fart		f. una bóta
7. dormir		g. la cera
8. negre	COM	h. un fideu
9. tornar-se groc		i. un gínjol
10. xerrar		j. un pebrot
11. ser lleig		k. un soc
12. tenir una boca		l. el sutge
13. lleuger		m. una tàpia
14. gros		n. l'or

3. Busqueu sinònims del verb *enamorar* i escriviu-ne frases que demostrin les diferències de matís que existeixen entre els sinònims.

4. Classifiqueu els mots homònims següents segons que siguin homògrafs, homòfons o heteròfons:

   fi (el), fi (la); són, son; món, mon; té (verb tenir), te (planta), te (pronom), te (nom de la lletra); mòlt, molt; meu, mèu; féu (p. simple del verb fer), feu (possessió), feu (imperatiu del verb fer); vall (geografia), vall (construcció); sèu (greix), seu (possessiu), seu (residència), seu (verb seure); coure (verb), coure (nom); canti, càntir; sòl (terra), sol (astre), sol (adjectiu); deu (verb deure), deu (numeral), déu (divinitat); banal (superficial), venal (vendre); ball (de ballar).

5. Busqueu antònims de *calmar* i escriviu-ne frases que demostrin els diferents graus d'antonímia que existeixen entre ells.

6. Escriviu un antònim al costat de cada un dels següents mots:

   atacar, útil, preocupat, clar, creïble, enderrocar, estrènyer, empetitir, entristir, triar, plorar, negrejar, aprimar, tranquil·litzar.

7. Relacioneu les dues columnes d'antònims:

1. augmentar	a. contaminador
2. democràcia	b. agre
3. bord	c. dictadura
4. ferum	d. genuí
5. festiu	e. minvar
6. sa	f. inauguració
7. ecologista	g. bona olor
8. arruïnat	h. feiner
9. cloenda	i. enriquit
10. dolç	j. malaltís

8. Feu frases amb les parelles de mots següents, de manera que es vegi la diferència de sentit:

1. acabat/acaba't	7. tel/te'l
2. ni/n'hi	8. preparat/prepara't
3. sobre/s'obre	9. potser/pot ser
4. a les hores/aleshores	10. deixem/deixa'm
5. trameto/tramet-ho	11. mel/me'l
6. recordem/recorda'm	12. s'asseu/cesseu

9. Relacioneu les següents expressions metafòriques referides a trets físics i psicològics de les persones:

1. cara de pomes agres	a. gran
2. ulls de mussol	b. constant
3. nas de pebrot	c. geniüt
4. boca de rap	d. prominent
5. cap de ruc	e. amb poca intel·ligència
6. cap de trons	f. enormes
7. orelles de pàmpol	g. cautelós
8. braç de ferro	h. exaltat
9. peus de plom	i. fixament

10. Amb l'ajuda d'un diccionari ideològic confeccioneu el camp lèxic de l'alimentació.

11. Elaboreu llistes d'eufemismes que pertanyin a camps diversos (política, sexe, funcions fisiològiques...).

Tema 36

Els nivells de llenguatge i la llengua estàndard

Introducció

La llengua estàndard, tal i com l'hem definida en el tema 5, és un model lingüístic acceptat per tots els parlants d'una llengua com a instrument de comunicació comuna. No és, però, la manera usual i normal d'expressar-se de la comunitat de parlants. Existeixen diversos nivells de llenguatge segons els diversos estaments, les diverses situacions o dedicacions professionals (llenguatge mèdic, literari...): **diferències diatòpiques;** les diverses col·lectivitats (dialectes geogràfics): **diferències diafàsiques,** i els diversos factors més personals (psico-sòcio-culturals: familiar, vulgar, col·loquial...): **diferències diastràtiques.** La llengua estàndard és el codi utilitari d'una llengua que intenta equilibrar i combinar els papers del nivell literari del llenguatge i el d'aquells que responen a diferents situacions quotidianes de la comunicació. És una suma de variants objectivades que es converteixen en referència comuna de tots els usuaris. L'estàndard, tot i la seva finalitat antidispersadora de la llengua, no pot ser un codi fix i immutable. Ha d'estar en constant adequació als canvis sòcio-culturals que es produeixin.

Els nivells de llenguatge

Els podem agrupar en tres grans blocs:

a) **Llengua culta i literària,** ja sigui científica o de creació.
b) **Llengua estàndard,** la utilitzada en la premsa, la televisió, la ràdio, la publicitat, l'ensenyament, l'administració...
c) **Llengua familiar i col·loquial.**

El nivell b) en el cas de la nostra llengua és encara molt deficitari per raons extralingüístiques. Per la seva banda el nivell c), sobretot en el cinturó industrial de Barcelona, es defineix, al carrer, cada vegada més en un ús predominant de l'espanyol, sobretot entre les generacions més joves.

Els nivells no estàndards

El llenguatge tècnico-científic: és aquell que fa referència a qualsevol vocabulari específic dels diversos camps de la ciència. La seva caracterització es basa en tres trets: el vocabulari especialitzat, la precisió en els termes usats i l'ús de formes cultes del llenguatge. Dins d'aquest apartat també cal considerar el món dels oficis, que segueixen, però, uns mecanismes de funcionament propis.

El llenguatge culte: és aquell al qual no pot accedir amb comoditat qualsevol grup de parlants, ja sigui per raons de procedència social o per l'especialització del tema. Té components ben diversos: arcaismes, formes vives només en la llengua escrita normativa, formes dialectals esdevingudes d'ús literari, mots científics i tècnics i estrangerismes.

El llenguatge familiar o col·loquial és la forma de llenguatge que equidista tant del llenguatge culte i del científico-tècnic com del vulgar. Es caracteritza per l'ús de l'analogia com a recurs principal, és a dir, fa extensible el significat d'un mot a diversos mots que, per la forma, se li puguin assemblar.

ESTÀNDARD	FAMILIAR
enfeinat	que va de bòlit
empipar	fer la guitza
endormiscar-se	pesar figues

El llenguatge vulgar: es caracteritza per la procedència i/o l'actitud lingüística i social dels parlants. Un parlant pot usar diversos registres vulgars en un ambient que així ho propiciï, però qui definirà i se servirà generalment del registre seran els mateixos creadors (delinqüents, drogaaddictes, grups marginals...). A part d'aquestes fonts generadores, el vulgar sol servir-se de termes que es refereixen a temes considerats tabú des de posicions socials més refinades (sexe, funcions fisiològiques, renecs contra l'Església...). Vegem-ne uns exemples:

ESTÀNDARD: et picaré	caure	beure
VULGAR: et fotré un bolet	fotre's de lloros	mamar

Els altres nivells miren d'evitar l'ús dels termes vulgars mitjançant els eufemismes o per mitjà dels mots tècnics. Així, mentre en vulgar es diria «merda», en estàndard es preferiria «caca», «brutícia» o «excrements»; idènticament passaria amb «pixar», que és substituït per «fer un riu».
Hi ha tot un seguit de nivells que, si bé no arriben a constituir registres ben delimitats perquè participen alhora de l'estàndard, del culte i del familiar, són fàcilment identificables. Ens referim als llenguatges periodístic, televisiu, radiofònic, publicitari, esportiu, polític...
Finalment, seguint la classificació del sociolingüista López del Castillo, esmentarem l'existència de diversos dialectes socials, d'incidència més o menys intensa segons les èpoques i les modes. Aquests dialectes caracteritzen grups socials més aviat marginals o bé fàcilment localitzables:

El **parlar ultra** o purista és produït per un excessiu zel en la genuïtat de la llengua. Aquest seria el cas de pronúncies exagerades per l'ortografia; així, «arbre» i «comprendre» pronunciats [árrβrə] i [kumpréŋdrə].

El **parlar xava** és molt descurat a tots els nivells, a causa sobretot de la forta influència de l'espanyol. Els trets més definitoris d'aquest parlar serien la pèrdua de la vocal neutra i l'ensordiment sistemàtic de [z] i [dʒ].És un parlar propi d'alguns barris barcelonins.

Una accentuació de l'ensordiment en determinats sons ens dóna el **parlar xarnego** propi dels immigrats que han après el català al carrer. A més del **parlar xava,** caldria tractar el **parlar bleda,** propi de certes zones residencials de Barcelona (Sarrià, Sant Gervasi i Diagonal). Es caracteritza per la no-velarització de /l/, per la no-neutralització de la [o] i l'ús de certs barbarismes alternats amb arcaismes (*quelcom*) i estrangerismes (*frapar*).

Una altra dimensió té l'**argot,** llengua privada d'un determinat col·lectiu social. Així, els escolars tendeixen a abreujar els mots dient «cole» per «col·legi», «pilo» per «pilota» i «profe» per «professor». En aquest procés hi ha un tret clarament d'influència espanyola: la no-neutralització de les vocals finals. Alguns dels argots ben definits són el del món estudiantil, el de la delinqüència i el d'alguns oficis (pescadors, ramaders) o professions liberals (advocats, metges).

Text complementari

Si, durant segles, la llengua impresa s'havia constituït en monopoli dins el món de la cultura, ja fa uns decennis que la situació es troba en un agut procés de canvi, pel qual la llengua impresa sofreix els durs embats dels poderosos mitjans audiovisuals. Aquests han provocat un remarcable empobriment de la llengua escrita, agreujat per la necessitat d'universalització de la cultura. En efecte, davant la urgència que aquesta arribi a tot arreu, àdhuc que hi sigui de fàcil traducció, totes les llengües han cercat procediments de simplificació. L'exemple més contundent n'és l'anomenat «basic english». Res de metàfores, res de sinònims, res de frases fetes: una llengua fàcil (fàcil d'aprendre, fàcil de traduir, fàcil d'entendre, fàcil de construir-hi). És una tendència que, ajudada pels poderosos factors d'anivellament de la llengua, condueixen que tothom s'expressi de la mateixa manera. I així s'arriba a la «llengua estàndard». Avui sembla que tothom es vegi obligat a expressar-se i a escriure com ho fan els altres.

A.M. Badia i Margarit, pròleg a *Diccionari de locucions i frases fetes,* de Joana Raspall i Joan Martí (1986)

Addenda

Per evitar castellanismes:

1. Castellanismes amb morfologia catalana:
   – certs verbs acabats en -èixer i derivats: «acontèixer» i «aconteixement».

– mots amb modificacions més o menys substancials: «pèsam» (*condol*), «busson» (*bústia*), «àngul» (*angle*).

2. Castellanismes amb fonètica i ortografia catalanes: «aplaçar» (ajornar), «apoiar» (*sostenir, recolzar, apuntalar*), «enxufar» (*endollar* o *connectar*).
3. Castellanismes amb fonètica catalana: «acera» (*vorera* o *voravia*), «apretar» (*prémer, estrènyer*), «reflexar» (*reflectir*).
4. Castellanismes que es basen en locucions i frases fetes encara que els seus components siguin genuïnament catalans:

   «a granel» (*en orri, a dojo, a doll, a raig*)
   «a sang i foc» (*a mata-degolla*)
   «de repent» (*de sobte*)
   «de bones a primeres» (*de bon antuvi*)
   «donar-se compte» (*adonar-se*)

Suggeriments de treball

1. Relacioneu les sèries de paraules dels nivells:

literari/culte	**estàndard**	**familiar**
1. preceptuar	A. parlar	a. imaginar
2. conversar	B. enganyar	b. atiar
3. observar	C. robar	c. manar
4. induir	D. mastegar	d. ensarronar
5. concebre	E. ordenar	e. xerrar
6. constituir	F. formar	f. guaitar
7. sostreure	G. murmurar	g. fabricar
8. mormolejar	H. incitar	h. pispar
9. falsejar	I. mirar	i. xiuxiuejar
10. masticar	J. crear	j. trinxar

2. Classifiqueu cada mot de les parelles següents segons que sigui d'ús corrent/familiar o més literari:

1. toro/brau	12. darrer/últim
2. vídua/viuda	13. mot/paraula
3. endrapar/menjar	14. falsedat/mentida
4. engany/llufa	15. infant/nen
5. maco/bonic	16. gandul/manta
6. ésser/ser	17. diners/cèntims
7. gràcies/mercès	18. aturar/parar
8. guaitar/mirar	19. conversa/conversació
9. habitació/cambra	20. discs/discos
10. desitjos/desigs	21. alguna cosa/quelcom
11. vas/got	22. caragol/cargol

3. De la relació d'expressions que teniu a continuació, busqueu-ne les formes equivalents més apropiades als nivells estàndard i culte:

    1. és un cap de trons
    2. no en traurem un pam de net
    3. això no té cap ni peus
    4. n'ha sortit amb la cua entre cames
    5. li riuen les orelles
    6. val tots els diners del món
    7. té una llengua d'escorpí
    8. tants caps, tants barrets
    9. no toca ni quarts ni hores
    10. acabarà com el rosari de l'aurora
    11. té el cap ple de pardals
    12. té un cor de gegant
    13. li he picat els dits
    14. allà on no n'hi ha no en raja!

4. Classifiqueu els mots següents segons que els considereu formes familiars, estàndards, literàries o vulgars. Després redacteu una frase, segons el registre, amb cada un d'ells:

    guillar, immutable, abatut, malparit, guipar, marxar, llepaculs, cagat, progenitor, gandul, llumenera, calés, bonic, tenir pebrots, paia, relliscar, vell, feixuc, perbocar, emprenyar.

5. Busqueu, en el següent text, exemples del registre vulgar:

    Bé, doncs, continuen enganxant gent... Per fumar, tu, per fumar... Es veu que primer van enganxar la Neli i li van dir, mira, et deixarem anar i et pagarem quatre mil peles cada setmana, a condició que ens piquis per telèfon i ens diguis llocs on es compra i ven merda, noms de gent que fuma, tot. La Neli? Només la conec de vista. Doncs, ja veus, la Neli. I quan són allí i neguen que fumen, els diuen però si ho sabem tot, home, que no veus que ens ho ha dit la Neli? I és clar, tu, a la gent li entra la pàl·lida, flipen quantidubi. No et creguis, eh?, que jo estic amb un cul així, però per ara no han vingut. Qui més qui menys dels qui han enganxat també anava pel taller de cine i teatre independent, que ja saps que és una cosa que els fot por per política, van negres amb les pintades, no saben d'on surten i, mira, ho lliguen tot, els va de conya poder dir subversiu i drogat, cul i merda... Però, i la gent, què diu? La gent, què diu? Pots comptar, perquè molts són fills de gent de pela d'aquí, però ja saps que, a la gent de pela d'aquí, els fa pànic que algú es mogui, perquè sempre tenen por que els tanquin la frontera, o que només permetin, com ja ha passat altres vegades, que la turistada espanyola entri amb tres mil peles per cap, que seria la ruïna, així que, mira, encara que els foti, perquè molts són els seus fills, doncs suposo que mentre s'acabi tota la conya subversiva possible i no perillin els negocis, doncs els va bé... Home, hi ha de tot, és clar, que també hi ha gent molt collonuda, però vaja... A més, és que no s'hi val, tio, és que els han posat la cosa d'això més bé, als bòfies, era massa! Molta gent fumava quantidubi a qualsevol hora i a qualsevol lloc, i els bòfies diuen que fins i tot hi ha nens de dotze i tretze anys emmerdats... I no paren, eh? Continuen enganxant gent. (Víctor MORA, *Mozzarella i Gorgonzola*)

Apèndixs

Quadres cronològics

SEGLES	MARC HISTÒRIC	LLENGUA I LITERATURA
a. de J.C.	– Primeres invasions indoeuropees (entre 1000 i 700). – Els grecs s'estableixen a Roses (entre 796 i 773). – Invasions cèltiques (entre 700 i 500). – Els fenicis funden Eivissa (654). – Els grecs funden Empúries (550). – Civilització ibèrica (500). – Hannìbal ocupa Sagunt i travessa els Pirineus cap a Itàlia. Segona Guerra Púnica (219). – Gneu Scipió desembarca a Empúries i inicia la conquesta de la Península Ibèrica (218). – Els cartaginesos són expulsats de la península i es fan forts a Eivissa i Menorca (206). – Sublevació d'ilergets, lacetans i ausetans. Mort d'Indíbil i Mandoni pels romans (206-205). – Divisió provincial romana dels Països Catalans (197). – Guerra entre Cèsar i Pompeu. Batalla de Lleida favorable a Cèsar (49-45). – La Tarraconense esdevé província imperial (27).	
d. de J.C.		
I-II	– Penetració del cristianisme als Països Catalans.	
III	– Primeres persecucions contra els cristians. – Primera invasió dels francs. Assolen els Països Catalans d'Empúries a Elx (258).	
V	– Ataülf s'instal·la a Barcelona, que esdevé per primera vegada la capital dels visigots (415). – Tolosa de Llenguadoc passa a ser la capital dels visigots (418). – Els vàndals ocupen les Illes Balears (445).	

SEGLES	MARC HISTÒRIC	LLENGUA I LITERATURA
	– Regnat d'Euric. Incorporació de la Tarraconense al regne visigot (466-484). – Caiguda de l'Imperi romà d'Occident (476).	
VI	– Victòria dels francs. Els visigots, derrotats pels francs, abandonen Occitània (507). – Barcelona és novament capital dels visigots (531-548). – Els vàndals són expulsats de les Balears (534). – Toledo esdevé la capital del regne visigot. Inici d'un procés de centralització política (554).	
VIII	– Invasió musulmana de Catalunya, exceptuant l'Alta Ribagorça, el Pallars Sobirà, l'Alt Urgell i la Cerdanya. Fi del regne visigot (712-719). – Els francs ocupen Girona (785).	– El català es pot considerar ja una llengua plenament diferenciada del llatí.
IX	– Les tropes de Lluís el Piadós, fill de Carlemany, ocupen Barcelona (801). – GUIFRE *el Pilós* (878-897) • Unificació dels comtats de Barcelona, Urgell, Cerdanya, Girona i Besalú. Els comtats esdevenen hereditaris.	– Català pre-literari.
X	– GUIFRE II, dit BORRELL I (897-911) • Les illes Balears són conquerides per Abd-Allah i incorporades a al-Andalus (902-903). – SUNYER (911-946) – BORRELL II (946-992) • Refús del jurament de fidelitat i vassallatge als reis francs. Inici de la independència comtal (988).	– Català pre-literari.
XI	– RAMON BORRELL I (922-1017) – BERENGUER RAMON I (1017-1035) – RAMON BERENGUER I (1035-1076) – RAMON BERENGUER II (1076-1082) – BERENGUER RAMON II (1082-1097)	– Literatura en llatí o no conservada.

SEGLES	MARC HISTÒRIC	LLENGUA I LITERATURA
XII	– RAMON BERENGUER III (1097-1131) • Incorporació del comtat de Provença (1112). • Croada catalano-pisana a Mallorca (1114-1115). – RAMON BERENGUER IV (1131-1162) • Matrimoni amb Peronella d'Aragó i inici de la dinastia dels comtes-reis catalano-aragonesos (1137). – ALFONS I, *el Cast* (1162-1196).	– Primera documentació dels noms *Catalunya* i *Catalans*. – Redacció llatina d'un codi jurídic: els *Usatges de Barcelona,* base primària del Dret català. – Traducció catalana del *Forum Iudicum*. – *Homilies d'Organyà*. – Trobadors catalans en llengua provençal.
XIII	– PERE I, *el Catòlic* (1196-1213) • Batalla de Muret (1213). – JAUME I, *el Conqueridor* (1213-1276) • Conquesta de Mallorca (1229). • Conquesta d'Eivissa (1235). • Conquesta del País Valencià (1232-1245). • A la seva mort, Mallorca, Montpeller i la Catalunya Nord passen, successivament, a Jaume II (1276-1311), Sanç (1311-1324) i Jaume III (1324-1349). Aquests territoris no es reunifiquen sota un monarca únic fins al regnat de Pere el Cerimoniós.	– *Crònica* de Jaume I: *Libre dels feits*. – Versió catalana dels *Usatges de Barcelona*. – *Epístola farcida de Sant Esteve*. – *Furs de València* (1261).
	– PERE II, *el Gran* (1276-1285) • Conquesta de Sicília (1282). – ALFONS II, *el Franc* (1285-1291) • Conquesta de Menorca (1287).	– *Crònica* de Bernat Desclot, centrada en el regnat de Pere el Gran. – Expansió de la llengua a Sicília. – RAMON LLULL (*c.* 1232-1315)
XIV	– JAUME II, *el Just* (1291-1327) • Expedició dels almogàvers a Grècia i domini dels ducats d'Atenes i Neopàtria (1302-1311). • Conquesta de Sardenya (1323). – ALFONS III, *el Benigne* (1327-1336). – PERE III, *el Cerimoniós* (1336-1387) • Annexió dels territoris del rei de Mallorca. • Organització plena de la Generalitat de Catalunya. – JOAN I, *el Caçador* (1387-1396) • Pèrdua d'Atenes i Neopàtria (1388).	– Expansió de la llengua a Sardenya i Grècia. – *Crònica* de Ramon Muntaner (1265-1336). – Reorganització de la Cancelleria reial. Implantació de la prosa cancelleresca en la llengua escrita (des d'aprox. 1380). – *Crònica* de Pere el Cerimoniós. – FRANCESC EIXIMENIS (1330/35-1409) – BERNAT METGE (*c.* 1343-1413) – SANT VICENT FERRER (1350-1419)

SEGLES	MARC HISTÒRIC	LLENGUA I LITERATURA
XV	– MARTÍ I, *l'Humà* (1396-1410) Fi de la dinastia catalana. – Interregne i Compromís de Casp (1410-1412) – FERRAN I, *d'Antequera* (1412-1416) • Inici de la dinastia Trastàmara. – ALFONS IV, *el Magnànim* (1416-1458) • Conquesta de Nàpols (1443). – JOAN II, *sense Fe* (1458-1479) • Guerra civil catalana (1462-1472) – FERRAN II, *el Catòlic* (1479-1516) • Unió dinàstica de la Corona d'Aragó i la de Castella. • Introducció de la Inquisició castellana (1484-1487) i expulsió dels jueus (1492). • Descobriment castellà d'Amèrica.	– JORDI DE SANT JORDI (*c.* 1400 - *c.* 1424) – AUSIÀS MARCH (1397-1459) – JOANOT MARTORELL (1413/15-1468) i el *Tirant lo Blanc* (1490). – *Curial e Güelfa.* – JAUME ROIG (mort el 1478) i l'*Espill.* – JOAN ROÍS DE CORELLA (1433/43-1497) – Penetració del castellà en les classes altes. – Introducció de la llengua a Nàpols i a les Corts pontifícies de Calixt III i Alexandre VI. – Introducció de la impremta. Les *Trobes en llaors de la Verge Maria* (València, 1474), primer llibre literari imprès en català. – Inici de dialectalització de la llengua literària. – JOAN ESTEVE, *Liber elegantiarum* (1489). – B. FENOLLAR I J. PAU, *Regles d'esquivar vocables.*
XVI	– CARLES I (1516-1556) • Inici de la dinastia dels Àustries. • Expansió imperial castellana. • Trasllat de la Cort al centre peninsular. • Germanies de València i Mallorca. – FELIP II (1556-1598) • Contrareforma. • Increment del bandolerisme al Principat. • Expedicions mediterrànies contra els turcs culminades a Lepant (1571).	– PERE SERAFÍ (1505/1510-1567) – CRISTÒFOR DESPUIG (1510-1561/1580) – JOAN TIMONEDA (1518/20-1583) – Cort valenciana de Germana de Foix: JOAN FERRANDIS D'HERÈDIA (1480-1549). – Lenta i gradual castellanització de la llengua literària. – Aparició de nombroses apologies de la llengua.
XVII	– FELIP III (1598-1621) • Expulsió dels moriscos (1609); el País Valencià perd un terç de la població. – FELIP IV (1621-1665) • Guerra dels Segadors (1640-1652).	– FRANCESC VICENÇ GARCIA (1579-1623) – FRANCESC FONTANELLA (1610/20-1680/85) – Escalada progressiva de l'imperialisme del castellà.

SEGLES	MARC HISTÒRIC	LLENGUA I LITERATURA
	• Tractat dels Pirineus (1659): Catalunya Nord esdevé territori de l'Estat francès. – CARLES II (1665-1700)	– Inici de la castellanització en l'ensenyament i en la predicació religiosa.
XVIII	– FELIP V (1700-1746) • Inici de la dinastia borbònica. • Guerra de Successió (1705-1715): derrota militar dels Països Catalans. • Decret de Nova Planta (1716). • Inici de l'intermitent domini anglès de Menorca. – FERRAN VI (1746-1759) – CARLES III (1759-1788) • Fundació de Societats Econòmiques d'Amics del País a Mallorca, Menorca i València. • Expulsió dels jesuïtes (1767). • Els catalans són autoritzats oficialment a comerciar amb Amèrica. – CARLES IV (1788-1808) • Guerres del francès o napoleòniques.	– LLUÍS GALIANA (1740-1771) – JOAN RAMIS (1746-1819) – BARÓ DE MALDÀ (1746-1818) – ANTONI FEBRER I CARDONA (1761-1841) – CARLES ROS (1703-1773) – ANTONI BASTERO (1675-1737) – AGUSTÍ EURA (1680-1763) – BALDIRI REXACH (1703-1781) – IGNASI FERRERES (segona meitat s. XVIII) – JOSEP ULLASTRE (1690-1762) – MARC ANTONI D'ORELLANA (1731-1813) – LLUÍS XIV inicia la francesització de Catalunya Nord. – El castellà, única llengua oficial dels Països Catalans. – Promulgació de lleis restrictives de l'ús del català. – Tancament de les universitats del Principat i fundació de la de Cervera. – Creació de la Reial Acadèmia de Bones Lletres de Barcelona. – Polèmica lingüística al «Diario de Barcelona» (1796).
XIX	– Corts de Cadis (1810-1814) – FERRAN VII (1814-1820 i 1823-1833) • Restabliment de l'absolutisme borbònic. • Trienni liberal (1820-1823). • Inicis del proteccionisme aranzelari, de la Revolució Industrial i de la Renaixença. – ISABEL II (1833-1868) • Primera guerra carlina (1833-1840). • Repressió del moviment obrer a València i Barcelona (1848). • Inauguració del primer ferrocarril (Barcelona-Mataró, 1848).	– MARIAN AGUILÓ (1825-1897) – JOAQUIM RUBIÓ I ORS (1818-1899) – MANUEL MILÀ I FONTANALS (1810-1883) – JACINT VERDAGUER (1845-1902) – ÀNGEL GUIMERÀ (1845-1924) – NARCÍS OLLER (1846-1930) – JOSEP PAU BALLOT (1747-1821) – PERE LABÈRNIA (1802-1860) – FRIEDRICH DIEZ, *Grammatik der romanischen Sprachen* (1836). – Primeres publicacions periòdiques en català a València, Palma i Barcelona. – Polèmiques ortogràfiques encap-

SEGLES	MARC HISTÒRIC	LLENGUA I LITERATURA
	• Segona guerra carlina, dita dels Matiners (1846-1849). • Revolució de setembre de 1868: destronament d'Isabel II i supressió de la dinastia borbònica. – 1868-1874 • Govern provisional de Prim. • Amadeu I de Savoia (1870-1873). • Primera República (1873-1874). • Creixement de les organitzacions obreres. • Insurreccions cantonalistes. • Tercera guerra carlina (1872-1875). – ALFONS XII (1875-1885) • Restauració borbònica. – REGÈNCIA DE MARIA CRISTINA (1885-1902) • Primera Exposició Internacional de Barcelona (1888). • Auge de l'anarquisme i de l'agitació social. • Pèrdua de les darreres colònies espanyoles. • Progressiva organització del catalanisme polític.	çalades per Marian Aguiló, Antoni de Bofarull (1821-1892), Josep Balari i Jovany (1844-1904) i els seguidors de «el català que ara es parla». – Restauració dels Jocs Florals de Barcelona (1859). – Campanya lingüística de «L'Avenç» (1890-1892). – POMPEU FABRA, *Ensayo de gramática de catalán moderno* (1891).
XX	– ALFONS XIII (1902-1931) • Solidaritat Catalana (1906). • Setmana Tràgica (1909). • Fundació de la CNT (1911). • Creació de la Mancomunitat de Catalunya (1914), presidida per Enric Prat de la Riba. • Guerra oberta entre sindicats patronals i obrers a Catalunya. • Guerra del Marroc. • Dictadura de Primo de Rivera (1923-1930). • Exposició Internacional de Barcelona (1929). – SEGONA REPÚBLICA (1931-1939) • Francesc Macià, president de la Generalitat (1931). • Estatut d'Autonomia (1932). • Lluís Companys, president de la Generalitat (1934). • Guerra civil (1936-1939).	– JOAN MARAGALL (1860-1911) – MIQUEL COSTA I LLOBERA (1854-1922) – EUGENI D'ORS (1881-1954) – JOSEP CARNER (1884-1970) – CARLES RIBA (1893-1959) – J.M. DE SAGARRA (1894-1961) – J.V. FOIX (1893) – SALVADOR ESPRIU (1913-1985) – JOSEP PLA (1897-1981) – LLORENÇ VILLALONGA (1897-1980) – MERCÈ RODOREDA (1909-1982) – JOAN FUSTER (1922) – I Congrés Internacional de la llengua catalana (1906). – Secció Filològica (1911) de l'Institut d'Estudis Catalans. – W. MEYER-LÜBKE, *Das Katalanische* (1925). – ANTONI M. ALCOVER (1862-1932) – POMPEU FABRA (1868-1948):

SEGLES	MARC HISTÒRIC	LLENGUA I LITERATURA
	– DICTADURA FRANQUISTA (1939-1975) • Duríssima repressió contra els vençuts. Lluís Companys, afusellat (1940). • Aïllament internacional. • Relacions amb els Estats Units (1953). • Pla d'estabilització (1959). • Arribada massiva d'immigració. • Llei de Premsa (1962). • Procés de Burgos (1970). • Assemblea de Catalunya (1971). • Atemptat a Carrero Blanco (1973). – JOAN CARLES I (1975) • Josep Tarradellas, president de la Generalitat catalana provisional (1977). • Constitució espanyola de 1978. • Estatut d'autonomia de Catalunya (1979). • Jordi Pujol, 115è. president de la Generalitat de Catalunya (1980). • Cop d'estat militar frustrat (1981). • Joan Lerma, president de la Generalitat del País Valencià (1982). • J. Albertí (1979-82) i G. Canyelles (1983), presidents del Consell Insular de Mallorca.	• *Normes ortogràfiques* (1913) • *Gramàtica catalana* (1918) • *Diccionari general* (1932) – JOAN COROMINES (1905), *Diccionari etimològic i complementari.* – F. DE B. MOLL (1903), *Diccionari català-valencià-balear* (iniciat per Antoni M. Alcover). – M. SANCHIS GUARNER (1911-1981) – A. M. BADIA I MARGARIT (1920) – Activitat literària clandestina. – Persecució franquista de la llengua. – Represa de premis el 1947. – *Gran Enciclopèdia Catalana* (1969-80). – La Nova Cançó. – Fundació d'Òmnium Cultural (1961). – Obra Cultural Balear (1962). – Acció Cultural del País Valencià (1978). – Congrés de Cultura Catalana (1975-77). – Cooficialitat del català. – II Congrés Internacional de la llengua catalana (1986).

Quadre de les combinacions binàries dels pronoms febles

		me		nos		te		vos		lo		los	
		dav.	*dar.*	*dav.*	*dar.*	*dav.*	*dar.*	*dav.*	*dar.*	*dav.*	*dar.*	*dav.*	*dar.*
se	*C* *V*	se'm se m'	-se'm	se'ns	-se'ns	se't se t'	-se't	se us	-se-us	se'l se l'	-se'l	se'ls	-se'ls
me	*C* *V*									me'l me l'	-me'l	me'ls	-me'ls
nos	*C* *V*									ens el ens l'	-nos-el 'ns-el	ens els	-nos-els 'ns-els
te	*C* *V*	te'm te m'	-te'm	te'ns	-te'ns					te'l te l'	-te'l	te'ls	-te'ls
vos	*C* *V*	us em us m'	-vos-em -us-em	us ens	-vos-ens -us-ens					us el us l'	-vos-el -us-el	us els	-vos-els -us-els
li	*C*									li'l l'hi	-li'l -l'hi	li'ls els hi	-li'ls -los-hi
	V									li l' l'hi	-li'l -l'hi	li'ls els hi	-li'ls 'ls-hi
los	*C* *V*									els el els l'	-los-el 'ls-el	els els	-los-els 'ls-els
lo	*C* *V*												
la	*C* *V*												
les	*C* *V*												
ne	*C* *V*												

Segons J. GELABERT, *Els pronoms febles.*

		la		les		li		ho		ne		hi	
		dav.	*dar.*	*dav.*	*dar.*	*dav.*	*dar.*	*dav.*	*dar.*	*dav.*	*dar.*	*dav.*	*dar.*
se	*C* *V*	se la se l'	-se-la	se les	-se-les	se li	-se-li	s'ho	-s'ho	se'n se n'	-se'n	s'hi	-s'hi
me	*C* *V*	me la me l'	-me-la	me les	-me-les	me li	-me-li	m'ho	-m'ho	me'n me n'	-me'n	m'hi	-m'hi
nos	*C* *V*	ens la ens l'	-nos-la 'ns-la	ens les	-nos-les 'ns-les	ens li	-nos-li 'ns-li	ens ho	-nos-ho 'ns-ho	ens en ens n'	-nos-en 'ns-en	ens hi	-nos-hi 'ns-hi
te	*C* *V*	te la te l'	-te-la	te les	-te-les	te li	-te-li	t'ho	-t'ho	te'n te n'	-te'n	t'hi	-t'hi
vos	*C* *V*	us la us l'	-vos-la -us-la	us les	-vos-les -us-les	us li	-vos-li -us-li	us ho	-vos-ho -us-ho	us en us n'	-vos-en -us-en	us hi	-vos-hi -us-hi
li	*C*	li la la hi	-li-la -la-hi	li les les hi	-li-les -les-hi			li ho	-li-ho	li'n	-li'n	li hi	-li-hi
	V	li la la hi	-li-la -la-hi	li les les hi	-li-les -les-hi			li ho	-li-ho	li n'	-li'n	li hi	-li-hi
los	*C* *V*	els la els l'	-los-la 'ls-la	els les	-los-les 'ls-les			els ho	-los-ho 'ls-ho	els en els n'	-los-en 'ls-en	els hi	-los-hi 'ls-hi
lo	*C* *V*									l'en el n'	-l'en	l'hi	-l'hi
la	*C* *V*									la'n la n'	-la'n	la hi	-la-hi
les	*C* *V*									les en les n'	-les-en	les hi	-les-hi
ne	*C* *V*											n'hi	-n'hi

Els paradigmes verbals

Paradigmes verbals regulars
Paradigmes d'altres verbs, auxiliars i irregulars

Nota: Les inicials *V* i *B* signifiquen respectivament formes valencianes i balears, les quals només es relacionen en el cas de discrepar dels models del català central. Quan alguna forma porta al davant el signe / vol dir que alterna la del català central i la consignada sota el signe *V* o *B*.

1ª CONJUGACIÓ — CANTAR

FORMES NO PERSONALS	*Infinitiu*	*I. compost*	*Gerundi*	*G. compost*	*Participi*
	cantar	haver cantat	cantant	havent cantat	cantat, cantada; cantats, cantades

INDICATIU

Present	*V*	*B*	*Pretèrit indefinit*	*Futur*	*Futur compost*
canto	cante	cant	he cantat	cantaré	hauré cantat
cantes			has	cantaràs	hauràs
canta			ha	cantarà	haurà
cantem		cantam	hem/havem	cantarem	haurem
canteu		cantau	heu/haveu	cantareu	haureu
canten			han	cantaran	hauran

P. imperfet	*P. plusquamperfet*	*Condicional*	*Condicional compost*	*V*
cantava	havia cantat	cantaria	hauria	haguera cantat
cantaves	havies	cantaries	hauries	hagueres
cantava	havia	cantaria	hauria	haguera
cantàvem	havíem	cantaríem	hauríem	haguérem
cantàveu	havíeu	cantaríeu	hauríeu	haguéreu
cantaven	havien	cantarien	haurien	hagueren

P. perfet simple	*P. anterior simple*
cantí	haguí cantat
cantares	hagueres
cantà	hagué
cantàrem	haguérem
cantàreu	haguéreu
cantaren	hagueren

P. perfet perifràstic	*P. anterior perifràstic*
vaig cantar	vaig haver cantat
vas/vares	vas/vares
va	va
vam/vàrem	vam/vàrem
vau/vàreu	vau/vàreu
van/varen	van/varen

IMPERATIU

	V	*B*
canta	canta	
canti	cante	
cantem		
canteu		cantau
cantin	canten	

SUBJUNTIU

Present	*V*	*Passat*	*V*
canti	cante	hagi	haja cantat
cantis	cantes	hagis	hages
canti	cante	hagi	haja
cantem	cantem	hàgim	hàgem
canteu	canteu	hàgiu	hàgeu
cantin	canten	hagin	hagen

P. imperfet	V	B
cantés	cantàs/cantara	cantàs
cantessis	cantasses/cantares	cantassis
cantés	cantàs/cantara	cantàs
cantéssim	cantàssem/cantàrem	cantàssim
cantéssiu	cantàsseu/cantàreu	cantàssiu
cantessin	cantassen/cantaren	cantassin

P. plusquamperfet	V
hagués	hagués/haguera cantat
haguessis	haguesses/hagueres
hagués	hagués/haguera
haguéssim	haguéssem/haguérem
haguéssiu	haguésseu/haguéreu
haguessin	haguessen/hagueren

Perfet perifràstic	*V*	
vagi	vaja	cantar
vagis	vages	
vagi	vaja	
vàgim	vàgem	
vàgiu	vàgeu	
vagin	vagen	

2ª CONJUGACIÓ — PERDRE

FORMES NO PERSONALS	Infinitiu	I. compost	Gerundi	G. compost	Participi
	perdre	haver perdut	perdent	havent perdut	perdut, perduda; perduts, perdudes

INDICATIU

Present			Pretèrit indefinit	Futur simple	Futur compost
	V	B			
perdo	perd	perd	he perdut	perdré	hauré perdut
perds			has	perdràs	hauràs
perd		perde	ha	perdrà	haurà
perdem			havem/hem	perdrem	haurem
perdeu			haveu/heu	perdreu	haureu
perden			han	perdran	hauran

P. imperfet	P. plusquamperfet	Condicional	Condicional compost	
				V
perdia	havia perdut	perdria	hauria	haguera perdut
perdies	havies	perdries	hauries	hagueres
perdia	havia	perdria	hauria	haguera
perdíem	havíem	perdríem	hauríem	haguérem
perdíeu	havíeu	perdríeu	hauríeu	haguéreu
perdien	havien	perdrien	haurien	hagueren

P. perfet simple	P. anterior simple
perdí	haguí perdut
perderes	hagueres
perdé	hagué
perdérem	haguérem
perdéreu	haguéreu
perderen	hagueren

P. perfet perifràstic	P. anterior perifràstic
vaig perdre	vaig haver perdut
vas/vares	vas/vares
va	va
vam/vàrem	vam/vàrem
vau/vàreu	vau/vàreu
van/varen	van/varen

IMPERATIU

	V
perd	
perdi	perda
perdem	perdam
perdeu	
perdin	perden

SUBJUNTIU

Present	Passat	
		V
perdi	hagi	haja perdut
perdis	hagis	hages
perdi	hagi	haja
perdem	hàgim	hàgem
perdeu	hàgiu	hàgeu
perdin	hagin	hagen

P. imperfet	V
	perdés/perdera
	perdesses/perderes
	perdés/perdera
	perdéssem/perdérem
	perdésseu/perdéreu
	perdessen/perderen

P. plusquamperfet	V
hagués	hagués/haguera perdut
haguessis	haguesses/hagueres
hagués	hagués/haguera
haguéssim	haguéssem/haguérem
haguéssiu	haguésseu/haguéreu
haguessin	haguessen/hagueren

Perfet perifràstic	V	
vagi	vaja	perdre
vagis	vages	
vagi	vaja	
vàgim	vàgem	
vàgiu	vàgeu	
vagin	vagen	

TÉMER

FORMES NO PERSONALS	*Infinitiu*	*I. compost*	*Gerundi*	*G. compost*	*Participi*
	témer	haver temut	tement	havent temut	temut, temuda; temuts, temudes

INDICATIU

Present	*B*	*Pretèrit indefinit*	*Futur*	*Futur compost*
temo	tem	he temut	temeré	hauré temut
tems		has	temeràs	hauràs
tem		ha	temerà	haurà
temem		hem/havem	temerem	haurem
temeu		heu/haveu	temereu	haureu
temen		han	temeran	hauran

P. imperfet	*P. plusquamperfet*	*Condicional*	*Condicional compost*	*V*
temia	havia temut			
temies	havies	temeria	hauria	haguera temut
temia	havia	temeries	hauries	hagueres
temíem	havíem	temeria	hauria	haguera
temíeu	havíeu	temeríem	hauríem	haguérem
temien	havien	temeríeu	hauríeu	haguéreu
		temerien	haurien	hagueren

P. perfet simple	*P. anterior simple*
temí	haguí temut
temeres	hagueres
temé	hagué
temérem	haguérem
teméreu	haguéreu
temeren	hagueren

P. perfet perifràstic	*P. anterior perifràstic*
vaig témer	vaig haver temut
vas/vares	vas/vares
va	va
vam/vàrem	vam/vàrem
vau/vàreu	vau/vàreu
van/varen	van/varen

IMPERATIU

	V	*B*
tem		teme
temi	tema	
temem		
temeu		
temin	temen	

SUBJUNTIU

Present	*V*	*Passat*	*V*
temi	tema	hagi	haja temut
temis	temes	hagis	hages
temi	tema	hagi	haja
temem		hàgim	hàgem
temeu		hàgiu	hàgeu
temin	temen	hagin	hagen

P. imperfet	*V*
temés	temés/temera
temessis	temesses/temeres
temés	temés/temera
teméssim	teméssem/temérem
teméssiu	temésseu/teméreu
temessin	temessen/temeren

P. plusquamperfet	*V*
hagués	hagués/haguera temut
haguessis	haguesses/hagueres
hagués	hagués/haguera
haguéssim	haguéssem/haguérem
haguéssiu	haguésseu/haguéreu
haguessin	haguessen/hagueren

Perfet perifràstic	*V*	
vagi	vaja	témer
vagis	vages	
vagi	vaja	
vàgim	vàgem	
vàgiu	vàgeu	
vagin	vagen	

3ª CONJUGACIÓ — SERVIR

FORMES NO PERSONALS	Infinitiu	I. compost	Gerundi	G. compost	Participi
	servir	haver servit	servint	havent servit	servit, servida; servits, servides

INDICATIU

Present

	V	B
serveixo	servisc/-ixc/-ixo/-esc	servesc
serveixes	serveixes/-ixes	serveixes
serveix	serveix/-ix	serveix
servim	servim	servim
serviu	serviu	serviu
serveixen	serveixen/-ixen	serveixen

Pretèrit indefinit	*Futur*	*Futur compost*
he servit	serviré	hauré servit
has	serviràs	hauràs
ha	servirà	haurà
hem/havem	servirem	haurem
heu/haveu	servireu	haureu
han	serviran	hauran

P. imperfet	*P. plusquamperfet*	*Condicional*	*Condicional compost*	V
servia	havia servit	serviria	hauria	haguera servit
servies	havies	serviries	hauries	hagueres
servia	havia	serviria	hauria	haguera
servíem	havíem	serviríem	hauríem	haguérem
servíeu	havíeu	serviríeu	hauríeu	haguéreu
servien	havien	servirien	haurien	hagueren

P. perfet simple	*P. anterior simple*
serví	haguí servit
servires	hagueres
serví	hagué
servírem	haguérem
servíreu	haguéreu
serviren	hagueren

P. perfet perifràstic	*P. anterior perifràstic*
vaig servir	vaig haver servit
vas/vares	vas/vares
va	va
vam/vàrem	vam/vàrem
vau/vàreu	vau/vàreu
van/varen	van/varen

IMPERATIU

	V
serveix	servix
serveixi	servesca/-isca/-ixca
servim	
serviu	
serveixin	servesquen/-isquen/-ixquen

SUBJUNTIU

Present

	V	B
serveixi	servesca/-isca/-ixca	servesqui
serveixis	servesques/-isques/-ixques	servesquis
serveixi	servesca/-isca/-ixca	servesqui
servim		
serviu		
serveixin	servesquen/-isquen/-ixquen	servesquin

Passat	V
hagi	haja servit
hagis	hages
hagi	haja
hàgim	hàgem
hàgiu	hàgeu
hagin	hagen

P. imperfet	V
servís	servís/servira
servissis	servisses/servires
servís	servís/servira
servíssim	servíssem/servírem
servíssiu	servísseu/servíreu
servissin	servissen/serviren

P. plusquamperfet	V
hagués	hagués/haguera servit
haguessis	haguesses/hagueres
hagués	hagués/haguera
haguéssim	haguéssem/haguérem
haguéssiu	haguésseu/haguéreu
haguessin	haguessen/hagueren

Perfet perifràstic

vagi vaja servir
...

3ª CONJUGACIÓ — DORMIR

FORMES NO PERSONALS	Infinitiu	I. compost	Gerundi	G. compost	Participi
	dormir	haver dormit	dormint	havent dormit	dormit, dormida; dormits, dormides

INDICATIU

Present	*V*	*B*	*Pretèrit indefinit*	*Futur*	*Futur compost*
dormo	dorm	dorm	he dormit	dormiré	hauré dormit
dorms			has	dormiràs	hauràs
dorm			ha	dormirà	haurà
dormim			hem/havem	dormirem	haurem
dormiu			heu/haveu	dormireu	haureu
dormen			han	dormiran	hauran

P. imperfet	*P. plusquamperfet*	*Condicional*	*Condicional compost*	*V*
dormia	havia dormit	dormiria	hauria	haguera dormit
dormies	havies	dormiries	hauries	hagueres
dormia	havia	dormiria	hauria	haguera
dormíem	havíem	dormiríem	hauríem	haguérem
dormíeu	havíeu	dormiríeu	hauríeu	haguéreu
dormien	havien	dormirien	haurien	hagueren

P. perfet simple	*P. anterior simple*
dormí	haguí dormit
dormires	hagueres
dormí	hagué
dormírem	haguérem
dormíreu	haguéreu
dormiren	hagueren

P. perfet perifràstic	*P. anterior perifràstic*
vaig dormir	vaig haver dormit
vas/vares	vas/vares
va	va
vam/vàrem	vam/vàrem
vau/vàreu	vau/vàreu
van/varen	van/varen

IMPERATIU

	B
dorm	
dormi	dorme
dormim	dormiguem
dormiu	
dormin	

SUBJUNTIU

Present	*V*	*B*	*Passat*	*V*
dormi	dorma		hagi	haja dormit
dormis	dormes		hagis	hages
dormi	dorma		hagi	haja
dormim		dormiguem	hàgim	hàgem
dormiu		dormigueu	hàgiu	hàgeu
dormin	dormen		hagin	hagen

P. imperfet	*V*
dormís	dormís/dormira
dormissis	dormisses/dormires
dormís	dormís/dormira
dormíssim	dormíssem/dormírem
dormíssiu	dormísseu/dormíreu
dormissin	dormissen/dormiren

P. plusquamperfet	*V*
hagués	hagués/haguera dormit
haguessis	haguesses/hagueres
hagués	hagués/haguera
haguéssim	haguéssem/haguérem
haguéssiu	haguésseu/haguéreu
haguessin	haguessen/hagueren

Perfet perifràstic	*V*	
vagi	vaja	dormir
vagis	vages	
vagi	vaja	
vàgim	vàgem	
vàgiu	vàgeu	
vagin	vagen	

IRREGULAR — ÉSSER o SER

FORMES NO PERSONALS	*Infinitiu*	*I. compost*	*Gerundi*	*G. compost*	*Participi*
	ésser o ser	haver estat	essent o sent	havent estat	estat, estada; estats, estades

INDICATIU

Present

	B
sóc	som
ets	
és	
som	
sou	
són	

Pretèrit indefinit / *Futur* / *Futur compost*

Pretèrit indefinit	Futur	Futur compost
he o haig estat	seré	hauré estat
has	seràs	hauràs
ha	serà	haurà
hem o havem	serem	haurem
heu o haveu	sereu	haureu
han	seran	hauran

P. imperfet

era
eres
era
érem
éreu
eren

P. plusquamperfet	Condicional	B	Condicional compost	V
havia estat	seria	fóra	hauria	haguera estat
havies	series	fores	hauries	hagueres
havia	seria	fóra	hauria	haguera
havíem	seríem	fórem	hauríem	haguérem
havíeu	seríeu	fóreu	hauríeu	haguéreu
havien	serien	foren	haurien	hagueren

P. perfet simple / *P. anterior simple*

P. perfet simple	V	B	P. anterior simple
fui	/fon		haguí estat
fores			hagueres
fou	/fon	/fonc	hagué
fórem			haguérem
fóreu			haguéreu
foren			hagueren

P. perfet perifràstic	P. anterior perifràstic
vaig ser	vaig haver estat
vas/vares	vas/vares
va	va
vam/vàrem	vam/vàrem
vau/vàreu	vau/vàreu
van/varen	van/varen

IMPERATIU

	V	B
sigues		
sigui	siga	
siguem		
sigueu		sigau/siau
siguen	siguin	

SUBJUNTIU

Present	V	B	Passat	V
sigui	siga	sia	hagi	haja estat
siguis	sigues	sies	hagis	hages
sigui	siga	sia	hagi	haja
siguem	siguem	siam	hàgim	hàgem
sigueu	sigueu	siau	hàgiu	hàgeu
siguin	siguen	sien	hagin	hagen

P. imperfet	V
fos	fos/fóra
fossis	fosses/fores
fos	fos/fóra
fóssim	fóssem/fórem
fóssiu	fósseu/fóreu
fossin	fossen/foren

P. plusquamperfet	V
hagués	hagués/haguera estat
haguessis	haguesses/hagueres
hagués	hagués/haguera
haguéssim	haguéssem/haguérem
haguéssiu	haguésseu/haguéreu
haguessin	haguessen/hagueren

Perfet perifràstic	V	
vagi	vaja	ser
vagis	vages	
vagi	vaja	
vàgim	vàgem	
vàgiu	vàgeu	
vagin	vagen	

AUXILIAR — HAVER

FORMES NO PERSONALS	*Infinitiu*	*I. compost*	*Gerundi*	*G. compost*	*Participi*
	haver	haver hagut	havent	havent hagut	hagut, haguda; haguts, hagudes

INDICATIU

Present	*Pretèrit indefinit*	*Futur*	*Futur compost*
he/haig	he hagut	hauré	hauré hagut
has	has	hauràs	hauràs
ha	ha	haurà	haurà
havem/hem	hem/havem	haurem	haurem
haveu/heu	heu/haveu	haureu	haureu
han	han	hauran	hauran

P. imperfet	*P. plusquamperfet*	*Condicional*	*Condicional* *V/B*	*Condicional compost*	*Condicional compost* *V*
havia	havia hagut	hauria	haguera	hauria	haguera hagut
havies	havies	hauries	hagueres	hauries	hagueres
havia	havia	hauria	haguera	hauria	haguera
havíem	havíem	hauríem	haguérem	hauríem	haguérem
havíeu	havíeu	hauríeu	haguéreu	hauríeu	haguéreu
havien	havien	haurien	hagueren	haurien	hagueren

P. perfet simple	*P. anterior simple*
haguí	haguí hagut
hagueres	hagueres
hagué	hagué
haguérem	haguérem
haguéreu	haguéreu
hagueren	hagueren

P. perfet perifràstic	*P. anterior perifràstic*
vaig haver	vaig haver hagut
vas/vares	vas/vares
va	va
vam/vàrem	vam/vàrem
vau/vàreu	vau/vàreu
van/varen	van/varen

SUBJUNTIU

Present	*Present* *V*	*Passat*	*Passat* *V*
hagi	haja	hagi	haja hagut
hagis	hages	hagis	hages
hagi	haja	hagi	haja
hàgim/haguem	hàgem/hàjam	hàgim	hàgem
hàgiu/hagueu	hàgeu/hàjau	hàgiu	hàgeu
hagin	hagen	hagin	hagen

P. imperfet	*P. imperfet* *V*
hagués	hagués/haguera
haguessis	haguesses/hagueres
hagués	hagués/haguera
haguéssim	haguéssem/haguérem
haguéssiu	haguésseu/haguéreu
haguessin	haguessen/hagueren

P. plusquamperfet	*P. plusquamperfet* *V*
hagués	hagués/haguera hagut
haguessis	haguesses/hagueres
hagués	hagués/haguera
haguéssim	haguéssem/haguérem
haguéssiu	haguésseu/haguéreu
haguessin	haguessen/hagueren

Perfet perifràstic	*Perfet perifràstic* *V*	
vagi	vaja	haver
vagis	vages	
vagi	vaja	
vàgim	vàgem	
vàgiu	vàgeu	
vagin	vagen	

IMPERATIU

	V
heu	jas
hegui	
haguem	hajam
haveu	jau
heguin	

AUXILIAR — ANAR

FORMES NO PERSONALS	*Infinitiu*	*I. compost*	*Gerundi*	*G. compost*	*Participi*
	anar	haver anat	anant	havent anat	anat, anada; anats, anades

INDICATIU

Present	*B*	*Pretèrit indefinit*	*Futur*	*Futur compost*
vaig		he anat	aniré/iré	hauré anat
vas		has	aniràs/iràs	hauràs
va		ha	anirà/irà	haurà
anem	anam	hem/havem	anirem/irem	haurem
aneu	anau	heu/haveu	anireu/ireu	haureu
van		han	aniran/iran	hauran

P. imperfet	*P. plusquamperfet*	*Condicional*	*Condicional compost*	*V*
anava	havia anat			
anaves	havies	aniria/iria	hauria	haguera anat
anava	havia	aniries/iries	hauries	hagueres
anàvem	havíem	aniria/iria	hauria	haguera
anàveu	havíeu	aniríem/iríem	hauríem	haguérem
anaven	havien	aniríeu/iríeu	hauríeu	haguéreu
		anirien/irien	haurien	hagueren

P. perfet simple	*P. anterior simple*
aní	haguí anat
anares	hagueres
anà	hagué
anàrem	haguérem
anàreu	haguéreu
anaren	hagueren

P. perfet perifràstic	*P. anterior perifràstic*
vaig anar	vaig haver anat
vas/vares	vas/vares
va	va
vam/vàrem	vam/vàrem
vau/vàreu	vau/vàreu
van/varen	van/varen

IMPERATIU

vés
vagi
anem
aneu
vagin

SUBJUNTIU

Present	*V/B*	*Passat*	*V*
vagi		hagi	haja anat
vagis	vages	hagis	hages
vagi		hagi	haja
anem		hàgim	hàgem
aneu		hàgiu	hàgeu
vagin	vagen	hagin	hagen

P. imperfet	*V*	*B*
anés	anàs/anara	anàs
anessis	anasses/anares	anassis
anés	anàs/anara	anàs
anéssim	anàssem/anàrem	anàssim
anéssiu	anàsseu/anàreu	anàssiu
anessin	anassen/anaren	anassin

P. plusquamperfet	*V*
hagués	hagués/haguera anat
haguessis	haguesses/hagueres
hagués	hagués/haguera
haguéssim	haguéssem/haguérem
haguéssiu	haguésseu/haguéreu
haguessin	haguessen/hagueren

Perfet perifràstic	*V*	
vagi	vaja	anar
vagis	vages	
vagi	vaja	
vàgim	vàgem	
vàgiu	vàgeu	
vagin	vagen	

AUXILIAR — ESTAR

FORMES NO PERSONALS	*Infinitiu*	*I. compost*	*Gerundi*	*G. compost*	*Participi*
	estar	haver estat	estant	havent estat	estat, estada; estats, estades

INDICATIU

Present	B	*Pretèrit indefinit*	*Futur*	*Futur compost*
estic		he estat	estaré	hauré estat
estàs		has	estaràs	hauràs
està		ha	estarà	haurà
estem	estam	hem/havem	estarem	haurem
esteu	estau	heu/haveu	estareu	haureu
estan		han	estaran	hauran

P. imperfet	*P. plusquamperfet*	*Condicional*	*Condicional compost*	V
estava	havia estat	estaria	hauria	haguera estat
estaves	havies	estaries	hauries	hagueres
estava	havia	estaria	hauria	haguera
estàvem	havíem	estaríem	hauríem	haguérem
estàveu	havíeu	estaríeu	hauríeu	haguéreu
estaven	havien	estarien	haurien	hagueren

P. perfet simple	*P. anterior simple*
estiguí	haguí estat
estigueres	hagueres
estigué	hagué
estiguérem	haguèrem
estiguéreu	haguéreu
estigueren	hagueren

P. perfet perifràstic	*P. anterior perifràstic*
vaig estar	vaig haver estat
vas/vares	vas/vares
va	va
vam/vàrem	vam/vàrem
vau/vàreu	vau/vàreu
van/varen	van/varen

IMPERATIU

	V	B
estigues		
estigui	estiga	
estiguem		
estigueu		estigau
estiguin		

SUBJUNTIU

Present	V	*Passat*	V
estigui	estiga	hagi	haja estat
estiguis	estigues	hagis	hages
estigui	estiga	hagi	haja
estiguem	estiguem	hàgim	hàgem
estigueu	estigueu	hàgiu	hàgeu
estiguin	estiguen	hagin	hagen

P. imperfet	V
estigués	estiguera/estigués
estiguessis	estigueres/estiguesses
estigués	estiguera/estigués
estiguéssim	estiguérem/estiguéssem
estiguéssiu	estiguéreu/estiguésseu
estiguessin	estigueren/estiguessen

P. plusquamperfet	V
hagués	hagués/haguera estat
haguessis	haguesses/hagueres
hagués	hagués/haguera
haguéssim	haguéssem/haguérem
haguéssiu	haguésseu/haguéreu
haguessin	haguessen/hagueren

Perfet perifràstic	V	
vagi	vaja	estar
vagis	vages	
vagi	vaja	
vàgim	vàgem	
vàgiu	vàgeu	
vagin	vagen	

IRREGULAR — TENIR

FORMES NO PERSONALS	*Infinitiu*	*I. compost*	*Gerundi*	*G. compost*	*Participi*
	tenir	haver tingut	tenint	havent tingut	tingut, tinguda; tinguts, tingudes

INDICATIU

Present	*Present* B	*Pretèrit indefinit*	*Futur*	*Futur compost*
tinc	tenc	he tingut	tindré	hauré tingut
tens		has	tindràs	hauràs
té		ha	tindrà	haurà
tenim		hem/havem	tindrem	haurem
teniu		heu/haveu	tindreu	haureu
tenen		han	tindran	hauran

P. imperfet	*P. plusquamperfet*	*Condicional*	*Condicional compost*	*Condicional compost* V
tenia	havia tingut	tindria	hauria	haguera tingut
tenies	havies	tindries	hauries	hagueres
tenia	havia	tindria	hauria	haguera
teníem	havíem	tindríem	hauríem	haguérem
teníeu	havíeu	tindríeu	hauríeu	haguéreu
tenien	havien	tindrien	haurien	hagueren

P. perfet simple	*P. anterior simple*
tinguí	haguí tingut
tingueres	hagueres
tingué	hagué
tinguérem	haguérem
tinguéreu	haguéreu
tingueren	hagueren

P. perfet perifràstic	*P. anterior perifràstic*
vaig tenir	vaig haver tingut
vas/vares	vas/vares
va	va
vam/vàrem	vam/vàrem
vau/vàreu	vau/vàreu
van/varen	van/varen

IMPERATIU

	V	B
té	tin/té	té/ten
tingui	tingues/tinga	
tinguem		
teniu	tingueu	
tinguin	tinguen	

SUBJUNTIU

Present	V	B
tingui	tinga	tengui
tinguis	tingues	tenguis
tingui	tinga	tengui
tinguem	tinguem	tinguem
tingueu	tingueu	tingueu
tinguin	tinguen	tenguin

Passat	V
hagi	haja tingut
hagis	hages
hagi	haja
hàgim	hàgem
hàgiu	hàgeu
hagin	hagen

P. imperfet	V
tingués	tingués/tinguera
tinguessis	tinguesses/tingueres
tingués	tingués/tinguera
tinguéssim	tinguéssem/tinguérem
tinguéssiu	tinguésseu/tinguéreu
tinguessin	tinguessen/tingueren

P. plusquamperfet	V
hagués	hagués/haguera tingut
haguessis	haguesses/hagueres
hagués	hagués/haguera
haguéssim	haguéssem/haguérem
haguéssiu	haguésseu/haguéreu
haguessin	haguessen/hagueren

Perfet perifràstic	V	
vagi	vaja	tenir
vagis	vages	
vagi	vaja	
vàgim	vàgem	
vàgiu	vàgeu	
vagin	vagen	

Quadre general dels sufixos

sufix	*lexema*	*derivat*	*exemples*
-à, -ana	N.	N.	guardià, parroquià, cirurgià
	N.	Adj.	manresà, andorrà, lleidatà
	Adv/Adj.	N/Adj.	llunyà, tardà, mitjà
-aci, -àcia	N.	Adj.	arenaci, coriaci
-ada	N.	N.	gossada, gentada, palada
	N.	N.	boirada, borrascada, xafegada
	N.	N.	ditada, unglada, esquenada
	N.	N.	setmanada, mesada
	Adj.	N.	alçada, amplada, llargada
	V.	N.	cantada, xerrada, untada
-aire	N.	N.	canyaire, cadiraire, drapaire
	V.	N.	cantaire, botzinaire, dansaire
	V.	Adj.	rondinaire, manaire, xerraire
-al	N.	N.	vial, caminal, sorral
	N.	Adj.	fenomenal, sensacional, comtal
-all	V.	N.	plomall, encenall, fermall
	V/N.	N.	amagatall, degotall, rocall
-all, -alla	V.	N.	esquinçall, endevinalla
-alla	N.	N.	pobretalla, gentalla
-am	N.	N.	fustam, corretjam, costellam
-ança	V.	N.	enyorança, esgarrifança
-ància	Adj.	N.	fragància, tolerància
-and, -anda	V.	Adj.	sumand, examinand
-ant, -anta	V.	N.	viatjant, ajudant/a
-ant	V.	N.	tombant, vessant
	V.	Adj.	sagnant, bategant, tibant
-ar	N.	N.	ginestar, fruiterar, canyar
	N.	N.	conillar, fossar, pujolar
	N.	Adj.	consular, insular, angular
	N/Adj.	V.	envolar, aterrar, buidar
-ari	N.	N.	cedulari, diccionari, glossari
-ari, -ària	N.	Adj.	doctrinari, originari, calcari
-àrium	N.	N.	aquàrium, vivàrium
-ària	Adj.	N.	llargària, alçària, grossària
-arro, -arra	N.	N.	peuarro, panarra, veuarra

sufix	*lexema*	*derivat*	*exemples*
-às, -assa	N.	N.	homenàs, gallinassa, boirassa
	N.	N.	fenàs, canemàs, cuirassa
	Adj.	Adj.	petitàs, bonàs, grandàs
-astre, -astra	N.	N.	fillastre, poetastre, madastra
-at	N.	N.	priorat, deganat, almirallat
	V.	N.	rasclejat, oliejat, rentat
	N.	N.	arbrat, cadirat, dentat
	N.	N.	davantalat, calaixat, braçat
-at, -ada	N.	Adj.	assenyat, pigat, llistat
	N.	Adj.	closcat, cuirassat, adovellat
-atge	N.	N.	moblatge, fullatge, brancatge
	N.	N.	fadrinatge, mestratge, didatge
	N.	N.	aprenentatge, llenguatge
	V.	N.	homenatge, pelegrinatge, quilometratge, espionatge, pontatge
-able, -ible	V.	N.	blasmable, lloable, guarible
-ació, -ició	V.	N.	destinació, donació, avaluació
-dat	N/Adj.	N.	dignitat, maldat, mediocritat
-dera	V.	N.	dringadera, bullidera
-dís, -dissa	V.	Adj.	llevadís, embrutadís, filadís
-dissa	V.	N.	xerradissa, piuladissa
-dor, -dora	V.	N.	domador, caçador, cantador
	V.	N.	espolsador, menjadora
	V.	N.	baixador, embarcador, rebedor
	V.	Adj.	pagador, treballador, llegidor
-dura, -dures	V.	N.	llimadures, garbelladures
-è, -ena	Deter.	Deter.	sisè, novè, vint-i-dosè
-eda	N.	N.	pineda, fageda, castanyeda
-edat	Adj.	N.	honestedat, falsedat, curtedat
-egar	N.	V.	apedregar, estossegar
-ejar	N.	V.	dropejar, pernejar, feinejar
	Adj.	V.	verdejar, lluentejar, rossejar
-ell, -ella	N.	N.	planell, cubell, botella
-enc, -enca	N.	Adj.	andreuenc, pirinenc, parisenc
	N.	Adj.	costenc, tardorenc, muntanyenc
	Adj.	Adj.	rogenc, grisenc, blavenc
-ença	V.	N.	naixença, partença, creixença

sufix	*lexema*	*derivat*	*exemples*
-ència	Adj.	N.	magnificència, innocència
-end, -enda	V.	Adj.	dividend, reverend
-ent	V.	N.	abstinent, aprenent, servent
	V.	N.	avinent, sofrent, suplent
-eny	N.	Adj.	porto-riqueny, rifeny, cacereny
-er	N.	N.	paller, galliner, mosquer
	N.	N.	escaquer, clauer, cendrer
	N.	N.	codonyer, cirerer, lledoner
-er, -era	N.	Adj.	brasiler, denier
	N.	N.	carreter, ferrer, cotxer
	V.	N.	passera, bolquer
	N/Adv.	Adj.	fruiter, mentider, davanter
	V.	Adj.	pixaner, triganer, cridaner
-era	N.	N.	capçalera, llitera, foguera
	N.	N.	cartutxera, genollera, tetera
	N.	N.	argelaguera, murtrera
	V.	N.	cridanera, xerrera, casera
-eria	N.	N.	barreteria, bijuteria
	N.	N.	forneria, pastisseria, foneria
	Adj.	N.	beneiteria, golafreria
-ès, -esa	N.	Adj.	muntanyès, marès
	N.	Adj.	aranès, alabès, holandès
-esa	Adj.	N.	blanesa, tristesa, lletgesa
-esc, -esca	N.	Adj.	advocadesc, caricaturesc
-et	N.	N.	solquet, vinyet, olivet
	V.	N.	trabuquet, xiulet, bolquet
	V.	N.	xiulet, xisclet, refilet
-et, -eta	N.	N.	nasset, orelleta, galteta
	N.	N.	arquet, casquet, llibreta
	Adj.	Adj.	verdet, rosset, finet
-etat	Adj.	N.	novetat, seguretat, pobretat
-i, -ia	N.	Adj.	aeri, ossi, corpori
-í	N.	N.	fortí
-í, -ina	N.	Adj.	mallorquí, menorquí, gironí
	N.	Adj.	porcí, oví, alabastrí
-ia	N.	N.	batllia, regidoria, secretaria
	N.	N.	canongia, moreria, pagesia
	Adj.	N.	grolleria, exorquia, traïdoria

sufix	*lexema*	*derivat*	*exemples*
-ià, -iana	N.	Adj.	carnerià, virgilià, foixià
-íac, -íaca	N.	Adj.	demoníac, afrodisíac, elegíac
-ic	N.	N.	planic, bossic
-ic, -ica	N.	Adj.	esfèric, algèbric, granític
-ícia	Adj.	N.	magrícia, estultícia, justícia
-ífic, -ífica	N.	Adj.	científic, prolífic, aurífic
-ificar	N/Adj.	V.	clarificar, quantificar, classificar, simplificar
-ill, -illa	N.	N.	falcilla, conquilla, forquilla
-im	N.	N.	ventim, polsim, llotim
	V.	N.	socarrim, escorrim
-ina	N.	N.	boirina, paperina, clavellina
-int	V.	Adj.	omplint, delinquint, sortint
-ió	Adj.	N.	perfecció, discreció
	V.	N.	aprovació, avaluació, direcció
-ir	Adj.	V.	emmagrir, enfredorir, espessir
-ís	N.	N.	palpís, pastís, pedrís
-ís, -issa	Adj.	Adj.	malaltís, blavís, groguís
-isme	N.	N.	cristianisme, judaisme, budisme
	N.	N.	realisme, patriotisme
	Adj.	N.	futurisme, panteisme
-íssim, -íssima	Adj.	Adj.	tendríssim, brevíssim
-ista	N.	N.	futurista, panteista
	N.	Adj.	comunista, feixista, budista
	N.	N.	dentista, contista, modista
-ístic, -ística	N.	Adj.	estilístic, característic
-it	N.	N.	cabrit
-itar	Adj.	V.	habilitar, felicitar
-itat	Adj.	N.	frivolitat, humilitat
-itud	Adj.	N.	exactitud, beatitud, lentitud
-itzar	N/Adj.	V.	monopolitzar, obstaculitzar
-iu, -iua	N.	Adj.	geliu
-iu, -iva	V.	Adj.	agressiu, productiu, electiu
-ívol, -ívola	N.	Adj.	homenívol, senyorívol
	V.	Adj.	agradívol, avancívol

sufix	*lexema*	*derivat*	*exemples*
-ment	V.	N.	alletament, esgotament
-ó, -ona	N.	N.	ametlló, portaló, clavegueró
	N.	N.	aleró, ginebró, finestró
	Adj.	Adj.	malaltó, petitó, beneitó
-oi, -oia	Adj.	Adj.	bonicoi, petitoi
-oide	N.	Adj/N.	romboide, tifoide, trapezoide
-ol	N.	Adj.	espanyol
-ol, -ola	N.	N.	bassiol, senderola, bestiola
	N.	N.	fullola, banderola, llençol
-ons	V.	Adv.	(a) borbollons, (a) rossegons, (de) genollons
-or	Adj.	N.	agror, flonjor, magror
	Adj.	N.	verdor, grogor, rojor
	V.	N.	inflor, buidor, escalfor
-or, -ora	V.	N.	conductor, interventor, actor
-ori, -òria	V.	N.	lavatori, cridòria
-ós, -osa	N.	Adj.	envejós, argilós, fumós
	V.	Adj.	abundós, dubtós, tremolós
	Adj.	Adj.	asprós, amargós, verdós
-osa	N.	N.	avetosa, joncosa, garrigosa
-ot, -ota	N.	N.	sabatot, carnot, cuixota
	N.	N.	Jaumot, Enricot, Joanot
	N.	N.	unglot, pebrot
	Adj.	Adj.	tristot, grossot, grandot
-tat	Adj.	N.	banalitat, lleialtat, igualtat
-tori	V.	N.	consultori, auditori
	V.	N.	amatori, robatori
	V.	Adj.	oscil·latori, giratori
-triu	V.	N.	institutriu, adoratriu
-ud	Adj.	N.	mansuetud, quietud, licitud
-ura	Adj.	N.	altura, bravura, vellura
-úria	Adj.	N.	blancúria, foscúria, vellúria
	N.	N.	boscúria, planúria
-ut, -uda	N.	Adj.	banyut, pellut, nerviüt, geniüt

Quadre de prefixos

Prefix	*Significació*	*Exemples*
a-	L'adjunció d'aquest prefix a verbs intransitius els fa verbs transitius o pronominals.	adormir, atardar, asseure's, abaixar, apujar, ajeure's
	Hi ha verbs que amb aquest prefix signifiquen el mateix que quan no el porten.	aviciar-se/viciar-se, arreplegar/replegar
	En canvi en d'altres casos tenen una significació diferent.	anomenar/nomenar, allistar/llistar, apreuar/preuar
	Tot un seguit de noms admeten el prefix sense variar de significació.	arrel/rel, afrau/frau, agram/gram
	Aquest prefix adjuntat a noms i adjectius dóna verbs sobretot de la primera conjugació, però també de la tercera.	apilotar, aterrar, amidar, allitar-se, acomiadar-se, afavorir, avergonyir, aplanar, assecar, avivar, acontentar, abaratir, aclarir
a-, an-	Sempre amb valor negatiu	anormal, amoral, asimètric
ante-, avant-	Davant de	antediluvià, antesala, avantbraç, avantpassat
anti-	Contrari	anticicló, antiràbic, antihigiènic
arxi-	Superioritat i intensificació del sentit	arxiprestre, arxiduc, arxi-pedant
ben-, mal-	Donen sentit positiu o negatiu	benpensant, malservir, malcarat
bes-, bi-, bis-	Duplicació	besàvia, bifàsic, bisexual
bes-	Valor pejoratiu. Indicació de lloc. Anticipació i reciprocitat	bescantar, bescoll, besllum, bestreure, bescanviar
circum-	«A l'entorn de»	circumpolar, circumferència
co-, col-, com-, con-, cor-	Companyia i participació	cohabitar, col·lector, comprovar, corroborar, consoci
contra-	Oposat	contraacusació, contraindicació
des-, dis-	Oposat o contrari	deslligar, desvestir, disgust, dissort, disculpa
des-	Equivalent al prefix es-. Amb significació negativa	desbrancar (esbrancar) desagradar, desaprovar
em-	Davant de b, p i m	embotar, empilar, emmagatzemar
en-	Intensificació	ennegrir, envalentir, endolentir

Prefix	*Significació*	*Exemples*
entre-	«al mig de». Recíproc. Acció no finida	entremès, entrefil, entrelligar, entreveure, entrebadar
es-	A partir de noms	esfullar, esbudellar, escuar
ex-	Cap enfora. Antic càrrec	exportar, excloure, ex-secretari
extra-	«Fora de»	extrajudicial
fora-	Sobrepassar	foragitar, foravia
in-, im-, il-, ir-	Sentit negatiu	inadequat, inexacte, incòmode, immòbil, imparell, il·legible, il·lògic, irregular
	Inclusió en l'acció	imposar, indultar
infra-	«Per sota de»	inframaxil·lar
inter-	«Al mig de» i reciprocitat	intermaxil·lar, interlínia, interacció
intra-	«Dintre de»	intravenós, intramuscular
menys-	Pèrdua de valor	menystenir, menysestimar
mig-	«A mig fer»	mig saltar, mig pensar, mig obrar
no-	Negació	no-intervenció, no-pagament, no-combatent
per-	Augmenta el grau de significació	perjudici, perdurable
post-	Posteritat	postpalatal, postdiluvià
pre-	Anterioritat	pre-romà, pre-rafaelita, pre-cristià
prop-	Proximitat	propdit, propparent
pseudo-	Condició no genuïna	pseudo-profeta, pseudo-fruit
quasi-	Equivalent a «gairebé»	quasi-intimitat, quasi-perfecció
re-	Repetició Intensificació	reconstruir, reaparèixer; reagre, rebò, remalament
semi-	La meitat	semiconductor, semitransparent, semifluid
sobre-, super-, supra-	«Per damunt de»	sobredent, sobreproducció, sobresou, superfí, superhome, supramaxil·lar
sota-	«Per sota de»	sotamàniga, sotaposar
sots-	«Per sota de»	sots-canceller, sots-ministre
sub-	«Sota de»	subtítol, subsòl
trans-	«A través de»	transatlàntic, transpirinenc

Prefix	*Significació*	*Exemples*
tras-	«A través de»	trascolar, traspassar
ultra-	«Més enllà de»	ultramón, ultratomba
vice-	Càrrec inferior	vice-canceller, vice-ministre

Quadre d'infixos

-eg-	afamegat, ferregot, polsegós, espetegar, pedregós
-ic-	ploricó, torricó, estellicó, porticó
-uc-	menjucar
-ol-	ratolí, ventolí, rioler, banyolí, casolà, fredolic
-al-	apegalós
-all-	ceballar, camallot, grapallut, pegallós, rocallós
-ell-	arpellut, granellada, granellut, solellós, terreller
-ill-	branquilló, tronquilló
-oll-	patollar, potollar
-in-	plovinejar, aixafinar, engrexinar, emblanquinar
-an-	caganer, pixaner, cridaner, fartaner, ploraner
-on-	enllardonar, ensangonar, empatxonar, torbonada
-iny-	bassinyol, fontinyol, casinyot, plorinyós
-any-	estireganyar, afiganyar, atiranyar
-ass-	adobassar, allargassar-se, escridassar, enfeinassat
-iss-	adormissar-se, acarnissar-se, esplomissar, nodrisser
-oss-	afarrossar-se, espicossar, matossar, picossada
-uss-	menjussar, mamussar, escanyussar, embarbussar-se
-ar-	bafarada, cagarada, gitarada, penjarella, llargarut
-er-	aleró, caperull, pagerol, torterol, bequerada
-arr-	becarrada, matarrada, encaparrar, portarró, lloparró
-at-	amagatall, agafatós, llobató, collater, peixater
-et-	pelleter, roqueter, bosquetà, pobletà, bufetada
-ot-	barbotejar, palpotejar, manotejar, mirotejar
-atx-	esprimatxat
-itx-	magritxol, ramitxó
-isc-	nevisquejar, plovisquejar, dormisquejar, reviscolar
-usc-	pedruscall, treballuscar, tallusquejar

Sumari

FONÈTICA

MORFOSINTAXI

LEXICOLOGIA

APÈNDIXS